Fundamentals of Liquid Lead-based Alloy in Lead-cooled Fast Reactor

铅冷快堆液态铅合金技术基础

成松柏 程 辉
陈啸麟 叶仪基

编著

清华大学出版社
北京

内 容 简 介

本书主要对第四代核能系统中铅冷快中子反应堆液态铅合金技术相关基础知识进行了综合性介绍。内容包括引论(第四代核能系统与液态金属冷却快堆发展概况),铅合金理化特性(热物性、电学性能和热力学关系),化学控制与监测(氧含量与纯度控制),铅合金辐照产物特性,铅合金与结构材料相容性(力学性能、辐照影响、高温腐蚀防护),热工水力特性,检测与测量及实验设施,铅合金安全管理以及研发展望。

本书可供从事液态金属冷却快堆和加速器驱动次临界系统的设计和研发人员参考,也可供进行聚变堆以及金属材料性能研究的高等院校、科研院所和企事业单位相关科研和工程技术人员参考。

图书在版编目(CIP)数据

铅冷快堆液态铅合金技术基础/成松柏等编著.—北京:清华大学出版社,2020.11
ISBN 978-7-302-56406-5

Ⅰ. ①铅… Ⅱ. ①成… Ⅲ. ①铅合金-液态金属冷却堆-基本知识 Ⅳ. ①TL425

中国版本图书馆 CIP 数据核字(2020)第 171081 号

责任编辑: 鲁永芳
封面设计: 常雪影
责任校对: 刘玉霞
责任印制: 杨 艳

出版发行: 清华大学出版社
网　　址: http://www.tup.com.cn, http://www.wqbook.com
地　　址: 北京清华大学学研大厦 A 座　**邮　　编:** 100084
社 总 机: 010-62770175　**邮　　购:** 010-62786544
投稿与读者服务: 010-62776969, c-service@tup.tsinghua.edu.cn
质量反馈: 010-62772015, zhiliang@tup.tsinghua.edu.cn
印 装 者: 三河市国英印务有限公司
经　　销: 全国新华书店
开　　本: 170mm×240mm　**印　　张:** 18.75　**字　　数:** 333 千字
版　　次: 2020 年 12 月第 1 版　**印　　次:** 2020 年 12 月第1 次印刷
定　　价: 89.00 元

产品编号:086886-01

前　言

核电是一种安全、清洁、低碳和高效的能源，近年来我国在核电领域的投入不断加大。受 2011 年日本福岛核事故影响，核电的安全性再度成为核电发展的首要问题。目前，全球范围内第三代核反应堆技术已经日趋成熟，第四代核能系统也早已成为核能研究人员在未来多年的重点研究课题。

相对于第二代、第三代反应堆，第四代核能系统安全性更高、经济竞争力更强、核废物量更少并且可有效防止核扩散。2002 年，第四代核能系统国际论坛选定了 6 种第四代核电站概念堆，即气冷快堆、超高温气冷堆、超临界水堆、熔盐堆、钠冷快堆和铅冷快堆。其中，铅冷快堆是指采用液态铅或铅铋作为冷却剂的快中子反应堆，铅冷快堆因具备良好的增殖核燃料和嬗变核废料潜力以及拥有突出的经济性和安全性，被 GIF 认为有望率先实现工业示范化。

我国政府高度重视铅冷快堆等先进核能系统的研发。《“十三五”国家科技创新规划》指出，要“稳步发展核能与核安全技术及其应用”，重点是“先进快堆”等技术研发及应用。《“十三五”国家战略性新兴产业发展规划》则指出，要“加快开发新一代核能装备系统”“加快推动铅冷快堆、钍基熔盐堆等新核能系统实验验证和实验堆建设”。2016 年颁布的《能源技术革命创新行动计划(2016—2030 年)》也明确指出要加强“先进核能技术创新”，积极“推进快堆及先进模块化小型堆示范工程建设”。2019 年 10 月 9 日，我国首座铅铋合金零功率反应堆启明星Ⅲ号实现首次临界，并正式启动我国铅铋堆芯核特性物理实验，标志着我国在铅铋快堆领域的研发跨出实质性一步，进入工程化阶段。

为满足我国铅冷快堆快速发展的迫切需要，本书将对液态铅合金技术相关基础知识进行综合性介绍。全书共分为 9 章。第 1 章引论，简要介绍第四代核能系统和液态金属冷却快堆的发展概况；第 2 章介绍铅合金的理化特性，包括热物性、电学性能和热力学关系等；第 3 章介绍化学控制与监测方法，包括氧含量与纯度控制方法及相关仪器；第 4 章介绍铅合金辐照产物特性；第 5 章重点介绍结构材料与铅合金的相容性，包括相容性基础知识、铅合金对结构材料力学性能的影响、辐照对铅合金与结构材料相容性的影响，以及高温下铅合金的腐蚀防护；第 6 章介绍铅合金的热工水力特性；第 7 章介绍铅合金检测与测量及相关实验设施；第 8 章和第 9 章则分别对铅合金安全管理以及研发展望进行简要描述。

本书在编写过程中，参考了国内外各相关单位和科研机构公开发表的大量论文、报告和书籍（尤其是经济合作与发展组织编写的铅合金报告和手册），并引用了部分插图，在此特向相关机构、专家和学者表示崇高的敬意和感谢。由于本书所涉及的学科领域广泛，限于编者的学识水平，书中缺点、错误和不妥之处在所难免，恳请读者批评指正。

编　者

2020 年 4 月

目　　录

第1章　引　　论

1.1　世界核电发展背景

核能发电是利用原子核反应产生能量进行电力生产的过程。自1954年苏联建成世界上第一座实验性核电站以来，世界核电技术经历了4个发展阶段：

(1) 实验示范阶段(1954—1965年)

全世界共有38台机组投入运行，这些机组被称为“第一代”核电系统(即早期原型反应堆)，如1954年苏联的5MW实验性石墨沸水堆，1956年英国的45MW原型天然铀石墨气冷堆，1957年美国的60MW原型压水堆和1962年法国的60MW天然铀石墨气冷堆。

(2) 高速发展阶段(1966—1980年)

受石油危机的影响，核电加速发展，全世界共有242台机组投入运行，属于“第二代”核电站。苏联建造了1000MW石墨堆以及440MW和1000MW的水-水高能反应堆(VVER)型压水堆，法国和日本则引进了美国的500～1100MW压水堆和沸水堆技术。

(3) 减缓发展阶段(1981—2000年)

受1979年美国三哩岛核事故以及1986年苏联切尔诺贝利核事故的影响，世界核电发展停滞。各国采取了增加更多安全设施、实施更严格审批制度等措施，以确保核电站的运行安全。

(4) 复苏阶段(21世纪)

进入21世纪后，受日益严峻的能源和环境危机影响，核电被视为首选清洁能源。随着多年的技术发展和完善，核电的安全可靠性有了进一步提高，世界各国都制定了积极的核电发展规划。美国、欧洲和日本开发的先进轻水堆核电站(即“第三代”核电技术)取得重大进展并且日趋成熟。尽管2011年日本福岛核事故再一次使世界各国暂时放缓核电建设并重新审视核电站的运行安全，但长期来看各国仍将致力于核电发展，尤其在第四代堆型的开发应用以及可控聚变技术的长期探索方面。

国际原子能机构(IAEA)的数据显示,截至2019年12月31日,全世界在运核电机组共447台,总装机容量395.6GW,在建机组52台。其中,中国在运机组有48台,装机容量45.5GW,在建机组10台。经过30多年的发展,中国核电从无到有,实现了第三代核电技术设计的自主化和重要关键设备的国产化,目前正处于积极快速的发展阶段。2018年中国核电发电占比为4.22%,仍远低于法国、美国和俄罗斯等核能发电国家,因此未来仍具有很大的提升空间。此外,在第四代核能系统开发方面我国也取得了重要进展,如高温气冷堆示范工程已进入工程最后阶段,钠冷快堆也完成了实验堆的建设。在核聚变领域,中国也积极参与了国际热核聚变反应堆计划(ITER),并取得了积极进展。

1.2　第四代核能系统概况

核电发展的趋势是安全水平更加卓越、经济性更好、核燃料利用率更高、高放射性废物产生量更少。为顺应这一趋势,在1999年美国核学会年会上与会专家提出了第四代核能系统的构想与规划。第四代核能系统是指2030—2040年间可以投放市场的新一代核能系统,它必须在一些有挑战性的目标上具有重大进展,包括可持续性、安全性和可靠性以及经济性等。第四代核能系统必须满足下列主要指标:

(1) 能够和其他电力生产方式相竞争,总电力生产成本低于3美分每千瓦时;

(2) 初投资小于1000美元每千瓦发电装机容量;

(3) 建设期小于3年;

(4) 堆芯熔毁概率低于10^{-6}/(堆·年);

(5) 在事故条件下无放射性场外释放,无需场外应急,对事故场外公众不造成危害;

(6) 可通过对核电站的整体实验向公众证明核电的安全性。

第四代核能系统的开发目标包括以下4个方面:

(1) 核能的可持续发展,如通过核燃料的有效利用实现持续生产能源的能力,实现核废物的最少化,保护公众健康,保护环境;

(2) 安全性和可靠性的提高,大幅度降低堆芯损伤的概率和程度,以及快速恢复反应堆运行的能力;

(3) 经济性的提高,包括寿命周期成本优于其他能源;

(4) 防止核扩散能力,保证核燃料难以用于制造核武器。

在2002年9月于日本东京召开的第四代核能系统国际论坛(Generation Ⅳ International Forum,GIF)上,与会的10个国家达成共识,将致力于开发以下6种第四代核能系统。

(1) 气冷快堆(GFR)

GFR采用氦气冷却、闭式燃料循环。GFR的堆芯出口氦气冷却剂温度高,可以用于发电、制氢和供热。参考堆的电功率为288MW,堆芯出口氦气温度为850℃,氦气汽轮机采用布雷顿循环发电,热效率可达48%。通过快中子谱与完全锕系元素再循环相结合,GFR能大大减少长寿命放射性废物的产生;GFR的快中子谱可更有效地利用可用的裂变和增殖燃料。气冷快堆结构如图1-1所示。

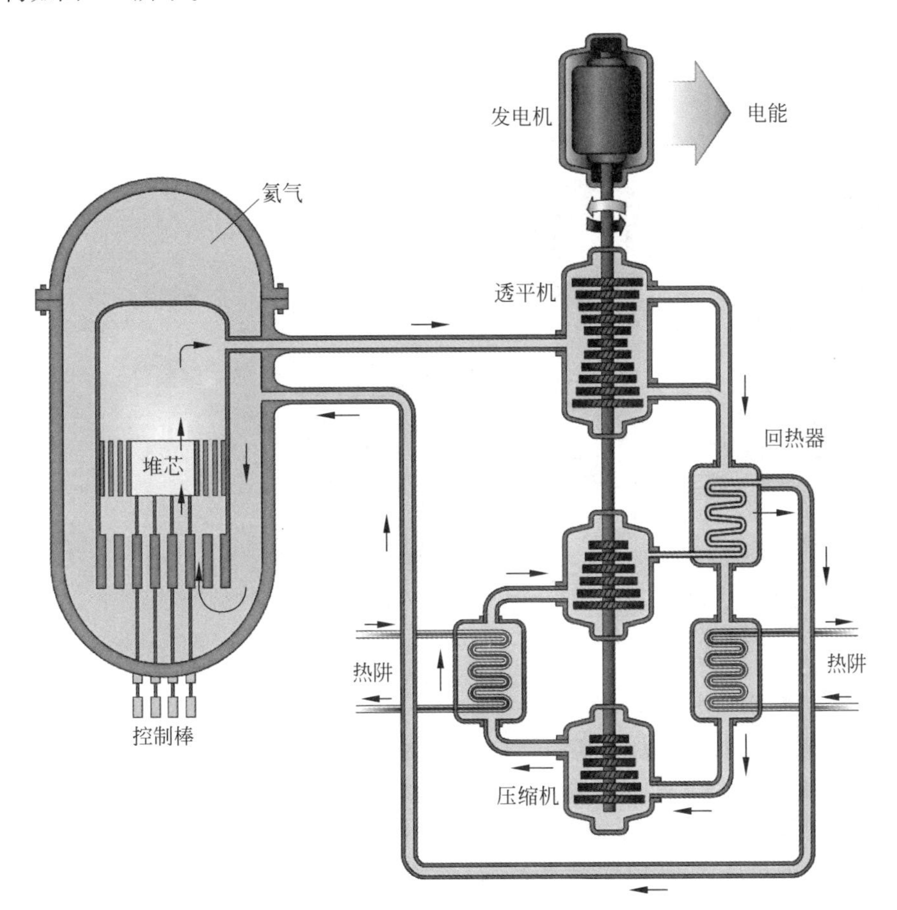

图1-1 气冷快堆结构示意图

(2) 超高温气冷堆(VHTR)

VHTR是高温气冷堆(HTGR)的进一步发展,采用石墨慢化、氦气冷却和铀燃料开式循环。燃料温度达1800℃,冷却剂出口温度可达1500℃,热效率超过50%,易于模块化,经济上竞争力强。该堆型以最高1000℃的堆芯出口温度供热,可用于制氢或为石化和其他工业提供工艺热。参考堆的热功率为600MW,堆芯通过与其相连的一个中间热交换器释放工艺热。反应堆堆芯可以设计为棱柱形块堆芯(如日本的HTTR)或球床堆芯(如中国的HTR-10),其共同点是均采用涂覆颗粒燃料。VHTR保持了高温气冷堆所具有的安全特性,同时又是一个更加高效的系统。该系统还具有采用铀-钚燃料循环的灵活性,产生的核废料极少。超高温气冷堆结构如图1-2所示。

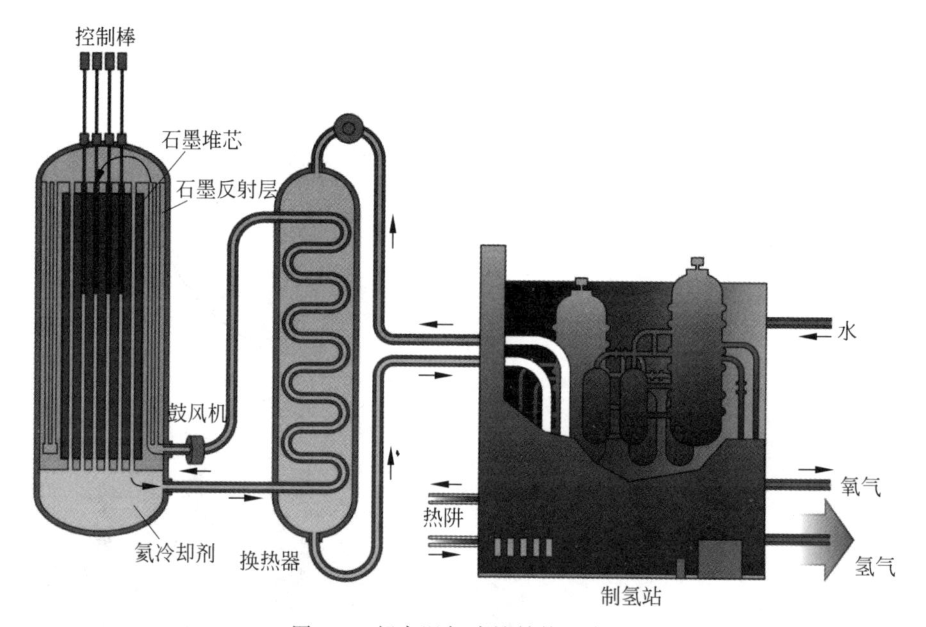

图1-2　超高温气冷堆结构示意图

(3) 超临界水堆(SCWR)

SCWR是冷却剂运行在超临界状态,即水的临界点(374℃、22.1MPa)以上的高温高压水冷堆,该堆型的热效率可达45%。由于反应堆中的冷却剂不发生相变,不需要蒸汽发生器和蒸汽分离器等设备,主回路直接与透平机连接,因而可以大大简化反应堆结构。SCWR典型方案设计中热功率可达1700MW以上,运行压力为25MPa,使用二氧化铀或MOX燃料,堆芯出口温度可达550℃。SCWR的非能动安全特性与简化沸水堆相似。SCWR同时适用于热中子谱和快中子谱。由于系统简化和热效率高，在输出功率相同的条件下，超临界水堆大小只有一般压水堆的一半（预计建造成本仅900美元/kW），发电成本有望降低30%（仅为0.029美元/(kW·h)），因此SCWR有极大的经济竞争力。SCWR主要设计用于发电，也可用于锕系元素管理。超临界水堆结构如图1-3所示。

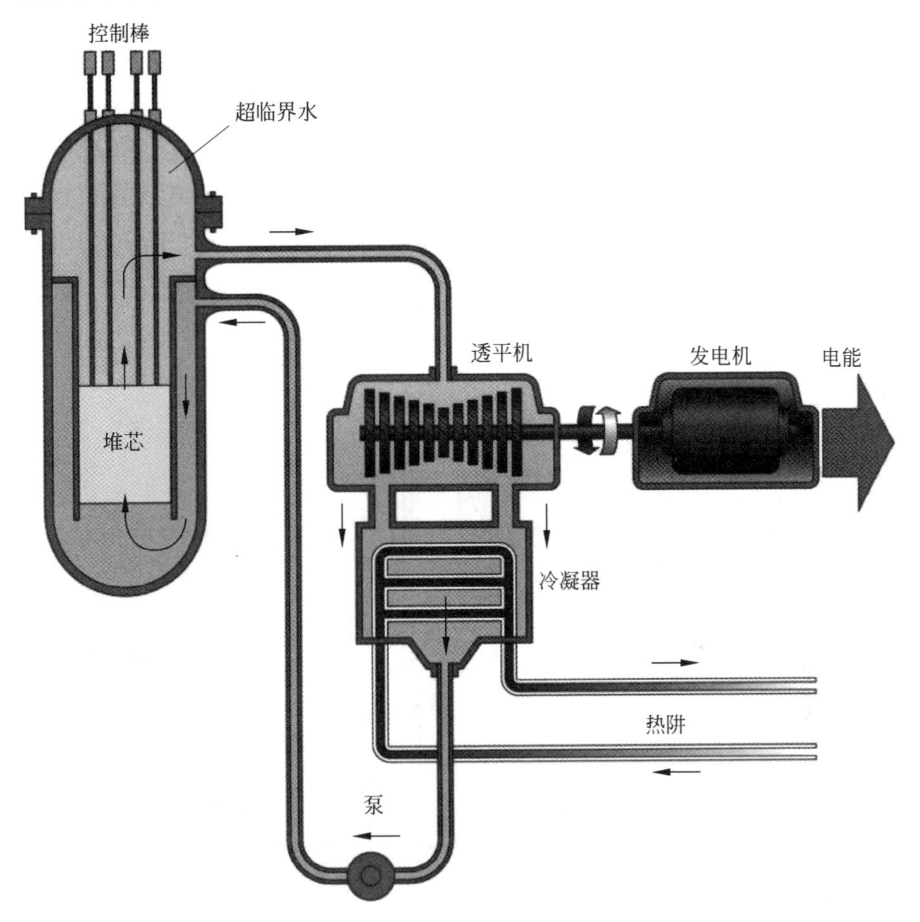

图1-3 超临界水堆结构示意图

(4) 熔盐堆(MSR)

熔盐堆堆芯使用Li、Be、Na、Zr等元素的氟化盐以及溶解了U、Pu、Th的氟化物熔融混合物作为燃料，在600～700℃和低压条件形成熔盐流直接进入热交换器进行换热。其中，LiF、NaF、BeF_2、ZrF_4为载体盐，提供熔融载体并改善共熔体的物理化学性质；UF_4和PuF_3为裂变燃料，产生热量和中子；

ThF_4 和 UF_4 为增殖燃料，吸收中子产生新的裂变燃料 U 或 Pu，经萃取处理后重新进入反应循环。熔盐堆可分为液态燃料熔盐堆和固态燃料熔盐堆。液态堆将裂变材料、可转换材料和裂变产物溶解在高温熔盐（$LiF\text{-}BeF_2$）中，氟盐同时作裂变燃料和冷却剂。液态堆可在反应堆运行过程中对核燃料进行在线处理和在线添加，不需要制作燃料棒，适合使用钍燃料。固态燃料熔盐堆（氟盐冷却高温堆 FHR）则采用包覆燃料、熔盐冷却，熔盐仅作冷却剂。液态熔盐燃料不存在蒸汽爆炸的风险，在高温下蒸汽压较低，不需要压力容器。即使发生容器管道破裂导致燃料盐溢出事故，燃料盐在环境温度下也会迅速凝固，事故扩展有限。熔盐的热容很大，衰变热的导出方式简单。熔盐堆运行温度高，使得发电热效率可达 45%～50%。此外，钍资源比铀丰富，而且钍核素经反应所产生的核废物量很少，因此可有效利用核资源并防止核扩散。熔盐反应堆结构如图 1-4 所示。

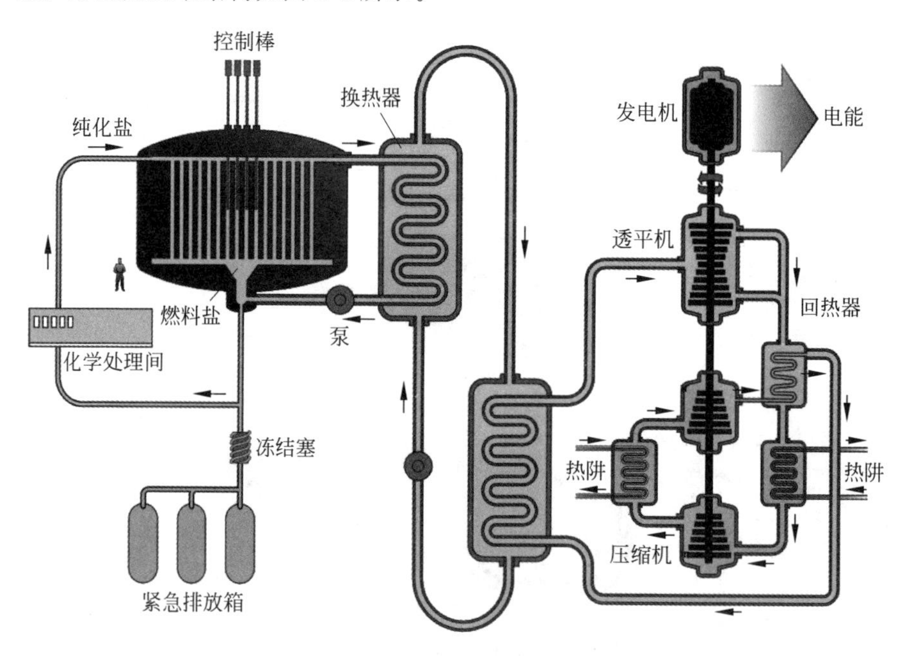

图 1-4　熔盐反应堆结构示意图

（5）钠冷快堆（SFR）

钠冷快堆是第四代核能系统中研发进展最快、最接近满足商业核电厂需要的堆型，以液态钠为冷却剂，由快中子引起核裂变并维持链式反应。钠熔点低、沸点高，热导率远高于水，堆芯事故下可迅速导出余热，避免堆芯过热。其最大特点在于能增殖核燃料，理论上可将全部铀资源都转化为可燃烧的燃料并加以利用,将铀资源利用率由普通热堆的不到1%提高到60%~70%。除此之外,钠冷快堆可有效地嬗变长寿命放射性废物,从而解决长寿命核废物的处置问题。钠冷快堆结构如图1-5所示。从1946年美国建成世界上第一座快堆Clementine开始,到现在全世界共建成了24座快堆,共累积了300多堆·年的运行经验。除早期个别实验快堆曾经使用过Hg和NaK作为冷却剂外,其他快堆大多使用液态钠作为冷却剂(见表1-1)。

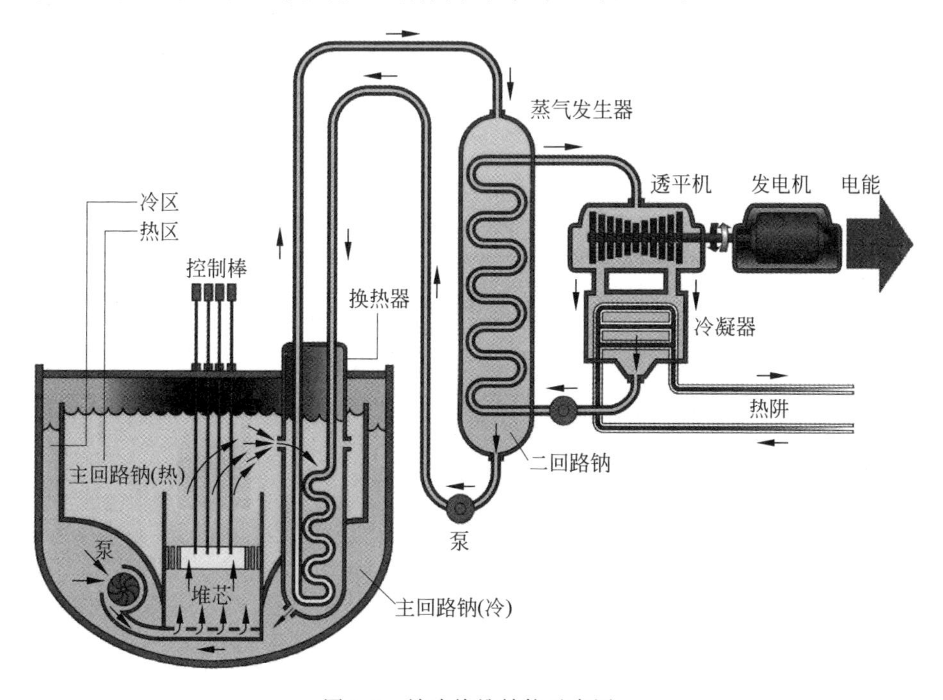

图1-5 钠冷快堆结构示意图

中国在20世纪60年代中期就开始了钠冷快堆技术的研究,先后完成了基础技术研究(1965—1987年)、应用技术研究(1987—1992年)和实验快堆工程技术研究(1992—2011年)三个阶段。在第三阶段中,中国与俄罗斯等国开展国际合作,于2010年完成了我国第一座钠冷快堆——中国实验快堆(China Experimental Fast Reactor,CEFR)的建设和首次临界,并于2011年实现了40%功率并网发电24小时的目标。随后,该堆于2014年年底实现了满功率运行72小时的目标。目前,我国正处于示范快堆技术的研发阶段。

表 1-1　国外快堆发展概况

堆名	功率(热/电)/MW	堆型	冷却剂	燃料	运行年份	类别[a]
美国						
Clementine	0.025/0	回路型	Hg	Pu	1946—1952	E
EBR-Ⅰ	1.2/0.2	回路型	NaK	U 合金	1951—1963	E
LAMPRE	1.0/0	回路型	Na	熔 Pu	1961—1965	E
FERMI[b]	200/66	回路型	Na	U 合金	1963—1975	E
EBR-Ⅱ	62.5/20	池型	Na	U 合金(U,Pu,Zr)	1963—1998	E
SEFOR	20/0	回路型	Na	UO_2	1969—1972	E
FFTF	400/0	回路型	Na	$(Pu,U)O_2$	1980—1996	E
CRBR	975/380	回路型	Na	$(Pu,U)O_2$		P
ALMR	840/303	池型	Na	(U,Pu,Zr)$(Pu,U)O_2$		C
SAFR	873/350	池型	Na	(U,Pu,Zr)		D
法国						
Rapsodie	20-40/0	回路型	Na	$(Pu,U)O_2$	1967—1983	E
Phenix	653/254	池型	Na	$(Pu,U)O_2$	1973—2010	P
SPX-1	3000/1242	池型	Na	$(Pu,U)O_2$	1985—1998	D
EFR	3600/1500	池型	Na	$(Pu,U)O_2$		C
德国						
NK-TT	60/21.4	回路型	Na	$(Pu,U)O_2$	1977—1991	E
SNR-300	770/327	回路型	Na	$(Pu,U)O_2$	1994[c]	P
SNR-2	3420/1497	回路型	Na	$(Pu,U)O_2$		D
印度						
FBTR	42/12.5-15	回路型	Na	(Pu,U)C	1985—	E
PFBR	1250/500	池型	Na	$(Pu,U)O_2$	2014—	P
日本						
JOYO	100-140/0	回路型	Na	$(Pu,U)O_2$	1977—	E
MONJU	714/318	回路型	Na	$(Pu,U)O_2$	1994—[d]	P
DFBR	1600/660	双池	Na	$(Pu,U)O_2$		D
CFBR	3250/1300	池型	Na	$(Pu,U)O_2$		C
英国						
DFR	60/15	回路型	NaK	U 合金	1959—1977	E
PFR	600/270	池型	Na	$(Pu,U)O_2$	1974—1994	P
CDFR	3800/1500	池型	Na	$(Pu,U)O_2$		D
意大利						
PEC	123/0	回路型	Na	$(Pu,U)O_2$		E
俄罗斯						
BR-2	0.1/0	回路型	Hg	Pu	1956—1957	E
BR-5/10	5-10/0	回路型	Na	Pu,PuO_2	1958—2003	E
BOR-60	60-12	回路型	Na	$(Pu,U)O_2$	1969—	E
BN-350	700/130	回路型	Na	UO_2	1972—1999	P
BN-600	1470/600	池型	Na	UO_2	1980—	P

续表

堆名	功率(热/电)/MW	堆型	冷却剂	燃料	运行年份	类别[a]
俄罗斯						
BN-800	2000-800	池型	Na	$(Pu,U)O_2$	2014—	C
BMN-170	425/170	池型	Na	$(Pu,U)O_2$		C
BN1600	4200/1600	池型	Na	$(Pu,U)O_2$		C
BN1800	4500/1800	池型	Na	$(Pu,U)O_2$		C
韩国						
KALIMER	392/162	池型	Na	(U,Pu,Zr)		P

[a] E为实验堆,P为原型堆,D为示范堆,C为商用堆。

[b] FERMI原作为原型堆设计。

[c] SNR-300建成后因地方政府反核而未装料,已拆除。

[d] MONJU 1995年二回路钠泄漏,之后一直未再启动。

(6) 铅冷快堆(LFR)

铅冷快堆是采用铅或低熔点铅铋合金冷却的快中子堆。燃料循环为闭式,换料周期长。单一堆芯功率为50～150MW,模组可达300～400MW,整座电厂则约1200MW。核燃料是增殖性铀与超铀元素的金属或氮化物合金。铅冷快堆结构如图1-6所示。反应堆采用液态铅或液态铅合金自然热对流冷却,蒸汽发生器采用池式结构浸没于铅池上部,冷却剂出口温度可达550～800℃,因此可用于化学过程制氢。铅冷快堆除具有燃料资源利用率高和热效率高等优点外,同样具有很好的固有安全和非能动安全特性。因此,铅冷快堆在先进核能系统发展中具有非常好的开发前景。

6种第四代核能系统的主要特点见表1-2。

表1-2　6种第四代核能系统主要特点比较

项目	堆型					
	超高温气冷堆	超临界水堆	熔盐堆	气冷快堆	钠冷快堆	铅冷快堆
冷却剂	氦气	水	熔盐	氦气/CO_2	钠	铅/铅铋合金
一回路运行压力、温度	高压900～1000℃	高压510～625℃	常压700～800℃	高压850℃	常压550℃	常压480～800℃
主要应用	发电、制氢	发电	发电、制氢、核废料处理	发电、制氢、核废料处理	发电、核废料处理	发电、制氢
燃料循环模式	开式循环	开式/闭式循环	闭式循环	闭式循环	闭式循环	闭式循环

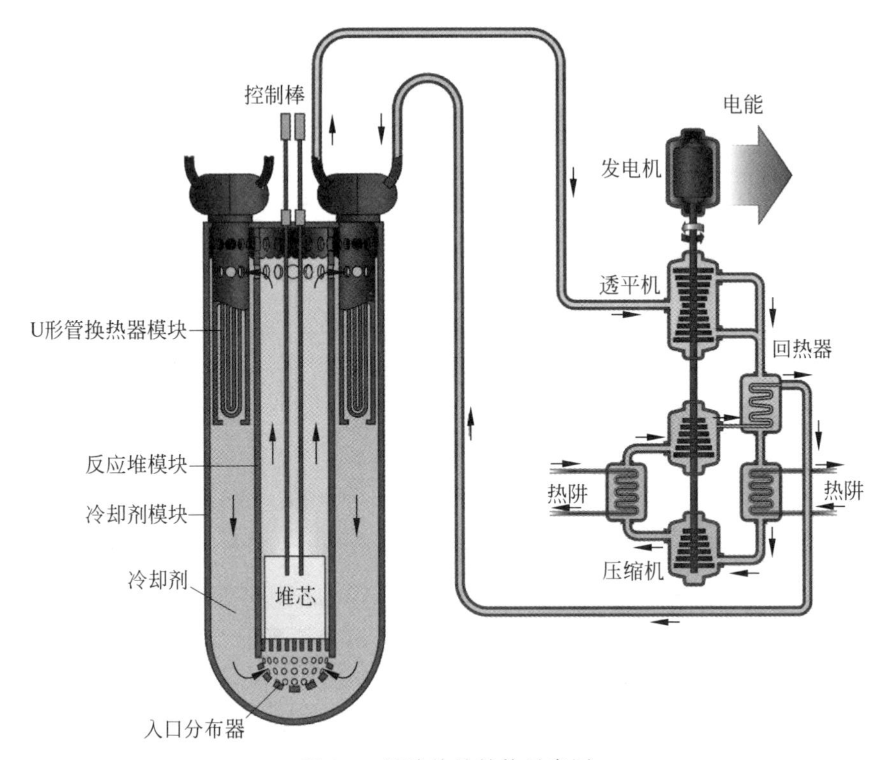

图 1-6　铅冷快堆结构示意图

1.3　铅合金液态金属冷却快堆

1.3.1　铅合金性能简介

铅是重金属，密度高、硬度低、延展性较强、电导率低、热导率高，且稳定性好，与水和空气都不发生剧烈反应。本书中的铅(基)合金是指以铅为基础材料，通过加入其他金属元素形成合金或共晶体，以期在降低熔点的同时使其他性能与铅类似。除纯铅外，在裂变堆中广泛采用的铅合金是铅铋共晶合金。铅铋共晶合金中铅和铋的质量百分比分别为 44.5%和 55.5%，该共晶体在铅铋合金相图中的熔点最低。表 1-3 给出了铅、铅铋合金与其他堆用冷却剂热物性的对比。

表 1-3　铅、铅铋合金与其他堆用冷却剂热物性对比

热物性	冷却剂					
	铅(723K，0.1MPa)	铅铋合金(723K，0.1MPa)	铅锂合金(673K，0.1MPa)	钠(723K，0.1MPa)	水(573K，15.5MPa)	氦气(1023K，3MPa)
密度/(g/cm^3)	10.52	10.13	9.72	0.844	0.727	0.0014069
熔点/K	600.6	398	508	371	—	—
沸点/K	2021	1927	1992	1156	618	—
比热容/(kJ/(kg·K))	0.146	0.142	0.189	1.3	5.4579(C_p)	5.1917(C_p)
体积比热容/(kJ/(m^3·K))	1536	1438	1837	1097	3965	7.304
热导率/(W/(m·K))	17.2	13.8	15.14	71.2	0.5625	0.368

采用铅合金作为反应堆冷却剂，其优良性能会对反应堆的物理特性和安全运行带来以下优势。

(1) 反应堆中子经济性优良，发展可持续性好。铅合金具有较低的中子慢化能力以及较小的俘获截面，因此反应堆可设计成较硬的中子能谱而获得优良的中子经济性，可利用更多富余中子实现核燃料嬗变、核燃料增殖等多种功能，也可设计成长寿命堆芯以提高资源利用率和经济性，也有利于预防核扩散。

(2) 反应堆热工特性优良，化学惰性强，安全性好。铅合金具有高热导率、低熔点、高沸点等特性，使反应堆可运行在常压下，可实现较高的功率密度，铅合金的高密度也使得反应堆在严重事故下不易发生再临界，较高的热膨胀率和较低的运动黏度系数确保反应堆有足够的自然循环能力。

(3) 铅合金化学性质不活泼，几乎不与水和空气发生剧烈化学反应，消除了氢气产生的可能。

(4) 铅合金与易挥发放射性核素碘和铯能形成化合物，从而可降低反应堆放射性源项。

采用铅合金作为反应堆冷却剂的缺点有以下几点。

(1) 铅与铅铋合金非常黏稠，密度较大，会增加系统重量，因此需要更大的结构支撑与抗震防护，增加建造成本。

（2）铅对金属材料侵蚀能力很强，长期作用下将显著影响容器、管道的力学性能，因此结构材料要具备优良的抗蚀性能，目前这一方面仍未得到完全解决。

除以上共性特点外，铅和铅铋还具有一些各自的特点。使用铅作为冷却剂的快堆可以在较高的温度条件下运行，具有较高的热效率，高熔点还容易在设备发生小泄漏时形成自封，阻止铅的继续泄漏；铅铋的熔点比铅低近200K，因此可以运行在较低的温度条件下，降低对堆内设备的要求，作为前期应用具有优势。此外，对于加速器驱动次临界系统（ADS），铅铋作为散裂靶在实现高的散裂中子产额的同时具有较好的热物性，并能和反应堆实现很好的耦合。

1.3.2　铅冷快堆发展概况

早在20世纪五六十年代，美国和苏联就已经开始研究核潜艇铅冷反应堆。60年代到90年代期间，苏联有8艘铅铋核潜艇和两座陆地铅铋反应堆投入运行并获得80多堆·年的运行经验。但是，由于没有很好地解决液态铅铋对材料的腐蚀以及产生放射性^{210}Po等问题，所有铅铋核潜艇均于90年代提前退役。尽管如此，俄罗斯仍然是世界上唯一拥有铅铋快堆建造经验的国家。美国由于没有很好地解决铅的腐蚀问题于20世纪60年代停止了铅/铅铋快堆的研究计划。但在21世纪初，美国能源部（DOE）宣布重新启动铅冷快堆研究计划，并针对核废料嬗变处理和小型模块化铅冷快堆分别设立了ABR项目和SSTAR项目，前者主要用于锕系元素嬗变的相关基础科学研究，后者则旨在为阿拉斯加、夏威夷和太平洋盆地岛屿国家等无电网地域提供能源。

欧洲最初研究的铅冷系统是加速器驱动次临界系统，主要用来嬗变钚和次锕系核素（MA）。随着铅冷快堆的发展，自1997年欧盟第五共同研究框架（FP5）开始，通过FP5、FP6、FP7先后设立了ELSY/ELFR、ALFRED、MYRRHA和ELECTRA等铅/铅铋快堆研究项目。其中，ELECTRA主要由瑞典皇家理工学院（KTH）负责，反应堆设计功率为0.5MW，主要用作铅冷快堆教育研究工作；MYRRHA是一座加速器驱动铅铋冷却实验快堆，由比利时SCK-CEN研究所负责，堆芯设计功率为100MW，主要作为ADS技术研究平台。目前，欧盟国家通过总结过去经验，把研究精力主要集中在FP7框架计划LEADER项目中的ELFR和ALFRED两个示范活动中。其中ELFR设计方案是在欧洲铅冷系统ELSY基础上进一步优化得到的；

ALFRED设计热功率为300MWt(电功率为120MWe),采用纯铅冷却剂,现已成为欧洲研究的焦点。2013年,在欧盟的资助下,意大利的安萨尔多核电公司(Ansaido)计划于2025年在罗马尼亚核能研究中心将ALFRED建成运行。

日本关于铅冷快堆在早期做了许多研发工作,先后提出了铅铋冷却长寿命小型堆(LSPR)、铅铋-水直接接触沸水快堆(PBWFR)和蜡烛堆(CANDLE)等概念堆型。但是在福岛核事故后,日本虽然仍旧活跃于铅冷快堆研究发展领域,却主要转向相关基础研究。

中国关于铅/铅铋快堆的研究起步较晚,初期主要针对ADS进行研究。2009年,中国科学院开始研究基于铅/铅铋冷却的加速器驱动次临界系统。2011年,中国科学院启动战略性先导科技专项"未来先进核裂变能——ADS嬗变系统"研究项目,并将中国铅基研究反应堆(CLEAR)列为候选堆型,开始部署我国在铅基快堆方面的研究工作。中国科学院核能安全技术研究所FDS团队在该项目的支持下,针对CLEAR全面开展研发工作,计划通过研究实验堆CLEAR-Ⅰ(10MW)、工程示范堆CLEAR-Ⅱ(100MW)和商用原型堆CLEAR-Ⅲ(1000MW)三期实现商业应用。2019年10月,我国首座铅铋合金零功率反应堆启明星Ⅲ号在中国核工业集团有限公司、中国原子能科学研究院实现首次临界,并正式启动我国铅铋堆芯核特性物理实验,标志着我国在铅铋快堆领域的研发跨出实质性一步,进入了工程化阶段。

本书主要面向铅冷快堆,将分章节介绍液态铅合金理化特性、化学控制与监测、辐照影响、与结构材料相容性、热工水力特性、检测测量与实验设施以及相关安全管理等方面的内容。

参考文献

成松柏,王丽,张婷,2018.第四代核能系统与钠冷快堆概论[M].北京:国防工业出版社.

高立本,沈健,2016.高温气冷堆的发展与前景[J].中国核工业,10:24-26.

韩金盛,刘滨,李文强,2018.铅冷快堆研究概述[J].核科学与技术,6(3):87-97.

黄彦平,臧金光,2018.气冷快堆概述[J].现代物理知识,4:40-43.

李雪峰,雷梅芳,2018.第四代核能系统的产生与发展[J].中国核工业,2:29-32.

OECD/NEA,2014.铅与铅铋共晶合金手册——性能、材料相容性、热工水力学和技术[M].2007版.戎利建,张玉妥,陆善平,等译.北京:科学出版社.

吴宗鑫,张作义,2004.先进核能系统和高温气冷堆[M].北京:清华大学出版社:190-206.

徐銤,杨红义,2016.钠冷快堆及其安全特性[J].物理,45(9):561-568.

杨孟嘉,任俊生,周志伟,2004.第四代核能系统研发介绍[J].国际电力,5:30-35.

ALEMBERTI A, SMIRNOV V, SMITH C F, et al, 2014. Overview of lead-cooled fast reactor activities[J]. Prog. Nucl. Energy, 77(11): 300-307.

ALLEN T R, CRAWFORD C D, 2007. Lead-cooled fast reactor systems and the fuels and materials challenges[J]. Sci. Technol. Nucl. Install. ,97486.

IAEA, 1980. International nuclear fuel cycle evaluation fast breeders[R]. Report of INFCE Working Group 5, VIENNA: IAEA.

IAEA, 2002. Comparative assessment of thermophysical and thermohydraulic characteristics of lead, lead-bismuth and sodium coolants for fast reactors [R]. Vienna: IAEA, TECDOC-1289.

IAEA,1999. Status of liquid metal cooled fast reactor technology[R]. Vienna: IAEA, TECDOC-1083.

MILETIC M, FUAC R, PIORO I, et al, 2014. Development of gas cooled reactors and experimental setup of high temperature helium loop for in-pile operation[J]. Nucl. Eng. Des. , 276(9): 87-97.

OECD/NEA, 2015. Handbook on lead-bismuth eutectic alloy and lead properties, materials compatibility, thermal-hydraulics and technologies [R]. Organization for Economic Cooperation and Development, NEA. No. 7268.

DOE U S, 2003. Report to congress on advanced fuel cycle initiative: the future path for advanced spent fuel treatment and research[R]. U. S. Department of Energy.

ZHENG G, WU H, WANG J, et al, 2018. Thorium-based molten salt SMR as the nuclear technology pathway from a market-oriented perspective [J]. Ann. Nucl. Energy, 116(6): 177-186.

第2章　热物性、电学性能和热力学关系

在第1章已经提及，纯铅(Pb)和铅铋共晶合金(LBE)是目前铅合金液态金属冷却快堆中主要采用的冷却剂。当前选取铅铋共晶合金作为大多数铅冷快堆和ADS的主要候选冷却剂，是因为其运行温度更低(熔点低)，有利于腐蚀速率的降低和系统的维护。

本章主要根据收集到的文献资料汇总整理了Pb、Bi和LBE的热物性、电学性能以及热力学关系方面的相关数据。由于不同文献资料提供的数据具有一定的差异性，因此在实际应用中建议使用推荐的“最佳拟合”数据或公式。

2.1　热物理性质

2.1.1　铅铋合金相图

戈克钦(Gokcen，1992)在参考前人研究结果的基础上提出了如图2-1所示的铅铋合金相图。由相图可知：

(1) Bi和Pb的熔化温度分别为271.442℃(544.592K)和327.502℃(600.652K)；

(2) 存在ε相；

(3) 共晶点的成分为45.0at.%(原子百分含量)Pb，熔化温度为125.5℃(398.65K)；

(4) 包晶点的成分为71.0at.%Pb，反应温度为187℃(460.15K)；

(5) 共析点的成分为72.5at.%Pb，反应温度为−46.7℃(226.45K)；

(6) Bi在Pb中的最大固溶度为22at.%，Pb在Bi中的最大固溶度为0.5at.%。

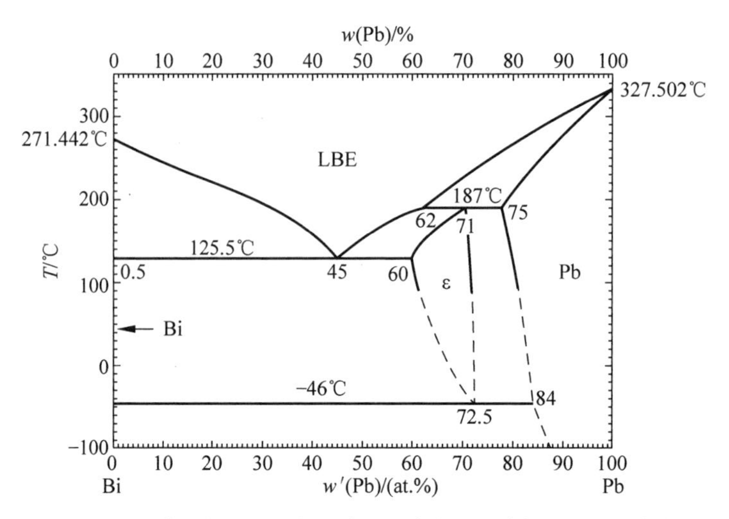

图 2-1　Pb-Bi 合金相图（w 表示质量百分含量，w'表示原子百分含量）

2.1.2　正常熔点

根据文献（Miller，1954；Lyon，1954，1960；Kutateladze，1959；Hofmann，1970；Hultgren，1974；Lucas，1984a；Iida，1988；Kubaschewski，1979，1993；Gokcen，1992；Cheynet，1996；SMRB，2004；OECA/NEA，2015），Pb 的熔化温度约为

$$T_{\text{melt Pb}}=(600.6\pm0.1)\text{K} \tag{2-1}$$

霍夫曼（Hofmann，1970）认为，当压力从 15MPa 增加到 200MPa 时，压力每增加 1MPa，Pb 的熔点增加 0.0792K；当压力从 800MPa 增加到 1200MPa 时，熔点缓慢增加，即压力每增加 1MPa，Pb 的熔点增加 0.0671K；当压力从 2GPa 增加到 3GPa 时，熔点增加 5.4K。

对于 Bi 的熔点，由于相关文献中小数点后第一位有效数字具有不确定性，建议使用如下的平均值：

$$T_{\text{melt Bi}}=(544.4\pm0.3)\text{K} \tag{2-2}$$

根据文献（Miller，1954；Kutateladze，1959；Hultgren，1973；SMRB，1955，1983；Elliott，1965；Baker，1992；Lyon，1960；Kirillov，2000a；Cevolani，1998；Imbeni，1999；IAEA，2002；Sobolev，2002；OECA/NEA，2015），常压下 LBE 的熔点范围为 123.5～125.5℃（396.7～398.7K）。推荐使用的平均值为

$$T_{\text{melt LBE}}=(398\pm1)\text{K} \tag{2-3}$$

2.1.3　熔化与凝固时体积的变化

金属与合金在相变(熔化和凝固)时其体积会发生一定的变化。了解相变时金属与合金的体积变化对加深理解其熔化和凝固过程以及用于反应堆液态金属冷却剂具有重要作用。与大部分金属相似,Pb 具有面心立方晶体结构,熔化时其体积会增加。类似于其他半金属,固态 Bi 熔化时其体积会减小。在常压下,固态 LBE 熔化时其体积变化可以忽略。表 2-1 总结了 Pb、Bi 以及 LBE 在熔化时体积变化的平均值。在熔化非常缓慢的情况下(准平衡条件),LBE 的体积变化接近于零。

表 2-1　Pb、Bi 以及 LBE 熔化时的体积变化

物质	Pb	Bi	LBE
体积变化($\Delta V/V_0$)	+3.70%	−3.70%	≈0.00%

然而,LBE 凝固和熔化过程中其体积变化更加复杂,因为过程中伴随着温度的快速变化。里昂(Lyon,1954)认为 LBE 凝固时体积收缩 1.43%;在随后的凝固过程中,当温度为 65℃ 时,固体体积膨胀 0.77%。霍夫曼(Hofmann,1970)发现 LBE 凝固后其固相的体积收缩(1.52±0.1)%。格拉斯布伦纳等(Glasbrenner et al,2006)测量了 LBE 在室温下凝固和快速冷却时其体积膨胀量随时间的变化结果,如图 2-2 所示。可以看出,经过凝固和冷却后 LBE 的体积收缩约 0.35%,在室温下暴露大约 100 min 后其体积恢复到初始值,1 年后增加约 1.2%。

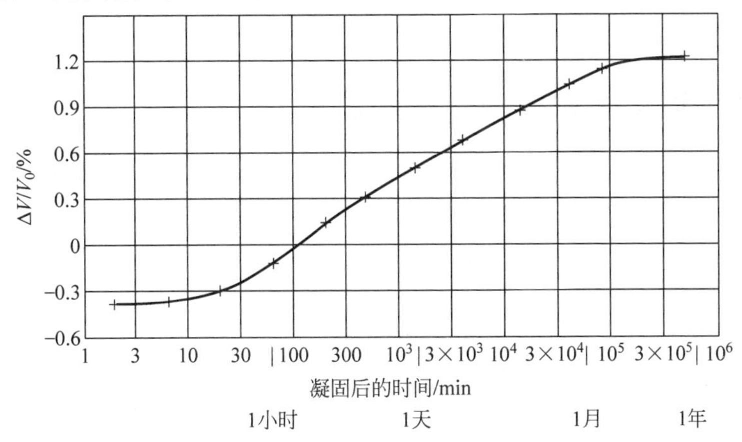

图 2-2　LBE 凝固冷却到室温期间线性膨胀与时间的函数关系(Glasbrenner,2006)

皮尔琴科夫(Pylchenkov,1998)对反应堆回路中 LBE 凝固与熔化的相关问题进行了分析(图 2-3)。通过分析发现,凝固/熔化过程的体积变化对实验条件非常敏感,通常需要较长时间(大于 100 d)才能达到平衡。凝固/熔化过程对体积的影响很大程度上取决于固态局部相结构的改变(与 LBE 组元间互溶有关),同时在一些实验中也观察到体积变化可以忽略不计。根据实验结果,皮尔琴科夫(Pylchenkov,1998)认为 LBE 成分的局部改变可能导致亚稳态合金凝固后发生膨胀,凝固过程中过饱和 γ 相的析出导致其体积增加。然而,对于纯共晶材料,皮尔琴科夫(Pylchenkov,1998)指出,总的趋势是 LBE 熔化/凝固过程的体积效应是微不足道的。

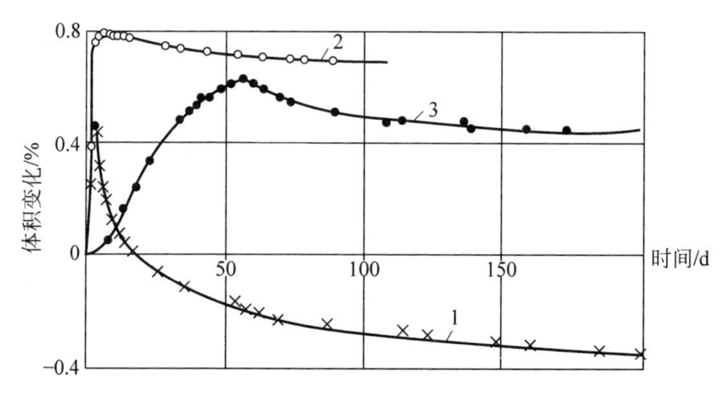

图 2-3　从 25℃加热到 125℃(低于熔点)时固态 LBE 体积变化与时间的函数关系(Pylchenkov,1998)

图中曲线 1 代表快速加热(前期处理为在 20～25℃中放置几年);曲线 2 代表快速加热(前期处理为在凝固过程中暴露 65h 后冷却到 25℃);曲线 3 代表加热时间为 1h(前期处理为在 124℃暴露 3h 后在 25℃暴露 15h)

2.1.4　正常熔点处的熔化潜热

根据文献(Miller,1954; Hultgren,1974; Cheynet,1996; Kubaschewski,1993; Iida,1988; Lucas,1984a; IAEA,2002; OECA/NEA,2015),在正常熔点处 Pb 的熔化潜热为

$$Q_{\text{melt Pb}}=(4.9\pm0.2)\text{kJ/mol}=(23.8\pm0.7)\text{kJ/kg} \tag{2-4}$$

在正常熔点处 Bi 的熔化潜热为

$$Q_{\text{melt Bi}}=(11.0\pm0.4)\text{kJ/mol}=(52.6\pm1.7)\text{kJ/kg} \tag{2-5}$$

根据文献(IAEA,2002; Kirillov,2000b; OECA/NEA,2015),在标准大气压下,LBE 的熔化潜热为

$$Q_{\text{melt LBE}} = (8.01 \pm 0.07)\text{kJ/mol} = (38.5 \pm 0.3)\text{kJ/kg} \tag{2-6}$$

2.1.5 正常沸点

根据文献(Lyon,1954,1960; Kutateladze,1959; Hultgren,1974; Iida,1988; Kubaschewski,1993; Cheynet,1996; SMRB,2004; Howe,1961; IAEA,2002; OECA/NEA,2015),Pb的沸点为

$$T_{\text{boil Pb}} = (2021 \pm 3)\text{K} \tag{2-7}$$

Bi的沸点存在更大的不确定性,在正常条件下,工业Bi的沸点为

$$T_{\text{boil Bi}} = (1831 \pm 6)\text{K} \tag{2-8}$$

根据文献(Lyon,1954; Kutateladze,1959; OECA/NEA,2015),在标准大气压下,LBE的沸点为

$$T_{\text{boil LBE}} = (1927 \pm 16)\text{K} \tag{2-9}$$

2.1.6 正常沸点处的汽化潜热

汽化潜热(焓)是对液态金属原子间结合能大小的表征。因此,汽化潜热与表面张力以及热膨胀有关。根据文献(Miller,1954; SMRB,1983; Iida,1988; Lucas,1984a; IAEA,2002; OECA/NEA,2015),在正常沸点处,Pb的汽化潜热为

$$Q_{\text{boil Pb}} = (177.9 \pm 0.04)\text{kJ/mol} = (858.6 \pm 1.9)\text{kJ/kg} \tag{2-10}$$

在正常沸点处,Bi的汽化潜热为

$$Q_{\text{boil Bi}} = (178.9 \pm 0.04)\text{kJ/mol} = (856.2 \pm 1.9)\text{kJ/kg} \tag{2-11}$$

根据文献(Friedland,1966; IAEA,2002; OECA/NEA,2015),在正常沸点处,LBE的汽化潜热为

$$Q_{\text{boil LBE}} = (178.0 \pm 1)\text{kJ/mol} = (856 \pm 5)\text{kJ/kg} \tag{2-12}$$

2.1.7 饱和蒸汽压

液态金属的蒸汽压是其重要热物性参数,与汽化潜热(焓)有直接关系。当液相(l)与气相(v)在汽化曲线上达到平衡时,可用克劳修斯-克拉珀龙(Clausius-Clapeyron)方程表示

$$\frac{\mathrm{d}p}{\mathrm{d}T} = \frac{H_{\mathrm{v}} - H_{\mathrm{l}}}{T(V_{\mathrm{v}} - V_{\mathrm{l}})} \tag{2-13}$$

式中,p为压强,H为摩尔焓,V为摩尔体积。

因此,假设将蒸汽视作理想气体并忽略液体的体积,可以得出

$$p = A\exp\left(-\frac{\Delta H}{RT}\right) \tag{2-14}$$

式中,A 为积分常数,ΔH 为汽化热(焓)。由于蒸汽压随温度的变化相对较小,因此式(2-14)能在比较宽的温度范围内给出平衡蒸汽压的近似值。

根据文献(Miller,1954; Lyon,1960; Friedland,1966; Hultgren,1974; SMRB,1983,2004; Cheynet,1996; Iida,1988; Kubaschewski,1979,1993; Cheynet,1996),Pb 的饱和蒸汽压随温度的变化如图 2-4 所示。当 Pb 从熔融温度升至正常沸点时,其饱和蒸汽压可用下式进行估算:

$$p_{\mathrm{sPb}} = 1.88\times10^{13}T^{-0.985}\exp\left(-\frac{23325}{T}\right),\mathrm{Pa} \tag{2-15}$$

式中,T 的单位为 K。

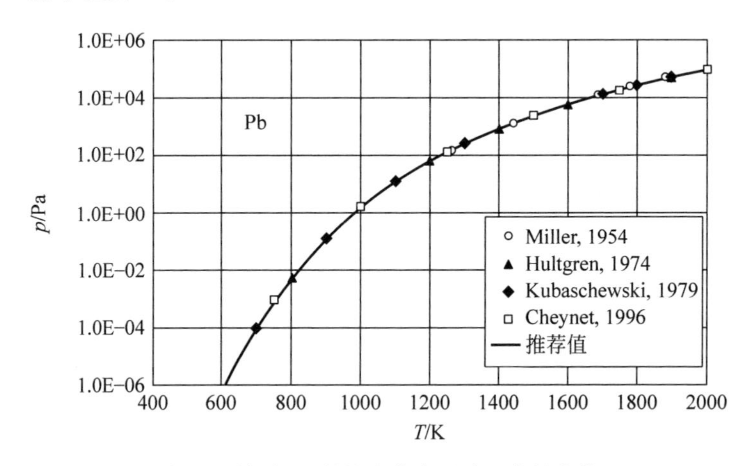

图 2-4 熔融 Pb 的饱和蒸汽压随温度的变化

根据文献(Miller, 1954; Lyon, 1960; Howe, 1961; Hultgren, 1974; Kubaschewski,1979,1993; SMRB,1983,2004; Cheynet,1996),熔融 Bi 的饱和蒸汽压随温度的变化如图 2-5 所示。当熔融 Bi 温度从熔点升高至正常沸点时,其饱和蒸汽压可用下式进行估算:

$$p_{\mathrm{sBi}} = 2.67\times10^{10}\exp\left(-\frac{22858}{T}\right),\mathrm{Pa} \tag{2-16}$$

根据文献(Tupper,1991; Orlov,1997; Michelato,2003; Schuurmans, 2006; Ohno,2005; Morita,2006),LBE 的饱和蒸汽压随温度的变化如图 2-6 所示。当温度单位为 K 时,熔融 LBE 的饱和蒸汽压建议用下式估算:

$$p_{\mathrm{sLBE}} = 1.22\times10^{10}\exp\left(-\frac{22552}{T}\right),\mathrm{Pa} \tag{2-17}$$

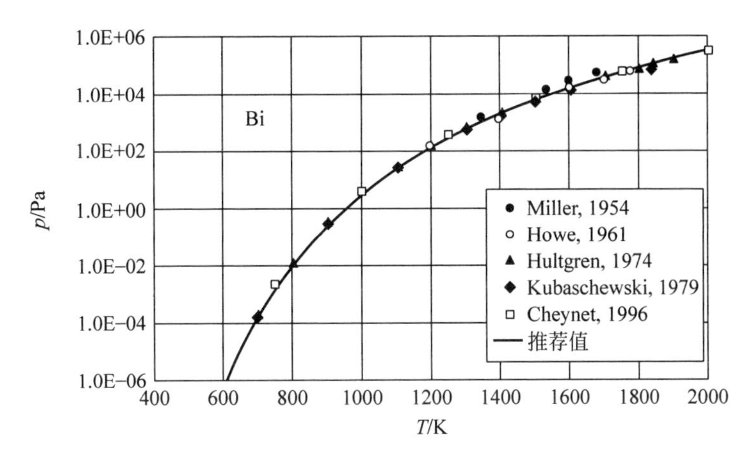

图 2-5 熔融 Bi 的饱和蒸汽压随温度的变化

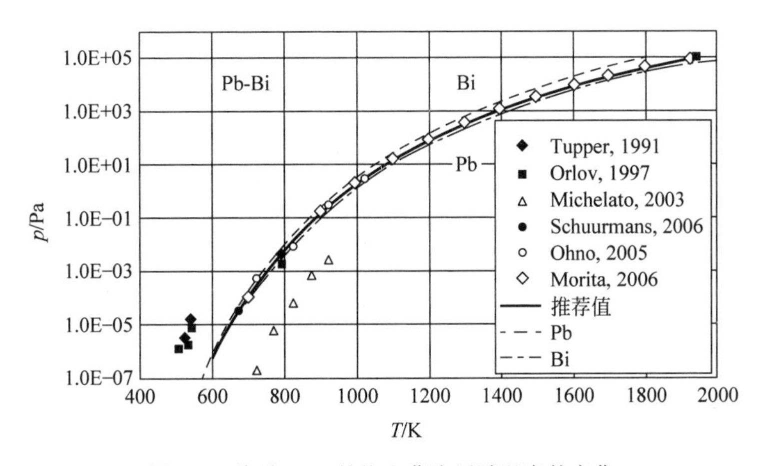

图 2-6 熔融 LBE 的饱和蒸汽压随温度的变化

2.1.8 表面张力

液体表面的张力具有使其表面能最小化的作用，表面张力的大小定义为单位面积所拥有的表面自由能。杂质的存在对于表面张力的影响非常大。液体的表面张力随温度的升高而降低，在临界温度(T_c)降为零，此时液体与气体无区别。根据厄特沃什(Eötvös)定律，液体的表面张力 σ 可通过下式进行计算：

$$\sigma = K_{\sigma} V_{\alpha}^{\frac{2}{3}} (T_c - T) \tag{2-18}$$

式中，V_α 为摩尔体积，K_σ 系数对于正常液态金属基本相同。K_σ 系数平均值为 $6.4\times10^{-8}\text{J}/(\text{m}^2\cdot\text{K}\cdot\text{mol}^{2/3})$。基恩(Keene，1993)查阅了大量纯金属表面张力相关数据后，认为大多数液态金属的表面张力与温度呈线性关系，

$$\sigma = a + bT \tag{2-19}$$

根据文献资料(Miller，1954；Friedland，1966；SMRB，1983，2004；Lucas，1984a；Jauch，1986；Iida，1988；Keene，1993；IAEA，2002；Kirillov，2000a，2008；Allen，1972；Kasama，1976；Alchagirov，2003；Plevachuk，2008；Novakovic，2002；Pokrovsky，1969；Harvey，1961；Joud，1972；Eustathopoulos，1996)，熔融 Pb 的表面张力与温度关系如图 2-7 所示。

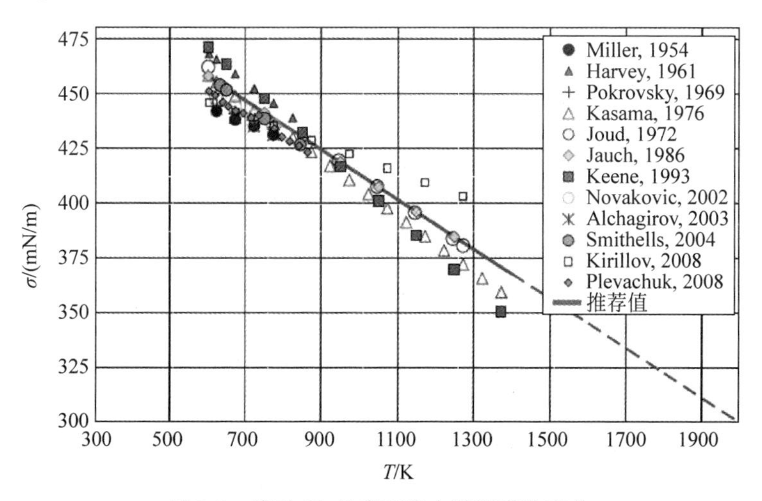

图 2-7　熔融 Pb 的表面张力随温度的变化

当温度单位为 K 时，在有效温度范围内，若什(Jauch，1986)建议采用如下公式计算 Pb 的表面张力：

$$\sigma_{\text{Pb}} = 0.5259 - 1.13\times10^{-4}T,\text{N/m} \tag{2-20}$$

式(2-20)可接受的有效温度范围为 600.6(熔化温度)～1300K(327.6～1027℃)。

根据相关文献(Miller，1954；Howe，1961；SMRB，1955，2004；Lucas，1984a；Iida，1988；Keene，1993；Pokrovsky，1969；Lang，1977；Allen，1972；Alchagirov，2003；Plevachuk，2008；Kasama，1976；Novakovic，2002；Eustathopoulos，1996)，熔融 Bi 的表面张力与温度的关系如图 2-8 所示。基恩(Keene，1993)总结了如下的估算公式：

$$\sigma_{\text{Bi}} = 0.4208 - 8.1\times10^{-5}T,\text{N/m} \tag{2-21}$$

式中 T 的单位为 K，有效温度范围是 T_{melt} 至 1400K(1127℃)。

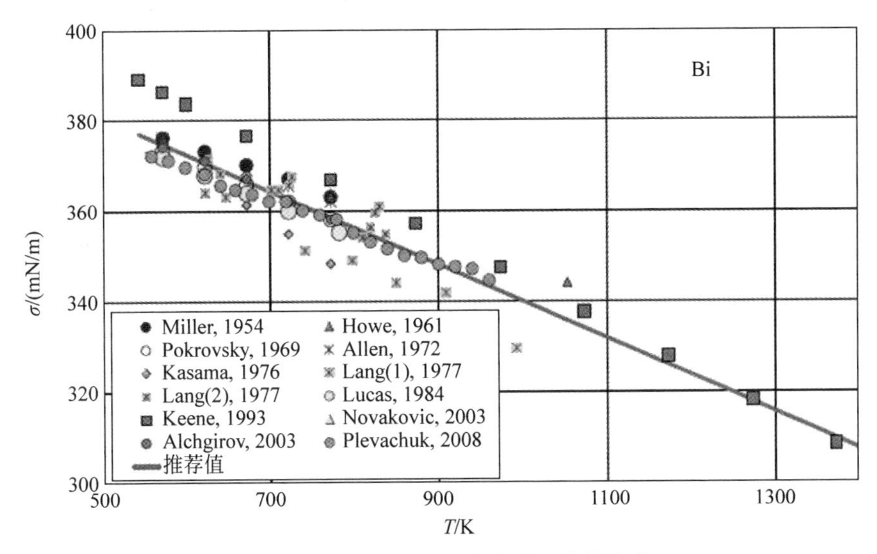

图 2-8　熔融 Bi 的表面张力随温度的变化

根据文献(Miller，1954；Semenchenko，1961；Kazakova，1984；Novakovic，2002；Giuranno，2003；Pastor Torres，2003；Pokrovsky，1969；Kirillov，2000a，2008；Plevachuk，2008；IAEA，2002)，熔融 LBE 的表面张力随温度的变化如图 2-9 所示。同样，可以按照如下经验公式估算 LBE 的表面张力：

$$\sigma_{LBE}=0.4485-7.99\times10^{-5}T, \mathrm{N/m} \tag{2-22}$$

式中 T 的单位为 K。在正常压力下，当温度低于 1400K(1127℃)时，上式适用(偏差小于 3%)。

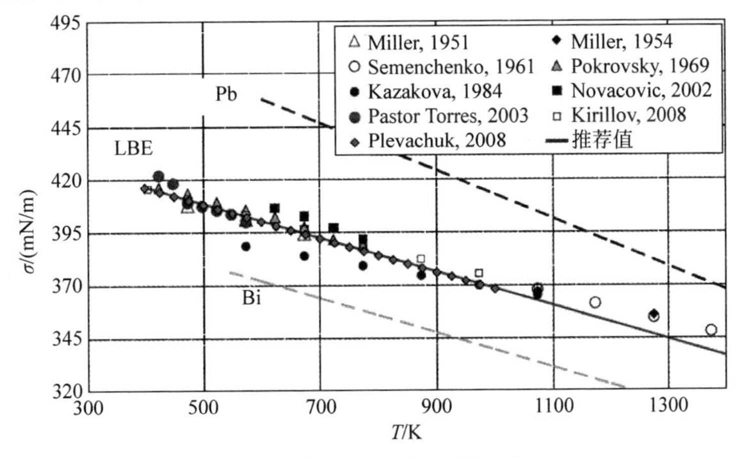

图 2-9　熔融 LBE 的表面张力

2.1.9　密度

密度对于温度和压力的依赖关系为状态方程(equation of state,EOS)提供了基本信息。工程实践中,密度不仅用于确定单位体积原子的浓度以及装置冷却剂的水力参数范围,也用于黏度、表面张力和热扩散率等基本物理性质的测量与计算。

根据相关文献(Miller,1954；Lyon,1960；Kutateladze,1959；Kirshenbaum,1961；Crean,1964；Friedland,1966；Ruppersberg,1976；Weeks,1971；SMRB,1983,2004；Lucas,1984a；Iida,1988；Kirillov,2000a,2008；Friedland,1966；Onistchenko,1999；IAEA,2002),常压下熔融 Pb 的密度随温度的变化如图 2-10 所示。熔融 Pb 的密度推荐用下式估算(式中温度 T 的单位为 K):

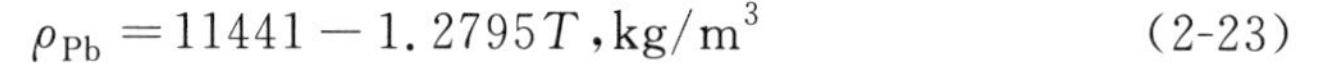

$$\rho_{Pb} = 11441 - 1.2795T, kg/m^3 \quad (2\text{-}23)$$

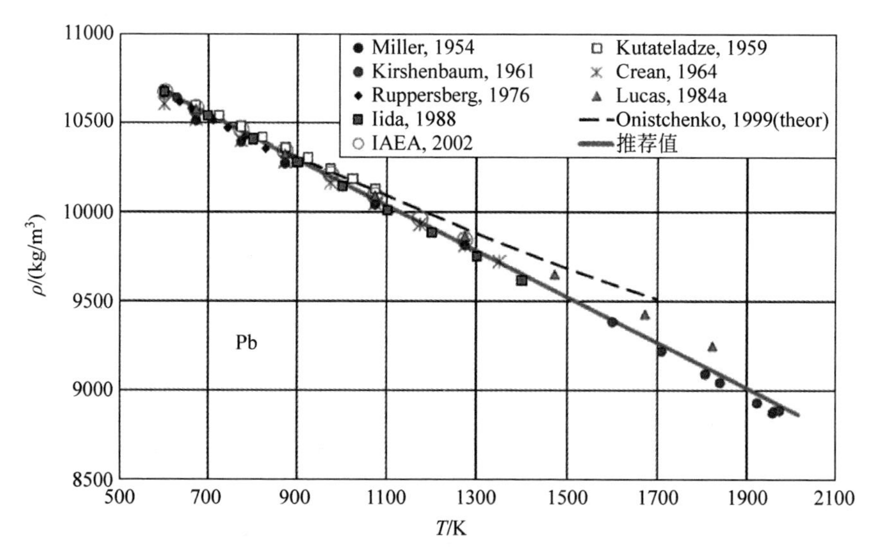

图 2-10　常压下熔融 Pb 的密度随温度的变化

根据相关文献(Miller,1954；Kutateladze,1959；Crean,1964；Cahill,1963；Bonilla,1964；Lucas,1984a；Iida,1988；Makeyev,1989；Greenberg,2009；Onistchenko,1999；Alchagirov,2003),熔融 Bi 的密度与温度的关系如图 2-11 所示。推荐用下式进行估算(OECD/NEA,2015):

$$\rho_{Bi} = 10725 - 1.22T, kg/m^3 \quad (2\text{-}24)$$

式中,T 的单位为 K。式(2-24)的偏差值不超过 0.5%。

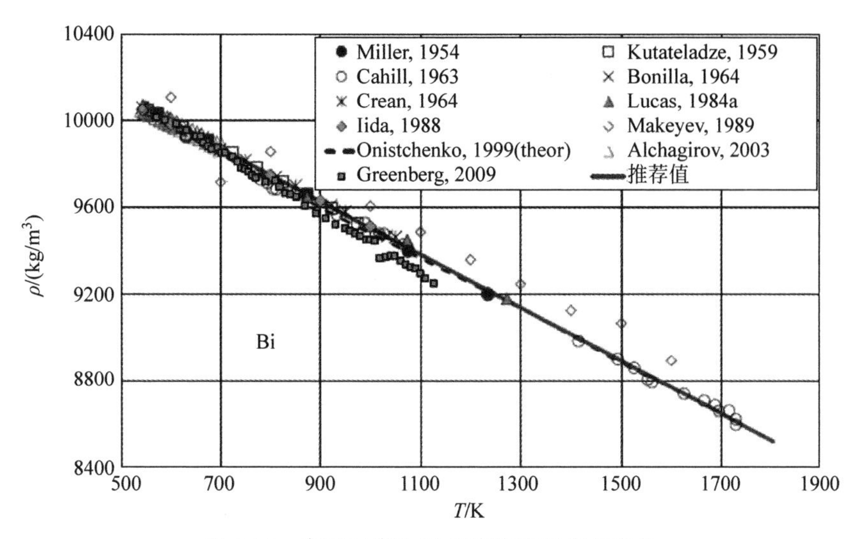

图 2-11　常压下熔融 Bi 的密度随温度的变化

根据相关文献(Miller,1954; Kutateladze,1959; IAEA,2002; Kirillov,2000a; Alchagirov,2003; Khairulin,2005; Bonilla,1964),在常压下 LBE 的密度与温度的关系如图 2-12 所示。

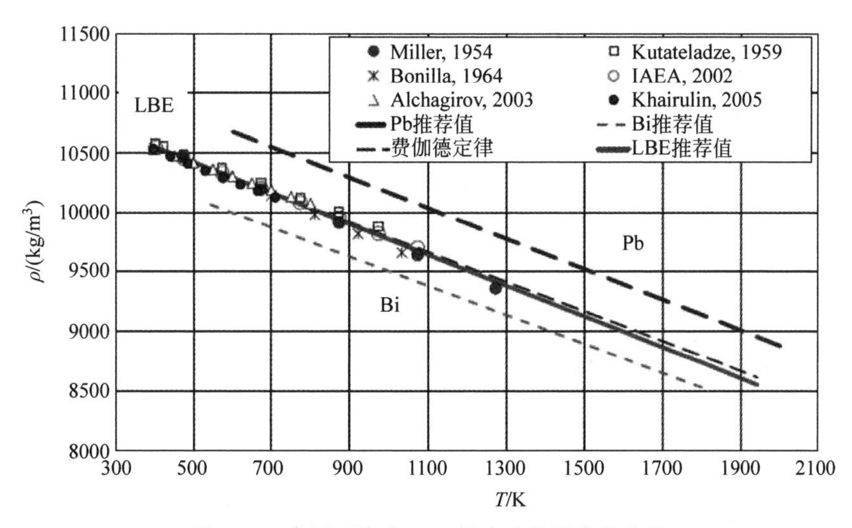

图 2-12　常压下熔融 LBE 的密度随温度的变化

对图 2-12 中的数据作线性回归,可得 LBE 的密度与温度的估算式为

$$\rho_{\mathrm{LBE}} = 11065 - 1.293T,\mathrm{kg/m^3} \tag{2-25}$$

式中,T 的单位为 K。

在图 2-12 中，利用费伽德（Vegard）定律计算得到的 LBE 的密度可用 LBE 的摩尔体积（$V_{m,\mathrm{LBE}}$）与 Pb、Bi 的摩尔分数（$x_{m,\mathrm{Pb}}$ 和 $x_{m,\mathrm{Bi}}$）以及 Pb、Bi 的摩尔体积（$V_{m,\mathrm{Pb}}$ 和 $V_{m,\mathrm{Bi}}$）表示：

$$V_{m,\mathrm{LBE}}=(x_{m,\mathrm{Pb}}\sqrt[3]{V_{m,\mathrm{Pb}}}+x_{m,\mathrm{Bi}}\sqrt[3]{V_{m,\mathrm{Bi}}})^{3} \tag{2-26}$$

式(2-26)也可改写为

$$\rho_{\mathrm{LBE}}=\frac{\mu_{\mathrm{LBE}}}{\left(x_{m,\mathrm{Pb}}\sqrt[3]{\dfrac{\mu_{\mathrm{Pb}}}{\rho_{\mathrm{Pb}}}}+x_{m,\mathrm{Bi}}\sqrt[3]{\dfrac{\mu_{\mathrm{Bi}}}{\rho_{\mathrm{Bi}}}}\right)^{3}} \tag{2-27}$$

式中，μ_{LBE}、μ_{Pb} 和 μ_{Bi} 分别为 LBE、Pb 和 Bi 的摩尔质量。将纯熔融 Pb 和纯熔融 Bi 的密度代入式(2-27)，可计算出 LBE 的密度。通过该方法计算出的密度精度更高。

2.1.10　热膨胀

液态金属的密度随温度变化是由于原子间力的非简谐振动导致的热膨胀。一般情况下，可由下式描述定压条件下密度与体积热膨胀系数 α_x 之间的关系（OECD/NEA，2015）：

$$\alpha_x(T)=\frac{1}{V}\left(\frac{\partial V}{\partial T}\right)_p=-\frac{1}{\rho}\left(\frac{\partial \rho}{\partial T}\right)_p \tag{2-28}$$

目前，虽然尚未有文献报道直接测量熔融 Pb、Bi 和 LBE 体积热膨胀系数（coefficient of volumetric thermal expansion，CVTE）的方法，但是通过联立式(2-28)以及 2.1.9 节给出的密度与温度的关系式，可以得到如下的等压体积热膨胀系数计算公式：

(1) Pb

$$\alpha_{\rho_{\mathrm{Pb}}}(T)=\frac{1}{9516.9-T},\mathrm{K}^{-1} \tag{2-29}$$

(2) Bi

$$\alpha_{\rho_{\mathrm{Bi}}}(T)=\frac{1}{8786.2-T},\mathrm{K}^{-1} \tag{2-30}$$

(3) LBE

$$\alpha_{\rho_{\mathrm{LBE}}}(T)=\frac{1}{8383.2-T},\mathrm{K}^{-1} \tag{2-31}$$

将式(2-29)～式(2-31)计算得到的热膨胀系数绘于图 2-13 中，可以发现 LBE 的热膨胀系数最大，说明在 LBE 中 Pb 和 Bi 原子之间的吸引力小于纯铅和纯铋。这也可能是由于采用密度计算公式微分法得到的热膨胀系数具有很大程度的不确定性造成的。

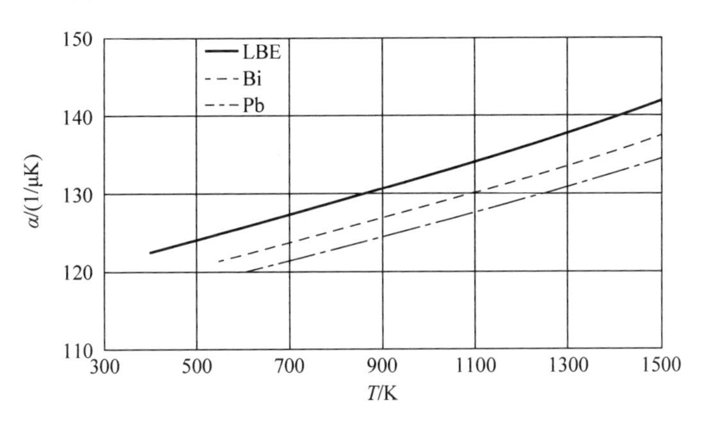

图 2-13　熔融 Pb、Bi 与 LBE 体积热膨胀系数随温度的变化

2.1.11　声速和压缩性

声速和压缩性是物质最基本的热力学性质。文献中并没有关于 Pb、Bi 和 LBE 压缩系数的直接测量数据。通常，绝热(等熵)压缩系数 β_S(或绝热弹性模量 B_S)是在对声速 u_s 和密度 ρ 进行测量的基础上由下面的热力学公式(Dreyfus，1971)计算得到：

$$B_S=\frac{1}{\beta_S}=-V\left(\frac{\partial\rho}{\partial V}\right)_S=\frac{\rho}{\left(\frac{\partial\rho}{\partial P}\right)_S}=\rho u_s^2 \tag{2-32}$$

根据相关文献(Kleppa，1950；Gordon，1959；OECD/NEA，2015；Konyuchenko，1969；Filippov，1966；Gitis，1966；Beyer，1972；Tsu，1979；Hayashi，2007；Greenberg，2008)，熔融 Pb 在熔融温度区间的纵向声波的声速测量值如图 2-14 所示。

建议采用下式估算熔融 Pb 中的声速值：

$$u_{sPb}=1953-0.246T,\mathrm{m/s} \tag{2-33}$$

式中，T 的单位为 K。

根据文献(Sobolev，2011)，熔融 Bi 中的声速值推荐采用下式：

$$u_{sBi}=1616+0.187T-2.2\times10^{-4}T^2,\mathrm{m/s} \tag{2-34}$$

式中，T 的单位为 K。

根据文献(Sobolev，2011)，熔融 LBE 中的声速值推荐采用如下线性关系式：

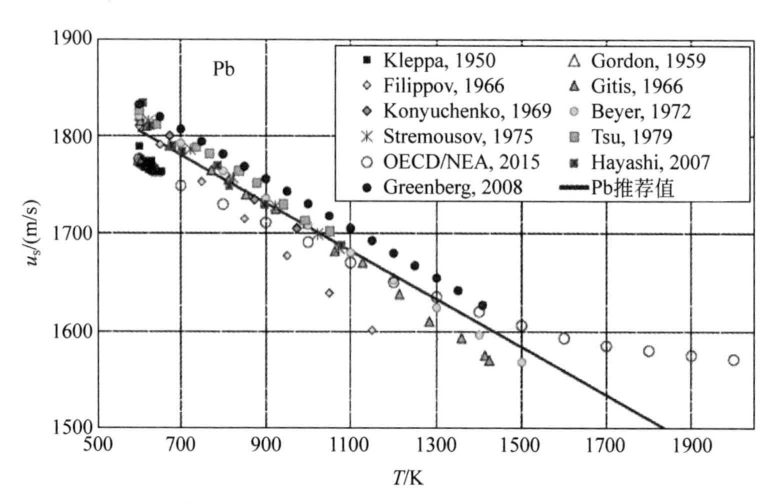

图 2-14　熔融 Pb 中的声速随温度的变化(OECD/NEA,2015)

$$u_{\mathrm{sLBE}} = 1855 - 0.212T, \mathrm{m/s} \tag{2-35}$$

式中,T 的单位为 K。

图 2-15 给出了根据式(2-32)计算得到的熔融 Pb、熔融 Bi 以及熔融 LBE 的弹性模量。

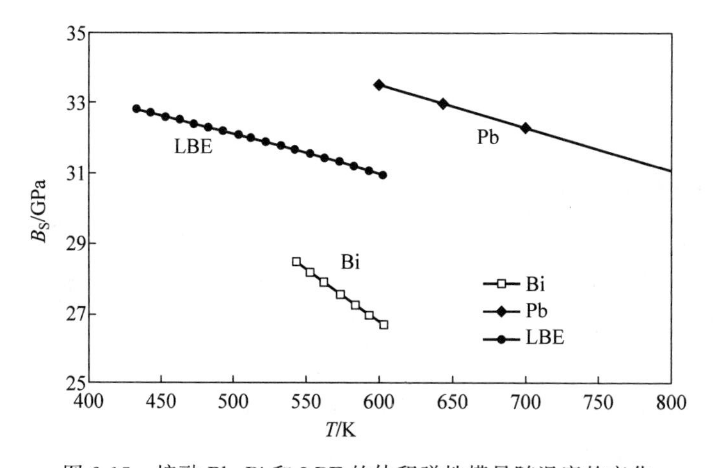

图 2-15　熔融 Pb、Bi 和 LBE 的体积弹性模量随温度的变化

在各自的温度范围内,在常压下利用抛物线函数可以描述弹性模量随温度的变化:

（1）Pb

$$B_{\mathrm{SPb}}=43.50-1.552\times10^{-2}T+1.622\times10^{-6}T^2,\mathrm{GPa} \tag{2-36}$$

（2）Bi

$$B_{\mathrm{SBi}}=30.09-2.441\times10^{-3}T-3.913\times10^{-6}T^2,\mathrm{GPa} \tag{2-37}$$

（3）LBE

$$B_{\mathrm{SLBE}}=38.02-1.296\times10^{-2}T+1.320\times10^{-6}T^2,\mathrm{GPa} \tag{2-38}$$

式中，T 的单位为 K。

2.1.12　比热

根据文献（Miller，1954；Lyon，1960；Kutateladze，1959；Friedland，1966；Hultgren，1974；Kubaschewski，1979，1993；Iida，1988；Gurvich，1991；Touloukian，1970a；Cheynet，1996；SMRB，1983，2004；Kirillov，2000a，2008；Onistchenko，1999），可以将熔融 Pb 比热随温度的变化关系绘于图 2-16 中。

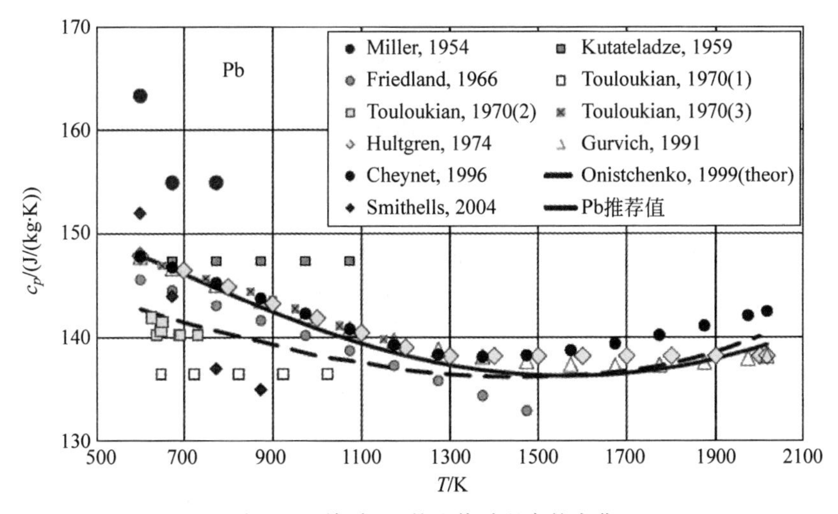

图 2-16　熔融 Pb 的比热随温度的变化

在温度范围 T_{melt} 至 1300K（1027℃）内，索伯列夫（Sobolev，2011）推荐熔融 Pb 的比热计算公式为

$$c_{p\,\mathrm{Pb}}=176.2-4.923\times10^{-2}T+1.544\times10^{-5}T^2-1.524\times10^{6}T^{-2},\mathrm{J/(kg\cdot K)} \tag{2-39}$$

式中，T 的单位为 K。

根据文献(Miller,1954；Kutateladze,1959；Hultgren,1974；Iida,1988；Kubaschewski,1979,1993；Cheynet,1996；SMRB,1983,2004；Howe,1961；Touloukian,1970a；Onistchenko,1999),Bi 的比热随温度变化的关系如图 2-17 所示。

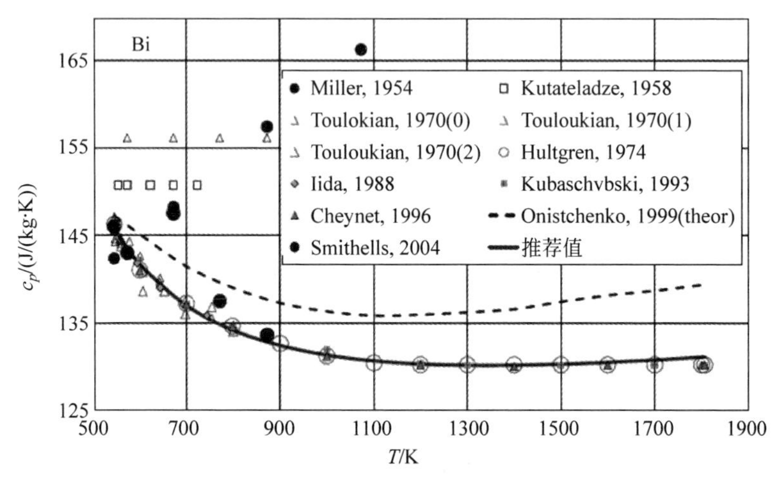

图 2-17　Bi 的比热随温度的变化

推荐用下式计算熔融 Bi 的比热(OECD/NEA,2014,2015)：

$$c_{p\,\mathrm{Bi}}=118.2+5.934\times10^{-3}T+71.83\times10^{-5}T^{-2},\mathrm{J/(kg\cdot K)} \tag{2-40}$$

式中,有效温度范围为 T_{melt} 至 1300K(1027℃)。

目前,关于 LBE 比热的数据非常有限。根据文献(Lyon,1954；Kutateladze,1959；Hultgren,1973),LBE 的比热与温度的关系如图 2-18 所示。

利用柯普(Kopp)叠加定律(通常用来计算二元系合金的比热)得到的线性关系式如下：

$$c_{p\,\mathrm{LBE}}=x_{\mathrm{Pb}}c_{p\,\mathrm{Pb}}+x_{\mathrm{Bi}}c_{p\,\mathrm{Bi}} \tag{2-41}$$

式中,$c_{p\,\mathrm{Pb}}$、$c_{p\,\mathrm{Bi}}$ 分别为 Pb、Bi 的比热,x_{Pb}、x_{Bi} 分别为 Pb、Bi 的质量含量。

尽管在 Pb、Bi 的熔化温度 267～327℃(540～600K)内,柯普定律与实验数据具有很好的一致性,但是在较高温度时两者差别较大。在温度区间 400～1100K(127～827℃)内,也可以用如下的多项式进行计算(Sobolev,2011)：

$$c_{p\,\mathrm{LBE}}=164.8-3.94\times10^{-2}T+1.25\times10^{-5}T^{2}-4.56\times10^{5}T^{-2},\mathrm{J/(kg\cdot K)} \tag{2-42}$$

式中,T 的单位为 K。式(2-42)的偏差不超过 5%。

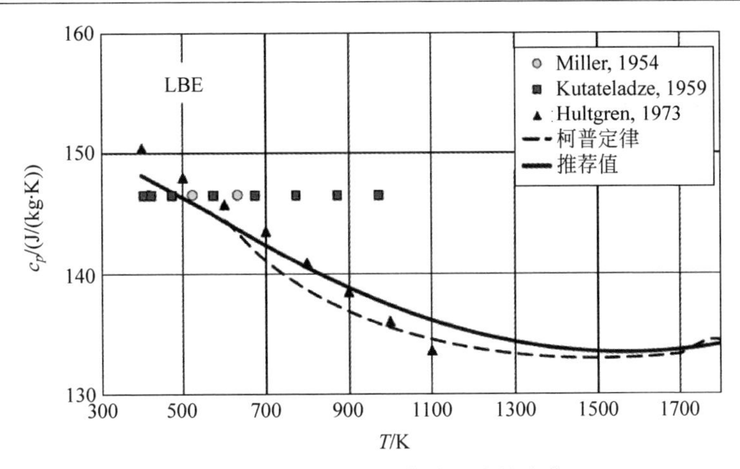

图 2-18　熔融 LBE 比热随温度的变化

2.1.13　临界参数和状态方程

1. 临界参数

文献（Sobolev，2011）推荐使用国际原子能机构（IAEA）（Kirillov，2008）汇编的数据，Pb 的临界温度、临界压力与临界密度分别为

$$\begin{cases} T_{\mathrm{cPb}} = (5000 \pm 200)\mathrm{K} \\ p_{\mathrm{cPb}} = (180 \pm 30)\mathrm{MPa} \\ \rho_{\mathrm{cPb}} = (3250 \pm 100)\mathrm{kg/m^3} \end{cases} \tag{2-43}$$

文献（Sobolev，2011）推荐的 Bi 的临界温度、临界压力与临界密度分别为

$$\begin{cases} T_{\mathrm{cBi}} = (4500 \pm 500)\mathrm{K} \\ p_{\mathrm{cBi}} = (135 \pm 15)\mathrm{MPa} \\ \rho_{\mathrm{cBi}} = (2800 \pm 200)\mathrm{kg/m^3} \end{cases} \tag{2-44}$$

目前，还没有任何文献能够提供 LBE 临界参数的实际测量值，因此对 LBE 临界参数的估算依然存在着很大程度的不确定性。在现有文献中，与 LBE 临界参数值有关的理论预测参考文献只有（Azad，2005）和（Morita，2006；2007），而且这些文献都是在已知 LBE 性能的基础上进行理论估算的。以下为推荐的估算值：

$$\begin{cases} T_{\mathrm{cLBE}} = (4800 \pm 500)\mathrm{K} \\ p_{\mathrm{cLBE}} = (160 \pm 70)\mathrm{MPa} \\ \rho_{\mathrm{cLBE}} = (2200 \pm 200)\mathrm{kg/m^3} \end{cases} \tag{2-45}$$

2. 状态方程

由于 Pb、Bi 和 LBE 的热物性数据很少，基于实验数据和热力学理论的状态方程可用于这些热物性数据的预测。为进行反应堆安全分析，根据 MRK (modified Redlich-Kwong)方程，守田等(Morita，2004；2005)给出了 LBE 的蒸汽状态方程，即

$$p=\frac{RT}{M(1+y_2)(v-\alpha_1)}-\frac{\alpha(T)}{v(v+\alpha_3)} \tag{2-46}$$

式中，

$$\alpha(T)=\begin{cases}\alpha_2\left(\dfrac{T}{T_c}\right)^{\alpha_4}, & T\leqslant T_c\\ \alpha_2+\left.\dfrac{d\alpha}{dT}\right|_{T_c}(T-T_c), & T>T_c\end{cases} \tag{2-47}$$

式中，p 为压力，T 为温度，v 为比体积，y_2 为二聚体分数，α_1、α_2、α_3 和 α_4 为模型参数。其中，y_2 与平衡常数 k_2 的计算公式有关，即

$$k_2=\frac{p_2}{p_1^{\ 2}}=\frac{y_2}{(1-y_2)^2p} \tag{2-48}$$

式中，总压力 p 为单分子压力 p_1 和二聚体压力 p_2 之和，即

$$p=p_1+p_2 \tag{2-49}$$

需要说明的是，式(2-46)最初是守田(Morita，1998)为了研究具有二聚作用的 Na 而给出的。在应用于 LBE 时，假设 LBE 蒸汽由单原子和双原子组成，并把 LBE 蒸汽的双原子组元看作是双原子 Bi。因此，式(2-49)可写为

$$p_1=p_{Bi}+p_{Pb} \tag{2-50}$$

$$p_2=p_{Bi_2} \tag{2-51}$$

式中，p_{Pb}、p_{Bi} 和 p_{Bi_2} 分别为单原子 Pb、单原子 Bi 和双原子 Bi 的分压。

在温度 700～2000K(427～1727℃)内，可以拟合得到 LBE 的平衡常数为

$$k_2=\exp\left(-24.611+\frac{23511}{T}\right) \tag{2-52}$$

式中，k_2 的单位为 Pa^{-1}，T 的单位为 K。

式(2-46)和式(2-47)中的状态方程参数 α_1、α_2 和 α_3 根据临界常数(Morita，2004，2005)确定。事实上，压力-比体积(p-v)图中的临界等温线在临界点有一个拐点。参数 α_4 的值为在临界温度 4617℃(4890K)时拟合蒸汽压曲线的斜率值。由此得到的模型参数值为

$$\begin{cases} \alpha_1 = 6.26824 \times 10^{-5} \\ \alpha_2 = 1.59328 \times 10^{2} \\ \alpha_3 = 8.11866 \times 10^{-4} \\ \alpha_4 = 3.78359 \times 10^{-1} \end{cases} \tag{2-53}$$

类似地，上述方法也可以用于构造 Pb 和 Bi 的状态方程。

2.1.14　黏度

现有文献中准确可靠的液态金属黏度数据不多。对于可视为牛顿流体的液态金属，通常由阿伦尼乌斯(Arrhenius)公式表示液态金属的动力黏度随温度的变化

$$\eta = \eta_0 \exp(E_\eta / RT) \tag{2-54}$$

式中，E_η 是黏性流的运动活化能，η_0 为系数。

在工程流体力学中，经常采用的运动黏度 υ 是液体的动力黏度 η 与液体密度 ρ 的比值，即

$$\upsilon = \eta / \rho \tag{2-55}$$

根据文献(Miller，1954；Kutateladze，1959；Hofmann，1970；Lucas，1984b；Iida，1988；Kirillov，2000a；SMRB，2004；IAEA，2002；Kirillov，2008；Beyer，1972；Imbeni，1998)，图 2-19 给出了熔融 Pb 的动力黏度与温度的关系。

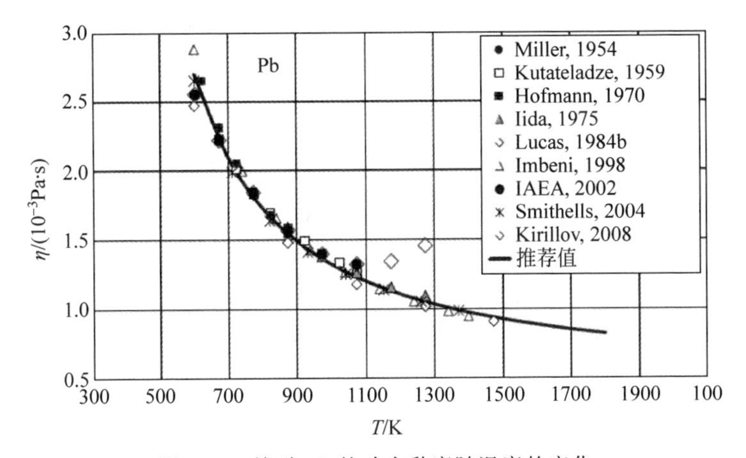

图 2-19　熔融 Pb 的动力黏度随温度的变化

熔融 Pb 的动力黏度随温度的变化也可用经验公式进行估算，

$$\eta_{Pb}=4.55\times10^{-4}\exp\left(\frac{1069}{T}\right),\text{Pa}\cdot\text{s} \tag{2-56}$$

式中,T 的单位为 K,其有效温度范围是 T_{melt} 至 1473K(1200℃)。

根据文献(Miller,1954;Kutateladze,1959;Bonilla,1964;Beyer,1972;Lucas,1984b;Iida,1988;SMRB,2004),熔融 Bi 的黏度值与温度的关系如图 2-20 所示。

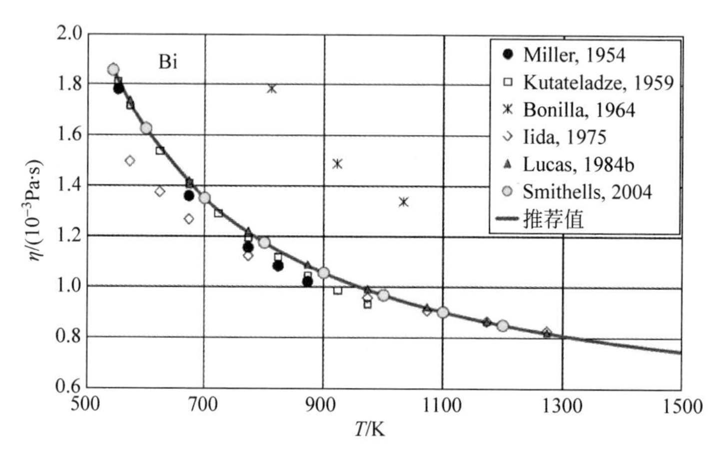

图 2-20　Bi 的动力黏度随温度的变化

卢卡斯(Lucas,1984b)给出了计算 Bi 的动力黏度较为准确的经验关系式,即

$$\eta_{Bi}=4.456\times10^{-4}\exp\left(\frac{780}{T}\right),\text{Pa}\cdot\text{s} \tag{2-57}$$

式中,T 的单位为 K,其有效的温度范围是 T_{melt} 至 1300K(1027℃)。

根据文献(Miller,1954;Lyon,1960;Mantell,1958;Bonilla,1964;Kutateladze,1959;Holman,1968;Kaplun,1979;IAEA,2002;Kirillov,2000a,2008;Plevachuk,2008),熔融 LBE 的黏度与温度的关系如图 2-21 所示。从图中可以看出,LBE 的动力黏度明显低于 Pb(尤其在低温下),与 Bi 很相近。

根据式(2-54)可拟合得到 LBE 的黏度计算关系式(最大偏差不高于 6%)

$$\eta_{LBE}=4.94\times10^{-4}\exp\left(\frac{754.1}{T}\right),\text{Pa}\cdot\text{s} \tag{2-58}$$

式中,T 的单位为 K。

运动黏度可通过动力黏度由式(2-55)计算得到。图 2-22 给出了运动黏度与温度的关系。可以发现,在温度区间 600～1100K(327～827℃)内,LBE 的运动黏度比 Pb 小 1.2～1.5 倍,但与 Bi 很接近。

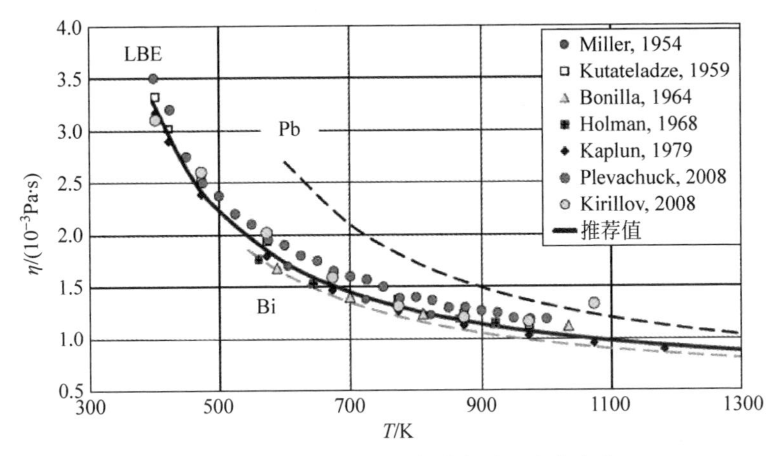

图 2-21　熔融 LBE 的动力黏度随温度的变化

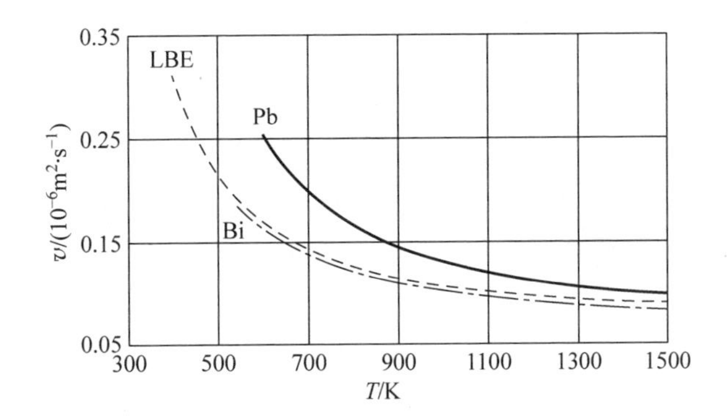

图 2-22　熔融 Pb、Bi 与 LBE 的运动黏度随温度的变化

2.1.15　热导率和热扩散率

由于对流和湿润性的影响，在实验中测定液态金属的热导率是非常困难的，目前，几乎没有任何实验数据。此外，不同文献中给出的热导率存在着很大的差异。液态金属的高热导率主要是由于其存在自由电子。维德曼-弗兰兹-洛伦兹（Wiedemann-Franz-Lorenz，WFL）定律（Kittel，1956）给出了纯金属的电导率与热导率之间的简单理论关系

$$\lambda_{th} = \frac{L_0 T}{r} \tag{2-59}$$

式中，λ_{th} 为热导率，r 为电阻率，T 为热力学温度，L_0 为洛伦兹常量，$L_0 = 2.45 \times 10^{-8}\,\mathrm{W \cdot \Omega \cdot K^{-2}}$。

乔丹尼戈(Giordanengo,1999)将 WFL 定律应用于多种液态金属中并证实了其合理性。在温度范围 400～1200K(127～927℃)内,声子对金属热导率的影响很小,可以忽略。因此,将 WFL 定律与现有可靠的电阻率值结合,对液态金属与合金热导率进行近似估算是可能的。

根据文献(Rosenthal,1953; Miller,1954; Lyon,1960; Powell,1958; Kutateladze,1959; Crean,1964; Filippov,1966; Friedland,1966; Dutchak,1967; Touloukian,1970b; Viswanath,1972; Filippow,1973; SMRB,1983,2004; Jauch, 1986; Iida, 1988; Hemminger, 1989; Zinoviev, 1989; Nakamura,1990; Millis,1996; IAEA,2002; Yamasue,2003; Kirillov,2008),Pb 的热导率值与温度的关系如图 2-23 所示。可以看出,不同文献给出的数据之间存在很大的差异。

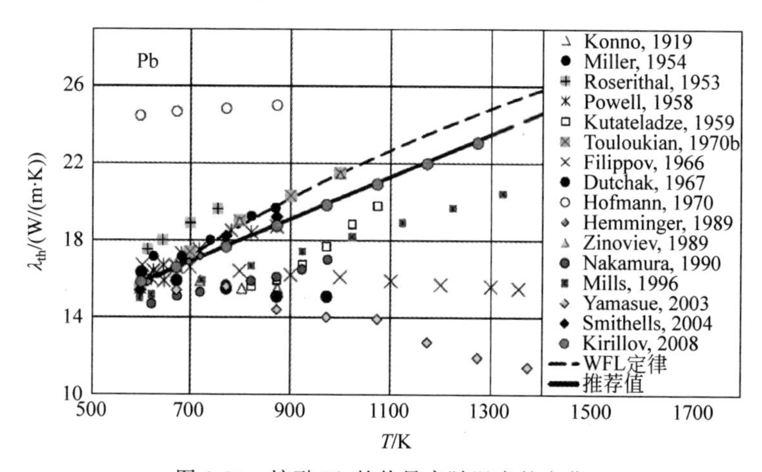

图 2-23　熔融 Pb 的热导率随温度的变化

推荐熔融 Pb 热导率的计算公式为

$$\lambda_{Pb} = 9.2 + 0.011T, \text{W/(m·K)} \tag{2-60}$$

式中,T 的单位为 K,其温度范围为 T_{melt} 至 1300K(1027℃)。

根据文献(Miller,1954; Rosenthal,1953; Powell,1958; Nikol'skii,1959; Kutateladze,1959; Pashaev,1961; Crean,1964; Dutchak,1967; Touloukian,1970b; Viswanath,1972; SMRB,1983,2004; Iida,1988; Millis,1996),熔融 Bi 的热导率随温度的变化如图 2-24 所示。

图卢基安(Touloukian,1970b)推荐的熔融 Bi 的热导率经验公式为

$$\lambda_{Bi} = 7.34 + 0.0095T, \text{W/(m·K)} \tag{2-61}$$

式中,T 的单位为 K,该式适用的温度范围为 T_{melt} 至 1000K(727℃)。

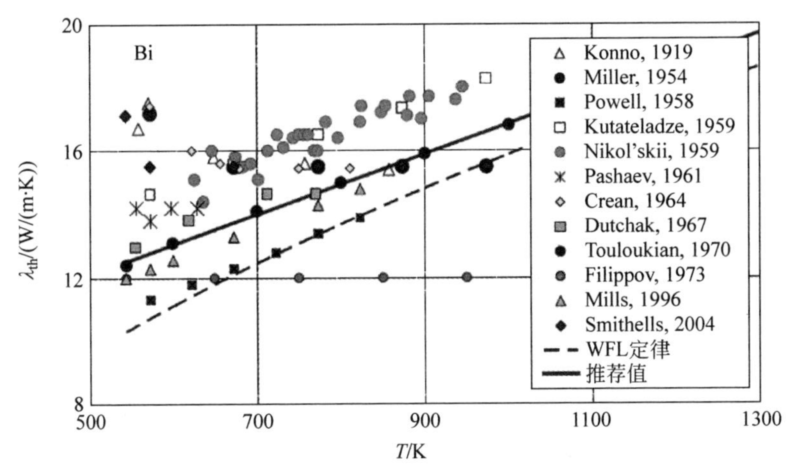

图 2-24　熔融 Bi 的热导率随温度的变化

根据文献(Brown,1923; Lyon,1954; Mikryukov,1956; Powell,1958; Kutateladze, 1959; Nikol'skii, 1959; Imbeni, 1999; Kirillov, 2008; Plevachuk,2008),熔融 LBE 的热导率与温度的关系如图 2-25 所示。通过抛物线函数拟合得到的熔融 LBE 热导率关系式(Sobolev,2011)如下(低温下最大偏差为 10%～15%):

$$\lambda_{LBE}=3.284+1.617\times10^{-2}T-2.305\times10^{-6}T^2,\ \mathrm{W/(m\cdot K)} \quad (2\text{-}62)$$

式中,T 的单位为 K。

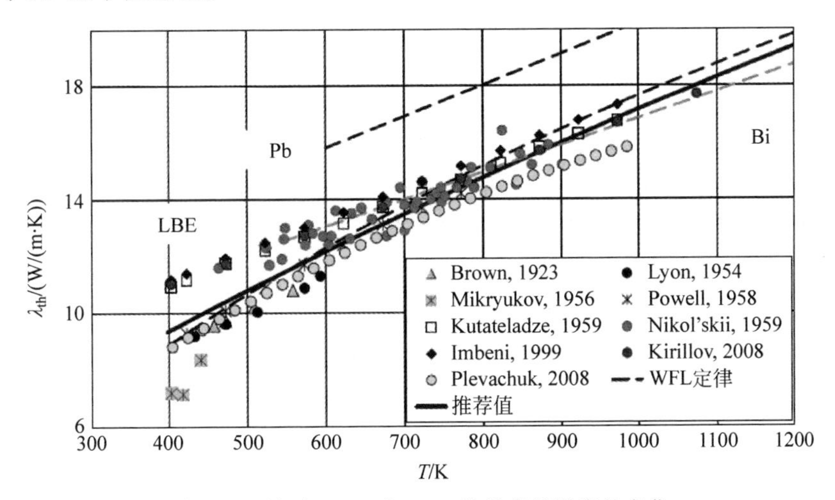

图 2-25　熔融 Pb、Bi 与 LBE 热导率随温度的变化

热扩散率可用下式表示为

$$\alpha_p = \frac{\lambda_{th}}{\rho c_p} \tag{2-63}$$

式中，α_p 为热扩散率(m^2/s)，λ_{th} 为热导率(W/(m·K))，ρ 为密度(kg/m^3)，c_p 为比热(J/(kg·K))。

因此，热扩散率可以根据热导率、密度和比热的数据进行计算，如图 2-26 所示。在实际应用中，拟合现有的数据可以得到 LBE 热扩散率的线性公式如下：

$$\alpha_{p\,LBE} = (1.408 + 0.0112T) \times 10^{-6}, m^2/s \tag{2-64}$$

式中，T 的单位为 K。

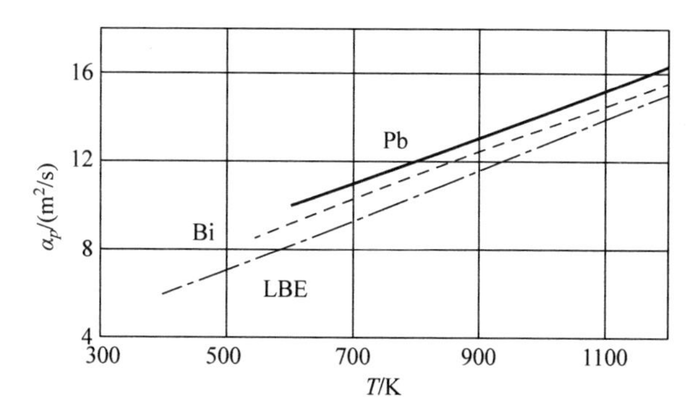

图 2-26　熔融 Pb、Bi 与 LBE 的热扩散率

2.2　电学性能(电阻率)

一般而言，金属的电阻率非常低，随着温度的升高而增大，当熔化时其电阻率倍增。除极少数特例外，大多数液态金属的电阻率随温度(在研究人员感兴趣的温度区间内)线性增加。因此，电阻率可表示为 $r = r_0 + b_e T$(式中 r_0 和 b_e 为待定系数)。另外，当在熔体中加入杂质时，液态金属的电阻率将增加。然而，在液态多元合金系中，当各成分电阻系数叠加时，电阻率有时表现出负偏差。

根据文献(Miller，1954；Lyon，1960；Cusack，1960；Friedland，1966；Hofmann，1970；Banchila，1973；SMRB，1983，2004；Iida，1988；Bretonnet，1988；Kirillov，2000a，2008；IAEA，2002)，图 2-27 给出了熔融 Pb 的电阻率随温度的变化关系。

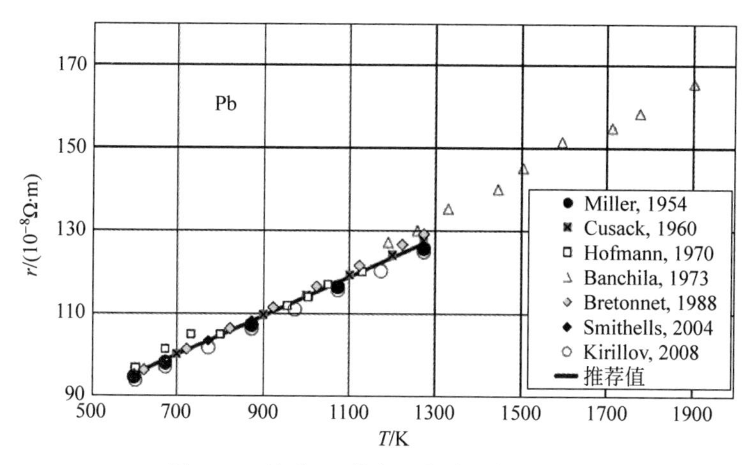

图 2-27　熔融 Pb 的电阻率随温度的变化

由图 2-27 可知，从不同文献资料中获得的数据具有很好的一致性。通过拟合可得熔融 Pb 的电阻率随温度变化的经验公式（偏差小于 1%）：

$$r_{Pb} = 0.67 \times 10^{-6} + 4.71 \times 10^{-10} T, \Omega \cdot m \tag{2-65}$$

式中，有效的温度范围为 601～1273K（328～1000℃）。

根据文献（Miller，1954；Lyon，1960；Cusack，1960；SMRB，1967；Beer，1972；Lee，1972；Iida，1988；Bretonnet，1988），图 2-28 给出了在研究人员感兴趣的温度范围内熔融 Bi 的电阻率随温度的变化关系。

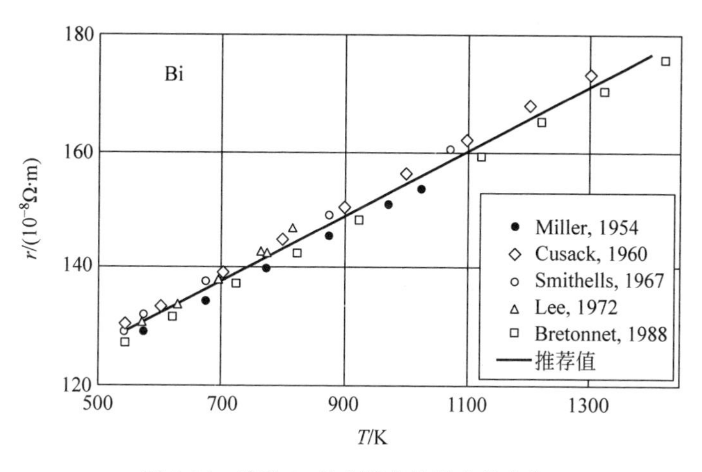

图 2-28　熔融 Bi 的电阻率随温度的变化

虽然目前熔融 Bi 的电阻率数据还很有限，但是上述文献中的数值具有很好的一致性。因此，通过线性插值获得如下的经验公式：

$$r_{Bi}=0.9896\times10^{-6}+5.54\times10^{-10}T,\Omega\cdot m \tag{2-66}$$

式中，T 的单位为 K。在温度区间 545～1423K（272～1150℃）内，将其他文献资料中给出的数据代入该式，得到的最大偏差值小于 2%。

根据文献（Miller，1954；Lyon，1960；Kutateladze，1959；Friedland，1966；Kirillov，2000a，2008；IAEA，2002；Plevachuk，2008），图 2-29 给出了熔融 LBE 电阻率随温度的变化关系。

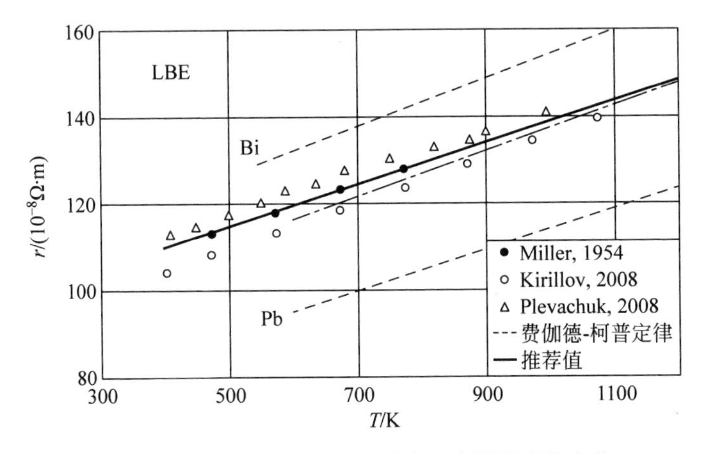

图 2-29　熔融 Pb、Bi 与 LBE 的电阻率随温度的变化

从图 2-29 可以看出，文献（Kirillov，2008）推荐的 LBE 的电阻率值与使用费伽德-柯普（Vegard-Kopp）定律线性计算得到的 LBE 电阻率值能很好地吻合。文献（Lyon，1954）中推荐的电阻率值比较高。考虑 Vegard-Kopp 定律在一般情况下不一定适用于二元系的输运性质，而且仅有三篇参考文献，因此推荐使用包含所有数据点的线性插值关系式：

$$r_{LBE}=(90.9+0.048T)\times10^{-8},\Omega\cdot m \tag{2-67}$$

式中，T 的单位为 K。

2.3　热力学关系

主要的热力学函数有焓（H）、自由能（F）、吉布斯势能（Φ）和熵（S）。在标准凝聚态下，纯物质的热力学函数可以表示为

$$H(T,P_0)=H(0,P_0)+\int_0^{T_m}c_p(T,P_0)\mathrm{d}T+\Delta H_m(T_m,P_0)+\int_{T_m}^{T}c_p(T,P_0)\mathrm{d}T \tag{2-68}$$

因此，对于常压下温度 T 高于 T_m 时，可得

$$H(T,P_0)-H(T_m,P_0)=\int_0^T c_p(T,P_0)\mathrm{d}T \tag{2-69}$$

$$S(T)=\int_0^{T_m}\frac{c_p(T)}{T}\mathrm{d}T+\frac{\Delta H_m(T_m)}{T_m}+\int_{T_m}^{T}\frac{c_p(T)}{T}\mathrm{d}T \tag{2-70}$$

对于所考虑的系统，如果 $S^0(0)=0$，则满足热力学第三定律，即

$$\Phi(T)=H(T)-T\cdot S(T) \tag{2-71}$$

在编制热力学函数表时，通常将温度 298.15K、压力 1.01325×10^5Pa 作为参考标准状态。胡特格伦等(Hultgren et al,1973; 1974)整理分析了 1968 年前发表的 Bi、Pb 和 LBE 主要的焓值测量结果(通常以比热的测量为基础)。他们以选定的文献资料为基础，扩大温度范围(从标准温度 298.15K 至正常沸点)，并根据凝聚相和气相的焓、熵以及定压比热推荐值制定了热力学函数表。实验中 Bi 的最高温度限制在 870K，Pb 的最高温度限制在 1270K，更高温度时的相应值则由外推法获得。由于他们没有测量 LBE 的焓，因此当温度高于 Pb 的熔点时，可利用柯普定律进行估算(另见 2.1.12 节)。

切尼特等(Cheyn et al,1996)给出了 400～2000K 内 Pb、Bi 的标准熵与焓。熔融 Pb 的焓、熵与胡特格伦等(Hultgren et al,1974)给出的值略有不同，但偏差小于 0.2%。当接近沸点时，偏差增至 0.4%左右。对于 Bi，两文献中的结果几乎相同(偏差小于 0.08%)。

熔融 Pb 和 Bi 的焓与温度的关系可通过如下抛物线关系式估算(偏差小于 0.5%)：

$$\Delta H_{Pb}^{(298)}(T,P_0)=-5.133\times10^{-4}T^2+30.3623T-4671.91,\mathrm{J/mol} \tag{2-72}$$

$$\Delta H_{Bi}^{(298)}(T,P_0)=-5.425\times10^{-4}T^2+28.8471T-2592.02,\mathrm{J/mol} \tag{2-73}$$

根据式(2-72)、式(2-73)以及柯普定律可以得到 LBE 的焓：

$$\Delta H_{LBE}^{(298)}(T,P_0)=-5.296\times10^{-4}T^2+29.5182T-3513.20,\mathrm{J/mol} \tag{2-74}$$

此外，也可根据式(2-69)以及 2.1.12 节中给出的熔融 Pb、Bi 以及 LBE 的比热表达式(2-39)、式(2-40)、式(2-42)来计算焓值。通过公式推导和变换后可得到如下的关系式：

$$H_{Pb}(T,P_0)-H_{Pb}(T_m,P_0)$$
$$=36.5(T-T_m)-0.51\times10^{-2}(T^2-T_m^2)+$$

$$1.067\times10^{-6}(T^3-T_m^3)-3.158\times10^5\frac{T-T_m}{TT_m},\text{J/mol} \tag{2-75}$$

$$H_{Bi}(T,P_0)-H_{Bi}(T_m,P_0)=24.70(T-T_m)+6.200\times10^{-4}(T^2-T_m^2)+1.501\times10^6\frac{T-T_m}{TT_m},\text{J/mol} \tag{2-76}$$

$$H_{LBE}(T,P_0)-H_{LBE}(T_m,P_0)=34.3(T-T_m)-0.41\times10^{-2}(T^2-T_m^2)+8.667\times10^{-7}(T^3-T_m^3)-9.5\times10^4\frac{T-T_m}{TT_m},\text{J/mol} \tag{2-77}$$

由式(2-75)、式(2-76)和式(2-77)得出的推荐曲线如图 2-30 所示。

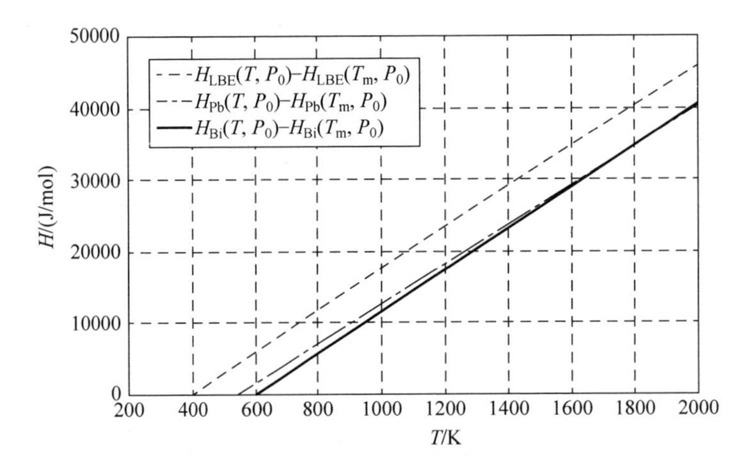

图 2-30　LBE 的热焓随温度的变化

参考文献

成松柏，王丽，张婷，2018. 第四代核能系统与钠冷快堆概论[M]. 北京：国防工业出版社.

OECD/NEA NUCLEAR SCIENCE COMMITTEE，2014. 铅与铅铋共晶合金手册——性能、材料相容性、热工水力学和技术 [M]. 2007 版. 戎利建，张玉妥，陆善平，等译. 北京：科学出版社.

ALCHAGIROV B B, SHAMPAROV T M, MOZGOVOI G A, 2013. Experimental investigation of the density of molten lead-bismuth eutectic[J]. High Temperature, 41(2): 210.

ALLEN B C, 1972. The surface tension of liquid metals in liquid metals[M]. New York: Marcel Dekker: 161-212.

AZAD A, 2005. Critical temperature of the lead-bismuth eutectic (LBE) alloy[J]. J. Nucl. Mater., 341: 45.

BAKER H, 1992. ASM handbook Vol. 3: Alloy phase diagrams[M]. Ohio (USA): ASM International.

BANCHILA S N, FILIPPOV L P, 1973. Experimental study of the set of thermal properties of certain rare-earth metals at high temperatures[J]. High Temp. (USSR), 11: 602.

BEER S Z, 1972. Liquid metals chemistry and physics[M]. New York: Marcel Dekker.

BEYER R T, RING E M, 1972. Sound propagation in liquid metals in liquid metals chemistry and physics[M]. New York: Marcel Dekker: 411-430.

IAEA, 2002. Comparative assessment of thermophysical and thermohydraulic characteristics of lead, lead-bismuth and sodium coolants for fast reactors[R]. Vienna: IAEA, TECDOC-1289.

BONILLA C F, 1964. Heat transfer in reactor handbook Vol. Ⅳ, engineering [M]. 2nd ed. New York: Interscience Publishers: 46.

BRETONNET J L, 1988. Conductivité éléctrique des métaux liquides[J]. Techniques de L'Ingénieur, Matériaux métalliques, No. M153, Form M69.

BROWN W B, 1923. Thermal conductivities of some metals in the solid and liquid states [J]. Physical Review, 22: 171.

CAHILL J A, KIRSHENBOUM A D, 1963. The density of liquid bismuth from its melting point to its normal boiling point and an estimate of its critical constants[J]. J. Inorg. Nucl Chem., 25: 501.

CEVOLANI S, 1988. Review of the liquid lead-bismuth alloy physical properties[R]. ENEA Report, DT. SBD. 00004.

CHEYNET B, DUBOIS J D, Milesi M, 1996. Données thermodynamiques des éléments chimiques[J]. Techniques de L'Ingénieur, Matériaux métalliques, No. M153, Form M64.

CREAN L E, PARKINS W E, 1964. Reactor handbook[M]. 2nd ed. New York (USA): Interscience Publishers.

CUSACK N, ENDERBY J E, 1960. A note on the resistivity of liquid alkali and noble metals[C]. Proceedings of the Physical Society, 75(3): 395.

DREYFUS B, LACAZE A, 1971. Cours de thermodynamique[M]. Paris: Dunod.

DUTCHAK Y I, PANASYUK P V, 1967. Investigation of the heat conductivity of certain metals on transition from the solid to the liquid state[J]. Soviet physics, Solid state, 8 (9): 2244.

ELLIOTT R P, 1965. Constitution of binary alloys, I-supplement[M]. New York (USA): McGraw-Hill Book Co. Inc.

EUCKEN A, 1936. Über metalldampfdrucke (ein kritischer überblick über die bisher vorliegenden ergebnisse)[J]. Metallwirtsch, 15: 63.

EUSTATHOPOULOS N, RICCI E, DREVET B, 1996. Tension superficielle[M]. Saint-Denis; Techniques de l'Ingénieur.

FILIPPOV S I, KAZAKOV N B, PRONON L A, 1966. Izvest[J]. VUZ Chern. Met., 9 (3): 8.

FILIPPOW L P, 1973. Research of thermophysical properties at the Moscow State University[J]. International Journal of Heat and Mass Transfer, 16(5): 865-885.

FORTOV V E, DREMIN A N, LEONT'EV A A, 1975. Evaluation of the parameters of the critical point[J]. High Temp., 13: 984.

FRIEDLAND A J, 1966. "Coolant properties, heat transfer and fluid flow of liquid metals" in fast reactor technology: plant design[M]. Cambridge (MA): The M I T. Press.

GIORDANENGO B, BENAZZI N, VINCKEL J, et al, 1999. Thermal conductivity of liquid metals and metallic alloys[J]. J. Non-Cryst. Solids, 250-252: 377.

GITIS M B, MIKHAILOV I G, 1966. Sound velocity and compressibility of some liquid metals[J]. Soviet physics-Acoustics, 11: 372.

GIURANNO D, GNECCO F, RICCI E, et al, 2003. Surface tension and wetting behaviour of molten Bi-Pb alloys[J]. Intermetallics, 11(11-13): 1313.

GLASBRENNER H, GROSCHEL F, 2006. Exposure of pre-stressed T91 coated with TiN, CrN and DLC to Pb-55.5Bi[J]. J. Nucl. Mater, 356: 213-221.

GOKCEN N A, 1992. The Bi-Pb (bismuth-lead) system[J]. J. Phase Equilibria, 13: 21.

GORDON R B, 1959. Propagation of sound in liquid metals: the velocity in lead and tin [J]. Acta Met., 7: 1.

GREENBERG Y, YAHEL E, CASPI E N, et al, 2009. Evidence for a temperature-driven structural transformation in liquid bismuth[J]. EPL, 86(3): 36004.

GREENBERG, Y, YAHEL E, GANOR M, et al, 2008. High precision measurements of the temperature dependence of the sound velocity in selected liquid metals[J]. Journal of Non-Crystalline Solids, 354: 4094.

GROMOV B F, EFANOV A D, ORLOV Y I, et al, 1998. The problems of technology of the heavy liquid metal coolants (lead-bismuth, lead)[C]. Proc. Conf. on Heavy Liquid Metal Coolants in Nuclear Technology (HLMC 98), Obninsk, Russian Federation: SSC RF-IPPE, 1: 87.

GROSS P, CAMPBELLI C S, KENT P J C, et al, 1948. On some equilibria involving aluminium monohalides[J]. Disc. Faraday Soc., 4: 206.

GURVICH L V, VEYTS I V, 1991. Thermodynamic properties of individual substances [M]. 4th ed. New York: Hemisphere Pub. Corp.

HANSEN M, ANDERKO K, 1958. Constitution of binary alloys [M]. 2nd ed. New York (USA): McGraw-Hill Book Co. Inc.

HARVEY D, 1961. Trans. AIME [R]. New York : Metallurgical Society, 221: 266.

HAYASHI M, YAMADA H, NABESHIMA N, et al, 2007. Temperature dependence of the velocity of sound in liquid metals of group XIV[J]. International Journal of Thermophysics,28: 83.

HEMMINGER W, 1989. Thermal conductivity of lead in the range of 180 to 500℃[J]. Int. J. Thermophys., 10(4): 765.

HOFMANN W, 1970. Lead and lead alloys[M]. New York: Springer-Verlag Berlin Heidelberg.

HOLMAN J P, 1968. Heat transfer[M]. USA: MacGraw-Hill.

HOWE H E, 1961. "Bismuth" in rare metals handbook [M]. 2nd ed. New York: Reinhold Publishing Corporation.

HULTGREN R, DESAI P D, HAWKENS D T, et al, 1973. Selected values of the thermodynamic properties of binary alloys[M]. Metals Park(Ohio): American Society for Metals.

HULTGREN R, 1974. Selected values of the thermodynamic properties of the elements [M]. New York: J. Wiley.

IIDA T, GUTHRIE R I L, 1988. The physical properties of liquid metals[M]. Oxford (UK): Clarendon Press.

IMBENI V,MARTINI,C,MASINI S,et al,1998. Stato dell'arte sulle proprieta chimico-fisiche del Pb e Pb-Bi. parte I. proprieta di Pb, Bi, Li, Na in Studio di un acceleratore superconduttivo di proton di grande potenza e studio di un sistema sottocritico da esso sostenuto per il bruciamento dei residui radioattivi, Sottotema 2: Prove di corrosione, BoMet, Accordo di programma ENEA/INFN-MURST[R]. Settore Ambiente.

IMBENI V,MARTINI C,MASINI S, et al,1999. Stato dell'arte sulle proprieta chimico-fisiche del Pb e Pb-Bi. parte II. proprieta di Pb e Pb, Bi, Na in Studio di un acceleratore superconduttiuo di proton di grande potenza e studio di un sistema sottocritico da esso sostenuto per il bruciamento dei residui radioattivi, Sottotema 2: Prove di corrosione, BoMet, Accordo di programma ENEA/INFN-MURST[R]. Settore Ambiente.

JARZYNSKI J, 1963. Ultrasonic propagation in liquid bismuth and mercury[J]. Proc. Phys. Soc., 81: 745.

JAUCH U, SCHULZ B, 1986. Estimation of the thermophysical properties in the system Li-Pb[R]. Karlsruhe: Kernforsch ungszentrum,Report KiK 4144.

JOUD J C, EUSTATHOPOULOS N, Desre P, 1972. Mesure des tensions et entropies superficielles de cuivre, de l'argent at du plomb liquid par la méthode de la goutte posée sur support de graphite[R]. C. R. Acad. Sc. Paris, Série C, t. 274, 549, Gauthier-Villars, Paris.

KAPLUN B, SHULAEV V M, LINKOV S P, et al, 1979. Teplofizicheskie svoystva veshestv i materialov[R]. Novosibirsk: Kutateladze Institute of the Thermophysics of the USSR Academy of Science.

KASAMA A, IIDA T, MORITA Z, 1976. Temperature dependence of surface tension of liquid pure metals [J]. Journal of the Japan Institute of Metals, 40: 1030.

KAZAKOVA I V, LYAMKIN S A, LEPINSKIKH B M, 1984. Densité et tensions superficielles des masses fondues du système Pb-Bi [J]. Russ. J. Phys. Chem., 58: 932.

KAZYS R, VOLEISIS A, MAZEIKA L, et al, 2002. Investigation of ultrasonic properties of a liquid metal used as a coolant in accelerator driven reactors[C]. 2002 IEEE International Ultrasonics Symposium Proceedings, Munich: 794-797.

KEENE B J, 1993. Review of data for the surface tension of pure metals[J]. Int. Met. Reviews, 38: 157.

KELLEY K K, 1935. Critical evaluations of vapour pressures and heats of evaporation of inorganic substances[R]. US Bur. Mines Bull, No. 393.

KHAIRULIN R A, STANKUSA S V, ULYUSOV P V, et al, 2005. Crystallization and relaxation phenomena in the bismuthlead eutectic [J]. Journal of Alloys and Compounds, 387(1-2): 183.

KIRILLOV P L, BOGOSLOVSKAYA G P, 2000a. Heat transfer in nuclear installations [R]. Moscow: Energoatomisdat(in Russian).

KIRILLOV P L, DENISKINA N B, 2000b. Thermophysical properties of liquid metal coolants. tables and correlations, review FEI-0291[R]. Obninsk: IPPE (in Russian).

IAEA, 2008. Thermophysical properties of materials for nuclear engineering: a tutorial and collection of data[R]. Vienna: IAEA.

KIRSHENBAUM A D, CAHILL J A, GROSSE A V, 1961. The density of liquid lead from the melting [J]. J. Inorg. Nucl. Chem., 22: 33.

KITTEL C, 1956. Introduction to solid state physics[M]. New York: Willey.

KLEPPA O J, 1950. Ultrasonic velocities of sound in some metallic liquids. adiabatic and isothermal compressibilities of liquid metals at their melting points[J]. J. Cem Phys., 18: 1331.

KONYUCHENKO G V, 1969. Teplofizika[J]. Vysokikh Temperatur, 10: 309.

KUBASCHEWSKI O, ALCOCK C B, 1979. Metallurgical thermochemistry [M]. 5th ed. New York: Pergamon Press.

KUBASCHEWSKI O, ALCOCK C B, SPENCER P J, 1993. Materials thermochemistry [M]. 6th ed. New York: Pergamon Press.

KUTATELADZE S S, 1959. Liquid-metal heat transfer media [M]. New York: Consultants Bureau, Inc.

LANG G, LATY P, JOUD J C, et al, 1977. Measurement of the surface tension of several liquid pure metals by different methods[J]. Z. Metallk., 68: 113.

LEE D N, LICHTER B D, 1972. "Relation between thermodynamic and electrical properties of liquid alloys" in liquid metals[M]. New York: Marcel Dekker: 81-160.

LUCAS L D, 1969. Density of molten lead between 330 and 1550℃ [J]. C. R. Acad. Sci. Série C, 268C: 1081.

LUCAS L D, 1984a. Données physico-chimiques des principaux metaux et metalloids[J]. Techniques de L'Ingénieur, Matériaur métalliques, NM153, Form M65a.

LUCAS L D, 1984b. Viscosité[J]. Techniques de I'Ingénieur, Matériaur métalliques, NM153, Form M66.

LYON R N, 1952. Liquid metals handbook [R]. 2nd ed. Washington(USA): Atomic Energy Commission and Dept. of the Navy, Report NAVEXOS P-733 (rev. 1954).

LYON R N, 1960. "Liquid metals" in reactor handbook, Vol Ⅰ: materials sect. F. (coolant materials) [M]. 2nd ed. New York: Interscience Publishers.

MAKEYEV V V, DYOMINA Y L, POPPEL P S, 1989. Study of the density of metals by the method of penetrating radiation in the temperature interval 290-2100K [J]. Teplofiz. Vys. Temp., 27: 889.

MANTELL C L, 1958. Engineering material handbook[M]. USA: McGraw-Hill.

MARTYNYUK M M, 1998. Estimation of the critical point of metals with the use of the generalized van der Waals equation[J]. Russ. J. Phys. Chem., 72: 13.

MICHELATO P, BARI E, MONACO L, et al, 2003. The TRESCO-ADS project windowless interface: theoretical and experimental evaluations[C]. Proc. Int Workshop on P&T and ADS Development, Mol, Belgium.

MIKRYUKOV V E, TYAPUNINA N A, 1956. Investigation of the temperature dependence of thermal conductivity, electrical conductivity and heat capacity of Bi, Pb and Bi-Pb alloy system[J]. Fiz. Met. i Metaloved. Akad. Nauk. SSSR, Ural. Filial, 3: 31.

MILLER R R, 1952. "Physical properties of liquid metals" in liquid metals handbook [M]. 2nd ed. Atomic Energy Commission and Dept. of the Navy, Washington, USA, (rev. 1954).

MILLIS K C, MONAGHAN B J, KEENE B J, 1996. Thermal conductivities of molten metals: part 1 pure metals[J]. Int. Mat. Reviews, 41: 209.

MORITA K, FISCHER E A, THURNAY K, 1998. Thermodynamic properties and equations of state for fast reactor safety analysis part Ⅱ: properties of fast reactor materials[J]. Nucl. Eng. Des., 183: 193.

MORITA K, MASCHEK W, FLAD M, et al, 2004. Thermophysical properties of leadbismuth eutectic alloy for use in reactor safety analysis[C]. 2nd Meeting of the NEA Nuclear Science Committee, Working Group on LBE Technology of the Working Party on Scientific Issues of the Fuel Cycle (WPFC), Issy-les-Moulineaux, France.

MORITA K, MASCHEK W, FLAD M, et al, 2005. Thermodynamic properties of lead-bismuth eutectic for use in reactor safety analysis[C]. Proc. 13 th Int Conf. on Nuclear Engineering (ICONE 13), ICONE13-50813, Beijing, China.

MORITA K, MASCHEK W, FLAD M, et al, 2006. Thermophysical properties of lead-bismuth eutectic alloy in reactor safety analyses [J]. J. Nucl. Sci. Technology, 43(5): 526.

MORITA K, SOBOLEV V, FLAD M, 2007. Critical parameters and equation of state for heavy liquid metals[J]. J. Nucl. Mater. , 362: 227.

NAKAMURA S, HIBIYA T, YAMAMOTO F, 1990. Thermal conductivity of GaSb and InSb in solid and liquid states[J]. J. Appl. Phys. , 68 (10): 5125.

NIKOL'SKII N A, KALAKUTSKAYA I M, PCHELKIN T V, et al, 1959. Thermal and physical properties of molten metals and alloys[R]. Voprosy Teploobmena, Akad. Nauk SSSR, Energet. Inst. G. M. Krzhizhanovskogo: 11-45 (in Russian).

NOVAKOVIC R, RICCI E, GIURANNO D, et al, 2002. Surface properties of Bi-Pb liquid alloys[J]. Surface Science, 515: 377.

OECD/NEA, 2015. Handbook on lead-bismuth eutectic alloy and lead properties, materials compatibility, thermal-hydraulics and technologies [R]. 2015 ed. Organization for Economic Cooperation and Development, NEA. No. 7268.

OHNO S, MIYAHARA S, KURATA Y, 2005. Experimental investigation of lead-bismuth evaporation behavior[J]. J. Nucl Sci. and Techn. , 42: 593.

ONISTCHENKO V P, KUTIRKIN O F, BOYKOV A Y, 1999. Thermodynamic properties of liquid lead and bismuth at temperatures from the melting points to 2000 K[J]. High Temp. High Pres. , 31: 113.

ORLOV Y I, 1997. Technology of PbBi and Pb coolants[C]. Seminar on the Concept of Lead-cooled Fast Reactor, Cadarache, France.

PASHAEV B P, 1961. Changes in the thermal conductivity of tin, bismuth and gallium on melting[J]. Soviet Physics-Solid State, 303: 5.

PASHAEV B P, PALCHAEV D K, PASCHUK E G, et al, 1982. Reviews on thermophysical properties of materials [J]. M. P. IVTAN, N°3 (35) (in Russian).

PASTOR T F C, 2003. Surface tension measurement of heavy liquid metals related to accelerator driven systems (ADS)[R]. FZK (IKET), KALLA.

PLEVACHUK Y, SKLYARCHUK V, ECKERT S, et al, 2008. Some physical data of the near eutectic liquid lead bismuth[J]. Journal of Nuclear Materials, 373: 335.

POKROVSKY N L, PUGACHEVICH P P, GOLUBEV N A, 1969. Study of surface tension of solutions of lead-bismuth system [J]. Zhurnal Fizicheskoy Khimii, 43 (8): 1212.

POWELL R W, TYE R P, 1958. Experimental determinations of the thermal conductivities of molten metals [C]. Proc. Conf. Thermodynamic and Transport Properties of Fluids. Inst. Mech. Eng. , London: 182-187.

PYLCHENKOV E H, 1998. The issues of freezing-defreezing lead-bismuth liquid metal coolant in reactor facilities circuits[C]. Proc. Conf on Heavy Liquid Metal Coolants in Nuclear Technology (HLMC'98), Obninsk, Russian Federation: SSC RF-IPPE: 110.

ROSENTHAL M W, Measurement of the thermal conductivity of molten lead[D]. Ph. D. Thesis, MIT, United States, 1953.

RUPPERSBERG H, SPEICHER W. Density and compressibility of liquid Li-Pb alloys[J]. Z. Naturforschung, 1976, 319: 47.

SCHUURMANS P, KUPSCHUS P, VERSTREPEN A, et al, 2006. R&D Support for a windowless liquid metal spallation target in MYRRHA ADS[R]. SCK · CEN, Mol, Belgium.

SEMENCHENKO V K, 1961. Surface phenomena in metals and alloys [M]. English edition. London: Pergamon Press.

SMRB, 1955. Smithells metals reference book [M]. 2nd ed. London: Butterworths Scientific Publ.

SMRB, 1967. Smithells metals reference book [M]. 4th ed. New York: Interscience Punl. Inc. , London: Butterworths Scientific Publ.

SMRB, 2004. Smithells metals reference book [M]. 8th ed. Amsterdam: Elsevier.

SMRB, 1983. Smithells metals reference book [M]. 6th ed. London: Butterworths.

SOBOLEV V, 2002. Database of thermal properties for the melted lead-bismuth eutectic [R]. Mol(Belgium): SCK · CEN report IR-18.

SOBOLEV V, 2010. Database of thermophysical properties of liquid metal coolants for GEN-IV[R]. SCK · CEN report BLG-1069, Mol, Belgium (rev. December 2011).

TOULOUKIAN Y S, BUYCO E H, 1970a. "Specific heat: metallic elements and alloys" in thermphysical properties of matter (Vol. 4) [M]. New York-Washington: IFI/Plenum.

TOULOUKIAN Y S, POWELL R W , HO C Y, et al, 1970b. "Thermal conductivity: metallic elements and alloys" in thermphysical properties of matter(Vol. 1)[M]. New York-Washington: IFI/Plenum.

TSU Y, SHIRAISHI Y, TAKANO K, et al, 1979. The velocity of ultrasonic wave in liquid tin, lead and zinc[J]. Journal of the Japan Institute of Metals and Materials, 43(5): 439-446.

TUPPER R B, MINUSKIN B, PETERS F E, et al, 1991. Polonium hazards associated with lead-bismuth used as a reactor coolant[C]. Proc. Int Conf on Fast Reactors and Related Fuel Cycles, Kyoto, Japan.

VISWANATH D S, MATHUR B C, 1972. Thermal Conductivity of Liquid Metals and Alloys[J]. Met. Trans. , 3: 1769.

WEEKS J R, 1971. Lead, bismuth, tin and their alloys as nuclear coolants[J]. Nucl. Eng. Des. , 15: 363.

YAMASUE Y E, SUSA M, FUKUYAMA H, et al, 2003. Deviation from Wideman-Franz law for the thermal conductivity of liquid tin and lead at elevated temperature [J]. Int. J. Thermophys. , 24: 713.

ZINOVIEV V E, 1989. Properties of metals [M]. Moscow: Atomnaya Energia (in Russian).

第 3 章　化学控制与监测

尽管当温度低于 450℃时，不锈钢、合金钢等许多材料的腐蚀速率非常缓慢，反应堆运行状态令人满意，但是低温运行是以牺牲热效率为代价的，将直接影响到核电站的经济性。因此，低温运行不是最佳方案，尤其考虑到快堆的基建费用要高于轻水堆，因而对于快堆系统而言，考虑其经济性就显得尤为重要。当然，对于 ADS 等非临界系统，适当降低运行温度以降低腐蚀速率，是可以接受的。但需要注意的是，低温运行并不能避免散裂产物、活化产物以及其他污染物的生成（如氧或其他腐蚀产物的产生）。

对铅合金液态金属冷却反应堆系统，至少从以下三个方面来看，化学控制与监测都是极为重要的：

(1) 污染。为确保反应堆服役期间流体流动和传热的稳定性，要求液态铅合金避免产生氧化铅。此外，氧化铅的产生也可能造成系统堵塞。当然，除氧化铅外，其他污染物的沉淀也可能会降低系统整体的传热性能。

(2) 腐蚀和溶解必须控制在允许的临界值内，以确保结构材料在预期使用寿命内足以抵抗外部的侵蚀。因此，需要对活性氧进行调控或采用其他方法促进保护膜的生成和维持。

(3) 由于腐蚀、散裂以及裂变产物的活性污染，需要对液态金属进行特殊控制以确保运行与维护阶段的安全。

化学控制是指控制氧和其他相关杂质（包括腐蚀、散裂和活化产物）的含量。在铅合金反应堆系统运行中，化学控制是实现上述三个方面要求的重要手段。因此，必须重视对化学控制过程和监测系统的开发，并将其应用到快堆和 ADS 主冷却剂回路等相关系统中。

3.1　氧含量的控制

氧对铅合金具有潜在的污染，固体氧化物的产生也会对系统造成污染，氧对铁基结构材料的腐蚀速率也存在巨大影响。因此，对任何铅合金系统而言，氧都是需要控制的最重要的化学元素。

氧可能来自于反应堆启动阶段、运行阶段、维护阶段以及偶然发生的污染事件，各操作过程中都有可能混入多余的氧（Courouau，2003；2005a）。在正常运行中，氧污染源是微不足道的。为了控制腐蚀速率，必须将氧浓度调整到规定值，这就涉及如何合理选择氧源等问题。相反，在反应堆的启动、重新启动和维护阶段则必须应用氧净化系统。反应堆中的铅合金系统运行时，需满足以下要求：

（1）为了避免氧化物污染冷却剂，应控制氧含量的上限；

（2）为了增强耐腐蚀性，氧含量应高于能形成自我修复氧化膜所需的氧含量下限，而氧含量下限又与结构材料（如铁基合金）的性质有关；

（3）反应堆运行时，氧的控制原则上还应包括如何选取氧的活度。

此外，氧的均匀性问题也需要特别注意。由于铅合金中的氧含量非常低，必须弄清楚各过程是消耗氧还是释放氧。

3.1.1　氧含量上限

氧化物对冷却剂的污染是由氧在铅合金中的溶解度决定的，因为溶解度给出了液态金属中氧化学活度的最大值。公式(3-1)和公式(3-2)分别给出了氧含量在纯铅和铅铋合金中的溶解度：

$$\lg C_{\mathrm{O}}^{*}=3.23-\frac{5043}{T},\quad 573\mathrm{K}<T<1373\mathrm{K}(\text{在铅中}) \tag{3-1}$$

$$\lg C_{\mathrm{O}}^{*}=2.25-\frac{4125}{T},\quad 673\mathrm{K}<T<1013\mathrm{K}(\text{在铅铋中}) \tag{3-2}$$

式中，C_{O}^{*} 为溶解氧的质量百分比，T 的单位为 K。式(3-1)和式(3-2)可以近似外推至上述温度范围外，尤其是较低的温度条件下。

与 Pb 或 Bi 的其他氧化物相比，PbO 最为稳定（Gromov，1998），因而在液态铅铋合金中形成的氧化物主要是 PbO。为了避免污染，氧的化学活度的上限主要由 PbO 的溶解度决定（尽管高氧浓度条件下会生成一定量的 Pb、Bi 的其他氧化物）。

表 3-1 给出了在某一温度下，使用式(3-1)和式(3-2)计算得到的反应堆系统中铅和铅铋合金中氧的溶解度。由于氧在铅合金中的溶解度非常低，因此防止主要运行产物（氧化物）析出的安全裕度是非常有限的（尤其在低温范围下），故存在潜在的回路堵塞风险。

表 3-1　氧在铅及铅铋中的溶解度　　单位：μg/g 或 ppm

温度/℃	130	200	330	400	500	600	700
在 Pb 中			0.074	0.55	5.1	28	110
在 LBE 中	0.0001	0.0034	0.26	1.3	8.2	34	100

注：当使用质量百分比转化为 μg/g(或 ppm，1ppm=1×10^{-6})时，需要乘以 10^4 或在对数关系中加上 4。

为了计算出溶解氧的含量，通常都会假设溶液为理想溶液，并使用亨利(Henry)定律计算溶解氧含量。假设固态 PbO 处于标准状态，达到饱和状态时，氧活度 a_O 应等于 1(Borgstedt，1987)：

$$a_O = \frac{C_O}{C_O^*} \tag{3-3}$$

式中，C_O 为溶解氧浓度，C_O^* 为饱和氧浓度。因此，避免冷却剂中出现氧化物沉淀的条件为

$$a_O \leqslant 1 \quad 或 \quad C_O \leqslant C_O^* \tag{3-4}$$

任何非等温系统中，氧含量的上限通常应由最易形成氧化物的位置决定。考虑到容器壁面与液态金属间存在一定的温度梯度，因而该位置通常是温度最低的容器的壁面。氧化物最先在此处形成，并随着冷却剂的流动被输送到其他地方。

3.1.2　氧含量下限

结构材料中几乎所有重要合金元素形成氧化物的氧分压都低于重金属(如 Pb 和 Bi)形成氧化物所需的氧分压。因此，从理论角度看，如果在高温范围内(>450℃)使液态金属中的氧势高于在结构材料表面形成氧化膜所需的氧势，则可能在结构材料表面形成保护性氧化膜。科研人员广泛研究了通过控制活性氧使钢铁材料表面形成 Fe-O 膜(磁铁矿，Fe_3O_4)以提高材料的抗腐蚀能力(Gorynin，1998)。根据俄罗斯研究人员进行的液态铅合金中钢铁腐蚀的测试数据，在不同氧浓度条件下存在三种截然不同的腐蚀机制。当氧浓度低于形成稳定氧化膜所需的浓度时就会导致金属的溶解。在高氧浓度的情况下，会发生快速的氧化，导致结构材料破坏并形成 PbO。在以上两个极端情况之间存在一个过渡区，在这个区域内溶解与氧化处于动态转变过程，同时总体的反应速率很低(Ballinger，2004)。

为了在材料表面形成稳定的氧化膜，必须将铅合金中氧势控制在一个很窄的范围内，氧势的上限由 PbO 污染物的形成决定，氧势的下限由保护性氧化物的形成决定。除了铁元素以外，其他的元素(如 Cr、Zr、Si、Al)也可形成

具有保护性的氧薄膜(Ballinger,2004)。ZrO_2、Al_2O_3、SiO_2 或 SiC 被认为是低溶解度的材料,可作为阻碍腐蚀的保护层。从控制活性氧角度来看,氧含量的下限是由保护性氧化膜与 PbO 的热力学稳定性对比所决定,保护性氧化膜越稳定所需氧势越低,运行温度范围也就越大。

首先,可以通过对比不同氧化物的形成能来比较它们的稳定性(埃林厄姆-理查德森(Ellingham-Richardson)图)。对于消耗 1mol 氧分子的反应可以通过下式表示:

$$\frac{2x}{y}\text{Me(溶解的)}+O_2\text{(溶解的)}\longrightarrow\frac{2}{y}Me_xO_y \tag{3-5}$$

其中,Me 指各类金属元素。

氧化物形成能单位用 J/mol O_2 表示。根据 HSC 数据库软件(HSC V4.1),可以使用线性回归法计算 400～1000K(127～727℃)温度范围的系数,并用来估算该温度范围内的标准自由生成焓 ΔG^0(表 3-2)。实际上,基于反应的活度积,可以通过构建 ΔG-T 图表来判断一种氧化物的相对稳定区域。

$$\Delta G = RT\ln P_{O_2},\quad \Delta G^0 = RT\ln P^0_{O_2} \tag{3-6}$$

式中,$P^0_{O_2}$ 为系统达到氧化还原反应平衡时的氧势。ΔG 与 ΔG^0 的相对大小所代表的意义为:

当 $\Delta G>\Delta G^0$ 时,系统处于非平衡状态,并且只有氧化物存在;

当 $\Delta G=\Delta G^0$ 时,系统遵守氧化还原平衡,在这个平衡中氧化物和金属都存在;

当 $\Delta G<\Delta G^0$ 时,系统处于非平衡状态,没有氧化物能稳定存在。

表 3-2　400～1000K 时反应消耗 1mol 氧的主要氧化物的自由焓系数(HSC V4.1)

$\Delta G^0=\Delta H^0-T\Delta S^0$	ΔH^0(400～1000K)/(kJ/mol)	ΔS^0(400～1000K)/(J/(mol·K))
$\frac{4}{3}Al+O_2=\frac{2}{3}Al_2O_3$	−1117.15	−209.8
$\frac{4}{3}Bi+O_2=\frac{2}{3}Bi_2O_3$	−389.14	−192.6
$\frac{4}{3}Cr+O_2=\frac{2}{3}Cr_2O_3$	−755.41	−171.8
$\frac{4}{3}Fe+O_2=\frac{2}{3}Fe_2O_3$	−554.13	−171.2
$\frac{3}{2}Fe+O_2=\frac{1}{2}Fe_3O_4$	−551.99	−156.9
$2Fe+O_2=2FeO$	−529.19	−131.4
$2H_2+O_2=2H_2O(g)$	−490.31	−104.5

续表

$\Delta G^0=\Delta H^0-T\Delta S^0$	ΔH^0(400～1000K)/(kJ/mol)	ΔS^0(400～1000K)/(J/(mol·K))
$2Ni+O_2=2NiO$	−473.69	−175.7
$\frac{3}{2}Pb+O_2=\frac{1}{2}Pb_3O_4$	−357.93	−192.1
$2Pb+O_2=2PbO(T_{PbO}<762K)$	−439.87	−198.8
$2Pb+O_2=2PbO$(天然 PbO)	−437.61	−199.1
$Pb+O_2=PbO_2$	−273.60	−195.5
$Si+O_2=SiO_2$	−909.32	−179.6
$Zr+O_2=ZrO_2$	−194.54	−187.21

相应的 ΔG-T 数据如图 3-1 所示，据此可以清楚地鉴别液态铅铋合金中最稳定和最不稳定的氧化物。为便于比较，图中也给出了铅铋合金中氧含量分别为 0.01ppm 和 10^{-10}ppm(质量比)的等浓度线。可以看出，要形成 Fe 的氧化膜来提高其抗腐蚀能力，活性氧必须控制在由 PbO 线(下方)和 Fe_3O_4 线(上方)所限定的狭窄区域内。相反地，针对其他候选结构材料的其他氧化物(如 SiO_2、Cr_2O_3、Al_2O_3 和 ZrO_2)，则可以在整个氧势范围内(包括在较高的温度范围内)保持稳定。

图 3-1 中曲线所示的所有杂质的活度均为 1，意味着这些杂质在铅铋合金中的浓度均达到了其相应的溶解度。事实上，这种现象在反应堆系统中很少发生。合金元素中的杂质和溶解氧一样，要服从于回路中的质量传输，包括通过结构材料的腐蚀/溶解和沉淀/氧化而释放到液态金属中，因此实际的活度遵循动态平衡，其值远低于 1。下面以铁基结构材料为例来具体说明控制氧含量下限的方法。

通过自我修复的氧化膜实现铁基合金的腐蚀保护，就要求系统在任何运行工况下、在任何位置均能形成 Fe_3O_4(如在液态金属内及液态金属与容器壁面的界面)。事实上，Fe_3O_4 作为氧化物层最不稳定的部分，决定了所允许的氧浓度的最小值。假设在 Pb 合金中钢的氧化反应如下：

$$\frac{3}{4}\text{Fe(溶解的)}+\text{PbO(溶解的)}\longrightarrow\frac{1}{4}Fe_3O_4+Pb(l) \tag{3-7}$$

上式中，氧在它的饱和极限下以溶解 PbO 的形式存在。这可以认为是一团 Pb 原子围绕着一个氧原子。此时溶解氧的化学活度就是溶解 PbO 的活度。由表 3-2 计算出这个反应的标准自由焓($\Delta_r G^0$)为

$$\Delta_r G^0=-57190-21.1T\text{, J/mol} \tag{3-8}$$

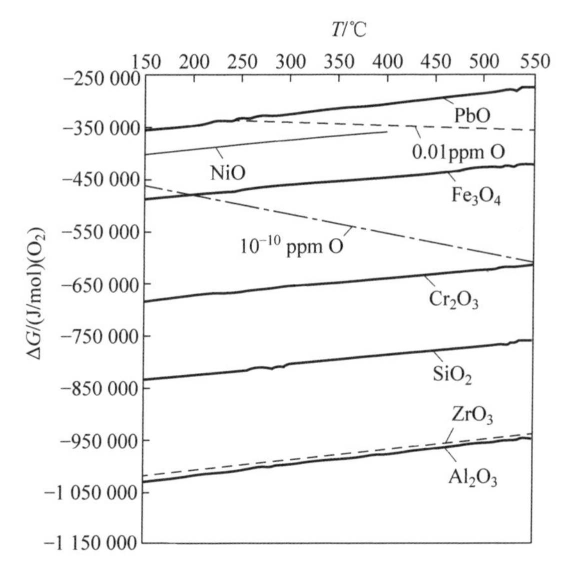

图 3-1　铅铋合金熔体的埃林厄姆-理查德森图

式中，T 的单位为 K。

在纯铅中，Pb 的活度为 1；在铅铋合金中，Pb 的活度略小于 0.45 (Courouau，2002b)。

$$\ln a_{Pb} = -\frac{135.21}{T} - 0.8598 \tag{3-9}$$

式中，T 的单位为 K。

Fe 在 Pb 或者铅铋合金中的溶解度可由下式计算（计算结果列于表 3-3 中）(Gromov，1998；IAEA，2002)：

Pb：

$$\lg C_{Fe}^{s} = 0.34 - \frac{3450}{T},\quad 603K < T < 1183K \tag{3-10}$$

LBE：

$$\lg C_{Fe}^{s} = 2.01 - \frac{4380}{T},\quad 823K < T < 1053K \tag{3-11}$$

式中，C_{Fe}^{s} 为质量百分数，T 的单位为 K。

表 3-3　Fe 在纯铅和铅铋合金中的溶解度　　单位：μg/g 或 ppm

温度/℃	130	200	330	400	500	600	700
Pb	0.000061	0.0011	0.042	0.16	0.75	2.4	6.2
LBE	0.000014	0.00057	0.056	0.32	2.2	9.9	32

在平衡条件下，在铅合金中，发生反应形成 Fe_3O_4 的活度积为

$$\ln(a_{\mathrm{O}}a_{\mathrm{Fe}}^{3/4})=\ln a_{\mathrm{Pb}}+\frac{\Delta_r G^0}{RT} \tag{3-12}$$

Fe 的活度定义与氧的活度定义相同，即 $a_{\mathrm{Fe}}=\frac{C_{\mathrm{Fe}}}{C_{\mathrm{Fe}}^*}$，当 Fe 在溶液中达到饱和时，$a_{\mathrm{Fe}}$ 等于 1。定义腐蚀保护所需要的氧浓度的最小值为 C_{Omin} 后，可得到下述公式：

Pb：

$$\lg C_{\mathrm{Omin}}=-\frac{3}{4}\lg C_{\mathrm{Fe}}+2.38-\frac{10618}{T} \tag{3-13}$$

LBE：

$$\lg C_{\mathrm{Omin}}=-\frac{3}{4}\lg C_{\mathrm{Fe}}+2.28-\frac{10456}{T} \tag{3-14}$$

式中，C_{Fe}、C_{Omin} 为质量百分数，T 的单位为 K。

如果系统进入了溶解区，且形成了原位保护性氧化膜，那么在结构材料溶解前将会出现一个时间延迟，它与 Fe_3O_4 和尖晶石的溶解所需时间相一致。这从某种程度上会引入一个安全系数。相反地，当氧浓度恢复到正确范围时，也会有一些延迟。在这些时间段中，Fe 的氧化化学反应平衡决定了氧浓度。然而，只监测氧浓度是不够的。检测氧化层是否溶解或生长的唯一方式是直接使用电阻探针检测仪来测量它的厚度(Provorov，2003)。

与氧含量上限类似，任何一个非等温系统允许的氧含量的下限也是由首先溶解的 Fe 的氧化物位置所决定的。同样，考虑到在液态金属和容器壁面之间存在热梯度，因此该位置通常为温度最高点的表面。例如，如果一个由铁基合金材料组成的铅铋系统的最高运行温度是 650℃，保证形成 Fe_3O_4 的氧含量的下限大约为 5×10^{-4} ppm。

3.1.3　活性氧控制细则

能同时保证不污染系统且对高温下结构材料进行腐蚀保护的液态 Pb 或者 LBE 中的氧浓度范围为

$$C_{\mathrm{Omin}}\leqslant C_{\mathrm{O}}\leqslant C_{\mathrm{O}}^* \tag{3-15}$$

图 3-2 绘制了保证氧化膜稳定存在的最小氧浓度与饱和铁含量的关系。当铁浓度较低时，氧含量的下限增加，使氧化区域达到最大化(Gromov，1998；Shmatko，2000)。当系统运行温度为 400℃时，氧含量的范围为 1.3×10^{-6}～

1.3ppm。原则上，对于非等温系统，代表冷段和热段温度的两条垂直线所包裹的区域限定了氧的浓度范围，一个在400～480℃的运行系统的氧的浓度范围是1.8×10^{-5}～1.3ppm。

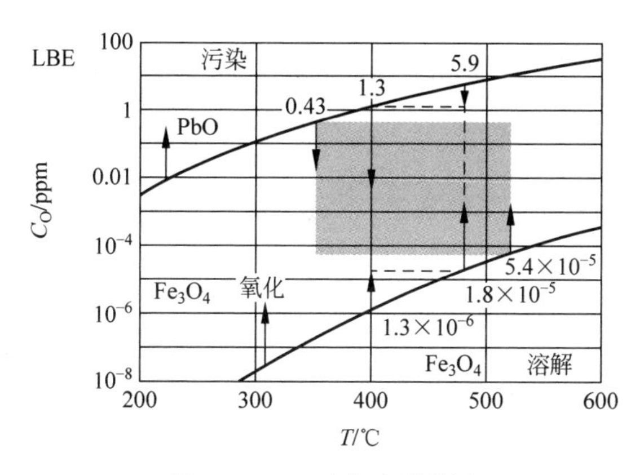

图3-2　LBE中氧含量范围

在主冷却回路中，阴影部分表示允许的氧的运行范围。图中划分三个区域：污染($C_O=C_O^*$)、氧化($C_{Omin}\leqslant C_O\leqslant C_O^*$)和溶解区域($C_O<C_{Omin}$)

对于非等温系统，由于热量传输的作用，其表面温度与基体温度是不同的。然而，如果需要氧化层保护，必须确保容器壁面低温处的最低氧含量，这个温度决定了系统的氧浓度范围。例如，冷却系统的运行条件如下：冷却剂温度400～480℃，燃料包壳最高温度520℃(热点)，蒸汽发生器最低壁温350℃。因此，必须保证氧浓度低于0.43ppm(以防止冷却剂在350℃被氧化)，且高于5.4×10^{-5}ppm(以保证在520℃下饱和铁的活度为1($a_{Fe}=1$)时仍具有保护性氧化膜)。显然，该温度范围小于由整体温度所确定的区间(1.8×10^{-5}(400℃)～1.3ppm(480℃))。

与在静态条件下Fe会达到饱和不同，在动态循环条件下，传质会起到重要作用。事实上，在非等温和腐蚀条件下，Fe将会从热结构材料的壁面进入冷却剂中，并在移动到低温区域时析出沉淀。扩散和对流是造成传质的两个驱动力。通常，物质通过边界层从容器壁面扩散到液态金属中是一个受限过程。传质过程包括透过氧化层的扩散。在表面形成氧化物的热力学条件与在液态金属内部形成氧化物的热力学条件不同，它是一个动态平衡的结果($a_{Fe}<1$)。图3-3很好地解释了这种现象，即降低铁的浓度会使氧化区域减小，而且温度越高，减小的速度越快。运行温度较高时，氧浓度接近于饱和极限。事实上，在平衡状态下，在界面处与氧化膜相平衡的铁浓度要低于其溶

解度几个数量级，从而降低（或大大降低）其腐蚀速率。

值得注意的是，运行温度越高，氧化区域越小，最终会使在高温下通过控制活性氧来控制 Fe 的氧化膜形成进而控制腐蚀的方法失效（700℃左右）。

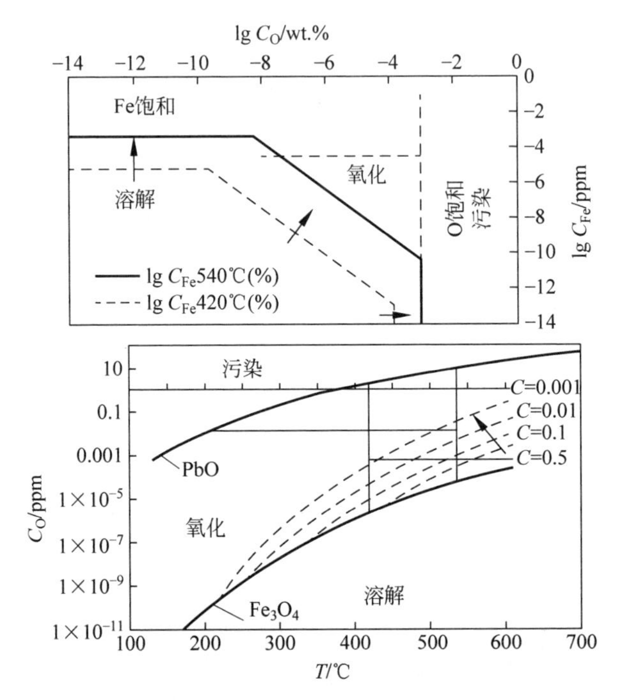

图 3-3　Fe 氧化物形成的临界值决定保证保护性氧化层的处理手段
（氧化层依赖于 Fe（C_{Fe} 或 C）和氧（C_O）的浓度）

到目前为止，测量铁浓度很困难，对其进行在线监测更是不可能的。通过化学分析能得到的最小浓度为 5ppm，并且有可能会降低到 0.5ppm，但仍可能会高于预期的铁浓度。虽没有直接的办法可以控制铁含量，但是如果能够控制并在线监测氧含量，则至少可以获得一个参数。因此，氧含量的控制应该被设定在允许范围内的最高值（以使其符合预防污染的要求），同时与冷段温度界面相一致。由于冷段温度界面的 Fe 浓度未知，氧化区域将增大，据此确定氧含量的控制规范为

$$C_O(\text{污染或 / 和腐蚀控制}) = C_O^*(\text{冷段壁面温度}) \tag{3-16}$$

上述热力学分析是在一些假设的基础上做出的，大致适用于珠光体钢（Fe 含量 100%），但是无法应用于含 Cr 合金钢或以 Zr、Si 或 Al 为基体的材料或抗腐蚀材料（因为这些材料的氧化层由更多稳定的氧化物组成）。真实

的运行界限应该由实验设备测出，并充分考虑运行条件和相关材料。

3.1.4 核反应堆系统策略

为使核能系统具有较长的使用寿命，对系统中氧含量进行控制是最基本的要求，这就意味着需要对组件、燃料操作、维修和检测进行干预。在系统重新启动之前，需对氧进行净化且应尽可能提高运行温度。对于铁基材料，应通过形成自我修复的氧化层来控制腐蚀。

在反应堆首次启动以及之后进行的维护和检修过程中，因为系统中可能会进入空气或者从铅铋共晶合金和结构材料中释放出氧，因此杂质污染是主要的问题(Ivanov，2003；Courouau，2004b，2005a)。这就需要确保液态金属的清洁以及没有固态氧化物形成，以避免堵塞设备的狭窄部分或沉淀在换热器表面，从而影响整个系统的冷却能力。此外，如果不定期处理长期运行过程中积累的氧化物，最终也会影响设备的冷却性能(如在小管中阻塞和沉淀)，进而影响设备的运行。有记录表明，固态氧化物和回路中的沉淀物(主要成分为 PbO 和铅铋合金以及极微量的 Fe)可达到回路中冷却剂总质量的5%，因此必须对系统实施定期净化以将杂质含量降到最低(Martynov，2005)。

相反，在正常运行过程中，氧的污染源是微不足道的。系统中有很多地方需要消耗氧，预计在液态金属回路中的氧含量较低或者非常低(Shmatko，2000)。在运行期间，通过控制活性氧来实现对腐蚀的控制是极为重要的，而这依赖于对材料的选择以及对运行温度的控制。当所选材料为铁基合金且温度高于因溶解而导致腐蚀速率不能被忽略的 450℃时，就需要合理控制活性氧。使用其他在铅铋合金中溶解度较低的材料(如 SiC 复合材料、Al_2O_3、ZrO_2 等)或者应用这些材料作为基体材料的保护层时，可能会出现控氧区域过大而在实际中无法达到氧含量下限的情况，这时便不再需要对氧活度进行控制(Ballinger，2004)。

对控氧系统的要求有：

(1) 在启动或者重启过程中进行氧的提纯，以预防 PbO 的形成；

(2) 在正常运行模式下为实现腐蚀保护而进行活性氧控制，而这通常是在最初阶段为促进形成保护性氧化膜而进行活性氧控制。

第一点要求包括了对回路中的任一部分或者在任何一个运行条件下，首先要避免形成冷却剂氧化物。第二点要求包括了通过控制液态金属中的氧势来实现活性氧控制，以促进保护性氧化薄膜的形成。第二点要求要基于系统的具体设计，如运行温度和材料选择。

如果不需要控制腐蚀，那么杂质就决定了氧含量控制的上限：

$$C_O(\text{仅控制污染}) < C_O^*(\text{冷段壁面温度}) \tag{3-17}$$

3.1.5 氧控制系统

对于任一个核能系统的铅合金回路，为了实现氧含量的控制，必须提供下列系统：

(1) 氧测量系统——实现覆盖气体和液态金属的在线监测；

(2) 氧控制系统——用于提纯和活性氧的控制。

液态金属主体的氧监控系统也被称为氧传感器。通过购买商品化仪器可直接检测气相中的氧。

实际上，在正常的运行条件下，覆盖气体和液相之间的氧会相互传质，在多数情况下最终会达到平衡。由于主要的杂质源并非源自正常运行，因此尽快检测出因污染导致的传质非常重要。由于体积上的显著差异，从一相到另一相的传质有很大不同，所以对上部覆盖气体和冷却剂都需要进行在线监测。

Pb-Bi 系统中的氧控制过程基本上有两种：

(1) 气相控制法；

(2) 固相控制法。

当液态金属中氧浓度未达到饱和时，气相控制的基本原理是以表层气体和液态金属的气-液平衡为基础，通过控制氧在气相中的分压来调节液态金属中溶解的氧浓度。实际操作中，在一个装满流动液态金属的容器上方非常容易实现由 Ar 混合稀释的 O_2 或者 H_2 的流动，并在液-气接触面达到氧的平衡。如果需要更大的接触交换界面，也可以直接使用气泡线。在液/气界面上通过发生如下反应来实现对液态 Pb 的氧化或者还原：

$$Pb(l) + O_2(g) \rightleftharpoons PbO(\text{溶解的}) \tag{3-18}$$

$$PbO(\text{溶解的}) + H_2(g) \rightleftharpoons H_2O + Pb(l) \tag{3-19}$$

在系统经过严重污染、启动或者长期运行后，可以通过氢气还原大量积累的氧化物来恢复系统的热工水力性能。需要注意的是，要想将覆盖气体中的活性氧控制在所需的低氧势是非常困难的，因此通常使用三元混合气体可操作性会更强一些。实际上，如果固定蒸汽和氢比率，那么液态金属中的氧势可由热力学平衡计算得到(Gulevskiy，1998；Mueller，2000；Shmatko，2000)。当然，原则上也可以使用其他反应系统(如 CO/CO_2 系统)，但是这些系统由于实用性和安全性方面的原因并未得到应用。此外，使用 CO/CO_2 系统时还要注意评估该系统对结构材料的潜在渗碳(carburization)作用。

气相系统的运行参数与气-液界面处影响平衡的传质有关。气泡的形成可增大交换区域,促进交换,进而有助于缩短达到热力学平衡的时间。温度是影响 H_2 还原固态 PbO 的第二大因素(Ricapito,2002),温度越高效果越好(可能与溶解度有关)。相反地,如果氧化过程很迅速,则可能会导致形成固体氧化物而不是溶解氧,这些固体氧化物会被转移并沉淀到设备的其他地方,进而需要后续的提纯。因此,使用三元混合气体时通过直接调整气相组成比较容易获得低氧化速率。

为了避免氧化性过强而在系统中形成固体氧化物,推荐使用固相控制法(Gromov,1996; Zrodnikov,2003)。该法将固体 PbO 溶解于热工水力可控的设备(固体物质交换器)中(图 3-4)。系统的温度和流量决定了 PbO 的溶解率(Askhadullin,2003,2005; Simakov,2003)。固体物质交换器可以设计成消耗品,或者将其寿命设计为与快堆或者 ADS 中相关设备的使用年限相同,从而避免运行期间单独为其处理,减少在核环境下运行复杂气体回路的需求,进而保障系统的整体安全性。

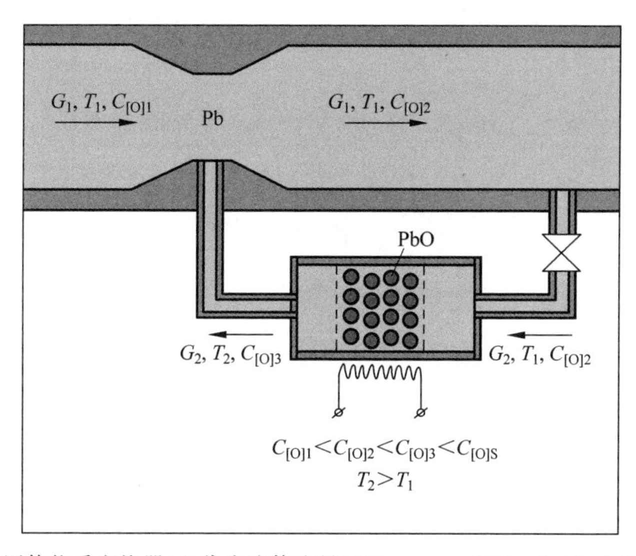

图 3-4 固体物质交换器(G 代表液体流量)(Martynov,2003; Askhadullin,2005)

3.1.6 氧的均匀化

如果氧在回路中被完全混合均匀(由于在液态金属中溶解氧的对流/扩散率很低),则氧浓度在整个系统中是相同的(Shmatko,2000; Orlov,2005)。

然而,该假设存在一定的问题。在腐蚀保护的情况下,由于氧浓度范围是相当低的,只有当氧的运行状况在所有的运行条件下和在回路的每个部分都被严格控制时,其分布才会均匀。这意味着,腐蚀可能不会发生在低氧区域,铅氧化物也不可能在高氧区域形成。尽管氧在铅合金中的扩散率较低,但在某种程度上由于铅合金中的较强对流补偿,从而使得液态金属中存在强烈的搅拌现象,最终会变得均匀。

在小型的反应堆系统(如 SVBR-75 或安格斯泰姆(Angstrem)概念堆)(Zrodnikov,2000; IAEA,1998)中,液态金属会每小时更新成百上千次(表 3-4),因此可以认为液相已充分搅拌均匀。此外,由于冷却剂体积很小,所以没有滞止区域。然而,核燃料包壳附近的最高流速也不会超过 2m/s。对于更大尺寸的系统,尤其当对流强度较低时,氧的均匀化可能无法保证。例如,对于池式液态金属反应堆(如 BREST),由于这些反应堆中的冷却剂量太大,系统的物质交换速率比小尺寸反应堆低 10 倍(表 3-4)。因此,从均匀化的角度来看,回路式反应堆在处理系统物质交换速率方面比池式反应堆效率更高(虽然仔细考虑不同反应堆系统各种部位雷诺数的差异也很有必要)。此外,通过停堆或等温调节可以改变杂质在高温区和低温区之间的分配,进而改变反应堆中杂质的分布。

表 3-4　各种反应堆的堆芯冷却剂回路典型设计参数

堆　型	堆芯流速	主回路冷却剂质量或体积	系统物质交换速率/(次/h)	运行温度/℃
Phénix-350MWe(Na)	10260/(t/h),(3×0.95t/s)	840t	12	400～550(150)
Superphénix-1500MWe(Na)	61056/(t/h),(4×4.24t/s)	3250t	19	395～545(150)
EFR-1470MWe(Na)	61170/(t/h)	2100t	29	395～545(150)
PWR-1300MWe(轻水)	68000/(t/h)	380m^3	179	286～323(37)
SVBR-75MWe(EPB)	3492/(m^3/h),(11.18t/s)	18m^3	194	275～439(164)
NPHPAngstrem-30t(EPB)	382/(m^3/h)	3m^3	127	280～465(185)

续表

堆型	堆芯流速	主回路冷却剂质量或体积	系统物质交换速率/(次/h)	运行温度/℃
BREST-300MWe (Na)	143640/(t/h), (3.8m^3/s)	600m^3(6300t)	23	420～540(120)
BREST-1200MWe (Na)	570240/(t/h), (158.4t/s)	2500m^3(26250t)	22	420～540(120)

注：括号内的数值表示运行温度变化幅度。

3.2　纯度控制

3.2.1　杂质来源

氧是主要且最重要的杂质之一。此外，也存在其他的杂质，虽然这些杂质仅以微小的速率生成，却能对反应堆运行产生一些宏观效应。除氧外，对于快堆和 ADS 系统，其他主要的污染源包括：①以一定的速率（与运行温度和液态金属的流量等相关）产生的腐蚀产物（主要是 Fe，其次为 Ni、Cr 等）；②来源于散裂的活化作用产物、腐蚀产物的活化以及核裂变（如 Po、Hg、Tl、Cs、Mn 等）；③在反应堆堆芯、次临界装置或散裂靶中的轻粒子产物（如氢，包括氚）。

此外，如果自我修复性铁的氧化薄膜腐蚀保护方法被应用于铁基合金，则氧含量需控制在一个很窄的范围内（即高于 Fe_3O_4 的形成势，且低于 PbO 的形成势）。依靠形成 Si 基或 Al 基氧化物来实现保护的先进合金系统会扩大氧势控制范围。无论是来源于腐蚀本身还是由于其他方式引进的污染，都对腐蚀保护所需要的氧范围有重大影响，尤其是在如反应堆热停堆或冷停堆等瞬态工况中，杂质效应会对杂质的分配及其在液态金属系统中的稳定性产生剧烈的影响。因此，完整、系统地对潜在杂质或污染物的鉴定和表征是至关重要的。

杂质的来源可以按照不同的运行模式下反应堆系统的状态来分类，包括：①在首次辐照之前的初次启动；②正常运行条件（包括启动和停堆）；③瞬态和事故条件。表 3-5 列出了典型 ADS 系统的各种污染源（IAEA，1993，2002；Courouau，2003，2004b）。

表 3-5　液态重金属冷却反应堆系统中的典型杂质来源

运行模式	污染来源	A	B	杂　质	影　响
正常运行工况	覆盖气体更新	√	√	O、H_2O	可忽略
	蒸汽发生器蒸汽泄漏	√		H_2O(O、H)	如果有微裂纹或管子断裂,则为主要影响
	散裂残留物、三分裂变产物和质子束	√	√	H、^3H	释放到环境中
			√	Po、Hg、Tl、Au、Os、Ir	如果没有防护会泄漏
	燃料/燃料包壳	√		^{54}Mn、^{51}Cr、^{59}Ni、^{58}Co、^{60}Co、^{110m}Ag	冷却剂活化
	腐蚀产物	√	√	Fe、Cr、Ni	阻塞/沉淀
初始启动，维修或检修后的重启	溶解氧	√	√	O	阻塞/沉淀
	固有的污染	√	√	Ag、Cu、Sn 等	阻塞/沉淀
	维修期间结构材料吸附的气体	√		O、H_2O	阻塞/沉淀
	空气进入	√		O、H_2O	阻塞/沉淀
非正常污染源	燃料包壳失效	√		^{239}Pu、^{235}U、^{85}Kr、次锕系元素、Cs、I、Kr、Xe	长寿命活化
	空气进入	√	√	O、H_2O	阻塞/沉淀
	蒸汽进入	√		H_2O	上层气体压力上升，阻塞/沉淀
	偶发污染(油、Hg等)	√		油、Hg、Pb-Sn 等	阻塞/沉淀

注：A 代表临界或次临界反应堆系统中的冷却剂系统；B 代表 ADS 散裂靶。

3.2.2　杂质行为和提纯要求

如前所述,除了氧和腐蚀产物之外,绝大多数的杂质污染量都相对有限。由于在非等温系统中存在动态的质量传输平衡过程,腐蚀产物将长期存在并不断累积。腐蚀产物引起的管道阻塞已经在一些回路中发生,这是液态铅合金系统的一个特殊问题：冷热备用设备也许在几小时内会引起堆积杂质的迅速重新分配,并最终阻塞冷管道。之所以在几小时内被观测到,是由于杂质最初是在回路中的低温点堆积,而后随着回路中温度分布的改变,泵的输送管道成为回路中的温度最低点从而被阻塞。据报道,几乎在所有铅合金研究设备中均观测到这种不能被任何核能系统所接受的现象。

贵金属元素的氧化物比PbO更加不稳定，会溶入液态金属中直至达到溶解极限，然后可能以颗粒状析出。此外，由于杂质的存在形式与设备中受控的氧浓度有关，根据埃林厄姆-理查德森图，杂质或者以氧化物形式存在，或者以溶解形式存在。因此，在任何情况下，从热区到冷区的传质和从液态金属到容器壁面的传质均可能发生并导致长期的运行风险，故需要连续的除杂过程来控制这些持续的污染源。

对于一个预计可以运行30年或更长时间的铅合金冷却剂系统，或对于由于运行条件限制而只能运行几年的ADS散裂靶系统，非常有必要在一个特定的区域内连续不断地净化杂质。同时，在等温运行和冷停堆期间进行净化也是非常必要的。

原则上，只有固体杂质、不能溶解的颗粒或氧化物才能在一个包括沉降、过滤等功能的旁路中堆积。较低的运行温度使杂质溶解度降低。此外，温度梯度或填充物可能会促使金属快速结晶，并且提高净化设备的效率。

由于部分金属会发生均匀结晶，应该研究为冷态准滞止(cold quasi-stagnant)的辅助容器中存在的颗粒提供充分沉降和停留时间的条件，并将这些条件设置在某些特殊需要的净化系统中(如在注入之前启动的净化系统)。然后，颗粒从气-液界面逸出，一些颗粒很可能会在界面上沉积。这些界面可能位于特殊的部件上，而不是在回路中因为界面上形成的氧化膜影响非金属杂质的气固平衡(如氧、氢等)。评估特殊系统中冷点的位置，并比较其与界面温度的关系非常重要，以便尽可能地避免在界面上形成厚杂质层。

在设备温度最低的位置设置过滤系统，可能是最适合铅合金冷却剂的方式。这种操作是典型的化学工程操作，其效率取决于操作过程中的各种参数(变化或者不变)。重要的参数如下：

(1) 在系统中的位置、几何形状等；

(2) 液态金属流经过滤系统的驱动力和再生能力；

(3) 运行参数：流速、温度等；

(4) 固体物质：性质、形态、尺寸、浓度和粒度分布；

(5) 过滤介质：性质、表面、厚度、孔隙大小、水动力阻力、机械阻力、操作方式(连续或分批)、压力和过滤温度等。

固体颗粒的粒度分布决定了过滤介质的选择。包含大量小尺寸(1μm或更小，胶体)颗粒的液体，在通过过滤介质(滤饼)时可形成可渗透的、紧密的沉积物并快速地阻塞过滤介质，使过滤效率大幅下降。为提高过滤效率，可通过凝结等方式改变粒度分布。如果颗粒大体是球形的，滤饼对液态金属有较好的渗透性，过滤效率会更大。另一种情况是针对类似于阀门的弹性或可压缩的颗粒，当驱动力加大时，滤饼受压缩后孔隙尺寸骤降，从而降低过滤效率(Perry，1997)。

利用两个典型的过滤机制可将固体从液态金属中分离，即

(1) 深滤床过滤(深层过滤)：固体会被过滤介质中的孔隙或基底捕获；

(2) 滤饼过滤(表面过滤)：固体在过滤介质的表面停止运动，且堆积在一起，形成厚度不断增加的饼状物。

从铅合金运行情况来看，深滤床过滤有以下几种过滤介质：织物形式的 Al_2O_3 纤维、玻璃纤维、织物状的金属网眼或烧结的金属过滤器(Zrodnikov，2003；Orlov，2005)。

从应用在高端航天工业中的铝合金冶炼技术来看，使用深滤床过滤介质(如 Al_2O_3 泡沫塑料或锆石-莫来石蜂窝状介质)均可使液态金属一次通过，从而实现铸造操作前对细小颗粒的过滤移除。

此外，磁场可促进成核、晶体生长和特殊金属的吸附。于是很多解决方案应运而生，但是，由于颗粒的基本属性数据(如尺寸、形态)和过滤效率的缺失，因此除了为 BREST-300(Papovyants，1998；Orlov，2005)开发的压实烧结的金属纤维介质外，目前尚没有相应的设计规则和选择标准。

由于过滤装置最终会被堵塞，因此需要选择合理的处理方式：①设计寿命与整个系统设计寿命相同；②提供一个简单的移除和更换系统；③使过滤介质具有再生功能。

此外，由于去除偶发污染(如表面气密性的丧失、水或其他物质引起的污染(润滑脂、润滑油、水银等))会耗费大量的时间和金钱，且对运行时间产生影响，因此核能系统的净化设计须具有可处理偶发污染的能力。

3.2.3　活化杂质

放射性杂质的控制是一个专门的、完整的研究领域，其目的是分类整理出对核能系统运行具有关键影响的活性元素，如挥发性核素(惰性气体、Po、Hg、Cs、I)、移动能力强的核素(氚)、具有长半衰期的核素(如少数锕系核素(MA)等)。这些核素在反应堆停堆期间将影响系统的维护和废物的处理。到目前为止，相关文献主要关注 Po 核素的产生。

与不需维护或维修、使用年限较短的散裂靶相比，快堆主回路是根据整体反应堆的使用年限(数十年)设计的，因此需要必要的维护操作、部件处理和换料操作等，且需要使用特殊的放射性杂质控制系统。

核素的行为取决于它们在液态铅合金中的化学形式：

(1) 溶解态。核素溶解度大于其释放的质量，例如 Au。

(2) 沉淀态。与释放的质量相比，回路中某些部位的溶解度较小，它们将沉淀析出。

(3) 氧化态。核素的氧势比 PbO 的低，同时取决于液态合金中的氧势。

如 3.2.2 节所述，一些活性核素会在系统的特殊部位逐渐堆积(如热交换器的冷交换表面、气-液界面以及其他特殊的点)。通常，这不会对系统产生影响，但是在系统维护和部件处理期间，必须对其进行清洁和净化。

主回路的放射剂量主要由 ^{207m}Pb 引起，且其辐射剂量水平远高于其他核素，因此针对其设计生物防护屏是十分重要的。然而，^{207m}Pb 的半衰期只有 0.8s，存在时间不足 1h，因此在维护或处理操作，甚至是拆除操作时，主要是针对其他核素来进行防护的。

冷却剂的活度影响着与维护(燃料组件装卸)或维修相关的操作，可能需要特殊的操作，这增加了反应堆整体的复杂性。特殊的操作包括：

(1) 冷却剂本身的清洁过程；

(2) 通过酸侵蚀去除沉淀物和结构表面微米级物质，降低被吸附到钢中的核素的活度和剂量。

此外，可能从液态冷却剂转移到其他系统(如二回路系统、辅助系统或覆盖气体控制系统)中的核素，是正常操作模式下需重点关注的放射源。它们可能需要特殊控制过程以保证其在安全规定的可释放范围内。这些核素包括：

(1) 氚，释放到环境中的主要核素之一；

(2) 挥发性核素，如 Kr、Br、Xe、Ar、I、Cs、H、Po、Hg 等。

针对覆盖气体系统，可以实施多种控制放射活性的方案，例如：

(1) 再循环覆盖气体回路。它可能包括一些滞留槽(用于增加停留时间)以促进短半衰期产物(Kr)的放射性滞留，或使其(Xe)吸附在活性炭层，或冷冻密封，这些过去在钠冷快堆已经使用过。此外，也可根据铅合金系统特殊的放射性同位素特征来设计其他 Po 混合物或汞气的专用“陷阱”。

(2) 气密系统偶尔放气以减小压力。在气体释放到排气管之前必须对其进行净化。

对于 Po 核素，一个更容易的方法是利用它们的挥发性(PoPb)来清除气相而非液相中的 Po。因为铅合金的控氧过程会影响活性核素的气-液分配，因此也会对 Po 活性的控制产生影响。

在偶发事件(如冷却剂丧失事故)中，铅合金中的 α 放射源活度通常可被用来衡量方案是否安全。通过在冷却剂回路中设置可接受的最大的 ^{210}Po 核素量来分析和设计必要的控制过程(Khorosanov，2002；Buongiorno，2004)。

3.3　监测和控制仪器

3.3.1　在线电化学氧传感器

准确测量纯铅或液态铅铋合金中的氧含量是活性氧控制的关键，而活性氧的控制对于防止铅铋氧化以及通过自我修复氧化膜提高铁基材料抗腐蚀性能至关重要。

利用一些固体电解质(尤其是氧化锆基陶瓷)的离子导电功能(Desportes, 1994)可以制备出能测量液态金属系统中溶解的极低氧活度($<10^{-4}$)的电化学电池组件。这项技术被称为开路中的电动势测量方案或原电池方案。该技术具有的优势包括：

(1) 只针对溶解氧，不测量结合氧(例如氧化物中的氧)；

(2) 能实现快速、连续和在线测量，保证液态金属和陶瓷间的密封性；

(3) 单传感器可以检测的下限极低，能覆盖很宽的浓度范围，同时可适用的温度范围也很广；

(4) 与电极的尺寸和接触面积无关；

(5) 测量系统不受干扰影响。

由于随着温度降低，组件中的电阻增大，电池发生不可逆改变，因此该技术需在相对高温下使用。此外，由于极低的抗热冲击性，需要对其进行特殊保护，以防止较高的热应力导致固体电解质破裂。因此，需要针对快速的温度变化提供特殊保护。另一种解决方案是将传感器设计成消耗品。据报道，传感器的使用寿命通常只有数十至数百个小时。

对在线氧传感器的主要要求有：在低氧浓度范围内需准确、可靠，并具有可预测性，而且对于长期的反应堆系统运行必须是安全的。例如，出于安全方面的考虑，此类系统最大的隐患是陶瓷破裂，必须避免放射性液态金属渗漏至系统外或陶瓷碎片混入反应堆回路中。一些使用商品化的掺 Y_2O_3 的 ZrO_2 套管的传感器存在明显不足，如陶瓷易碎以及在使用中常观察到时间漂移。

1. 氧传感器原理

氧传感器是基于测量固体电解质原电池在零电流时的电势而设计的。固体电解质是指掺杂了 MgO、CaO 或 Y_2O_3 的 ZrO_2，这些掺杂能稳定氧化锆的四方结构，而氧离子在一定的温度和氧浓度下能在此四方结构中传输。尽管俄罗斯的一些研究结果显示了这类传感器在铅合金运行温度下的性能

(Gromov,1997; Shmatko,2000),但其装配使用并不简单,因为人们最初认为电极的不可逆性和过高的电阻导致这类电极和电池无法在铅合金运行的温度下发挥作用(400～550℃)。

电极包含了工作电极和参比电极。工作电极测量液态金属中溶解的氧浓度,参比电极是氧势恒定的参考系,如图3-5所示。

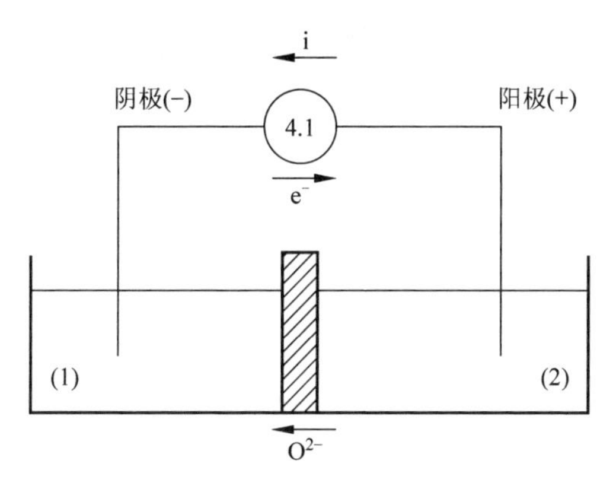

图3-5 原电池原理

如图3-6所示为目前在实验室中进行的传感器的常见组装方法。使用一端封闭的管道可以轻易地将参考物(内部)与测量介质(外部)分离。设计这种传感器的关键是陶瓷管和液态金属系统之间的密封必须是无泄漏且绝缘的。

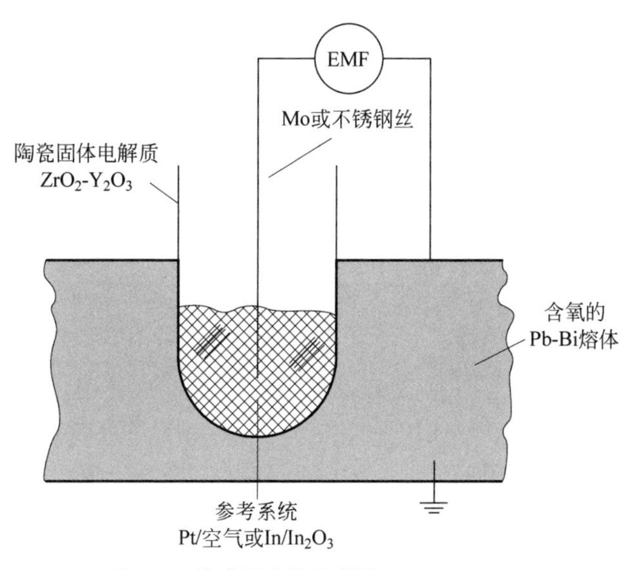

图3-6 传感器安装示意图(Konys,2004)

在运行温度下，将纯金属和氧化物粉末混合（氧化物略多）以得到液态金属内的参考物；氧化物含量超过 10%～50%时即可得到令人满意的结果（Courouau，2003）。过量的空气在初次使用期间会被消耗，形成参考金属的氧化物。传感器在校正过程或在初次使用期间被激活，第一步将传感器浸入铅铋合金熔融物中，并升高铅铋合金的温度。只要传感器可以稳定地输出电动势（electromotive force，EMF），即可认为参考物处于热力学平衡状态，且传感器被激活或处于准备运行状态。此过程在 450～500℃下大约需要几分钟时间。

参考物的选择是极其重要的。它取决于各种各样的参数（Desportes，1994），如参考物中的氧分压必须与待测量的分压相近，且参考系的平衡常数需已知。为使分压稳定，参考物要有良好的缓冲效应，且导线和参考系间具有良好的相容性。使用气体（空气或氧气）具有一定优势，因为它们的分压能被精确测定，然而液态金属参考物合金属/金属氧化物（couplemetal/metal oxide）的热力学数据由于可能掌握得不准确，因此需要校正（Desportes，1994）。

通常空气和覆盖了 Pt 的陶瓷表面相结合可获得更好的表面接合，且作为 Pt/空气电极的铂导线在运行温度范围内具有很好的限制性（因为气体和固相间接合存在电阻）。此类电池的运行温度必须高于 450℃（Desportes，1994；Konys，2004）。与之相反，液态金属参考系提供了与固体电解质间更好的接触，同时提供了较低温度下较低的电阻。低熔点金属有利于铅合金系统（400～500℃）在所需温度范围内的传感器应用，且不需要附加加热系统。

当使用液态金属参考物时，固体电解液的热循环影响是很关键的。实际上，内部参考物的熔化或冷却可能会引发固体电解质的磨损，促进微裂纹的生长，最终导致破裂（Courouau，2005b），而相同环境下的液态金属电极中的空气/Pt 电极则具有更长的使用寿命（Konys，2004）。

接触导线必须能与参考系统的液态金属熔体共存。例如，钼元素在 Bi 中的溶解度很低，这是有利的。与之相反，此类电化学电池中常用的 Pt 或 Ir 金属导线，由于其会在液态 Bi 中溶解，从而限制了其长期使用。

参比电极不可与固体电解液发生化学反应，在界面生成的反应产物会改变电势。类似地，当陶瓷破碎时，参比电极也不能成为污染源。Bi 在化学性质上与 Pb 相似，它们在化学上可完全混合，且其氧化物的稳定性弱于 PbO。此外，In 被广泛用于哈威尔（Harwell）氧测量计，因为 In 会降低液态铅合金中的氧势，可形成比 PbO 更稳定的氧化物。

当 In 参比电极系统显示零电压输出时，并不意味着传感器已破损。这很清楚地显示出了操作的困难性，因为在此种情况下不可能直接判断出传感器是否有效。因此，In 参比电极通常被排除在反应堆系统参考系之外，除非可以对该传感器进行周期性和系统性的校正。

这些注意事项解释了为什么以 Mo 作导线的参比电极在选择参考系时，主要集中在气体系统（Pt/空气导线）或 Bi（熔点为 271℃）/Bi_2O_3 或 In（熔点为 157℃）/In_2O_3 系统，尽管其他的参考系在原则上也可使用。从安全的角度来看，在反应堆系统中不会优先使用气体参考系统，因为它需要在参比电极中有连续的气流，而这就给活性铅合金的污染物提供了泄漏通道。

2. 氧传感器特性

目前，原型氧传感器在运行温度（370～550℃，Bi/Bi_2O_3 参比电极）、氧浓度、响应时间、准确度、再现性和使用寿命（数千小时，在稳定环境中预计更长）等方面表现出的特征令人满意。由于电池在低温下具有越来越高的不可逆性，当这些氧传感器在 350℃以下使用时，其输出会偏离理想运行状况，并降低其准确度。

对氧污染来说，系统对浓度变化的响应时间是快速的；复原时间与化学反应动力学有关，其由传质现象控制（气-液界面，液态金属主体中氧扩散等）。因为氧含量在整体上是不均匀的，通常认为一个系统的瞬态不是绝对可靠的。然而，该效应在稳定状态下不再存在。传感器只给出了局部的氧含量，因此在整个回路测量氧含量对于获得均质系统的可靠信息是极其重要的。

对于低氧浓度（$<10^{-6}$ ppm*）和稳定的运行条件，时间漂移是可以忽略的。高氧浓度（$>10^{-6}$ ppm）或氧循环似乎会影响传感器的输出，并且减少它的使用寿命；液态金属中的其他杂质也会发挥作用。另一种解释与电极本身有关，可以通过清洁操作（高温低氧含量或者对 ZrO_2 进行硝酸清洗，此法需经测试）来解决。

尽管众所周知，与其他的如 Y_2O_3 稳定 ThO_2 之类的固体电极相比，Y_2O_3 稳定的 ZrO_2 体现出更好的抗热冲击性能和更好的高温下力学性能（振动和接触等），但是在其使用中检测到了许多故障（图 3-7），故障通常出现在陶瓷嵌环底部的中心处。在内参比电极凝固过程中，位于闭锁式管路底部的内参比电极本身即机械磨损的来源。破裂陶瓷表面的光学观察表明，Bi 逐渐渗入微裂纹中，这很可能是由于 Bi 凝固过程中发生正的体积变化。降低内参

* 1ppm＝0.001‰。

比电极的高度会减弱此效应。从某种角度来说，对于固体电解质，使用圆锥模型是最有利的，因为凝固应力会优先向不受约束的上部传递，而不是以径向放射状向陶瓷传递。CORRIDA 回路实验的观测进一步证实了这个结论，在相同的操作条件和相同电解质中，空气/Pt 参考传感器比 Bi/Bi_2O_3 参考传感器具有更长的使用寿命。

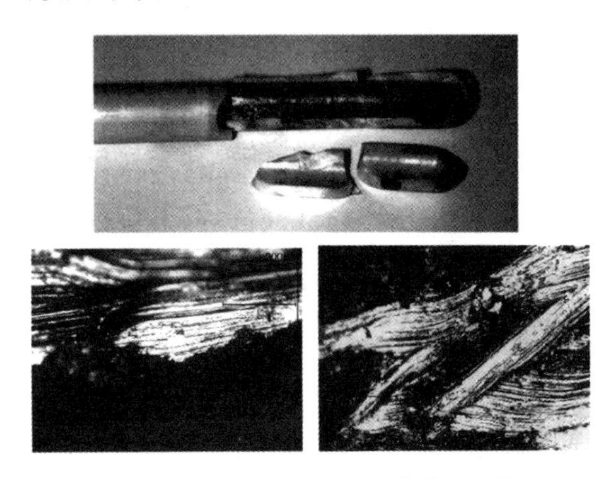

图 3-7　运行了 1400 小时的 Bi/Bi_2O_3 传感器及其断裂点细节

另一种减少故障的方法是合理设计陶瓷外壳，同时配合特殊的操作程序，这已在液态钠传感器中应用，并且被证明是非常高效的。图 3-8 显示了此类外壳的设计。类似的设计已经在卡尔斯鲁厄(Karslruhe)铅实验室得到应用，其主要特性在于拥有密封性，即能保证陶瓷和金属在冷区域具有良好的密闭性，陶瓷的设计长度和铜的散热翅片使这一点成为可能。这个密封是一个简单的 O 形环，陶瓷用金属外壳保护以减少热和力的冲击，且在万一破碎时可使陶瓷保持块状。密封性检查是在金属罩的位置用一种特殊的温度测量装置实现的。由于金属罩的作用，任何液流原则上到这里都会受到限制性停留。这种设计在液态钠中被证明是高效的，因为传感器的使用寿命取决于密封介质，密封介质如果位于底部区域，会与高温液态金属接触，最终导致短路或气密性的损失。

尽管一端封闭的圆管可直接购买且很容易隔离工作和参比两个电极，但是它可以被其他更不易碎的形状代替，比如用石墨或钽密封的圆锥模型，或将金属与金属管绑定陶瓷焊合。据报道，这种陶瓷有更高的耐力。然而，除了特殊陶瓷块制备的高昂费用，金属-陶瓷的密封和焊接问题导致它的安装启用也很复杂。

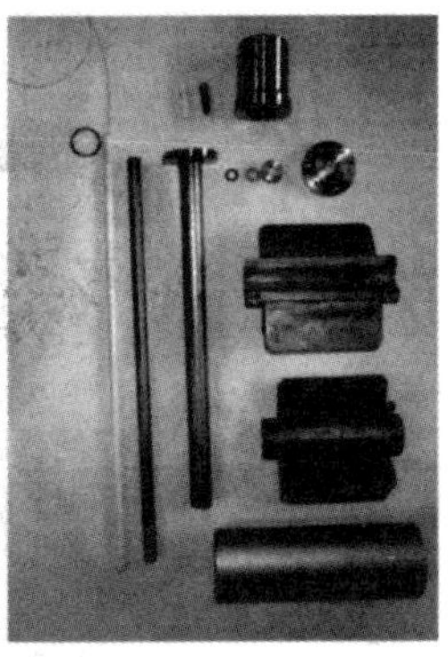

图3-8　在斯特拉(STELLA)回路中测试的CEA传感器外壳

3.3.2　采样系统和分析方法的发展

液相的杂质监测系统是液态金属冷却快堆的典型装置,该系统可获得液态金属样品并进行杂质的化学或放射化学分析。原则上,周期性地采样实现了对溶解杂质的长期监控,同时能评估冷却剂的活化程度。

1. 浸入式采样器的有效性

采样系统主要有以下两种类型:

(1) 气封系统中的浸入取样法,这是液态金属反应堆(如钠冷快堆)的参考采样系统;

(2) 在循环外的旁路管道中取样,尽管其测量的杂质在一定程度上代表了主回路的情况,但腐蚀产物不具有代表性(原因是壁面上沉积物的潜在堆积),因此这种方法在一定程度上被放弃了。

取样系统的目标是可以在任何设备中获得液态试样并进行随后的杂质化学分析。通常,任何采样系统都需要具备如下特征:

(1) 获得均匀的液态金属试样;

(2) 不会污染液态金属试样;

(3) 符合反应堆环境,简单易用;

(4) 能快速冷却。

为了研究聚变反应堆的氚增殖包层(Desreumaux,1993),科学家已经为铅锂共晶合金设计了一个这样的取样系统。因此,针对铅铋合金,基本原则是调整采样系统使其适应铅铋合金熔体。图 3-9 展示的是为铅锂共晶合金开发的浸入取样器的示意图和照片以及获得的试样(Courouau,2002a)。

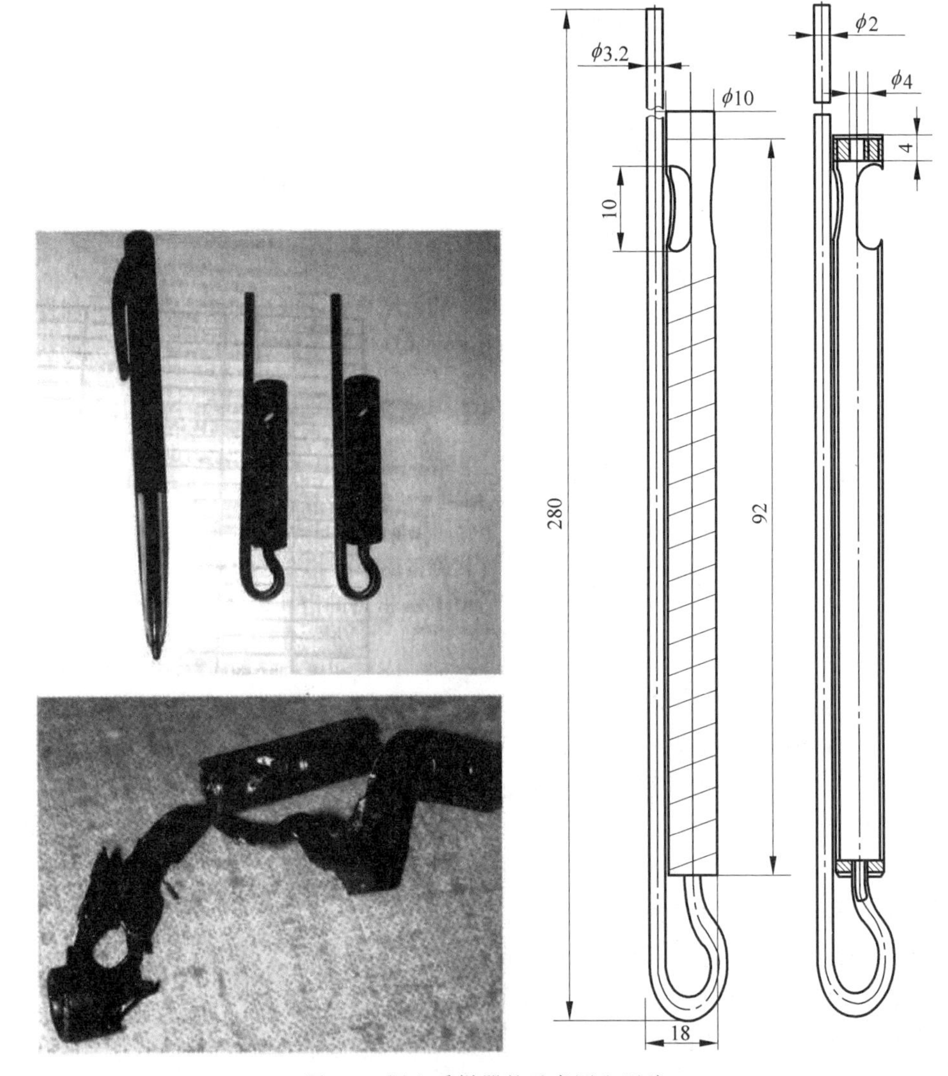

图 3-9　浸入采样器的示意图和照片

2. 铅铋合金的化学分析

铅合金的表征使用了各种各样的技术,如成分分析、金属杂质的表征和合金中氧的测量(Desreumaux,1998)。

成分分析技术以量热学、表面光谱学分析或原子吸收光谱(atomic absorption spectroscopy,AAS)为基础。量热学方法的原理是测量吸收的热量或温度升高而产生的热量,根据结果可以推导出各自的反应温度、共晶点、包晶点和反应比热。因为参考相图会存在多种成分的可能性,这种分析本身是不充分的。

表面光谱学分析包括 X 射线分析、扫描电镜分析(scanning electron microscopy,SEM)和波长色散 X 射线荧光分析(wavelength dispersive X-ray fluorescence, WDXRF)。当能谱仪分析(energy dispersive spectrometer, EDS)与扫描电镜分析相结合时,可以测量试样中任何一个点的合金成分。通过几个点(至少 10 个)的平均值可以判定合金的平均成分。通过 SEM 对元素富集或贫化区域的研究,可以确定合金的大概状态;使用 WDXRF 可以测量所有浓度大于 500μg/g 的周期表($Z>11$)中的元素(Desreumaux,1998)。因此,这种方法可以很好地用于确定合金成分,但是不能用于杂质的确定。

金属杂质分析首先需要将铅合金溶解,然后使用电感耦合等离子体-质谱(inductive coupled plasma/mass spectrometry,ICP-MS)或 AAS 分析测量。ICP-MS 方法可以测量大范围的杂质,如 Fe、Ni、Cr、Ag、Cd、Cu、Sn、Sb 等。

铁杂质的检测受 ArO 气态混合物的同种元素的干扰(Ar 作为等离子气体),此气态混合物将检出下限提高至 50μg/g。对于铁杂质,与添加示踪同位素方法相结合的 AAS 技术是比 ICP-MS 技术更好的选择,它可以把检出下限降至 5μg/g。

镍杂质来自 ICP-MS 设备的转料腔的镍锥的污染,与其他杂质相比,其检出下限相对较高。降低其检出下限有两种方法:把锥体改为铂金锥体,或用添加示踪同位素方法相结合的 AAS 技术来测量 Ni,此法也可将检出下限降低至 5μg/g。

试样中氧的分析测量可通过两个方法进行(Desreumaux,1998)。第一种方法是以试样在石墨坩埚中的还原熔化为基础,得到的 CO_2 由红外光谱法测量。这种技术在预期的范围内要在认真标定后使用。为了减少表面氧化物,对试样要有仔细的准备过程。它测量了出现在合金中的氧的总量,其形式或者是溶解 O_2,或者是溶解氧化物。另一种方法是以电化学测量为基础,只能测量存在于液态金属溶液中的溶解氧。

3. 放射性核素的化学分析

常规的冷却剂辐照活度测量对于反应堆系统的运行是必需的,因为它可能影响到反应堆运行(如在运行维护期间的处理或维修、核燃料包壳失效以及在系统中特殊部位的转移或积累等)。释放 γ 射线的所有核素都可通过 γ 能谱测定法来探测,而这通常可以将金属试样溶解在水溶液(硝酸)中之后进行测量。然而,对于其他核素(譬如 ADS 散裂反应的特有核素),由于只发射 β 射线(Bi、Tl、Hg、Au、Pt 核素中的大多数),甚至 α 射线(^{208}Po、^{209}Po、^{210}Po),因此需要通过特殊过程测量射线痕迹,且在某些情况下需要测量一种特殊核素(Po)产生的每个同位素。

汞杂质痕量测试技术是结合了蒸汽发生器的原子吸收光谱测定法,这种方法得到的检出下限为 0.06ppm(60×10^{-9} g/g)(OECD/NEA,2015)。

3.4 总　　结

化学控制是一个相当复杂且极其关键的问题(尤其对于较宽的运行温度范围)。将腐蚀保持在控制水平之下,同时保持冷却剂免受任何氧化物的污染是最基本的要求。

在设计初期以及反应堆启动与停堆期间,化学控制通常对运行来说是不重要的。这就是为什么在设计任何一个系统的时候,特别是从可能由此产生的潜在操作困难的角度来看,化学控制可以忽略。原则上,设计和运行良好的设备可能会以一个相当高的可靠性在无氧环境下运行。对于长期运行的大型系统,尤其是纯铅系统,更高的运行温度需要一个确切的中间浓度范围内有效的氧控系统。

水、液态钠和液态铅合金系统的化学分析有一些相似性,它们都对监测和操作具有完全相同的要求。然而,在铅铋合金系统运行时,会遇到诸如堵塞引起的冷却能力降低和因腐蚀引起的承载能力降低等严重问题,因此分析铅铋合金系统是非常关键的。

关于化学监测系统,目前仍然有一些问题需要更深层次的研究,从而提高对系统的基本认识,并提高仪器的可靠性。

参考文献

徐敬尧,2013. 先进核反应堆用铅铋合金性能及纯净化技术研究[D]. 合肥:中国科学技术大学.

OECD/NEA,2014. 铅与铅铋共晶合金手册——性能、材料相容性、热工水力学和技术[M]. 2007 版. 戎利建,张玉妥,陆善平,等译. 北京:科学出版社.

ASKHADULLIN R S, MARTYNOV P N, SIMAKOV A A, et al, 2003. Regulation of the thermodynamic activity of oxygen in lead and lead-bismuth by the dissolution of the oxides in heat transfer systems[C]. Proceedings of the Fast Neutrons Reactors Conference, Obninsk, Russian Federation (in Russian).

ASKHADULLIN R S, MARTYNOV P N, 2005. Development of oxygen sensors, systems of control of oxygen content in lead coolants for test loops and facilities[R]. International Science and Technology Centre, contract No. 3020.

BALLINGER R G, LIM J, 2004. An overview of corrosion issues for the design and operation of high temperature lead and lead-bismuth cooled reactor systems[J]. Nuclear Technology, 147: 418-435.

BORGSTEDT H U, MATHEWS C K, 1987. Applied chemistry of the liquid alkali metals [M]. New York: Plenum Press.

BUONGIORNO J, LOEWEN E P, CZERWINSKI K, 2004. Studies of the polonium removal from molten lead-bismuth for lead alloys cooled reactor applications[J]. Nuclear Technology, 147: 406-417.

COUROUAU J-L, TRABUC P, LAPLANCHE G, et al, 2002a. Impurities and oxygen control in lead alloys[J]. Journal of Nuclear Materials, 301: 53-59.

COUROUAU J-L, DELOFFRE P, ADRIANO R, 2002b. Oxygen control in lead-bismuth eutectic: first validation of electrochemical oxygen sensor in static conditions[J]. Journal de Physique IV, France 12, Pr8: 141-153.

COUROUAU J-L, 2003. Impurities and purification processes in lead-bismuth systems [R]. Deliverable No. 25, TECLA, 5th EURATOM Framework Programme No. FIKW-CT-2000-00092.

COUROUAU J-L, ROBIN J-C, 2004a. Chemistry control analysis of lead alloys systems to be used as nuclear coolant or spallation target[J]. Journal of Nuclear Materials, 335: 264-269.

COUROUAU J-L, SELLIER S, BALBAUD F, et al, 2004b. Initial start-up operations chemistry analysis for MEGAPIE[C]. Proceedings of the 5th MEGAPIE Technical Review Meeting, Nantes, France.

COUROUAU J-L, AGOSTINI P, TURRONI P, et al , 2005a. Review of the oxygen control for the initial operations and integral tests of the megapie spallation target[C]. Proceedings of the 6th MEGAPIE Technical Review Meeting, Mol, Belgium.

COUROUAU J-L, SELLIER S, CHABERT C, et al, 2005b. Electrochemical oxygen sensor for on-line measurement in liquid lead alloys systems at relatively low temperature[J]. AFINIDAD (AFINAE) Revista de Quimica teorica y aplicada (Journal of Theoretical and Applied Chemistry), 62(519): 464-468.

DESPORTES C, DUCLOT M, FABRY P, et al, 1994. Electrochimie des solides[M]. Pairs: EDP sciences-Presse universitaire de Grenoble.

DESREUMAUX J, 1998. Caractérisation de lingots d'alliage Plomb-Bismuth de deux provenances différentes[R]. Technical Note CEA DER/STML/LEPE 98/061 (in French).

DESREUMAUX J, LATGEC, LE TEXIER J, et al, 1993. Development of a new plugging indicator and experimental tests in a lithium-lead facility[C]. Conference on Liquid Metal Systems, Karlsruhe, Germany.

FAZIO C, BENAMATI G, MARTINI C, et al, 2001. Compatibility tests on steels in molten lea and lead-bismuth[J]. Journal of Nuclear Materials, 296: 243-248.

GASTALDI O, SEDANO L, 2007. Li-Pb specifications and the chemistry control, coordinating meeting on R&D for tritium and safety issues in lead-lithium breeders [C]. Idaho Falls, ID, USA.

GORYNIN V, KARZOV G P, MARKOV V G, 1998. Structural materials for power plants with heavy liquid metal systems as coolant[C]. Proceedings of the Conference of the Heavy Liquid Metal Coolants in Nuclear Technology, Obninsk, Russian Federation: 120.

GROMOV B F, SHMATKO B A, 1996. Physico-chemical properties of lead-bismuth alloys[J]. Izvestiya Vischikh Uchebnikh Zavedenii-iyadernii energiya (Transaction of Higher Educational Institutions-Nuclear Energy), 4: 35-41 (in Russian).

GROMOV B F, SHMATKO B A, 1997. Oxidation potential of lead-bismuth melts[J]. Izvestiya Vischikh Uchebnikh Zavedenii-iyadernii energiya (Transaction of Higher Educational Institutions-Nuclear Energy), 6: 14-18 (in Russian).

GROMOV B F, ORLOV Y I, MARTYNOV P N, et al, 1998. The problems of technology of the heavy liquid metal coolants (lead-bismuth, lead)[C]. Proceedings of the Conference of the Heavy Liquid Metal Coolants in Nuclear Technology, Obninsk, Russian Federation: 87-100.

GULEVSKIY V A, MARTYNOV P N, ORLOV Y I, 1998. Application of hydrogen/water vapor mixtures in heavy coolant technology[C]. Proceedings of the Conference of the Heavy Liquid Metal Coolants in Nuclear Technology, Obninsk, Russian Federation: 668-674.

IVANOV K D, LAVROVA O D, MARTYNOV P N, et al,2003. Impurities in lead and lead-bismuth coolants[C]. Proceedings of the Fast Neutrons Reactors Conference, Obninsk, Russian Federation (in Russian).

KHOROSANOV G L, IVANOV A P, BLOKHIN A I, 2002. Polonium issue in fast reactor lead coolants and one of the ways of its solution[C]. Proceedings of ICONE 10, No. 22330, Arlington, Virginia, USA.

KONYS J, MUSCHER H, VOB Z, et al, 2004. Oxygen measurements in stagnant lead-bismuth eutectic using electrochemical sensors[J]. Journal of Nuclear Materials, 335: 249-253.

MARTYNOV P N, ASKHADULLIN R S, GRACHYOV N S, et al, 2003. Lead-bismuth and lead coolants in new technologies of reprocessing of liquids and gases[C].

Proceedings of the Fast Neutrons Reactors Conference, Obninsk, Russian Federation, (in Russian).

MARTYNOV P N, GULEVICH A V, ORLOV Y I, et al, 2005. Water and hydrogen in heavy liquid metal coolant technology[J]. Progress in Nuclear Energy, 47(1-4): 604-615.

MUELLER G, SCHUMACHER G, ZIMMERMANN F, 2000. Investigation on oxygen controlled liquid lead corrosion of surface treated steels [J]. Journal of Nuclear Materials, 278: 85-95.

OECD/NEA, 2015. Handbook on lead-bismuth eutectic alloy and lead properties, materials compatibility, thermal-hydraulics and technologies [M]. 2015 ed. Organization for Economic Cooperation and Development, NEA. No. 7268.

ORLOV Y L, EFANOV A D, MARTYNOV P N, et al, 2005. Hydrodynamic problems of heavy liquid metal coolant technology in loop-type and monoblocktype reactor installations[C]. Proceedings of the 11 h International Topical Meeting on Nuclear Reactor Thermal-hydraulics (NURETH-11), Paper No. 220, Avignon, France.

PAPOVYANTS A K, MARTYNOV P N, ORLOV Y I, et al, 1998. Purifying lead-bismuth coolant from solid impurities by filtration[C]. Proceedings of the Conference of the Heavy Liquid Metal Coolants in Nuclear Technology, Obninsk, Russian Federation: 675-682 (in Russian).

PERRY R H, 1997. Perry's chemical engineers' handbook [M]. 7th ed. New York: MacGraw-Hill.

PROVOROV A A, MARTYNOV P N, CHERNOV M E, et al, 2003. Methods and device for indication of passivation films on the surface of structural materials in heavy liquid metal coolants[C]. Proceedings of the Fast Neutrons Reactors Con ference, Obninsk, Russian Federation (in Russian).

RICAPITO L, FAZIO C, BENAMATI G, 2002. Preliminaries studies on PbO reduction in liquid LBE by flowing hydrogen[J]. Journal of Nuclear Materials, 301: 60-63.

SHMATKO B A, RUSANOV A E, 2000. Oxide protection of materials in melts of lead and bismuth[J]. Materials Science, 36(5): 689-700.

SIMAKOV A A, MARTYNOV P N, ASKHADULLIN R S, et al, 2003. Development and experimental operations of mass-exchange apparatuses for guaranteeing the assigned oxygen regime in the heavy liquid metal coolant[C]. Proceedings of the Fast Neutrons Reactors Conference, Obninsk, Russian Federation (in Russian).

SOBOLEV V, 2007. Thermophysical properties of lead and lead-bismuth eutectic[J]. Journal of Nucleear Materials, 362: 235-247.

IAEA, 2002. Comparative assessment of thermoph ysical and thermohydraulic characteristics of lead, lead-bismuth, and sodium coolants for fast reactors[R]. Vienna: IAEA, TECDOC-1289.

IAEA, 1993. Fission and corrosion product behaviour in liquid metal fast breeder reactors

(LMFBRs)[R]. Vienna: IAEA, TECDOC-687.

IAEA,1998. Nuclear heat applications: design aspects and operating experience [R]. Vienna: IAEA, TECDXOC-1056.

ZRODNIKOV A V,CHITAYKIN V I,GROMOV B F,et al, 2000. Multipurposed reactor module SVBR-75/100[C]. Proceedings of ICONE 8, No 8072, Baltimore, USA.

ZRODNIKOV A V, EFANOV A D, ORLOV Y I, et al, 2003. Heavy liquid metal coolants technology(Pb-Bi and Pb)[C]. 3rd International Workshop on Materials for Hybrid Reactors and Related Technologies, Rome.

第4章　铅合金辐照产物特性

为确保反应堆安全运行以及合理处理辐照后的 Pb 与铅铋合金，有必要了解在辐照期间产生的核素。这些核素中有一些具有挥发性、危险性以及相当长的半衰期。它们在系统中的性质受包括氧含量和温度在内的环境因素的强烈影响。如果辐照期间产生了挥发物质，必须评估它们在具体条件下的释放率。使用合适的吸收剂有可能阻止挥发性核素的释放。

在 ADS 中，600MeV 能量的中子可诱发 Pb 和 Bi 这些重核材料的散裂反应，并直接产生与靶材原子量相近的散裂产物。在中子能量较高时，可能出现多个非弹性反应，产生大量同位素产物。例如，Pb 反应产生的 Hg 同位素大概从 ^{180}Hg 到 ^{206}Hg。相似地，质子与 Bi 反应产生的 Po 同位素可达 ^{209}Po，^{209}Po 由 ^{209}Bi 俘获中子得到复合核素 ^{210}Bi 然后发生 β 衰变产生。不仅是 ^{209}Bi，而且对于所有具有高俘获截面的同位素均存在中子俘获。纯铅系统中另一个钋来源是：^{208}Pb 俘获中子后得到 ^{209}Pb，然后通过 β 衰变变为 ^{209}Bi，如前所述，钋通过 ^{209}Bi 俘获中子形成 ^{210}Bi 然后发生 β 衰变产生。

在铅冷快堆等临界系统中，Po 产物也是一个很严重的问题。当使用铅铋合金作冷却剂时，它是 Bi 的直接产物。然而，在 Pb 冷却系统中，以 ^{208}Pb 开始的多级反应是一个值得注意的问题。其他高能反应的直接产物包括轻粒子（如 ^{4}He、^{1}H 和 ^{3}H）。另外，核裂变是由高能质子、热中子和快中子诱导发生的，裂变产物也是较轻的元素（包括 I、Ar、Kr、Xe 等）。值得注意的是，含卤素（如碘化合物）的核素，因为具有挥发性，也是十分重要的。

本章从理论角度讨论 Po 的形成和行为。Po 的热力学性质可以从其同类元素的相关数据外推得到。按照同样的方式，可以得出一些铅铋系统中重要的 Po 的化合物的热力学性质。Po 与凝聚态金属的相互作用可以使用半经验米德马（Miedema）模型进行计算。铅铋合金中产生的一些同位素，其蒸发和吸收行为也将进行简要描述。

4.1 Po的热力学性质

4.1.1 Po的挥发特性

艾希勒(Eichler,2002)对Po挥发过程中的热力学常量进行了总结和严格的论证,同时分析了硫族元素性能的系统变化规律,提出了经验关系,并比较了循环过程。研究发现Po现存的熵值是可接受的,然而从蒸汽压力与温度依存关系、熔点和沸点的实验结果中推导的焓值尚有存疑。艾希勒(Eichler,2002)还讨论了相应的技术困难和^{210}Po辐照衰变性能测量结果的可能误差来源,使用了相关标准焓和熵及它们随温度变化的外推值,得到了如下纯凝聚态相上方的单分子和二聚态Po的平衡分压的经验关系式,以及气相中二聚态反应的平衡常数:

$$\lg p_{Po(g)} = (11.797 \pm 0.024) - \frac{9883.4 \pm 9.5}{T}, \quad T = 298 \sim 600K \tag{4-1}$$

$$\lg p_{Po(g)} = (10.661 \pm 0.057) - \frac{9328.4 \pm 4.9}{T}, \quad T = 500 \sim 1300K \tag{4-2}$$

$$\lg p_{Po_2(g)} = (13.661 \pm 0.049) - \frac{8592.3 \pm 19.6}{T}, \quad T = 298 \sim 600K \tag{4-3}$$

$$\lg p_{Po_2(g)} = (13.661 \pm 0.049) - \frac{7584.1 \pm 98.1}{T}, \quad T = 500 \sim 1300K \tag{4-4}$$

$$\lg K_d = (-4.895 \pm 0.012) + (11071 \pm 6)/T \tag{4-5}$$

式中,p 为压力,Pa; T 为温度,K; K_d 为二聚反应的平衡常数,$K_d = p_{Po_2(g)}/p^2_{Po(g)}$。

图4-1显示了上述经验关系式的曲线以及其他研究者(Eichler,2002; Abakumov,1974; Brooks,1955; Ausländer,1955; Beamer,1946)测得的实验数据。根据外推结果,在298~1300K温度范围内占主导的气态Po应该是二聚态。真实气相组成的相关实验数据(即单原子和二聚态Po在气相中的比率)尚不存在。所有实验的蒸汽压都是使用^{210}Po的蒸汽压数据。这些测量不可避免地受到^{210}Po通过衰变热和溅射引起的自动加热效应等的影响,从而增加了相应的误差(尤其在低温条件下)。因此,外推的挥发过程中潜热的数据明显比文献中的大,尤其是在固态Po的温度范围内计算出的蒸汽压曲线大幅向较小的数值方向偏离,但是计算几乎重现了沸点值。

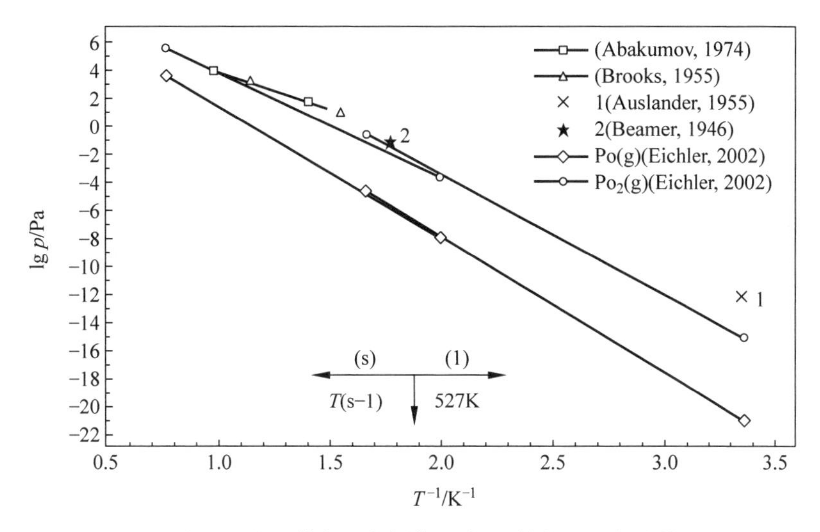

图 4-1　Po 蒸汽压的对数与温度倒数的关系(外推法和实验结果对比)

注：s-l 转变温度用箭头表示

Po 气态单原子和二聚态的标准焓外推结果为

$$\Delta H_{298}^{0}\mathrm{Po(g)}=188.9\mathrm{kJ/mol}$$
$$\Delta H_{298}^{0}\mathrm{(form)Po_2(g)}=211.5\mathrm{kJ/mol} \tag{4-6}$$

在 Po 浓度较低无法形成二聚态的条件下，纯 Po 在二聚态中的优先蒸发需要对混合相(活化系数)中 Po 的热力学关系进行重新解释。

4.1.2　Po 的挥发途径

文献中对 Po 的热化学常量分析显示其互相之间存在较大的偏差。艾希勒(Eichler，2002)用外推法推测并详细讨论了一套连续完整的热力学数据。必须指出，外推法无法给出高准确度的结果。然而，由于目前仍缺少用于工程的 Po 化合物的热力学数据的精确测量值，因而外推法获得的数据是目前可用的最好数据。

以外推法获得的数据为基础，科学家们估计了可能的挥发过程。从这个评估来看，Po 最可能以二原子的 Po 分子形式挥发，或以二原子 Po 的金属间化合物形式挥发。科学家们已经计算了放射性 Po 的释放比率及其随温度的变化情况，这里将简要介绍研究的主要结论。

对于 H_2Po 的熵值，建议使用以下温度函数计算，即

$$S_T[\mathrm{H_2Po(g)}]=(206.07678\pm1.41)+(0.12098\pm0.00437)T-(3.73042\times10^{-5}\pm2.97\times10^{-6})T^2,\mathrm{J/(mol\cdot K)} \tag{4-7}$$

Po 挥发性产物的六种不同的形成反应如式(4-8)～式(4-13)所示：

$$Po(cond) + H_2(g) \rightleftharpoons H_2Po(g) \tag{4-8}$$

$$Po(g) + H_2(g) \rightleftharpoons H_2Po(g) \tag{4-9}$$

$$0.5Po_2(g) + H_2(g) \rightleftharpoons H_2Po(g) \tag{4-10}$$

$$Po(cond) + 2H(g) \rightleftharpoons H_2Po(g) \tag{4-11}$$

$$Po(g) + 2H(g) \rightleftharpoons H_2Po(g) \tag{4-12}$$

$$0.5Po_2(g) + 2H(g) \rightleftharpoons H_2Po(g) \tag{4-13}$$

以下为气态和固态 PbPo 化物的熵随温度变化的函数(Eichler,2004)：

$$S_T[PbPo(g)] = 233.2798 + 0.19892T - 1.5756 \times 10^{-4}T^2 + 5.19651 \times 10^{-8}T^3, J/(mol \cdot K) \tag{4-14}$$

$$S_T[PbPo(g)] = 53.19976 + 0.27136T - 2.1165 \times 10^{-4}T^2 + 7.16652 \times 10^{-8}T^3, J/(mol \cdot K) \tag{4-15}$$

升华熵的表达式为

$$\Delta S_T[(subl)PbPo] = 180.08004 - 0.07244T + 5.40902 \times 10^{-5}T^2 - 1.97001 \times 10^{-8}T^3, J/(mol \cdot K) \tag{4-16}$$

气态和固态 PoO_2 的生成焓值，由气态单原子元素即氧和 Po 的外推法获得。需要说明的是，得出的焓值应该慎重处理，因为它们是根据极少量的关于硫族元素的二氧化物(SeO_2 和 TeO_2)的文献中的数据推导出的，且这些化合物的化学键(极性共价键)与 PoO_2 的化学键(部分为离子键)基本不同。

以下反应的平衡常数由熵值和焓值计算得出。

(1) 生成反应

$$Po(cond) + O_2(g) \rightleftharpoons PoO_2(s) \tag{4-17}$$

(2) 分解反应

$$PoO_2(cond) \rightleftharpoons Po(g) + O_2(g) \tag{4-18}$$

$$2PoO_2(cond) \rightleftharpoons Po(g) + 2O_2(g) \tag{4-19}$$

(3) 与 H 的还原反应

$$PoO_2(s) + 2H_2(g) \rightleftharpoons Po(cond) + 2H_2O(g) \tag{4-20}$$

(4) 与 Pb 的还原反应

$$PoO_2(s) + 2Pb(cond) \rightleftharpoons Po(cond) + 2PbO(s) \tag{4-21}$$

(5) 与 Bi 的还原反应

$$3PoO_2(s) + 4Bi(cond) \rightleftharpoons 3Po(cond) + 2Bi_2O_3(s) \tag{4-22}$$

计算出的平衡常数总体上反映了实际检测到的 PoO_2 的化学行为，但是

固态 PoO_2 的生成焓可能被高估了。真空中检测到的 PoO_2 的分离挥发与有氧环境中的 PoO_2 升华相反,这些数据不能解释这种现象,辐照分解效应在挥发过程中起到哪种附加作用仍有待澄清。

4.1.3 半经验米德马模型估算 Po-二元金属系统的热化学数据

科学家已经使用半经验米德马模型计算过 Po-二元金属系统的热化学数据。米德马模型是在固态和液态二元金属系统中计算生成焓和混合焓的半经验模型,在计算中包括的元素常量由元素的性质得出,且随后进行适当调整使其与实验所得的焓数据尽量匹配。尽管米德马模型具有经验模型的特征,但这些参数的物理含义是显而易见的,因此将其归类为半经验模型是合理的。通过参数调整使其符合实验数据,此模型包含了对二元系统中焓效应的全部认识。

米德马模型是元胞模型。在这个模型的框架之内,合金是由组元的元胞组成的。每一个元胞都有确定的原子体积,当两种不同元素 A 和 B 的元胞开始接触并形成合金时,元胞(Wigner-Seitz)的边界电子密度 n_{ws} 出现不连续性,如图 4-2 所示。为了消除这种不连续性,元胞内的电子分布需要重排。这包括电子向较高能级的转移以及由此导致的对生成焓和混合焓的积极贡献,同时这个影响与块体金属组元的电子密度的立方根的方差成比例。

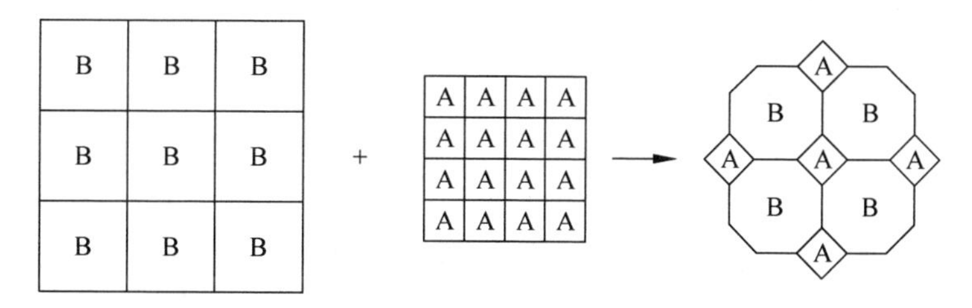

图 4-2　两种纯金属 A 和 B 形成合金 AB 的元胞模型图解(de Boer,1988)

过渡金属的 n_{ws} 值已经可以从体积弹性模量和摩尔体积的经验数据中获得。对于非过渡金属,自由电子电荷密度在独立晶格点上的叠加可作为 n_{ws} 的合理近似。

负的生成焓或者混合焓起因于两个不同的元胞之间电子电荷的化学势 Φ^*,它对组元是稳定的。Φ^* 也称作米德马电负性,最初来源于纯金属的功函数,而后根据有效的实验数据进行了修正。这个影响与米德马电负性的平方差成正比,因此对于在相邻原子细胞间的界面焓效应,我们可以得出如下关系式：

$$\Delta H^{界面} \propto -P(\Delta\Phi^*)^2 + Q(\Delta n_{ws}^{1/3})^2 \tag{4-23}$$

式中，$\Delta H^{界面}$是不同元胞间的界面焓效应，P 和 Q 是具体的金属组合的经验常量，$\Delta\Phi^*$ 是组元的米德马电负性差，Δn_{ws} 是元胞(Wigner-Seitz)的电子密度差。

基于这个关系式，可以推导出如下有序固态合金 $A_{X_A}B_{X_B}$ 生成热焓的方程式，即

$$\Delta H^f A_{X_A}B_{X_B}(s) = x_A V_{A,alloy}^{2/3} f_B^A[-P(\Delta\Phi^*)^2 + Q(\Delta n_{ws}^{1/3})^2 - R_m]/[(n_{ws}^A)^{-1/3} + (n_{ws}^B)^{-1/3}] + x_A\Delta H_A^{trans} + x_B\Delta H_B^{trans} \tag{4-24}$$

对于在无限稀固态(液态)A 和 B 混合物，溶质的偏摩尔焓为

$$\Delta\overline{H}_{A\ in\ B}^{solv}(l) = 2V_{A,alloy}^{2/3}[-P(\Delta\Phi^*)^2 + Q(\Delta n_{ws}^{1/3})^2 - R_{m,liquid}]/[(n_{ws}^A)^{-1/3} + (n_{ws}^B)^{-1/3}] \tag{4-25}$$

式中，$\Delta H^f A_{X_A}B_{X_B}(s)$为化合物 $A_{X_A}B_{X_B}$ 的生成焓；$\Delta\overline{H}_{A\ in\ B}^{solv}(l)$为成分 A 在无限稀释 B 溶液中的偏摩尔焓；$x_A$ 和x_B 分别为成分 A 和 B 的摩尔分数($x_A + x_B = 1$)；$V_{A,alloy}$ 为成分 A 在合金中的原子体积；f_B^A 为金属 A 的单元格与金属 B 的单元格的平均接触程度，对于有序(或统计上有序)的合金，其值根据实验确定；P 和Q 为具体金属组合的经验常量；$\Delta\Phi^*$ 为组元间的米德马电负性差；Δn_{ws} 为组元的元胞(Wigner-Seitz)边界的电子密度差；R_m 为混合项，用于解释附加焓值的贡献，此附加焓值是由过渡金属固体化合物的 d 和 p 轨道的相互作用引起的(对于非过渡金属，其为在米德马模型中类属特异性的常数；对于液态混合物，其是一个需要使用的简化的混合项 $R_{m,liquid} = 0.73R_m$)；$\Delta H_{A,B}^{trans}$ 为元素 A 和 B 转化为假想金属状态的焓值(对于半金属或非金属元素)。

针对硫属元素(元素周期表中的硫族元素：O、S、Se、Te、Po)开发的一套完整的米德马参数，是从量子化学计算和与电负性和电子密度相关的物理性质经验关系式的结果得来的。这些参数列在表 4-1 中(Neuhausen，2003)。

表 4-1　硫族元素的米德马参数

元素	$n_{ws}^{1/3}$/(d. u.$^{1/3}$)	Φ^*/V	$V^{2/3}$/(cm^2/$mol^{2/3}$)
O	1.70	6.97	2.656
S	1.46	5.60	4.376
Se	1.40	5.17	5.172
Te	1.31	4.72	6.439
Po	1.15	4.44	7.043
硫族元素的混合项 $R=2.45V^2$		硫族元素的化合价因子 $a=0.04$	

使用这些参数可计算一些热化学性质，如固态金属硫化物的生成焓、硫族元素溶于液态和固态金属中的偏摩尔焓、硫族元素从液态金属溶液中蒸发为气态单原子的偏摩尔焓、零覆盖时硫族元素吸附在金属表面的偏摩尔焓和固态金属基体中微量硫族元素分解的偏摩尔焓。这些热化学性质与可用的实验数据进行了比较，并在元素的周期性质的基础上进行了讨论，同时也讨论了这个模型中具体元素组合的系统误差。图 4-3 展示的是计算的金属硫化物生成焓(条形)与所使用的文献数据(黑块)的对比。阴影条对应于金属-硫化物，对于这类物质米德马模型计算的稳定性存在系统性低估。

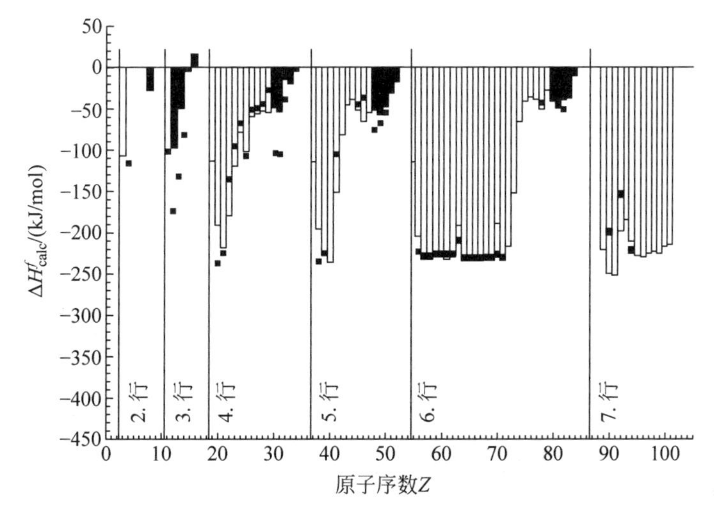

图 4-3 1mol 硫化物 $M_{0.5}S_{0.5}$ 的生成焓值和金属 M 的原子序数的对应图

白色条形表示硫与过渡元素的组合，然而在硫与主族元素的组合处，布里渊区的影响导致了对稳定性的低估，由阴影条形表示

这个模型计算展示了使用半经验米德马方法可以对硫族元素热化学性质进行半定量描述，计算结果合理地呈现了元素周期表中金属硫化物生成焓的一般趋势。应当指出，计算出的焓值不是高度准确的数据。然而，计算结果很好地呈现了周期性的趋势和一系列化合物的相对稳定性。因此，计算出的性质可以作为到目前为止还未经实验研究的金属-硫族元素组合的化学相互反应预测的基础，尤其是金属钋化物组合。图 4-4 显示了计算出的金属钋化物 $M_{0.5}Po_{0.5}$ 的生成焓和实验获得的定性数据的对比。由图可见，计算结果与实验结果吻合较好。在检测到的金属钋化物的合成反应中，计算的生成焓值为负，而在没有检测到反应的系统里计算的值为正值。

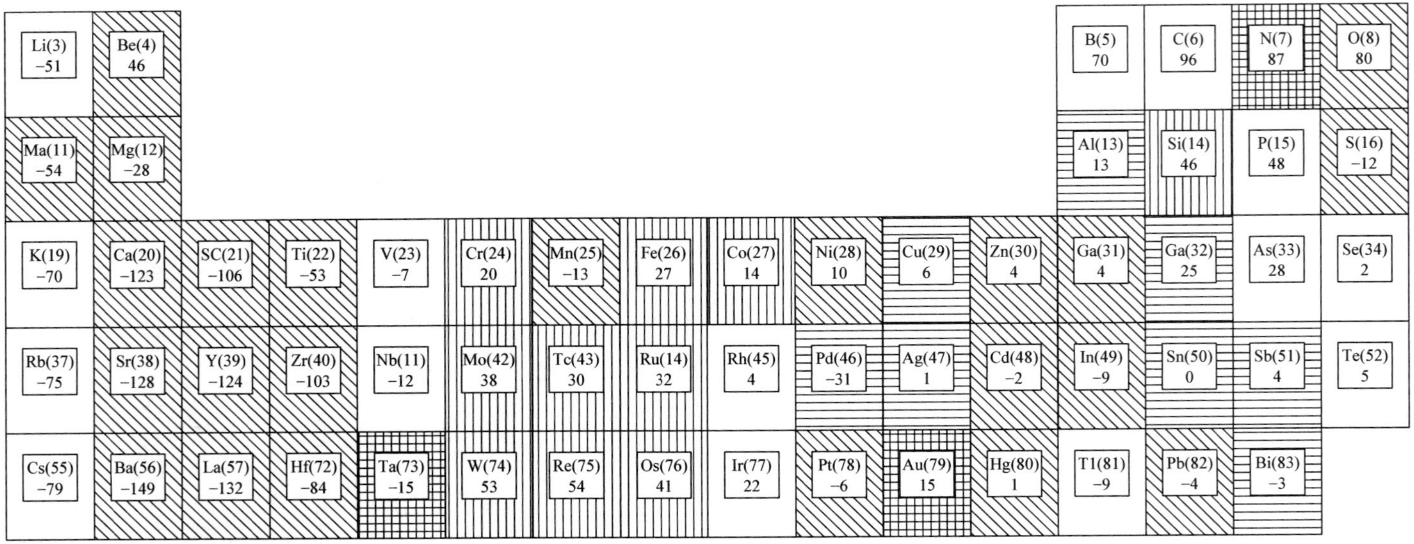

Li(3) −51	Be(4) 46											B(5) 70	C(6) 96	N(7) 87	O(8) 80
Ma(11) −54	Mg(12) −28											Al(13) 13	Si(14) 46	P(15) 48	S(16) −12
K(19) −70	Ca(20) −123	SC(21) −106	Ti(22) −53	V(23) −7	Cr(24) 20	Mn(25) −13	Fe(26) 27	Co(27) 14	Ni(28) 10	Cu(29) 6	Zn(30) 4	Ga(31) 4	Ga(32) 25	As(33) 28	Se(34) 2
Rb(37) −75	Sr(38) −128	Y(39) −124	Zr(40) −103	Nb(11) −12	Mo(42) 38	Tc(43) 30	Ru(14) 32	Rh(45) 4	Pd(46) −31	Ag(47) 1	Cd(48) −2	In(49) −9	Sn(50) 0	Sb(51) 4	Te(52) 5
Cs(55) −79	Ba(56) −149	La(57) −132	Hf(72) −84	Ta(73) −15	W(74) 53	Re(75) 54	Os(76) 41	Ir(77) 22	Pt(78) −6	Au(79) 15	Hg(80) 1	T1(81) −9	Pb(82) −4	Bi(83) −3	

图 4-4　整个周期表元素的二元钋系统的实验信息和米德马预测数据

每一个方框都对应一个 Po 和相应元素的二元系统。相应元素的原子序数在括号内给出：白色方框为未被研究的二元系统；水平线阴影方框为该元素和 Po 之间没有检测到反应发生；垂直阴影方框为检测到反应，但是产物没有明显特征；交叉阴影线方框为不同文献中数据相矛盾；对角阴影线方框为未检测到反应，反应产物由 X 射线衍射表征或至少确定了熔点或分解温度。固态化合物 $M_{0.5}Po_{0.5}$ 的每一个组合的生成焓值由米德马模型计算。方框 La(57)代表整体的镧系元素

4.2 铅铋合金的辐照产物

4.2.1 挥发性放射核素的释放

在一个临界系统中,仅会产生与靶材料相近元素的放射性同位素,包括Po和Hg。然而,在一个使用液态铅铋合金作为靶材料的散裂靶中,几乎所有元素的同位素,从H到Po,都会由不同的核反应产生。在靶运行的条件下,这些核反应产物中,几种元素会存在挥发性。表4-2列出了在保罗·谢勒研究所(Paul Scherrer Institute,PSI)上使用1.4 mA、575 MeV的质子辐照MEGAPIE靶200天后产生的最重要的挥发性元素,这些结果是使用FLUKA和ORIH-ET3中子学代码计算得来的(Zanini,2005)。从辐照防护的观点来看,在这些元素中,Po和Hg被认为是最值得注意的,尤其Po是最成问题的,作为一个α发生器它有很高的辐照毒性;Hg的问题在于其产出量最大,且挥发性最高。

表4-2 使用FLUKA/ORIHET3代码计算的1.4 mA、575 MeV质子辐照200天后靶内产生的挥发性物质

元素	产出量 m/g	占靶材料 x 的摩尔分数	总活度/Bq	产出量 n/mol
Po	2.9	3.3×10^{-6}	1.1×10^{15}	1.4×10^{-2}
Bi	79.5	0.553	4.3×10^{15}	3.8×10^{-1}
Pb	100	0.447	5.7×10^{15}	4.9×10^{-1}
Tl	7.5	8.9×10^{-6}	4.5×10^{15}	3.7×10^{-2}
Hg	18.9	2.3×10^{-5}	1.5×10^{15}	9.5×10^{-2}
Xe	2.0×10^{-2}	3.8×10^{-8}	2.1×10^{12}	1.6×10^{-4}
I	8.9×10^{-3}	1.7×10^{-8}	5.8×10^{12}	7.0×10^{-5}
Cs	1.4×10^{-3}	2.5×10^{-9}	2.8×10^{12}	1.0×10^{-5}
Cd	1.9×10^{-1}	4.1×10^{-7}	7.2×10^{12}	1.7×10^{-3}
Kr	1.6×10^{-2}	4.7×10^{-7}	1.9×10^{13}	2.0×10^{-3}
Rb	7.5×10^{-2}	2.1×10^{-7}	3.7×10^{13}	8.8×10^{-4}
Br	3.4×10^{-2}	1.0×10^{-7}	2.6×10^{13}	4.2×10^{-4}

对于辐照防护,评估这些元素在正常和非正常运行条件下的行为非常重要。在正常的运行条件下,每一种挥发性元素会有一部分挥发到靶上方的气体中。假设铅铋合金释放出的挥发性气体在气相中的最大浓度由该气体的

平衡蒸汽压决定，则可以根据下式进行计算

$$P_A = \gamma_A X_A P_A^\circ \tag{4-26}$$

式中，P_A 是混合物中成分 A 的平衡气压；X_A 是溶解成分 A 的摩尔分数；γ_A 是溶解成分 A 的热力学活度系数；P_A°是纯 A 的蒸汽压。

假设气相为理想气体，气相中挥发物的数量 n（以摩尔计）可以由下式计算，即

$$n_A = p_A V/(RT) \tag{4-27}$$

式中，n_A 是气相中挥发物 A 的数量(mol)；p_A 是挥发物 A 的气压(Pa)；V 是覆盖气体体积(m^3)；R 是气体常数(8.314J/(mol·K))；T 是温度(K)。

在非正常条件下，挥发物的具体行为依赖于实际事故情况，且可能与空气、水和冷却剂发生交互作用。估计最大释放率的简单方法将在 4.2.3 节中给出。

1. Po 的汽化

对于 Po，不同的气相核素和蒸汽反应在文献中已有讨论。最典型的核素是 PbPo 和 H_2Po，而 BiPo 或 Po_2 并未引起人们的注意。根据目前从铅铋合金中释放的 Po 的研究现状，我们无法确定以上提到的核素是否是 Po 从铅铋合金中释放的主要形式。然而，只要根据温度和成分等运行条件，就可以定量检测到 Po 在气相中的含量，没有必要评估正常运行和偶发条件下 Po 释放的来源。我们可以信赖外推法得出的热力学函数(Eichler，2002)和与半经验公式对比的实验数据(Neuhausen，2003)。由于可用的实验数据基于较高的运行温度，我们不得不依赖外推法来降低温度，以评估典型运行条件(450～650K)下的行为。

大体上，Po 从液态金属如 Bi 或铅铋合金(Buongiorno，2003；Neuhausen，2004)中释放的实验结果显示，溶解在 Bi(Joy，1963)或铅铋合金(Tupper，1991；Buongiorno，2003；Neuhausen，2004)中的 Po 的蒸汽压或蒸发速率比文献中预测的纯 Po 的蒸汽压(Brooks，1955；Abakumov，1974)要低很多。这表明 Po 在液态 Bi 或铅铋合金中的热力学活度系数小于 1。图 4-5 显示了 Pb 或铅铋合金稀溶液(摩尔分数为 3.3×10^{-6})中 Po 的有效蒸汽压值(经 1.4 mA、572 MeV 质子辐照 MEGAPIE 靶 200 天后)，这些值是从不同的研究以及在 PSI 上进行的实验中获得的。

乔伊(Joy，1963)研究了真空下 Po 在液态 Bi($x\approx10^{-6}\sim10^{-10}$)稀溶液中的气-液平衡。根据实验数据，他得出了温度为 723～1123K 时无限稀释钋溶液中 Po 的热力学活度系数关系式，这是基于温度范围(711～1018K)内的气

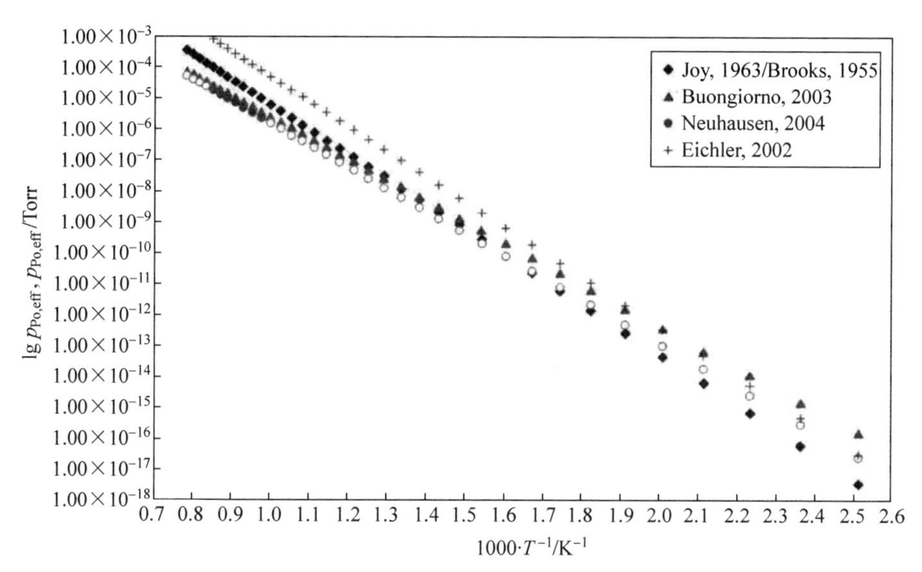

图 4-5　Bi(Joy,1963; Brooks,1955)或铅铋(Buongiorno,2003; Neuhausen,2004)稀溶液($x=3.3\times10^{-6}$)中 Po 的有效气压以及热力学推导出的数据(Eichler,2002)(符合实验温度的值由实心符号表示,而外推的数据以空心符号表示)

压关系得出的(Brooks,1955)。

$$\lg\gamma_{\mathrm{Po}}=-2728.3/T+1.1176 \tag{4-28}$$

$$\lg p_{\mathrm{Po}}=-5377.8/T+7.2345 \tag{4-29}$$

式中,p_{Po} 的单位为 Torr; T 的单位为 K。

使用式(4-26)计算在液态 Bi 中 Po 的摩尔分数为 3.3×10^{-6} 时 Po 的蒸汽压,相应的数值以钻石形符号绘于图 4-5 中。假设 Po 与液态 Bi 和铅铋合金的化学交互反应是相同的,那么其热力学活度系数应该处于基本相同的数量级上。上述针对 Bi 的结果也可用于评估在铅铋合金中的 Po。

布贡诺尔(Buongiorno,2003)研究了温度在 665～823K 时,在 Ar 气氛下,Po 在铅铋合金($x\approx10^{-8}$)中的平衡气压,得到了如下随温度变化的气压关系式:

$$\lg p_{\mathrm{Po(eff)}}=-6790/T+6.64 \tag{4-30}$$

式中,p_{Po} 的单位为 Torr; T 的单位为 K。

式(4-30)已经纠正了摩尔分数的不正确计算引起的错误。由于该式主要针对 Po 在铅铋合金溶液中的有效蒸汽压,其中已经包括了热力学活度系数,可以将该式得到的蒸汽压值与预测辐照结束时 Po 的摩尔分数 3.3×10^{-6} 相乘,计算出 MEGAPIE 实验中 Po 的蒸汽压,计算结果在图 4-5 中以三角形标绘。

PSI 利用无 Po 载体($x \approx 10^{-12}$)研究了 Ar/7%H_2 气氛下 Po 在液态铅铋合金中的释放量随温度的变化规律(Neuhausen,2004)。在这些实验中,研究人员测量了 Po 在恒定气体流速下在一定的时间内从铅铋合金样本中释放的量(4.2.2 节)。通过估算 Po 的数量,可使用理想气体定律估算 Po 的有效气压。通过上述实验得到的,在 1011～1167K 温度范围内,液态铅铋合金中 Po 的有效气压关系式如下所示:

$$\lg p_{Po(eff)} = -7158/T + 6.82 \tag{4-31}$$

式中,p_{Po} 的单位为 Torr; T 的单位为 K。

通过乘以预计的 MEGAPIE 中 Po 的摩尔分数,我们得到了图 4-5 中圆圈代表的数值。

艾希勒(Eichler,2002)根据硫族元素的外推法得到了 Po 的一套自制的热力学数据(焓、熵、吉布斯自由能)。基于这些数据,获得了单原子 Po 和二聚态分子 Po_2 蒸汽压的温度函数。根据这些数据,Po_2 应该是 MEGAPIE 温度下纯 Po 的主要核素。因此,我们在图 4-5 中总结了摩尔分数为 3.3×10^{-6} 的溶液中 Po_2 的气压,这是根据热力学函数(Eichler,2002)和热力学活度系数估计的气压函数的计算结果。热力学活度系数可以通过下式计算:

$$\Delta\bar{G}_{ex}(\text{Po 在 M 中}) = RT\ln\gamma \tag{4-32}$$

式中,$\Delta\bar{G}_{ex}$(Po 在 M 中)是液态金属 Po 的偏摩尔过量吉布斯自由能,且

$$\Delta\bar{G}_{ex}(\text{Po 在 M 中}) = \Delta\bar{H}_{ex}(\text{Po 在 M 中}) - T\Delta\bar{S}_{ex}(\text{Po 在 M 中}) \tag{4-33}$$

式中,$\Delta\bar{H}_{ex}$ 和 $\Delta\bar{S}_{ex}$ 是相应的过量焓和熵。而 $\bar{S}_{ex}$ 是未知的,$\Delta\bar{H}_{ex}$ 是溶于液态金属中的偏摩尔焓。后者已经在文献(Neuhausen,2003)中使用米德马模型进行了计算。作为最初的估计,我们使用 $\Delta\bar{H}_{ex}$ 近似代替 $\Delta\bar{G}_{ex}$,并忽略温度的影响。基于式(4-29)和液态 Pb(Neuhausen,2003)中 Po 的 $\Delta\bar{H}_{ex}$ 值(−10.2kJ/mol),可以获得温度为 298K 时的活度系数 $\gamma=0.016$。

对于液态纯 Po 上方的 Po_2,从外推的热力学数据可获得以下气压关系式(Eichler,2002):

$$\lg p_{Po_2} = -7584.1/T + 9.2795 \tag{4-34}$$

式中,p_{Po_2} 的单位为 Torr; T 的单位为 K。

结合摩尔分数 $x=3.3\times10^{-6}$ 以及由式(4-32)计算出的活度系数,计算了 Po_2 的有效气压,在图 4-5 中以十字叉表示。

四条曲线展现出令人满意的一致性,尤其是温度在 600～1000K 时。由

于式(4-30)给出了 Po 气相在 MEGAPIE 温度区间内的浓度值最高，基于对 Po 释放的保守估计，使用式(4-30)进行预测。

当 H_2 和 H_2O 的混合物以气泡形式穿过铅铋合金时，会导致 Po 的气相浓度增加(Buongiorno，2003)。这个现象归因于氢化钋(H_2Po)的形成，相关的实验结果可以依据下述反应的吉布斯自由能变化 ΔG 来理解。

$$\mathrm{PbPo(s)} + \mathrm{H_2O(g)} \rightleftharpoons \mathrm{H_2Po(g)} + \mathrm{PbO} \tag{4-35}$$

$$\Delta G = (17.0 \pm 4.1) + (0.150 \pm 0.007)T \tag{4-36}$$

式中，ΔG 的单位为 kJ/mol；T 的单位为 K。

且

$$\mathrm{H_2} + \mathrm{PbPo} \leftrightarrow \mathrm{H_2Po} + \mathrm{Pb} \tag{4-37}$$

$$\Delta G = -(7.9 \pm 4.1) + (0.103 \pm 0.007)T \tag{4-38}$$

式中，ΔG 的单位为 kJ/mol；T 的单位为 K。

在这些关系式中，H_2Po 的气相浓度可以使用 ΔG 和平衡常数 K 之间的关系式计算。

$$\Delta G = -RT\ln K \tag{4-39}$$

式中，对于反应式(4-35)

$$K = \frac{c_{\mathrm{H_2Po}} \times c_{\mathrm{PbO}}}{c_{\mathrm{PbPo}} \times c_{\mathrm{H_2O}}} \tag{4-40}$$

对于反应式(4-37)

$$K = \frac{c_{\mathrm{H_2Po}} \times c_{\mathrm{Pb}}}{c_{\mathrm{PbPo}} \times c_{\mathrm{H_2}}} \tag{4-41}$$

式中，所有成分和相浓度 c 的单位均为 mol/L(Buongiorno，2003)，且假设热力学活度系数为 1。

对于反应式(4-35)可得出

$$c_{\mathrm{H_2Po}} = \frac{c_{\mathrm{PbPo}} \times c_{\mathrm{H_2O}} \times K}{c_{\mathrm{PbO}}} \tag{4-42}$$

对反应式(4-37)可得出

$$c_{\mathrm{H_2Po}} = \frac{c_{\mathrm{PbPo}} \times c_{\mathrm{H_2}} \times K}{c_{\mathrm{Pb}}} \tag{4-43}$$

布贡诺尔(Buonginorno，2003)给出的 ΔG 的温度函数与使用硫族元素周期性外推方法得出的 H_2Po 和 PbPo 的热力学数据不符(Eichler，2004)。后者与使用量子力学方法计算出的 H_2Po 和 PbPo 的形成能相符(Neuhausen，2003)，且会引起更低的 H_2Po 气相浓度。相反，其他组织已经

报道了 H_2Po 的形成（Pankratov，1999 和其引用的文献）。然而，据报道 H_2Po 在潮湿空气中是不稳定的。在潮湿空气中，H_2Po 在 289K 温度下会衰减 94%（Pankratov，1999）。总之，依靠现有关于 H_2Po 的形成和稳定性的认识不足以对 Po 在铅铋合金中的释放做可靠的估算。例如，布贡诺尔（Buonginorno，2003）检测到的更高的 Po 气相浓度也可能来源于携带 Po 活度的铅铋悬浮颗粒的形成。因此，有必要进一步开展研究以澄清这些不确定性。

2. 液态铅铋合金中 Po、Se 和 Te 的蒸发特性

具有伽马活性的 Po 同位素和相对较轻的同族元素 Se 和 Te 在 CERN-ISOLDE 中被注入铅铋合金试样（Neuhausen，2004）。科学家在连续的 Ar/H_2 或 Ar/H_2O 气氛中用 γ 射线光谱仪研究了溶解在液态铅铋合金中的元素在 482～1330K 中多个温度下的蒸发行为。

在实际技术应用的温度范围，Po 的释放是很低的。在短时间（1h）实验中，只在 973K 以上温度能检测到 Po 的蒸发（图 4-6）。长期实验显示，Po 在 873K 左右的温度下发生缓慢蒸发，导致部分 Po 损失，损失量大约为每天 1%，如图 4-7 所示。Se 和 Te 的蒸发速率比 Po 的小。在实验误差范围内，并没有发现 H_2O 的存在会增强蒸发（图 4-8）。

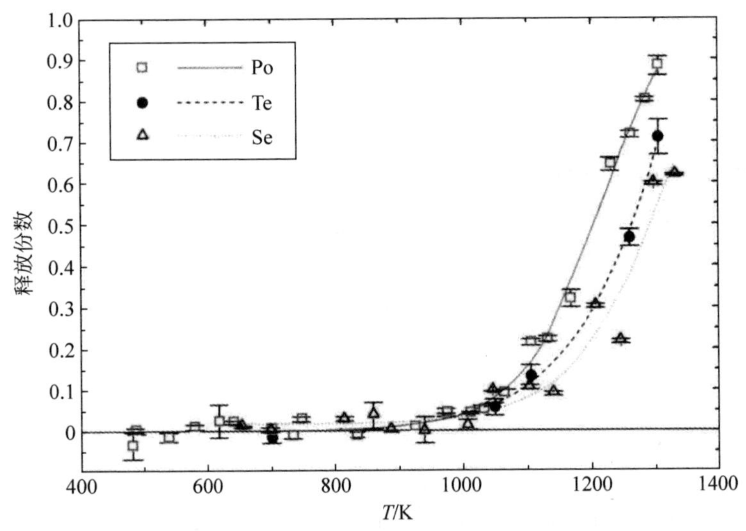

图 4-6　Ar/7%-H_2 气氛中 Se、Te 和 Po 从铅铋合金中（1h）释放情况随温度的变化

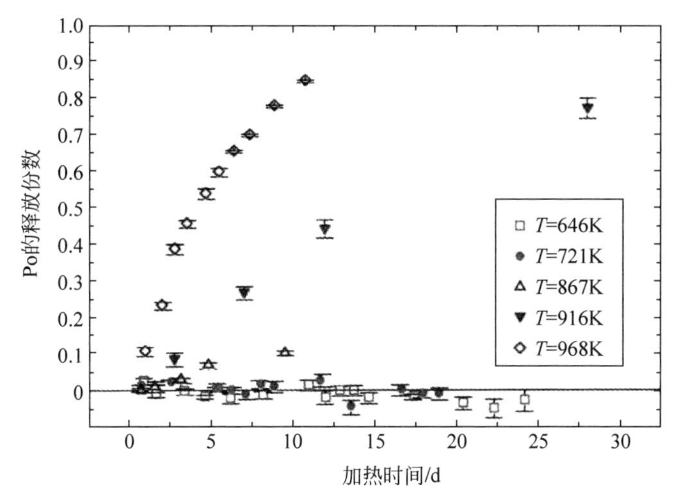

图 4-7　Ar/7%-H_2 气氛中 Po 从铅铋合金中释放的长期情况随加热时间的变化

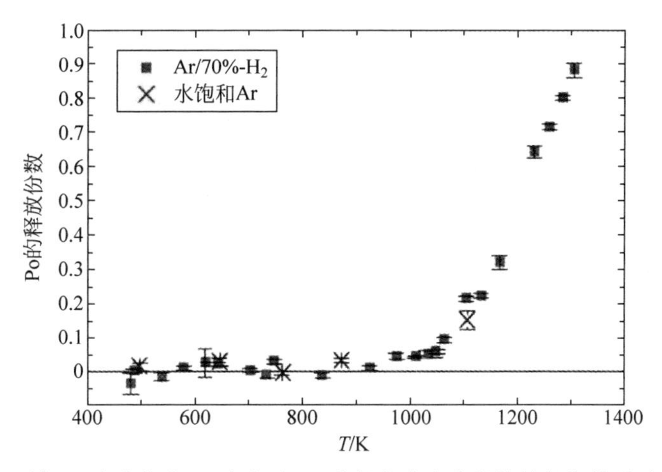

图 4-8　Ar/7%-H_2 和水饱和 Ar 气氛中 Po 从铅铋合金中释放的长期情况随温度的变化

4.2.2　液态铅铋合金中 Hg 和 Tl 的热释放行为

SINQ 中铅铋合金试样在 PSI 中受中子辐照后，通过(n，nx)反应和随后的电子俘获，或由 Pb 和 Bi 的 β^+ 衰减和(n，a)反应，产生了 Hg 和 Tl (Neuhausen，2005a)。

人们使用 γ 射线光谱研究了流动 Ar/7%-H_2 气氛下 408～1292K 温度范围内，Hg 和 Tl 从液态铅铋合金中释放的行为(Neuhausen，2005a)。在液态金属散裂靶或 ADS 中将液态金属作为靶材料，预计由散裂产生的放射性 Hg 同位素的释放是上述系统的主要安全问题之一。

在短期实验中，大量的 Hg 在约为 475K 温度下开始从液态铅铋合金中挥发(图 4-9)。在温度高于 625K 时，试样中 80%的 Hg 在 1h 内有 1.5～3g 从试样中释放出来。在所测量的温度范围内，Tl 的释放量小于实验测量误差。然而长期实验显示，在温度降低至 476K、流动的 Ar/7%-H_2 气氛下，试样每天大约释放 25%的 Hg(图 4-10)。

纽豪森(Neuhausen，2006)使用 Hg 的实际浓度，在还原性至氧化性系列气氛条件下进一步研究了 Hg 的释放行为(图 4-11)。在还原性条件下，温度大约为 473K 时，Hg 从铅铋合金中开始大量释放。在温度高于 571K 时，试样中一半的 Hg 在 1h 内释放完毕。在不含(摩尔分数≈10^{-12})Hg 和 Hg 浓度较高(摩尔分数≈6×10^{-5})的试样中，上述结果都能吻合良好，说明在此浓度范围内铅铋合金中的 Hg 遵循亨利定律。

氧化性条件会导致 Hg 的释放行为显著降低。在 1h 的实验中，在实验误差范围内，使用潮湿空气作为运载气体，温度上升至 935K 时均没有检测到 Hg 的释放。显然，熔体表面氧化层的形成抑制了 Hg 的蒸发。考虑到在散裂靶中，液态铅铋合金可能由于意外事故暴露于空气和冷却水中，故这种影响显得极其重要。此时，可以预计氧化层的形成会大量减少 Hg 的蒸发。

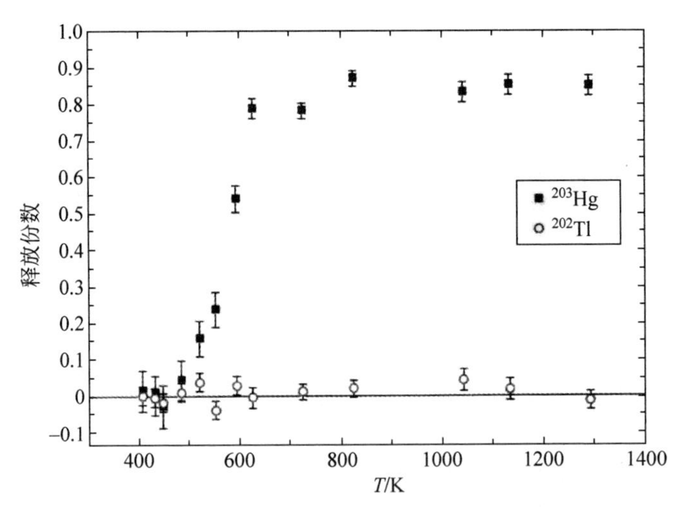

图 4-9　Ar/7%-H_2 气氛中 Hg 和 Tl 从铅铋合金(1h 实验)中释放行为随温度的变化

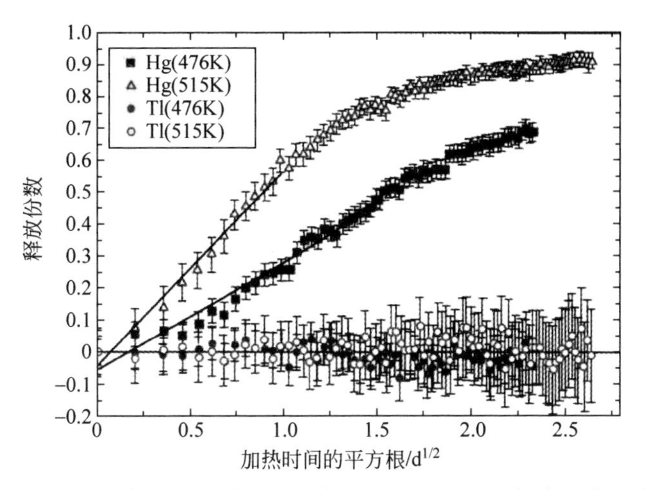

图 4-10　$Ar/7\%-H_2$ 气氛中不同温度时 Hg 和 Tl 从铅铋合金中释放的份数随加热时间平方根的变化

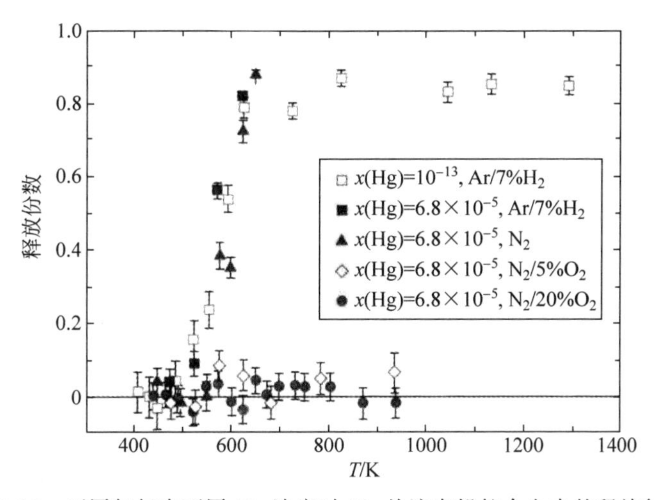

图 4-11　不同气氛中不同 Hg 浓度时 Hg 从液态铅铋合金中的释放行为

4.2.3　非正常运行条件下挥发性放射核素的释放

科学家考虑了不同的事故场景以估计液态金属系统在运行期间发生故障的危险性。多数事故场景都有一个共同的特征，即热的铅铋合金表面暴露于含有氧和水蒸气的氛围中，水蒸气来源于冷却水的蒸发，也可能是在故障情况下从靶系统中泄漏的。挥发物从热铅铋合金表面挥发到散裂靶容器中，直到铅铋合金凝固。如果在事故期间靶容器和周围环境连通，则会有部分挥发物释放到环境中。空气中的氧会对释放情况产生影响。首先，在铅铋合金表面会形成 PbO 和 Bi_2O_3，这个表面氧化层会显著地降低释放率。此外，氧的存在改变了 $H_2\backslash H_2O$ 平衡（$H_2+1/2O_2=H_2O$）。因此，涉及含氢的挥发性核素（如 H_2Po）的释放反应会被抑制。

此部分展示的是一个在已知铅铋合金表面估算挥发物最大释放量的简单过程。估算中必须明确某些参数（如铅铋合金表面面积、随时间变化的温度等）。这个方法只考虑了从铅铋合金表面上释放的挥发物的最大量，而未考虑这些挥发物的一部分最终会被输送到环境中。下式是金属在真空中的最大蒸发率，由朗缪尔（Langmuir，1913）根据气体动力论得出：

$$R_m=0.0583p^\circ\sqrt{M/T}\ ,\mathrm{g/(cm^2\cdot s)} \tag{4-44}$$

式中，R_m 是蒸发率（$\mathrm{g/(cm^2\cdot s)}$），p°是纯金属的蒸汽压（Torr），M 是原子/分子质量（g/mol）。

由于蒸发颗粒与气体分子之间发生相互碰撞，在非真空条件下实际检测到的蒸发率很低（McNeese，1967）。

对于稀混合物中的成分 A，纯金属的气压可用其稀溶液上方的蒸汽压代替

$$p_A=\gamma_A x_A p_A^\circ \tag{4-45}$$

式中，p_A 是混合物上方成分 A 的气压（Torr），x_A 是溶解成分 A 的摩尔分数，γ_A 是溶解成分 A 的热力学活度系数，p_A°是纯物质 A 的气压（Torr）。

由式（4-44）和式（4-45），可知

$$R_{mA}=0.0583\gamma_A x_A p_A^\circ\sqrt{M/T}\ \mathrm{g/(cm^2\cdot s)} \tag{4-46}$$

保守方法是在无法得到实验数据的情况下，推荐用式（4-46）来估算偶发事件中挥发物的蒸发率。

科学家已经对 Hg（Greene，1998）和 Po（Tupper，1991）的释放速率进行了实验研究。研究结果可以用来估算这两种最重要挥发物的释放。PSI（Neuhausen，2004）通过 Po 释放实验的定量分析（Neuhausen，2005b）验证了文献（Tupper，1991）中测量的释放速率（图 4-12）。从这些分析中可得到如下 Po 释放速率随温度变化的函数：

$$\lg R_m/x=(0.97\pm0.22)-(6049\pm200)/T \tag{4-47}$$

不同实验数据间的相关系数为 0.99352，式中 R_m 是 Po 的质量释放率（$\mathrm{g/(cm^2\cdot s)}$），x 是 Po 的摩尔分数，T 是温度（K）。式（4.47）可以用于不同偶发事故中蒸发速率的计算。

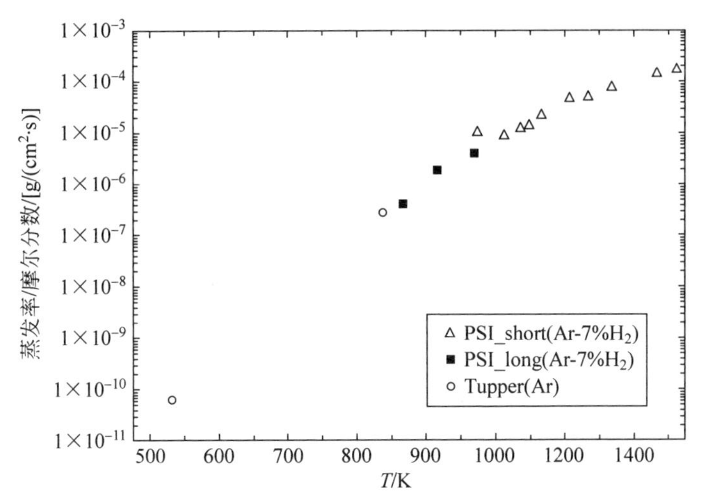

图 4-12　不同实验中液态铅铋合金中 Po 的释放率

（使用 Po 的摩尔分数做归一化处理）(Neuhausen，2005b)

奥巴拉(Obara，2003)初步研究了 Po 从污染的石英片中的移除过程。石英片的污染物由含 Po 的铅铋合金在约 1273K 温度下沉积获得。在 Ar 环境中，大约 873K 时，Po 会发生沉积。在真空环境下，温度为 573K 时，Po 会从石英片中选择性的移除，最后在石英片表面获得没有放射性的沉积物。

参考文献

OECD/NEA，2014. 铅与铅铋共晶合金手册——性能、材料相容性、热工水力学和技术[M]. 2007 版. 戎利建，张玉妥，陆善平，等译. 北京：科学出版社.

ABAKUMOV A S，ERSHOVA Z V，1974. Vapor pressure of polonium and lead polonide [J]. Radiokhimiya，16(3)：397-401.

AUSLÄNDER J S，GEORGESCU J I，1955. On the vapour pressure of polonium at room temperature[C]. 1st International Conference on the Peaceful Use of Atomic Energy，Geneva：389-391.

BARIN I，1995. Thermochemical data of pure substances [M]. 3rd ed. New York：Verlag Chemie，Weinheim.

BEAMER W H，MAXWELL C R，1946. Physical properties of polonium. Ⅱ. X-ray studies and crystal structure[J]. J. Chem. Phys.，14：569.

DE BOER F R，BOOM R，MATTENS W C M，et al，1988. Cohesion in metals，transition metal alloys[M]. Amsterdam：North-Holland.

BREWER L，1995. Thermodynamic properties of the oxides and their vaporization processes[J]. Chem. Rev., 52: 1-75.

BROOKS L S, 1955. The vapour pressure of polonium [J]. J. Am. Chem. Soc., 77: 3211.

BUONGIORNO J, LARSON C, CZERWINSKI K R, 2003. Speciation of polonium released from molten lead bismuth[J]. Radiochim. Acta, 91: 153-158.

EICHLER B, 2002. Die flüchtigkeitseigenschaften des poloniums[R]. PSI-Report Nr. 02-12.

EICHLER B, NEUHAUSEN J, 2004. Verfluchtigungspfade des poloniums aus einem Pb-Bi-spallationstarget (thermochemische kalkulation)[R]. PSI-Report Nr. 04-06.

GREENE G A, FINFROCK C C, 1998. Vaporization of elemental mercury from molten lead at low concentrations[R]. New York: Brookhaven National Laboratory, Report BNL-52622.

JOY E F, 1963. The vapour liquid equilibrium of dilute solutions of polonium in liquid bismuth[R]. Miamisburg, Ohio: Mound Laboratory, Report MLM-987.

KRESTOV G A. Thermodynamic properties of some astatine and polonium compounds [J]. Soviet Radiochem, 1962, 4: 612.

LANGMUIR I, 1913. The vapour pressure of metallic tungsten[J]. Phys. Rev. Second Series, 2: 329-342.

LATIMER W M, 1952. The oxidation states of the elements and their potentials in aqueous solution [M]. 2nd ed. New York: Prentice-Hall, Englewood Cliffs: 88.

MCNEESE L E, 1967. Consideration of low pressure distillation and its application to processing of molten salt reactor fuels [R]. Oak Ridge (Tennessee): National Laboratory, ORNL-TM-1730.

NEUHAUSEN J, EICHLER B, 2003. Evaluation of thermochemical data for binary polonium containing systems by means of the semi-empirical miedema model[R]. Villigen(Switzerland): PSI-Report.

NEUHAUSEN J, KOSTER U, EICHLER B, 2004. Investigation of evaporation characteristics of polonium and its lighter homologues selenium and tellurium from liquid Pb-Bi-eutecticum[J]. Radiochim. Acta, 92: 917-923.

NEUHAUSEN J, EICHLER B, 2005a. Study of the thermal release behaviour of mercury and thallium from liquid eutectic lead-bismuth alloy[J]. Radiochimica Acta, 93: 155-158.

NEUHAUSEN J, 2005b. Reassessment of the rate of evaporation of polonium from liquid eutectic lead bismuth alloy[R]. Villigen (Switzerland): Paul Scherrer Institute, TM-18-05-01.

NEUHAUSEN J, 2006. Investigations on the release of mercury from liquid eutectic lead bismuth alloy under different gas atmospheres[J]. Nucl. Instr. and Meth. A, 562(2): 702-705.

OBARA T, MIURA T, FUJITA Y, et al, 2003. Preliminary study of the removal of polonium contamination by neutron-irradiated lead-bismuth eutectic[J]. Annals of Nucl. Energy, 30: 497-502.

OECD/NEA, 2015. Handbook on lead-bismuth eutectic alloy and lead properties, materials compatibility, thermal-hydraulics and technologies [R]. 2015 ed. Organization for Economic Cooperation and Development, NEA. No. 7268.

PANKRATOV D V, EFIMOV E I, BOLKOVIRINOV V N, et al, 1999. "Polonium problem in nuclear power plants with lead-bismuth as a coolant" in heavy liquid metal coolants in nuclear technology[M]. Moscow: Ministerstvo Rossijskoj Federatsii po Atomnoj Ehnergii: 101-109.

TUPPER R B, MINUSHKIN B, PETERS F E, 1991. Polonium hazards associated with lead bismuth used as a reactor coolant[C]. Int. Conf. on Fast Reactors and related Fuel Cycles, Kyoto, Japan.

ZANINI L, VATRE M, 2005. Monte Carlo calculations of activation of the MEGAPIE target[R]. Villigen(Switzerland): PSI-Report, TM-34-05-5.

ZHDANOV S I, 1985. Standard potentials in aqueous solution[M]. New York: M. Dekker: 93-125.

第5章　铅合金与结构材料相容性

5.1　铅合金与结构材料相容性基础

液态金属对结构材料的腐蚀可能对反应堆运行造成多种影响,腐蚀导致的结构材料损伤会危及反应堆结构和功能性组件的完整性。腐蚀问题对于薄壁组件如燃料包壳和传热管显得尤为重要,因此,常在液态铅合金中掺氧以形成实时的保护性氧化膜。在金属表面形成的氧化膜可能削弱通过金属壁面的传热效果,这对于导热功能组件来说具有很大的影响,如燃料棒通过包壳将裂变产生的热量传递给冷却剂,传热管将热量从一回路传递给二回路。因此除了腐蚀作用,氧化膜的厚度也是判断这些组件寿命的一个重要指标。进入冷却剂的腐蚀产物可能沉积在液态金属回路的冷段并堵住流道,这种影响称作堵塞。因此,充分掌握冷却剂中不同杂质的分布和浓度对于完善液态金属冷却剂管理策略具有重要的意义。

5.1.1　基本原理

1. 腐蚀

结构材料在液态金属中的腐蚀方式主要有两种:

(1) 溶解腐蚀。通过固体结构材料与液态金属中的原子或杂质原子之间发生表面反应,固态金属直接溶解到液态金属中。

(2) 晶间腐蚀。腐蚀过程中,结构材料中的某一种成分可能被优先溶解或置换出,如不锈钢中晶界处的 Ni 会被 Pb 和 LBE 优先置换出,导致晶界出现贫镍,发生晶间腐蚀。溶解过程分两步:首先发生在边界层,包括固态金属中原子键"断裂"进而和液态金属或其杂质中的原子形成新键。随后,溶解的原子会通过边界层扩散到液态金属中。

溶质金属在结构材料表面和 LBE 中不同的化学活度是结构材料发生腐蚀的驱动力。液态金属中溶质金属的化学活度受溶解度和元素在固相中的化学活度控制。对于不锈钢,其所有组成元素的化学活度都小于 1,固液两相边界层中溶质金属的最大浓度由其在固相中的化学活度所决定。

溶质原子通过边界层的扩散进入流动系统中，从而决定了结构材料整体的腐蚀速率。对于温度恒定的静止系统，有如下关系式：

$$a_i = a_0[1 - \exp(-\alpha St/V)] \tag{5-1}$$

式中，a_i 是 t 时刻的溶质浓度；a_0 是与固体相平衡的溶质饱和浓度；S 是暴露在体积 V 的液态金属中的固体的表面积；$\alpha = \alpha_0 \exp(-\Delta E/RT)$，其中 E 是溶解激活能。

在等温和静止条件下，层流边界层不如流动系统中那样明显，因此无法确定扩散路径。随着时间的变化，腐蚀速率将以指数形式降低。当溶解在液态金属中的元素浓度达到饱和时，溶解过程即停止。因此，选择含有在液态金属中溶解度比较低的元素的合金，或在结构材料实际浸入之前使液态金属中的合金元素浓度达到饱和，均可以减轻因直接溶解而造成的结构材料腐蚀。在固定$(a_0 - a_i)$情况下，通过实时测量重量随时间的变化可获得决定速率控制机制所必需的动态信息。

对于流动系统，可以得到

$$\frac{\mathrm{d}a_i}{\mathrm{d}t} = K(S/V)(a_0 - a_i) \tag{5-2}$$

式中，K 是速率常数(与边界层的扩散率相关)。在流动循环系统中，溶质的稳态浓度通常由冷端或回路排热部分的沉淀过程控制。在高温区域溶解的材料会在低温区域沉淀析出，直至达到稳态。腐蚀速率受回路中最高与最低温度的共同影响，可以通过提高回路的最低温度或降低最高温度来减小回路中高温区域的腐蚀速率。这种腐蚀类型叫做温度梯度传质(图5-1)。因为物质被从热端传输到冷端，所以在一段时间后环路可能发生堵塞。与等温条件下观测到的情况不同，这种腐蚀不随时间减弱。如果液态金属高速流动，结构材料也会遭受磨蚀腐蚀。磨蚀可以分为沿着流动通道的整体毁坏(犹如流体在材料表面施加了很强的动态压力)和点蚀型磨蚀(材料在狭窄的表面严重磨损)两种。

传质也可在存在浓度梯度的等温条件下发生，即从一种合金中溶解出的元素通过液态金属传递，可能沉淀析出，也可能溶解在其他合金中形成金属固溶体或金属间化合物。在某些情况下，可以通过合理利用系统中某区域材料的选择性溶解来“保护”另一区域材料免受腐蚀。“保护”过程可描述成通过在上游设置一个富含某些元素的区域从而降低下游区域该元素的损失。例如，从含镍合金中溶解出来的 Ni 是决定一些材料腐蚀速率的重要因素，

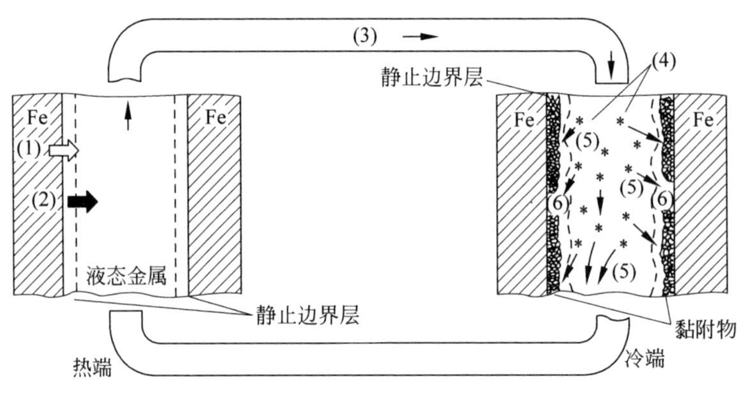

图 5-1　温度梯度引起的传质过程

(1) 溶解；(2) 扩散；(3) 溶解金属的传递；(4) 形核；(5) 晶体的运输；(6) 晶体生长与黏附

所以如果把高浓度镍源置于等温区域的上游，则 Ni 在下游区域的溶解速率会降低，这是因为冷却剂中高浓度的 Ni 会降低其与结构材料表面中的活度差异。

发生晶间腐蚀的原因是晶界处的原子比晶内原子势能更高。因此，晶界原子的溶解激活能更低，过渡到液态金属中的可能性更高，溶解速率更快。由于高溶解度元素的优先溶解，当其在晶界处富集时会进一步提高其溶解速率。

2. 氧化

液态铅合金中的氧浓度是影响结构材料腐蚀的关键参数。戈雷宁等(Gorynin et al，1999)通过 550℃、3000h 的流动铅腐蚀实验获得了氧浓度对两种奥氏体不锈钢(18Cr-11Ni-3Mo 商业用钢和含 3％Si 的 15Cr-11Ni-3Si-MoNb 实验用钢)腐蚀/氧化过程的影响规律。在氧浓度介于 10^{-8} ~ 10^{-10} wt. ％时发生溶解腐蚀，而在氧浓度高于 10^{-7} ~ 10^{-6} wt. ％时发生氧化，如图 5-2 所示。观测显示：低氧环境(10^{-8} ~ 10^{-10} wt. ％)中，腐蚀首先在材料表面形成点蚀；暴露在腐蚀液期间，点蚀不断生长合并最终形成厚度随时间线性增大的多孔腐蚀层。在形成保护性氧化膜过程中有一个材料损失最小值。

在合理控制液态金属中氧浓度的情况下，结构材料表面会形成一层氧化膜阻碍进一步溶解。合适的氧浓度可使材料达到最佳钝化效果且不形成 PbO(氧化铅)沉淀。对于含铁合金(如结构钢)，最低氧浓度由较不稳定的 Fe_3O_4 的分解势决定，最高氧浓度由形成 PbO 沉淀决定。因为钢中合金元素

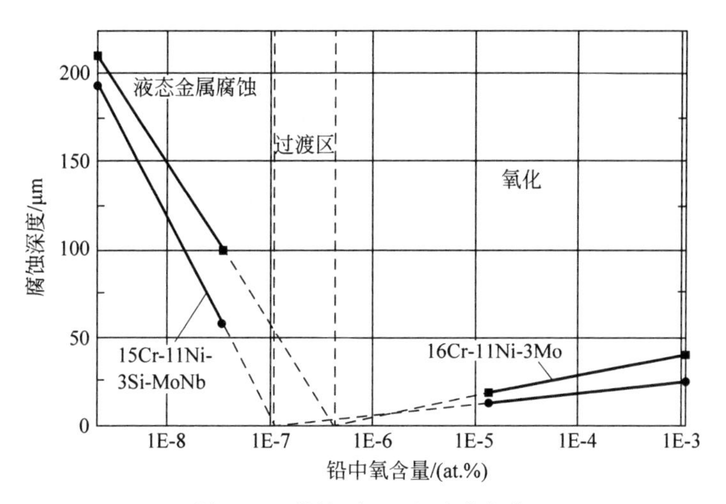

图 5-2 不锈钢在 550℃中的氧化

在氧化物中的扩散率很低，所以在氧化薄膜形成后结构材料的分解变得微不足道。理想的保护性氧化膜在运行温度区间内是无气孔、无裂纹、无应力的，且在冷却或加热期间对剥落和破损有一定的抵抗力。此外，氧和金属离子在理想保护性氧化膜中的扩散系数必须足够小，同时氧化膜初始表面的衰退率在反应堆设计使用寿命期限内必须足够低。但在实际的铅合金冷却系统中，几乎不可能获得此类理想的保护膜。然而，可以通过控制液态铅合金中的氧浓度或改变钢成分和运行环境来使自我修复层最优化。最优化的方案是可使腐蚀-溶解过程和腐蚀-氧化过程最弱化。戈雷宁等(Gorynin et al，1999)研究了其他元素对结构钢在液态铅合金中耐腐蚀性能的影响。例如，在 460℃、氧浓度低于 10^{-7} wt.%的流动 LBE 中，Si 增加了几种钢的耐腐蚀性，而在 550℃、更低氧浓度(10^{-8}～10^{-10} wt.%)的 Pb 中 Si 的影响不大。他们也研究了其他合金元素(如 Cr、Ti、Nb、Si 和 Al)对低合金钢在 600℃、流动 LBE 溶液中抗腐蚀性能的影响。结果发现，当 Si 和 Al 浓度达到 2%时可有效降低钢在 LBE 溶液中的溶解，而对于其余元素，为了得到相似的保护效果，浓度应高于 3%。通常在还原环境下，不可能形成保护性氧化膜，低铬钢的溶解率更低。Ni 在 LBE 中具有很高的溶解度，所以奥氏体钢在 Pb 和 LBE 中的腐蚀更为严重。雅克曼诺夫(Yachmenyov，1998)建议在较低温度下应使用非保护性不锈钢，即在 450℃左右使用铁素体-马氏体钢，在 400℃左右使用奥氏体钢。

在控氧条件下，液态 LBE 中钢的氧化膜结构受钢的成分、温度和水动力等因素影响。现有的实验结果表明，马氏体钢主要有两种氧化膜结构(Balbaud-Celerier，2003)：

(1) 温度低于550℃时，氧化膜由外部的 Fe_3O_4 层和内部紧凑的Fe-Cr尖晶石氧化膜组成。在某些情况下无法观测到外部 Fe_3O_4 层，有时会在外层中观测到渗透的Pb。双重氧化膜结构可以避免钢的溶解。

(2) 温度高于550℃时，在Fe-Cr尖晶石层下观测到沿晶界分布的由氧化物构成的氧化区。

奥氏体钢通常比马氏体钢含有更多的Cr和Ni，因此奥氏体钢形成的氧化膜有如下可能的结构：

(1) 温度低于500℃时，氧化膜很薄，由单层Fe-Cr尖晶石组成，可以阻止直接溶解。

(2) 温度在550℃左右时，随着表面和运行条件的变化，氧化膜可能是双层或单层结构。双层氧化物可以阻止钢中元素的溶解，而当形成单层氧化膜时发生严重的溶解。

(3) 温度高于550℃时，氧化膜发生严重溶解。

在静止条件下，如果钢中某些元素在液态金属中达到饱和，则这些元素不会发生进一步的溶解。钢在液态金属中形成的氧化膜结构与在气态环境下形成的氧化膜结构相似，不锈钢在液态铅合金中形成的氧化物的可能结构如图5-3所示。

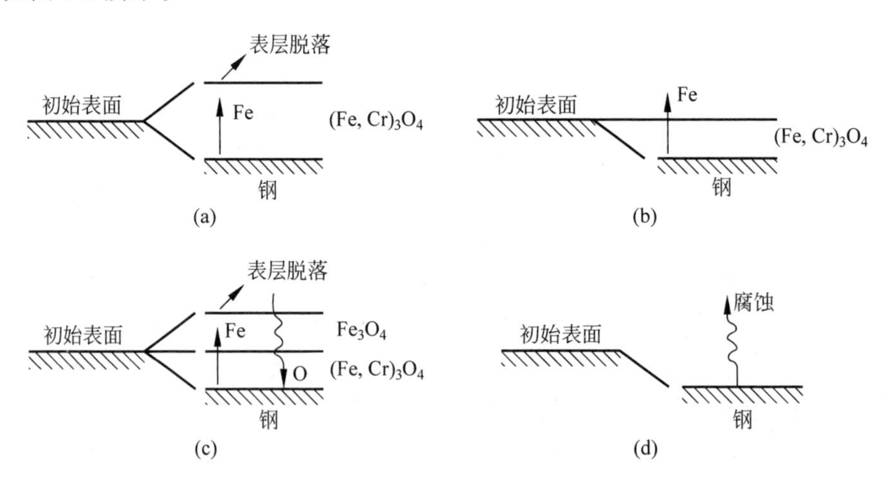

图5-3　控氧条件下不锈钢在液态铅合金中可能形成的氧化物结构(Chang，1990)

(a) 单层；(b) 单层，选择氧化；(c) 双层；(d) 无氧化层传质腐蚀可将氧化膜移除。磨蚀通常发生在流动突然改变方向的位置(弯曲、扩张等)。液体颗粒冲击保护层并使保护层在剪切应力的作用下剥落,这种冲击在增强氧化作用的同时提高表面失效速率。常等(Chang et al,1990)将磨蚀-氧化现象分为四类:①只有氧化物磨蚀;②磨蚀加强氧化;③氧化影响磨蚀;④只有金属磨蚀。里希尔等(Rishel et al,1991)进一步指出磨蚀加强氧化又可分为三种类型,如图5-4所示。

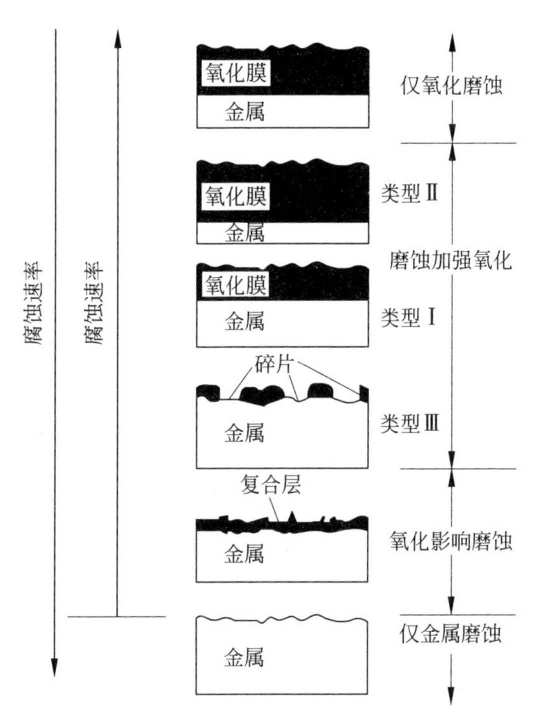

图5-4 磨蚀-氧化相互作用机制

Pb和Bi比结构钢中主要合金元素(Ni、Fe、Cr)的化学活性低,是氧活度控制技术的基础。Ni、Fe和Cr氧化物比PbO和Bi_2O_3的形成摩尔自由能低,如图5-5所示。为了促进形成Fe_3O_4,同时防止形成PbO沉淀,氧浓度必须满足以下关系式:

$$2\Delta G^0_{PbO} > RT\ln p_{O_2} > 0.5\Delta G^0_{Fe_3O_4} \tag{5-3}$$

式中,ΔG^0是氧化物的形成吉布斯自由能;p_{O_2}是氧气分压;R是气体常数;T是绝对温度。液态Pb或LBE中Fe_3O_4的形成/溶解反应可表示如下:

$$4O + 3Fe \rightleftharpoons Fe_3O_4 \tag{5-4}$$

平衡常数为

$$K_{e}=\frac{a_{Fe_3O_4}}{\alpha_{O}^{4}\times a_{Fe}^{3}} \tag{5-5}$$

式中，Fe、O 和 Fe_3O_4 溶解在液态金属中；α 为溶解物质的热力学活度。如果 $a_{Fe_3O_4}=1$，则在温度恒定时，$\alpha_{O}^{4}\times a_{Fe}^{3}$ 为常数。例如，在 $T=400$℃且 $a_{Fe}=1$ 时，与 1×10^{-10} wt.%氧浓度相对应的平衡氧活度为 1×10^{-6}。如果 $a_{Fe}<1$，氧活度会更高。

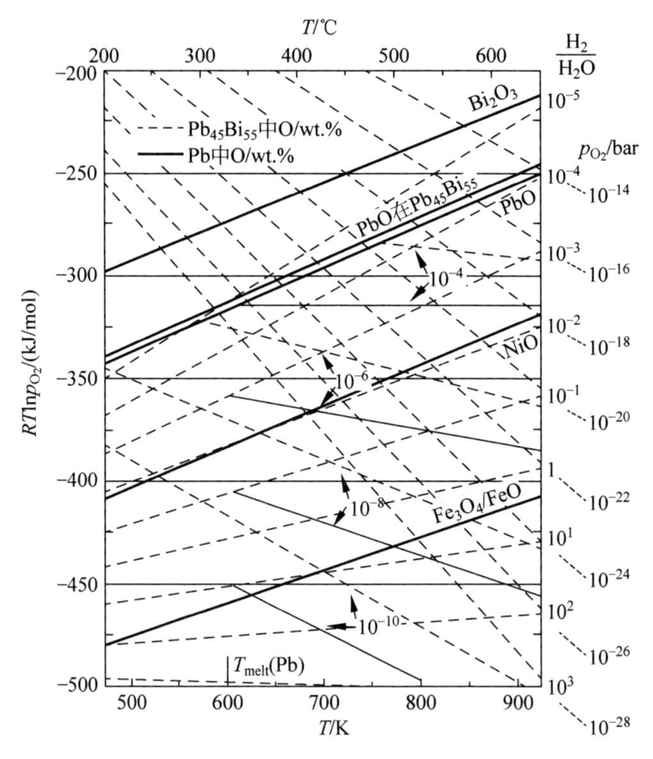

图 5-5　钢组成元素(Fe,Ni 等)以及 Bi 与 Pb 的氧化物的埃林厄姆-理查德森图(Müller,2003)

当 LBE 中氧和 Fe 的含量一定时，平衡氧浓度随温度变化函数如图 5-6 所示(Li, 2002)。当氧活度低于最小值 α_{min} 时，Fe_3O_4 不稳定，结构钢以溶解的方式发生腐蚀；在 $\alpha=1$ 以上区域，会发生 Pb 的氧化物污染冷却剂的现象。在回路中液态金属的最高与最低温度确定后，通过设定最低温度区域的氧浓度达到饱和值即可以确定该回路中允许的氧浓度范围。

雅克曼诺夫等(Yachmenyov et al,1998)指出，为形成尖晶石结构的保护膜，氧浓度需满足 $C_i>C_{min}$。其中，C_{min} 是溶解在液态 LBE 中维持金属钝性的最低氧浓度。当 $a_{Fe}=1$ 时，为了使 Fe_3O_4 稳定存在，C_{min} 必须比平衡氧浓

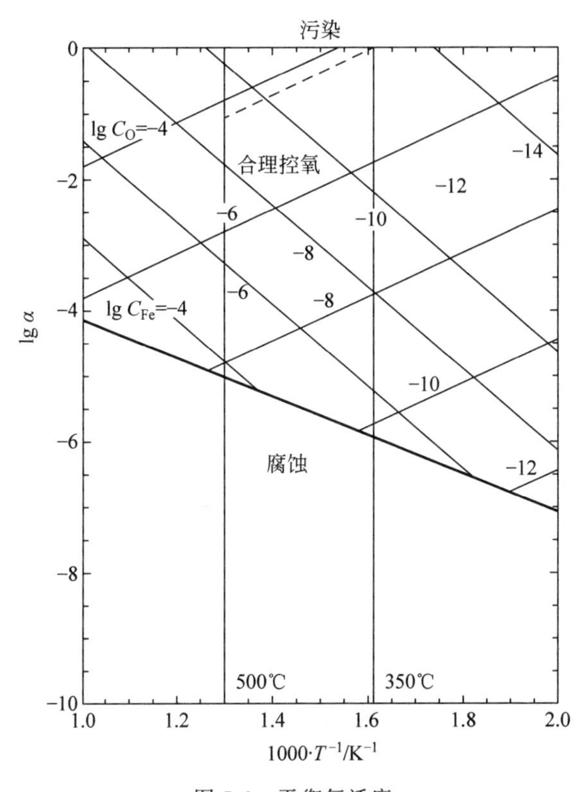

图 5-6　平衡氧活度

度 C_{min}^{T} 高。当$C_i < C_{min}$ 时，钢会发生腐蚀，腐蚀的形态由 $C = C_{min} - C_i$ 决定，同时也受钢的成分、温度和时间的影响。实际上，腐蚀过程是动态的(Shmatko，2000)，在 $C_{min}^{T} < C_i < C_{min}$ 时发生钢的腐蚀，此时溶解相对氧化占优。在系统运行期间，不同的操作可能会改变氧浓度，并使其超出允许范围。冷却剂中杂质的氧化物比铁的氧化物更稳定时，会使氧浓度降低到形成 Fe_3O_4 所需氧浓度以下；冷却剂中质子束产生的嬗变元素也会扰乱回路中的化学平衡，当形成难溶氧化物时会发生氧化还原反应(Gromov，1998)并削弱形成的氧化膜。相反，渗漏的空气会增加氧活度。

5.1.2　腐蚀实验数据总结

目前，关于液态 Pb 和 LBE 中的材料腐蚀行为，无论是在静止的还是流动的状态，都已经有了大量的测试结果。测试对象包括铬含量为 1.2～16.24wt.%的 Fe-Cr 钢（如 SCM420、P22、F82H、STBA28、T91、NF616、

ODS-M、Eurofer 97、STBA26、Optifer Ivc、EM10、Manet Ⅱ、56T5、ODS、EP823、HT9、HCMI2A、HCM12、410ss、T410、430ss）和奥氏体钢（如 D9、14Cr-16Ni-2Mo、1.4970、316L、304L 和 1.4984），测试温度为 300～650℃，测试时间为 100～10000h，LBE/Pb 中的氧浓度范围从 10^{-12}wt.%至饱和。数据显示至少有四种不同的情况：①明显的溶解；②相对薄的氧化膜与溶解区域共存；③剥落和 LBE 渗透区域并存的厚氧化膜；④明显的氧化。情况①和情况②中存在溶解现象，情况③和情况④中存在氧化现象。

本节首先通过定性腐蚀行为（氧化或溶解）对这些数据进行初步筛选（去除不合理数据），同时在其他条件一致的情况下只使用实验时间最长的相关数据，进而对这些数据进行半定量分析，在温度-氧浓度图中绘出大体的腐蚀行为，如图 5-7～图 5-16。需要说明的是，这些图也包含了马氏体钢 T91 和奥氏体钢 AISI 316L 的研究数据。

图 5-7～图 5-16 中标出了 Fe_3O_4 形成曲线和氧饱和（形成 PbO）曲线。在所有的实验中，当氧浓度低于形成 Fe_3O_4 所需浓度时，材料发生溶解。大体上，在静止的液态 LBE 中，在 600℃时，材料发生溶解；在 500～550℃，根据材料的不同发生溶解或氧化。对于奥氏体钢，总体上的行为是相似的，但在还原气氛条件下发生更强的溶解，而在氧化气氛下呈现出较薄的氧化膜。流动环境下的实验数据较少，当氧浓度低于 10^{-6}wt.%时，材料发生溶解。在静止的 600℃ LBE 中，T91 和 316L 钢在氧浓度低于 10^{-6}wt.%时会发生溶解。

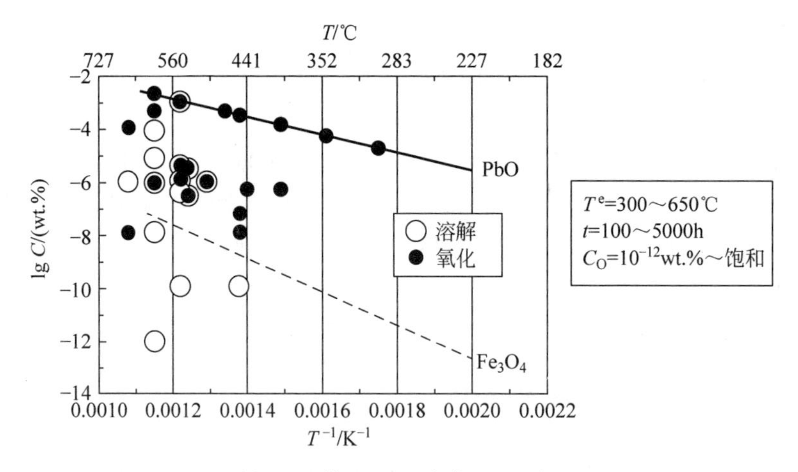

图 5-7　静止 LBE 中的 Fe-Cr 钢

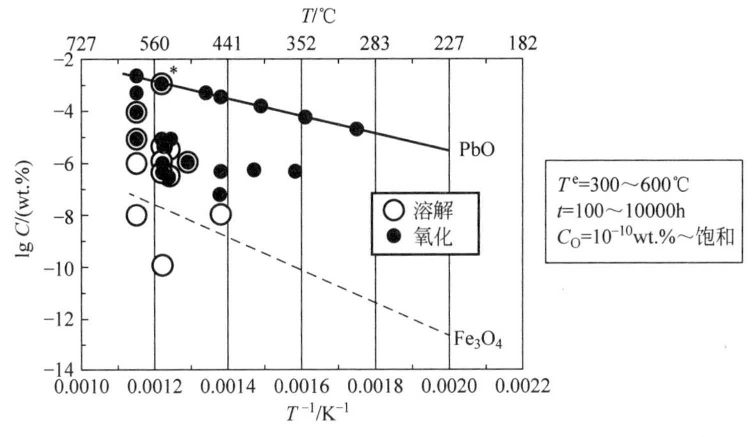

图 5-8　静止 LBE 中的 Fe-Cr-Ni 钢

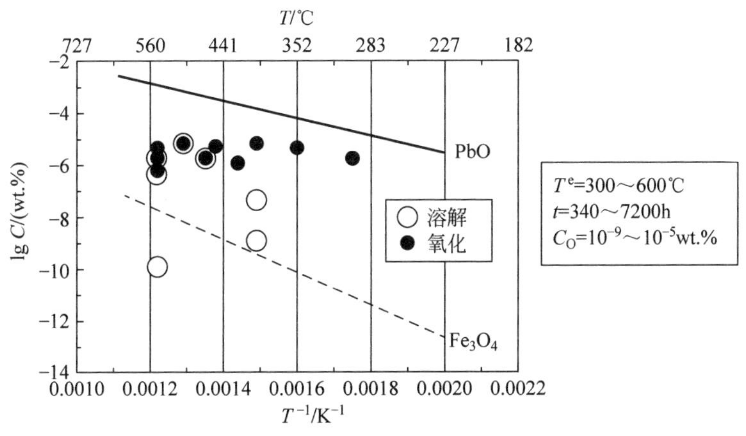

图 5-9　流动 LBE 中的 Fe-Cr 钢

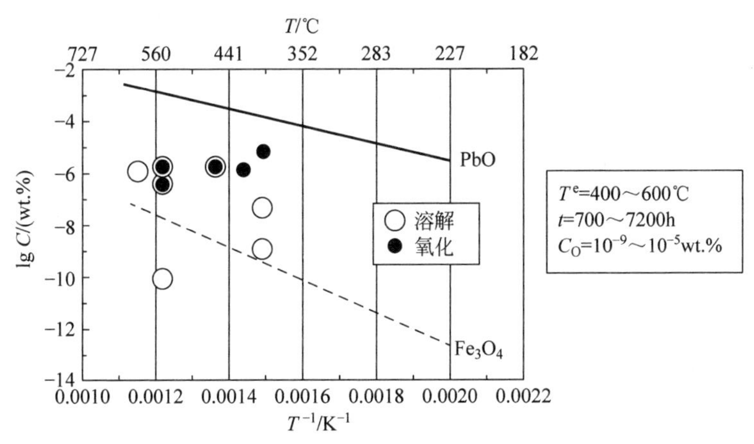

图 5-10　流动 LBE 中的 Fe-Cr-Ni 钢

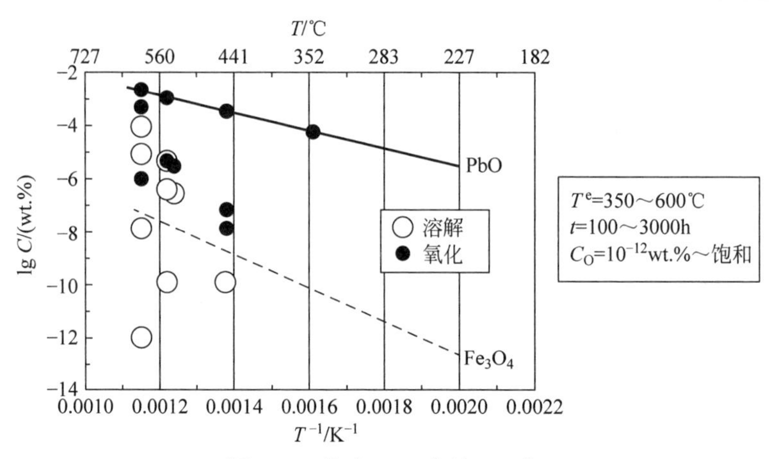

图 5-11　静止 LBE 中的 T91 钢

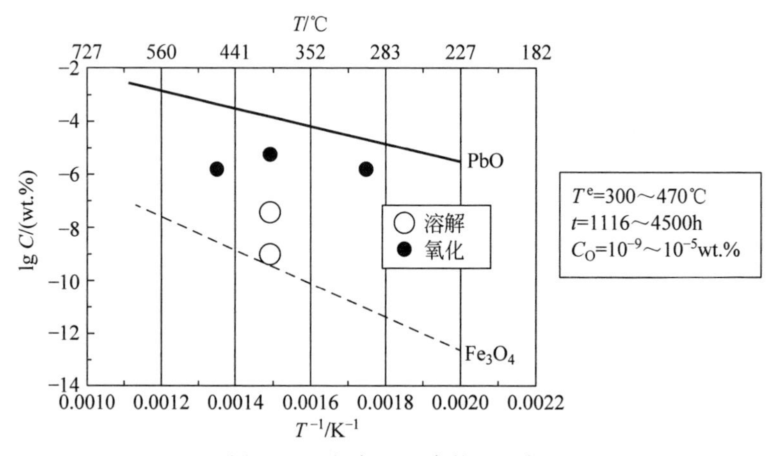

图 5-12　流动 LBE 中的 T91 钢

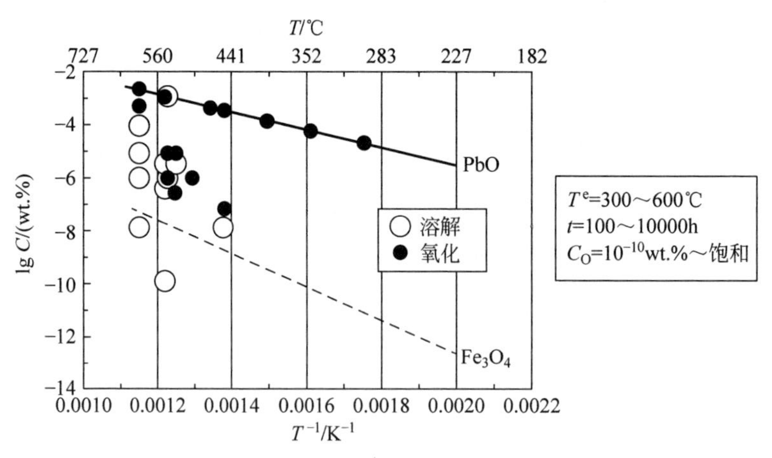

图 5-13　静止 LBE 中的 AISI 316L 钢

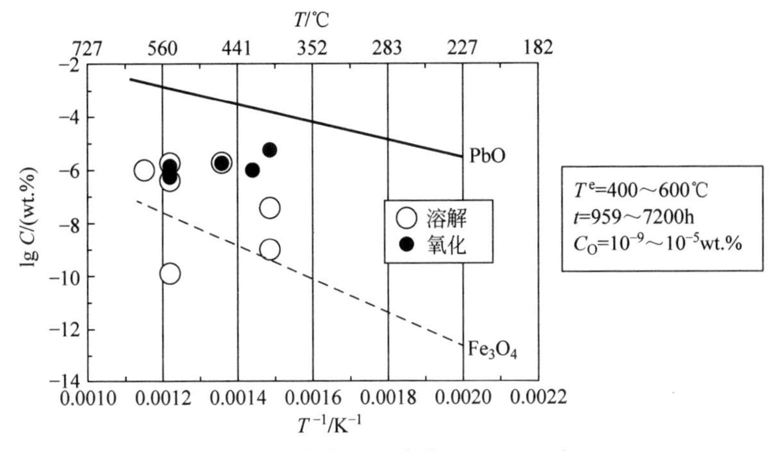

图 5-14　流动 LBE 中的 AISI 316L 钢

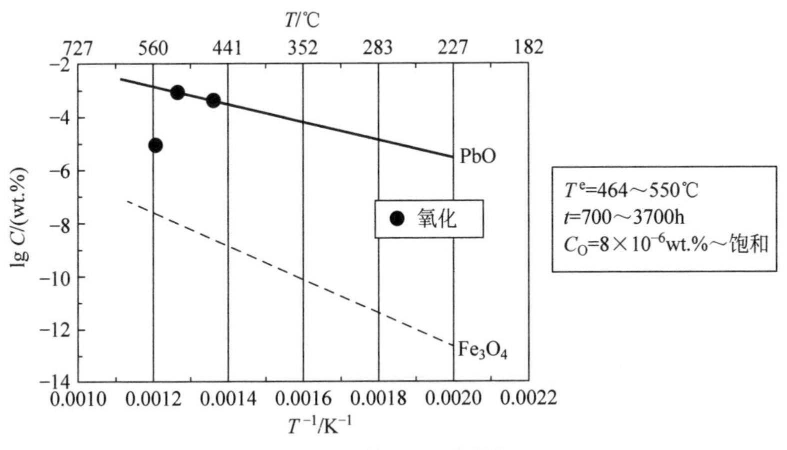

图 5-15　静止 Pb 中的钢

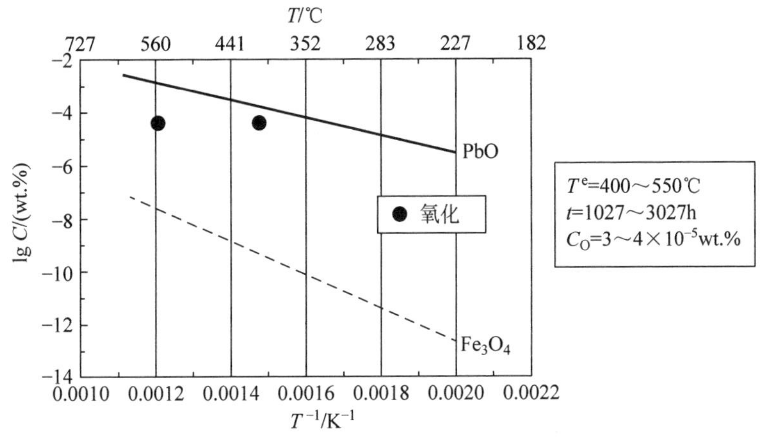

图 5-16　流动 Pb 中的钢

5.1.3 结论

在合理控氧的静态和流动态 LBE/Pb 中进行的实验中，大多数 Fe-Cr 和 Fe-Cr-Ni 钢在 500～550℃温度以下形成具有保护性的氧化物（尤其对于氧浓度大于 10^{-6} wt. %的中短期运行）。奥氏体钢的氧化膜较薄。当氧浓度低于 10^{-6} wt. %时，大多数的钢会发生溶解，这是因为 Ni 在 LBE/Pb 中的溶解度较高。当测试温度高于 550℃时，难以确定氧化物的形成和保护性，且经长时间溶解，其保护性通常会失去作用。一些研究者发现钢在 LBE 和 Pb 中形成成分相似的氧化膜。一般而言，钢表面氧化膜具有双层膜结构：外层成分与 Fe_3O_4 相似；内层膜的 Cr 含量比基体中高，成分相当于 $Fe(Fe_{1-x}Cr_x)_2O_4$。

5.2 铅合金对结构材料力学性能的影响

5.2.1 液态金属脆化

液态金属脆化（liquid metal embrittlement，LME）是一个物理化学和力学过程，其解释以润湿概念为基础。润湿，即液体在固体上的铺展，最初由杨（Young，1805）提出，随后根尼斯等（de Gennes et al，2002）基于此概念对液体与固相接触时的界面反应进行预测和分析。需要提醒的是，真实的固/液（S/L）系统太复杂，不能用来预测一种氧化性金属合金在另一种具有不同氧化性的金属合金（两者具有不同的电子性质和物理化学性质）上的铺展行为。

1. 理想固/液系统

均匀光滑的理想表面只能被"简单"液体部分润湿，一个小到可以忽略重力影响的液滴不会铺展，其将保持球形，其润湿性能可通过液-气和固-液两界面结合处的接触角来描述。在力学中，用杨氏定律表示三相间表面张力构成水平方向上的平衡（图 5-17）：

$$\cos\theta_E = (\gamma_{sv} - \gamma_{sl})/\gamma_{lv} \tag{5-6}$$

式中，θ_E 为平衡接触角，γ_{sv}、γ_{sl} 和 γ_{lv} 分别是固-气、固-液和液-气界面的表面张力。

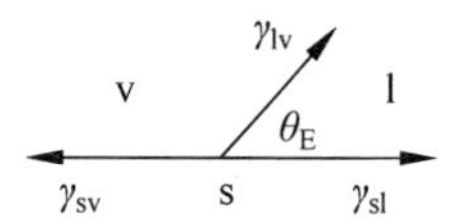

图 5-17 固液气三相界面力学平衡

根据铺展系数 $S=\gamma_{sv}-(\gamma_{sl}+\gamma_{lv})$，式(5-6)可以表示为

$$S=\gamma_{lv}(\cos\theta_E-1) \tag{5-7}$$

这表示只有在部分润湿($S<0$)情况下 θ_E 才有意义。$S>0$ 时表示完全润湿，液滴自发地铺展且倾向于覆盖固体表面。在表面不均匀、化学污染和固体表面粗糙等非理想情况下，无法测量杨氏方程中的平衡接触角 θ_E，只能确定与系统演变过程相关的稳态接触角。液体前进后(在液滴铺展后)获得的液气界面的接触角 θ_A 比平衡值 θ_E 大。前进接触角 θ_A 被定义为临界值。当接触角 θ 超过此临界值时，液体向前铺展，接触线开始移动(图 5-18)。相反，通过液体后退形成的(液滴抽吸或回缩)液气界面接触角 θ_R 比平衡接触角 θ_E 小。θ_R 被定义为液滴抽吸过程中接触线未发生移动的极限值。显然，$\theta_R<\theta_E<\theta_A$。滞后现象 $|\theta_A-\theta_R|$ 描述了表面实际状态与理想状态的差距，滞后值 $|\theta_A-\theta_R|$ 依赖于固体表面的状况(污染或粗糙)，可高达数十度。

图 5-18　前进接触角 θ_A 和后退接触角 θ_R

2. 非相互作用的金属-金属系统

根据根尼斯(de Gennes，2002)对铺展系数的定义，在忽略界面上杂质尤其是氧化物潜在影响的条件下，铺展系数 S 由界面相接触两相的范德瓦尔斯相互作用确定，即

$$S=V_{sl}-V_{ll} \tag{5-8}$$

式中，V_{sl} 和 V_{ll} 分别是固体液体界面和液相内的范德瓦尔斯能量。如果液体的可极化性没有固体的大，润湿性会逐渐改善甚至完全润湿。

3. 相互作用的固/液系统

在该情况下，反应性润湿是通过一系列界面反应改变界面性质后发生的。动态的非平衡润湿以最初的非相互作用系统的铺展速率发生，此时定义为初始准平衡接触角，然后以界面反应引起的铺展速率对其进行修正，最终获得平衡接触角(此时界面相之间在成分、结构和性质上达到平衡)。在发生反应性润湿情况下，接触角须符合经验定律：

$$\cos\theta_{min}=\cos\theta-\frac{\Delta\gamma_r+\Delta G_r}{\gamma_{lv}} \tag{5-9}$$

式中，$\Delta\gamma_r$ 和 ΔG_r 分别为界面反应引起的界面能变化和金属基体表面间反应

所生成物质的单位自由能变化量。奈迪克（Naidich，1981）提出，铺展的发生是由于自由能 ΔG_r 部分转变成界面能。

4. 相互作用的钢/液态重金属系统

对于相互作用的钢/液态重金属（如 T91/LBE、T91/Pb、316L/LBE 和 316L/Pb），有以下几点需要说明：

（1）目前很难预测 Pb、Bi 是否会和 T91 钢基体（本质上讲是 Fe 和/或 Cr）中的某种成分形成稳定相，也很难预测是否会发生反应性润湿以及怎样发生。然而，氧化性 T91/Pb 界面的 XPS 分析已经证明在钢/氧化物界面上存在 Pb（Gamaoun，2003）。

（2）因为无法预测，所以必须在一定的实验条件下确定含 Cr 钢（T91，316L）和 Pb、LBE 及其他液态金属的润湿性，明确其与界面氧化膜的成分和结构关系（Medina，2008）。

（3）普遍观测发现，氧化性金属或金属合金与液态金属至多是部分润湿（$\theta_E < 90°$）或润湿性较差（$90° \leqslant \theta_E \leqslant 130°$）。如果知道与钢接触的液态金属液-气表面张力的值，就可以估计铺展的趋势。几种液态金属的表面张力测量值见表 5-1。

表 5-1　真空或惰性气体氛围下一些液态金属在熔点以上或附近时的表面张力

液态金属	表面张力/（mN/m）	参考文献
Bi	370～410	（Novakovic，2002）
Pb	443～480	（Novakovic，2002）
Pb-55%Bi（350℃）	406	（Novakovic，2002）

（4）关于 T91 钢与 Pb 或 LBE 润湿的研究很少。采用超高真空（ultra-high vacuum，UHV）室，在一个金刚石抛光的钢试样上进行座滴法实验，在 380℃和纯度为 99.9999%的 Pb 中发现了角度为 $126° \pm 5°$ 的接触角（Lesueur，2002）。无论是否改变退火时间或 Pb 液滴的体积，接触角大小均不变，这个结果与钢表面的 $FeCr_2O_4$ 氧化薄膜有关。盖塔等（Ghetta et al，2001）在 450℃时，在 T91-Pb 系统中进行的实验证明了这个结果。

材料长期工作在流动和静态液态重金属中会改变表面状态和表面氧化物的稳定/非稳定的连续相，继而可能会发生从“不润湿”到“润湿”的转化，这是液态重金属的潜在危害。

5. 液态金属脆化判据和定义

液态金属脆化（LME）是指正常的延性金属或金属合金在与液态润湿金

属接触且加载应力时，发生塑性形变以及强度的降低。LME 被认为是脆性破坏的特殊情况，即在低温和缺乏惰性环境时发生的沿晶(intergranular, IG)或穿晶(transgranular, TG)脆性破坏。发生 LME 时几乎不伴随脆化原子在固态金属中的渗透(Kamdar，1973)。严格来讲，与温度和时间相关的断裂过程不被认为是 LME 的特征表现。

在拉应力接近零或与应力无关的情况下，固体金属晶界被液态金属腐蚀或扩散渗透，被认为是液态金属诱导的损坏(如为数不多的著名的金属偶 Al-Ga 或 Zn-Hg 等)。LME 失效包括固体润湿表面裂纹的萌生、裂纹扩展和最后断裂。单晶体对 LME 很敏感，目前仍然缺乏从裂纹萌生到间歇生长，直至最终断裂，且包含所有物理化学和冶金过程的模型。目前，对于具有 LME 倾向的材料，主要问题是一些微米和纳米级的裂纹为何能保持稳定，而另一些裂纹会在脆化金属原子填充裂纹尖端的影响下变得不稳定(Clegg，2001；Ina，2004)。在某些情况下，在一些多晶体中也发现裂纹扩展，一个极其重要的问题是脆化金属原子如何加速裂纹动态扩展过程(Glickman，2000)。脆化金属常被认为是控制裂纹扩展(Robertson，1966)的宏观液体，有时也认为它是接近裂纹尖端的"半液体"(Rabkin，2000)。简而言之，未来有必要对 LME 失效机制进行多尺度模拟。

LME 发生的先决条件包括：①把润湿传统地理解为固相和液态金属相间原子尺度上密切的直接接触；②外加应力足以产生塑性形变，但即使产生所需的变形，在微观尺度上，外力必须远在工程屈服点以下；③存在应力集中或已存在位错运动的障碍。第三点尚有争论，且没有前两个条件重要。

关于 LME 断裂的解释是以格里菲斯准则为基础的(Griffith，1920)。该准则给出了裂纹扩展断裂应力 σ_F，随后考虑雷宾德尔(Rebinder)效应而使其得到改进，即通过液态金属和惰性环境的吸附作用使表面自由能 γ_{sl} 降低(Rebinder，1928)。σ_F 表示如下：

$$\sigma_F=\sqrt{\frac{E\gamma_{sl}}{2c}} \tag{5-10}$$

式中，E 为杨氏模量，c 为裂纹尺寸或其半径(Griffith，1920)。式(5-10)表明，弹性应变能的变化在断裂过程中会促使新断裂面的产生。

在实际情况下，裂纹在理想晶体中是不可能稳定的，断裂并不会因为弹性裂纹的扩展而发生；如果没有生长障碍，只要它一产生就会以声速的数量级在整个晶体中生长。假设稳定的裂纹是以应力集中方式存在于变形晶格中，那么只有稳态裂纹处于亚临界状态时才会发生塑性形变。假如应力强度因子为 K，则可写成 $K=Y\sigma\sqrt{\pi c}$，其中 Y 是几何修正因子，c 是未达临界值的裂纹长度。雷宾德尔等(Rebinder et al,1972)提出,在实际情况下伴随裂纹生长时会发生塑性形变,且临界断裂应力可写成:

$$\sigma_c = \mu \sqrt{\frac{E(\gamma_p + \gamma_{sl})}{c}} \tag{5-11}$$

式中,μ、E、γ_p 和 γ_{sl} 分别是比例参数、杨氏模量、塑性变形的贡献以及固液界面的自由能。目前,该公式的正确性尚受到质疑。也就是说,目前的文献中还没有能解释由液态金属润湿形成新表面的能量和在裂纹尖端周围形成塑性区域的能量的断裂应力表达式。

5.2.2 环境辅助开裂

环境辅助开裂(environment-assisted cracking,EAC)是指同时承受拉伸应力和可能较弱的腐蚀环境下发生的早期开裂或毁灭性失效。EAC 的先决条件如下:

(1) 液态金属诱导腐蚀(liquid-metal-induced corrosion,LMC)可能是局部的、晶间的或均匀的,也可能会引起固体金属表面氧化层的生长。LMC 是 EAC 发生的主要条件。如前所述,液态金属的腐蚀性是有限的,只影响表面固体层。

(2) 塑性形变与腐蚀交互作用是 EAC 发生过程的重要特征。

需要再次强调的是,腐蚀和由此引发的 EAC 是与时间相关的。因此,液态金属诱发的力学性能的退化毫无疑问是 LM 的时效作用。应该注意到,EAC 的断裂速度从未达到已经报道的在 LME 条件下的实验数据值,对于多因素引起的脆化,断裂速度可达 0.1m/s(Glickman,2000)。为了适当地区分 EAC 和 LME 这两种相关联现象,在适当的范围内合理地表征与 LM 接触的材料的表面状态是极其重要的,因为这可以更好地定义 LME 或 EAC 的冶金和力学参数(Glickman,2000; Gorse,2000)。

5.2.3 不锈钢与 Pb、LBE 和其他液态金属接触下的拉伸行为

拉伸实验是在试样上施加渐增的载荷,使其逐渐形变直至断裂。单轴拉伸实验所用的样品为带标距的圆柱形试样。

从工程应力-应变曲线中(载荷除以横截面积及伸长量除以原始长度 L_0)可以得到以下数据:①屈服强度[$R_{p(x)\%}$ 或 $\sigma_{0.2}$](通常是 0.2%塑性应变时的工程应力);②极限抗拉强度 UTS(R_m 或 σ_{TS})(实验时工程应力的最大值

(F_m/S_0))；③有效屈服强度(σ_Y)(屈服强度和抗拉强度的平均值)；④断后伸长率(A)(计算公式为 $100\times(L_f-L_0)/L_0$,其中 L_f 是试样断裂后的测量长度,且总长度为均匀伸长和后期颈缩长度的总和)；⑤断面缩率 Z(计算公式为 $100\times(S_0-S_u)/S_0$,其中 S_u 是断裂后的截面面积)。

1. 液态重金属中光滑、粗糙和有缺口的马氏体钢试样的拉伸行为

(1) Pb、LBE 和 Sn 中光滑和粗糙 T91 钢的拉伸行为

最初的实验是在 350℃、氧饱和 Pb 中进行的,试样经电解抛光,结果发现 T91 发生塑性断裂(Legris,2000,2002；Verleene,2006)。在 500℃保温 1h 回火后,此结论仍然成立。显然,需要结合有缺口试样和强化热处理以得到脆性破坏。不仅是在 350℃的 Pb 中,在 260℃的 LBE 和 Sn 中也存在这种现象(Nicaise,2001；Legris,2002),对于氧饱和 Pb 中的 T91 钢,估计在 350～425℃会出现塑性低谷(Vogt,2002)。

对于稳态 LBE 接触的有缺口 T91 钢的拉伸行为,试样处理状态是：在 1050℃时保温 1h 后空冷正火,然后在 750℃时保温 1h 后空冷回火。初步研究结果显示,在 600℃或 650℃、He-4% H_2 混合气氛下,浸泡 12h 后,T91 钢上局部地附着 LBE(Pastol,2002)。也有研究表明,在更低温度(如 200℃或 300℃)相同条件下(在 He-H_2 混合气体、LBE 中),经 12h 暴露之后在钢表面会形成薄的氧化层,形成的氧化物很容易剥落且没有使钢的表面变得粗糙,LBE 可能附着其上(Pastol,2002；Guérin,2003)。

对电化学抛光(Dai,2006)和金刚石研磨抛光后(Pastol,2002)的试样进行拉伸实验,结果显示,在真空、氧饱和 LBE 中,钢试样被氧化薄膜保护得相当好。电化学抛光后的试样比金刚石抛光的效率更高,且对力学性能没有影响。实际上,该条件下不太可能发生 LBE 效应,这是因为液态金属无法与被氧化的钢表面接触,除非氧化薄膜本身发生破碎。

对粗糙机械研磨后的试样进行的拉伸实验(Sapundjiev,2006)结果显示,在这种表面条件下 LBE 没有引发损伤,这与液态金属无法润湿 T91 钢的结果一致。

(2) LBE 中 T91 钢存在缺陷时的 LBE 的拉伸行为

科学家在研究中发现的缺陷是在拉伸试样的准备过程中无意产生的(Dai,2006；Glasbrenner,2003)。考虑文献(Dai,2006)中的实验是在 250～425℃进行的,温度效应很明显。如果考虑裂纹中液态金属的渗透与裂纹壁和裂纹尖端的氧化相竞争,则这种效应是合理的。

(3) 预先暴露于 LBE 中的 MANET Ⅱ和 T91 钢的拉伸行为

预先将 MANET Ⅱ和 T91 钢在氧化(Glasbrenner,2003)或还原(Fazio,2003; Aiello,2004)条件下,强迫循环(LiSoR、LECOR)回路中与 LBE 预接触一定时间(最高数千小时),然后对其进行拉伸实验。结果表明,在 250℃和300℃的氧化 LBE 中(Glasbrenner,2003),MANET Ⅱ出现塑性损伤,在400℃时暴露于还原性 LBE 中的 T91 钢(Aiello,2004)也会出现此现象。相反,T91 钢在 450℃、静止的 LBE 中时效 4000h 后、在含 H_2+Ar 保护的 LBE 中进行拉伸实验,发现只存在轻微的有害效应(Van den Bosch,2006)。这个结果显然归因于拉伸试样的准备过程,机械粗抛光不会导致 LBE 对试样的润湿,这也解释了缺乏脆化效应的原因。盖塔等(Ghetta et al,2001; 2002)在氧气控制系统(oxygen control system,OCS)中的纯 LBE 进行了一次至少为期一个月的 LBE 的预先时效实验,结果表明 LBE 中的微量 Zn 可能导致 T91 钢在 380℃时产生脆性破坏(Gamaoun,2002; 2003)。

(4) 预先暴露于 LBE 中的 T91 钢在空气中、室温下的拉伸行为

伽马翁(Gamaoun,2003)和帕斯托(Pastol,2002)的实验结果显示,不论表面状态如何,如果在 650℃、与 T91 钢的接触期间形成氧化物,使铅铋合金局部地附着在钢表面上($T \geqslant 600$℃),或未附着在钢表面上($T \leqslant 300$℃),只要拉伸实验是在室温下进行的,那么 T91 钢的塑性不发生变化。在已有条件下获得的实验数据表明,凝固的 LBE 不会导致脆化。

(5) 与 LBE 直接接触的 T91 钢的拉伸行为

奥格(Auger,2004; 2005)研究了无氧化物时与钢表面直接接触的铅铋合金对 T91 钢拉伸行为的影响,采用表面物理技术对圆柱形拉伸试样在标距段表面进行金刚石抛光去氧化层处理,然后沉积铅铋合金层,结果清楚地显示了 T91 钢对铅铋合金的易脆敏感性。

2. 液态金属脆化效应:与 LBE 或 Pb 接触的 T91 钢的行为

(1) 基体冶金状态的作用

根据相关研究报道,在温度低于 350℃时,T91 钢圆柱形光滑试样经硬化热处理、与静态 Pb 接触后不足以产生脆化效应(Legris,2000; Nicaise,2001)。如在硬化 T91 钢光滑试样上有缺口,由于试样中有应力集中,当温度为 260~350℃,试样不仅与液态 Pb(Legris,2000; Nicaise, 2001)和 LBE(Legris,2002)接触时会导致脆性断裂,和 Sn(Legris,2002)接触时也会发生此现象。图 5-19 是相应的实验载荷伸长量曲线。

莱格里斯(Legris,2002)在 20℃的 Hg(空气条件下)和空气中对含缺口的

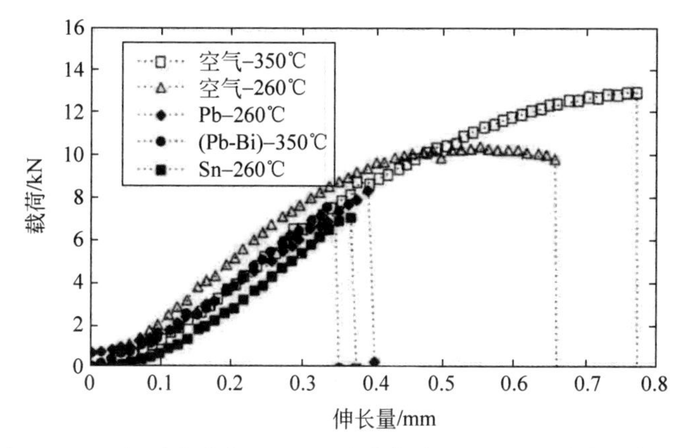

图 5-19　260℃时在液态 Sn、LBE 和空气中以及 350℃时在液态铅和空气中得到的缺口试样的拉伸实验结果

硬化 T91 钢试样进行了对比拉伸实验。由于两种情况下(存在 Hg 与不存在 Hg)都发现了脆性断裂,这些结果必须谨慎考量。对于 T91-Pb 偶,塑性的低谷会扩大至 350～425℃。所有的实验都是在氧饱和的铅中进行的,试样表面完全氧化不润湿。这意味着在实验过程中发生了裂纹萌生,同时在局部塑形区发生氧化物的剥落,否则断裂会在相同应力下发生且与液态金属相无关,然而事实并非如此。总之,在氧饱和的液态金属(Pb、Pb-55Bi、Sn、Hg)中对氧化的 T91 钢进行力学性能实验时,需要对试样进行硬化热处理和缺口加工以便产生 LME 效应。这些结果随后被格拉斯伯纳(Glasbrenner,2004)在 U 形弯曲 T91 钢试样上证实(该试样采用硬化热处理工艺进行处理并在 500℃时保温 1h 然后空冷)。在 300℃下,试样暴露于 Bi 或 Pb-17Li 中 1000h 后,在试样的弯曲区域发现了充满液态金属的深裂纹,而暴露于 LBE 中时在试样上未发现此类效应。这些结果意味着试样上存在稳定的保护性表面氧化膜。

(2) 润湿的作用

T91 钢含 9%的铬,具有很强的可氧化性和钝化性,其天然的氧化膜在实验室条件下经几小时的时效后变得稳定。经长期时效后,T91 钢的天然氧化膜在 380℃的高纯(99.9999%)Pb 中不会溶解(Lesueur,2002)。同时也有研究显示,在 380～450℃时,Pb 对 T91 的润湿性很差,在有氧控制系统中亦如此。

① 通过氧化膜的非直接接触

首先,假设在比纯铅的腐蚀性更强的 LBE 中进行短暂的时效,经 12h 处理后表面的薄氧化膜能被缓慢地去除或部分被去除,这样可避免表面粗糙,且允许 LBE 局部润湿 T91 钢。对于无缺口实验试样进行拉伸实验时，无论是在真空还是在 He-4% H_2 混合气体下在 200～450℃内没有检测到 LBE 效应。对带缺口试样，经过标准的热处理和严格的表面处理后，发现 LBE 的有害效应强烈地依赖于图 5-20 中显示的液相和气相的接触。在 200℃时未发现强度和塑性降低，在 350℃经过最大值，400℃开始恢复塑性。从断裂塑性和能量来看，在 He-4% H_2 下 LBE 效应最强，其依赖于变形率且与氧化速率相反(Guérin，2003)。上述实验没有严格地控制表面状态(Guérin，2003)，与下文描述的实验相比，试样在亚微观尺度上是光滑和润湿的(Auger，2004)。

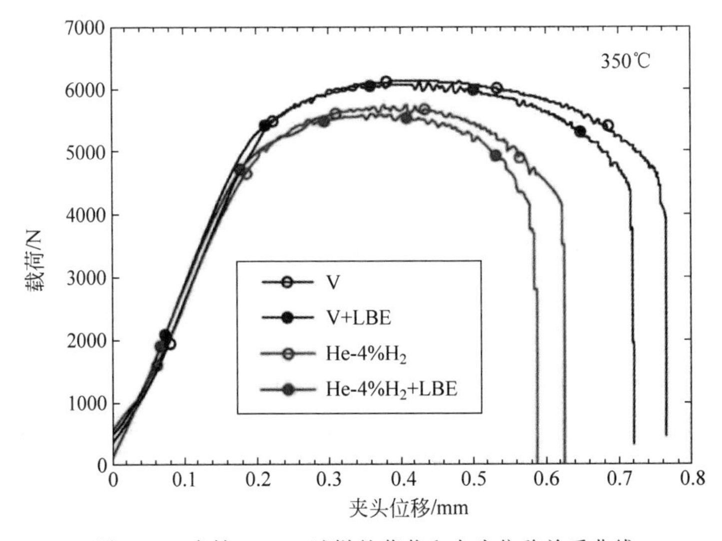

图 5-20　有缺口 T91 试样的荷载和夹头位移关系曲线

为了消除氧化膜以润湿 T91 钢及检验 T91-LBE 偶是否易发生脆化，需对 T91 钢表面进行处理。

② 通过物理气相沉积的直接接触

为了去除 T91 钢表面氧化层，同时确保表面没有粗糙化、腐蚀和污染，有必要在超真空 UHV 下进行操作。在 UHV 室中由 Ar^{2+} 溅射去除氧化膜，随后通过 PVD 形成几百纳米厚的铅铋层；在 340℃ He 中进行拉伸实验，应变速率为 $10^{-4}s^{-1}$，测量结果显示断裂强度和伸长率减小。此外，实验结果还发现(Auger，2004；2005)T91 钢发生脆性断裂，在试样的标距段出现很多小裂纹，断裂过程是由试样表面上的脆化原子控制的。

③ 通过化学钎剂的紧密接触

使用化学钎剂这种方法在苏联非常广泛(Abramov，1995；Balandin，

1973；Bichuya，1972；Chaevskii，1962；1972；Dmukhovs'ka，1994；Gorynin，1999；Nikolin，1968；Popovich，1978；1983；Soldatchenkova，1972）。通过这种方法可使工业纯（Armco）铁与其他俄罗斯钢种及具有脆化特性的金属（Cd、Ga、Bi、Pb、Sn或其他合金）紧密接触。对于LBE中的预先镀Sn的钢试样，使用的钎剂含有强烈的脆化剂Zn。巴兰丁（Balandin，1973）测试了钢试样在液态铅铋合金（含Zn0.05%～0.1%）中的力学性能，发现其结果与在纯铅铋合金中测试的锡化试样的结果类似。

LBE对T91钢的润湿也是通过采用化学钎剂的方法获得。由于化学杂质的脆化影响，尤其是钢-LBE界面处的Zn原子的影响，人们没有重现在这些条件下得到的LME效应。事实上，伽马翁（Gamaoun，2003）也观测到了T91钢在静态含锌LBE中的脆性断裂。哈特曼（Huthmannn，1980）发现，在550℃下，Zn作为杂质会减少304SS在流动Na中的蠕变寿命。

最后应注意到，由于空气中的氧通过脆化金属层向内扩散引起内氧化（Popovich，1978），最初通过钎剂方法涂覆Pb、Bi或LBE的Armco铁（0.37% C）可能会发生润湿退化。值得一提的是，O_2向内扩散到内界面，在发生宏观上可观察到的去湿润现象前会影响力学实验的结果。然而，巴兰丁（Balandin，1973）证明了钎剂法的显著影响，对与LBE接触的12 KhM珠光体钢进行的研究表明，温度为500℃时，试样持续暴露于氧饱和的LBE中2.5～25h后重新镀Sn，仍然显示出脆化效应。

（3）表面缺陷的作用

在微观尺度上，在整个拉伸试样表面形成的裂纹总是会促使与LBE接触的T91钢发生早期脆性破坏（Vogt，2002；Dai，2006；Fazio，2003）。即使随后进行机械抛光，EDM切削制备的试样仍会出现随机地分布在整个试样表面的微裂纹。与液态金属接触时，它们作为初裂纹会发生加速扩展，产生LME效应。此外，EDM切削引起的应力应变状态也是未知的。戴（Dai，2006）发现在很宽的温度范围内（300～425℃），在Ar下氧饱和LBE中会发生EDM切削的损害效应。由于微裂纹分布的不可控制性和LBE填充的不可预见性，棒状试样的实验结果（尤其是断裂的伸长率）较为分散LBE。此外，充满LBE的裂纹扩展总是与裂纹壁和裂纹尖端上形成的氧化膜形成相互竞争关系，这也是无法预测的。沃格特（Vogt，2002）发现在机械开缺口期间，会产生冷加工区域，并在该区域存在尖锐微裂纹的潜在脆化效应。如果硬化和有缺口的T91钢试样承受负载，那么缺口区域的微裂纹会在液态金属的影响下扩展。

格拉斯伯纳等（Glasbrenner et al，2003）在LiSoR回路的调试阶段进行了拉伸实验（使用棒状的MANET Ⅱ试样、应变速率为10^{-4} mm/s）。实验结果如图 5-21 所示。在 Ar 中，整个温度范围内(室温～250℃)检测到了材料的塑性行为。但当温度达到 250～300℃时，在流速为 1 m/s 的氧饱和或“接近氧饱和”LBE 中检测到明显的脆化效应。

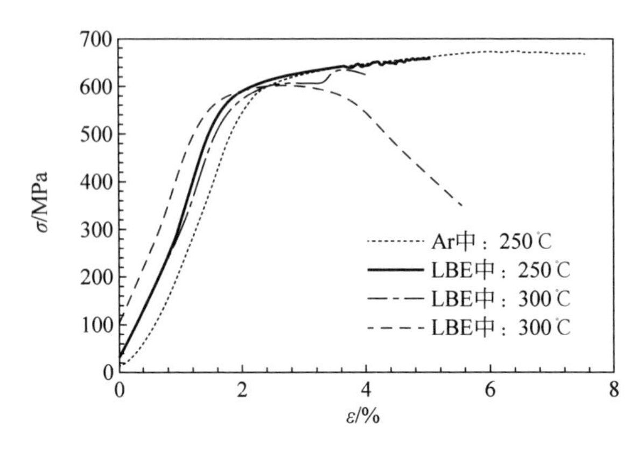

图 5-21　在 250℃和 300℃的 LiSoR 回路中以及在 Ar 中和在氧饱和 LBE 中(无 OCS)中得到的应力-应变曲线

(4) 痕量杂质的作用

伽马翁(Gamaoun，2003)阐述了即使在痕量水平上，Zn 仍具有脆性效应。T91 钢圆柱形光滑试样，经金刚石抛光，首先在 525℃下暴露在还原性 LBE 中一个月，然后在 380℃下，将试样置于 LBE 中进行数天的弛豫实验，最后在相同温度下进行拉伸实验。实验的主要结果有：①断裂伸长率显著下降；②发生脆性断裂；③整个标距段表面完全被 LBE 覆盖。如此获得的表面状态和在拉伸实验期间获得的脆性断裂是由液态 LBE 中的微量 Zn 导致的。

3. 防止 LME 效应的主要要求

通过以下条件可防止 LME 效应：

(1) 钢表面良好的光洁度，消除表面缺陷(如预裂纹和由于表面处理而引起的划痕)以及在没有夹杂物和沉淀物等服役条件下可导致应力集中和开裂的因素。

(2) 钢表面的保护性氧化膜，在与液态金属接触期间和操作条件下具备自我修复能力。这可以由系统中的氧气控制系统实现，在整个安装过程的氧饱和液态重金属中不需要氧气控制系统。

(3) 氧化膜与钢表面保持接触，并保持足够的塑性，但是对氧化膜厚度没有明确的规定。在每个实验情况下要存在适合的氧化膜成分和结构，而且在实验持续期间此量是可以测定和控制的。

(4) 实验温度必须在塑性低谷以外、上限温度以上选择。例如，对于在氧饱和Pb中使用的硬化热处理T91钢缺口试样，实验温度$T \geqslant 425℃$(Nicaise, 2001；Vogt, 2002)；对于在氧饱和LBE中使用的标准热处理T91钢缺口试样，实验温度$T \geqslant 400℃$(Guérin, 2003)。温度下限没有严格规定，但是必须避免温度接近熔点或在脆性金属的熔点以下。除了LME，固体金属致脆(solid-metal-induced embrittlement, SMIE)也是众所周知的现象。

(5) 杂质控制，必须注意金属脆化杂质(如Zn、Te、Sn)和非金属杂质，也要注意氯化物和氟化物，尤其是在使用钎剂方法润湿钢的时候。这些杂质的存在，即使是作为痕量元素，也会强烈地影响力学性能。

5.2.4　与Pb和LBE接触的316L奥氏体钢和T91钢的疲劳特性

疲劳是一种连续的、局部的和永久的变化。这种变化是指当材料处于交变应力应变条件时，在一定数量的循环载荷后导致的裂纹生成或完全断裂。

疲劳实验过程分为应力寿命方法、应变寿命方法、疲劳裂纹扩展方法和组合测验模型方法四种。腐蚀疲劳是一种环境辅助开裂现象。应变寿命和疲劳裂纹扩展方法在法国GEDEPEON项目和欧洲MECAPIE-TEST项目框架中已有研究(Vogt, 2004；2006；Verleene, 2006)。关于抗裂纹萌生、微小裂纹的性质以及与LBE接触的循环载荷下裂纹开裂速度方面的工作极少，但在液态金属中进行低周疲劳(low-cycle fatigue, LCF)和疲劳裂纹扩展(fatigue crack propagation, FCP)实验方面的研究有了较大程度的发展。

由FCP实验可知长裂纹的扩展速率。预制裂纹的试样使用的类型是CT型或四点弯曲型。实验一般是在载荷控制下进行，且需要在整个试样中测量裂纹向材料内部扩展的过程。结果编入关系式$\mathrm{d}a/\mathrm{d}N = f\Delta K$中(式中$\mathrm{d}a/\mathrm{d}N$是裂纹速率，单位用mm/cycle表示；$\Delta K$是应力强度因子)。

由LCF实验可知材料的循环适应性，其表征了在循环载荷下对裂纹萌生的阻力。它使用一些光滑的试样(圆柱形、标距内是沙漏形、板状)。LCF实验是在总应变或塑性应变控制下进行的，$\Delta\varepsilon_t$的范围为0.4%～2.5%，大体上是三角波形和连续的应变速率(范围为$10^{-2} \sim 10^{-4}\,\mathrm{s}^{-1}$)。在循环期间，周期性地记录应力应变回线，以便测量应力范围$\Delta\sigma$，LCF寿命与表面裂纹萌生、扩展至断裂的循环次数相等。

1. 与LBE接触的铁素体/马氏体钢的低周循环疲劳行为

卡尔霍夫等(Kalkhof et al, 2003)在负载能力为250kN的申克(Schenck)液

压伺服机中进行了 $R=-1$ 的应变控制低周疲劳实验，应变幅值 ε_{at} 为 0.2%～1%，循环频率为 1Hz(部分实验的工作条件是 $\Delta\varepsilon_t=0.3\%$ 和频率 0.1Hz)，环境条件为 260℃的空气或静态 LBE，但没有指明 LBE 是氧化性还是还原性，也有一些实验是在室温下的空气中进行的。

沃格特(Vogt)等以 ASTM 标准 E606 为基础也进行了 LCF 实验(Vogt，2004；2006；Verleene，2006)。实验分别在 300℃的空气中和在空气下氧饱和 LBE 中进行。试样置于充满液态重金属圆柱形容器中，使用在容器之外的应变伸长计控制轴向应变。疲劳实验模式为拉压疲劳($R=-1$)，总应变范围为 $0.4\%\leqslant\Delta\varepsilon_t\leqslant2.5\%$，加载形式是三角波，应变速率为 $4\times10^{-3}s^{-1}$。因此，最低和最高应变频率分别为 0.25Hz 和 0.08Hz。循环期间，在每个周期记录应力应变曲线以测量应力变化 $\Delta\sigma$，疲劳寿命定义为在准稳定应力下降 25% 时的循环次数。

所有情况下均需关注试样的表面状态。试样采用手动抛光(Kalkhof et al，2003)或电化学抛光(Vogt，2004；2006)。

(1) LBE 对循环适应性的影响

在上文描述的实验条件下，在 MANET Ⅱ(Kalkhof，2003)和 T91 钢(Vogt，2004)上都发现了循环软化，且不受环境、空气或稳态 LBE 影响(图 5-22)。这些结果显示，LBE 只影响表面而不影响整体性能。

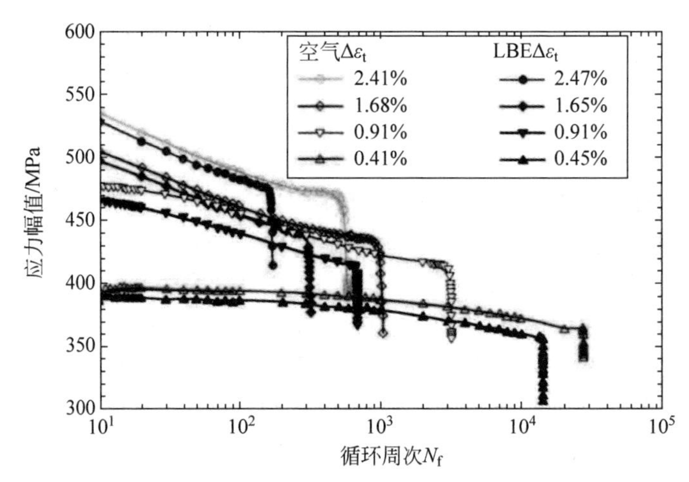

图 5-22　T91 钢在空气和 LBE 中 $\Delta\varepsilon_t$ 为 0.4%～2.5%进行实验时应力幅值与循环周次的变化关系

(2) LBE 对抗疲劳性能的作用

在低应变幅值下，比较 316L 奥氏体不锈钢(Kalkhof，2003)在空气中和在LBE中的性能，发现其疲劳寿命相近但疲劳强度存在分散性。在更高的应变幅值($\varepsilon_{at}=0.5\%$、0.6%)下，LBE对抗疲劳性的影响较小(图5-23)。

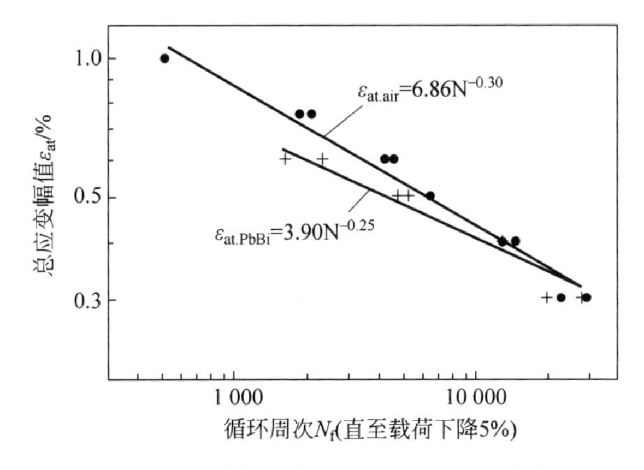

图5-23 316L不锈钢在空气和LBE中产生的裂纹萌生曲线的总应变幅值与循环周次的关系

这与MANET Ⅱ(Kalkhof，2003)和T91钢(Vogt，2004；Verleene，2006)的结果相反，它们的疲劳寿命在与LBE接触时是降低的(图5-24)。这个效应与总应变幅值和周期频率有关，总的趋势是随着$\Delta\varepsilon_t$的升高和周期频率的降低，疲劳寿命降低。

2. 在LBE中保持时间对T91钢疲劳特性的影响

图5-24根据保持时间给出了疲劳数据(Vogt，2006)。实验在梯形波应变控制下进行，拉伸保持时间为10min，环境条件为300℃下的空气中或氧饱和LBE中。在空气或LBE中，保持时间没有改变应力应变循环关系。在此温度下，没有记录应力弛豫。相反，对于施加应变范围在0.4%～2.5%的所有实验，由于在300℃时钢与LBE接触后，表面状态发生改变，T91钢的疲劳寿命随拉伸时保持时间的延长而降低。环境和机械实验条件的协同效应或许可以解释LCF寿命降低的原因，但在空气中并没有观测到这种效应。

3. 在LBE中预先浸入对T91钢疲劳特性的影响

首批试样在600℃时浸入还原条件(氧浓度小于10^{-10}wt.%)下的LBE回路中613h，另一批试样在470℃时浸入氧饱和LBE(空气相对压力为200mbar)合金中502h，然后两批试样在300℃LBE中进行疲劳实验(Vogt，2006)。在氧化或还原条件下预先浸入LBE中，300℃时在OCS条件下LBE中的T91钢的应力应变循环与未浸入的试样相似。LCF实验结果如图5-25

所示，结果如下：①无论哪种条件下，LBE 的预时效不会影响循环软化；②在还原性 LBE 中，预时效剧烈影响疲劳寿命；③在氧化性 LBE 中，预时效对疲劳寿命没有影响或稍微提高。

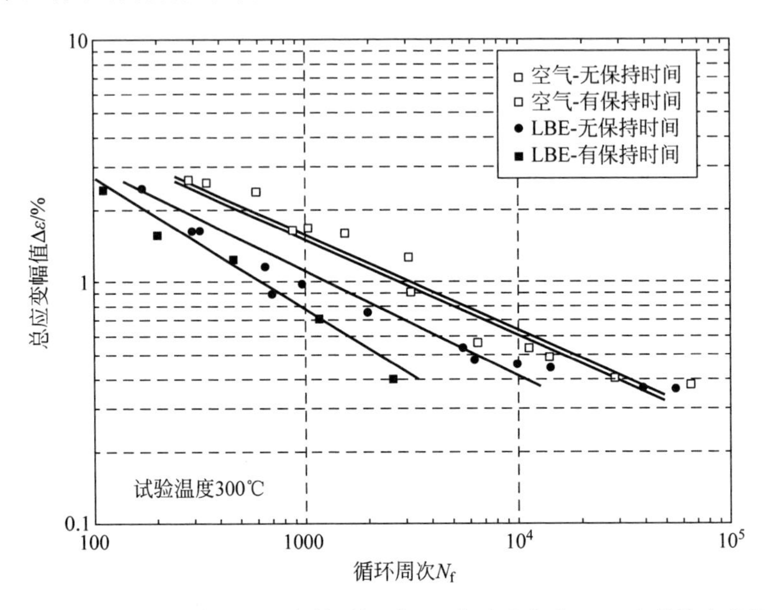

图 5-24　在有与没有 10min 保持时间下 T91 钢在空气和 LBE 中的抗疲劳性

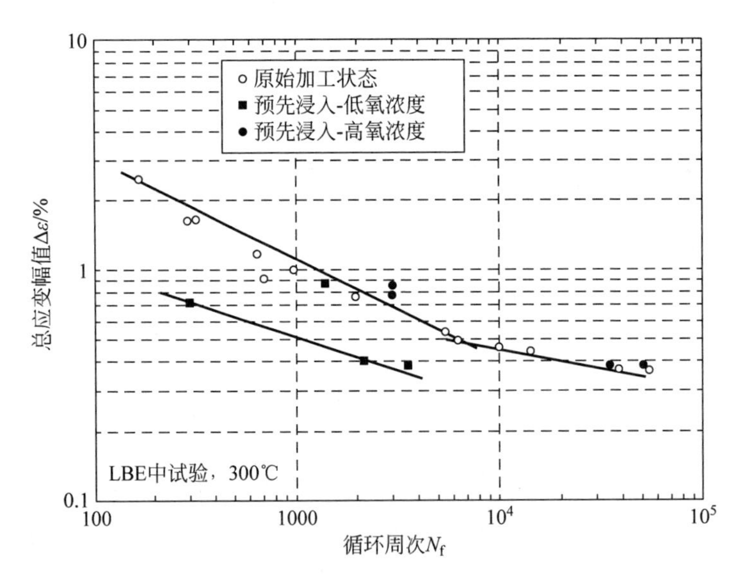

图 5-25　在 300℃、与空气接触的 LBE 中还原或氧化条件下 T91 钢对抗疲劳性能的影响

4. LBE对T91钢和MANET-Ⅱ的疲劳裂纹扩展的影响

严格来讲,只有使用预制疲劳裂纹的试样进行疲劳裂纹扩展实验才可以给出LBE的定量影响。从LCF实验中可以得到定性结果或趋势,事实上应力幅值的降低与基体中的裂纹扩展有关。有研究表明,在LBE中应力幅值的减小比在空气中更明显,这意味着LBE加速了316L(Kalkhof,2003)和T91(Kalkhof,2003; Verleene,2006)的裂纹生长速率。在其他相似的实验条件(Benamati, 1994; Chopra, 1986; Mishra, 1997; Strizak, 2001; Kalkhof, 2003; Vogt,2004,2006; Verleene,2006)下,MANET Ⅱ和T91在LBE中的裂纹扩展速率比在空气中快。

根据特殊实验过程的AFNOR标准A03. 404(1991),通过使用更定量的方法可证实上述结果(Verleene,2006)。实验中载荷可调控,使用引伸计测量四点弯曲试样(10mm×10mm×55mm)的裂纹张开位移(crack opening displacement,COD)。通过校准将COD转变为裂纹长度,可以测出裂纹生长速率da/dN(mm/cycle)和循环应力强度因子ΔK($MPa\cdot m^{1/2}$)。首先在室温空气中,使用逐步减少法(从20$MPa\cdot m^{1/2}$减小到5$MPa\cdot m^{1/2}$),以15Hz的频率在试样上预制疲劳裂纹,然后在300℃的空气和LBE中,在频率为5Hz、应力比$R=0.5$和5$MPa\cdot m^{1/2}$的条件下进行FCG实验。图5-26表明,与LBE接触的T91钢的疲劳裂纹扩展速率存在净增加,与在空气中的结果相比,符合图5-22和图5-23中LCF的实验结果。普遍观测发现,LBE不会轻易到达裂纹尖端,液态金属的晶间渗透并不是T91-LBE的特征。与Cu-Bi或Ni-Bi的模型系统相反(Wolski,2002),在T91-LBE系统中,裂纹开裂处并不会马上伴随液态金属的填充。

5. LBE对T91钢疲劳断裂表面形态的影响

根据相关研究,LBE影响宏观裂纹表面形态和断裂模式,其影响有如下特征:

(1) 在空气中进行T91钢的LCF实验后,断裂面扭曲且与载荷方向呈45°,多个裂纹开裂点扩展到基体中,不同扩展面连接形成断裂面,导致宏观倾斜断裂。

(2) 将未与LBE预先接触的T91钢试样直接浸入LBE中进行LCF实验后,断裂面非常平坦,只有一个裂纹开裂点。

(3) 将与LBE预先接触的T91钢试样浸入LBE中进行LCF实验后,断

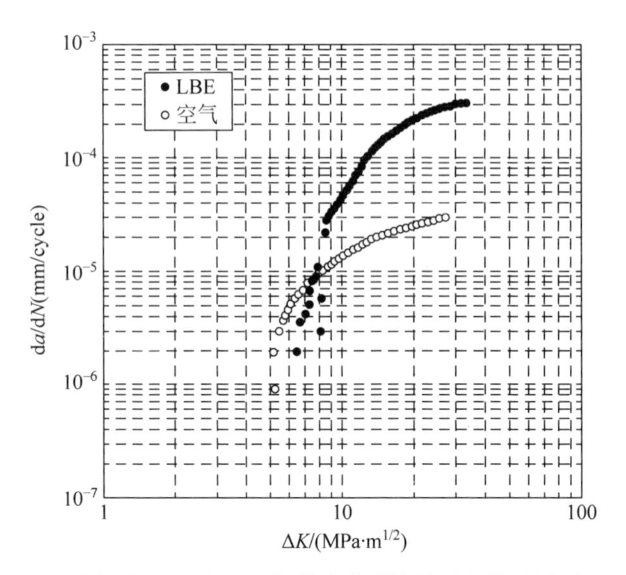

图 5-26　在 300℃空气和 LBE 中 T91 钢的疲劳裂纹扩展曲线(频率为 5Hz,$R=0.5$)

裂面非常平坦,有多个裂纹开裂点。

在微观尺度上,在空气中和在 LBE 中的断裂面存在不同。然而,使用 SEM 难以观察到实验期间的表面侵蚀,但在一些情况下观测到了典型的疲劳失效(即疲劳辉纹)。在 FCGR 试样中观测到断裂模式的变化,由空气中间距很小的韧性辉纹变化到 LBE 中混合脆化的晶间和穿晶断裂。这些结果与 LBE 诱导 FCG 速率加速相符(图 5-26)。

6. LBE 对 T91 钢和 MANET-Ⅱ疲劳裂纹萌生的影响

对于 MANET Ⅱ 和 T91 钢,通过对比与空气接触的裂纹萌生机制发现,与 LBE 接触的裂纹萌生机制发生了变化(Kalkhof,2003; Vogt,2004; Verleene,2006)。金相观测结果发现,260℃下 MANET Ⅱ 在 LBE 中的疲劳裂纹萌生周期与空气中相比明显减少。在空气中进行 LCF 实验后,主裂纹和一些短裂纹在试样表面上共存,而在 LBE 中试样表面保持一个单裂纹;在 LBE 中形成的裂纹形态与在空气中形成的相反,主裂纹为直壁式且侧边的微裂纹被 LBE 填满。

沃格特等(Vogt et al,2006)和韦尔琳(Verleene,2006)提供了裂纹萌生机制的补充数据。在空气中与在 LBE 中相似,裂纹萌生是穿晶的。在 LBE 中,裂纹穿过晶粒生长,偶尔在晶界处生长。此外,裂纹表现出以下特性:

(1) 在空气中,短裂纹是在传统的拉压过程中产生的;

(2) 在LBE中,T91钢试样的裂纹萌生的演变过程与MANET Ⅱ相似;

(3) 预先暴露于还原性LBE中,导致了晶间裂纹的产生;部分裂纹在LCF实验期间的扩展依赖于化学和冶金条件。

对于T91-LBE偶,沃格特等(Vogt et al,2006)和韦尔琳(Verleene,2006)依据在两个介质(空气、LBE)中的LCF实验中施加的应变幅值分析了裂纹的分布。通过观测发现,在空气中,晶粒尺度的裂纹生长被晶界限制,但在一定数量的周期后裂纹继续生长。因此,裂纹扩展通过晶内生长发生且被另一些晶界限制,此时的裂纹长度达到三个或四个晶粒尺寸。较长微裂纹可以通过小裂纹的合并形成,最终只有很少的微裂纹处于垂直于应力轴的平面上。至于在LBE中,只要微裂纹在晶粒中形成,与液态金属接触的晶界阻碍裂纹扩展的作用消失,裂纹就会扩展穿过相邻晶粒直到最终断裂。有关LBE在不同尺度内(宏观、微观和亚微观)促进最初裂纹源扩展和阻碍其他裂纹萌生的原因和途径还有待进一步解释。

5.2.5 蠕变特性

材料的蠕变是指材料在高温和恒定应力下的应变随时间延长而增加的现象(即与时间相关的塑性),这里高温通常高于$0.5T_m$(T_m是材料的绝对熔点),可以采用恒定应力或恒定应变速率。控制蠕变变形的微观机制包括位错滑移和攀移,在低应力下也包括扩散控制的沿晶界的传质。

一般地,蠕变速率依赖于外加应力和温度(在$10^{-7}\sim10^{-1}h^{-1}$变化)。在特殊情况下,蠕变实验的蠕变速率ε可低至$10^{-9}h^{-1}$,蠕变数据包括蠕变断裂过程中在不同温度下的应力与时间关系、总伸长率与时间关系、面缩率与时间关系以及不同外加应力下蠕变速率与温度的关系。

1. 在Pb或LBE中奥氏体和铁素体/马氏体钢的蠕变和蠕变裂纹生长

目前,介绍与Pb或LBE接触的T91钢和316L奥氏体不锈钢的蠕变强度、蠕变损伤和蠕变裂纹生长速率的文献资料很少。格利克曼(Glickman,1976;1978;1985;2000)首先提出液态金属对蠕变有不利影响。在20世纪70年代末期,认为液态金属加速蠕变(liquid metal accelerated creep,LMAC)是除LME之外的雷宾德尔(Rebinder)效应的更明显的证明。2004年,在俄罗斯的BREST-OD-300反应堆系统中,研究人员对铬钢10Kh9NSMFB(包含1.2%Si)进行了蠕变实验,实验条件为流动的液态Pb介质、温度 420～550℃、压力 70MPa 和 100MPa。结果显示，蠕变更早进入第三阶段，且稳定蠕变阶段的持续时间缩短，卡什塔诺夫(Kashtanov，2004)认为这是铅腐蚀的结果。

2. 液态金属加速蠕变

苏联采用拉伸或压缩实验进行了单晶体和多晶体 Zn、Cd、Cu、Fe、Fe-Ni 合金的蠕变实验，结果表明第二阶段蠕变速率增加了 2～100 个单位(Glickman，1976；1978；Nikitin，1967)。同时，液态金属加速了拉伸或压缩条件下金属蠕变和近表面空位的生长。

3. 与 Pb 接触的 T91 钢的加速塑性应变

伽马翁等(Gamaoun et al，2002；2003；2004)研究了在 OCS 下与 Pb 和 LBE 接触的 T91 钢板的 LMAC 效应。实验采用盖塔等(Ghetta et al，2001；2002)开发的新方法(如 FLEXIMEL)来控制熔融 Pb 和 LBE 中的氧活度。FLEXIMEL 试样(4mm×50mm×1mm)是插在铝制固定器中进行对称四点弯曲的试样。在 OCS 下，试样会在液态金属中或在气体气氛(空气或纯 H_2)下进行退火处理。在试样中心和外轴承间施加 0.2mm 的恒定弯曲(以产生 135MPa 的最大初始应力，该值约为 T91 钢在 525℃时屈服应力的 25%)，在 Pb、LBE 或空气中的退火期间，FLEXIMEL 试样释放了弹性储存能且启动了塑性变形机制。

图 5-27 和图 5-28 分别给出了 T91 钢试样在 525℃下、在还原性(氧活度 $a_O=2.7\times10^{-16}$)和氧化性(氧活度 $a_O=3.1\times10^{-10}$)Pb 或 LBE 中进行四点弯曲实验的结果。实验中观测到了空洞的形成和塑性应变的加速。

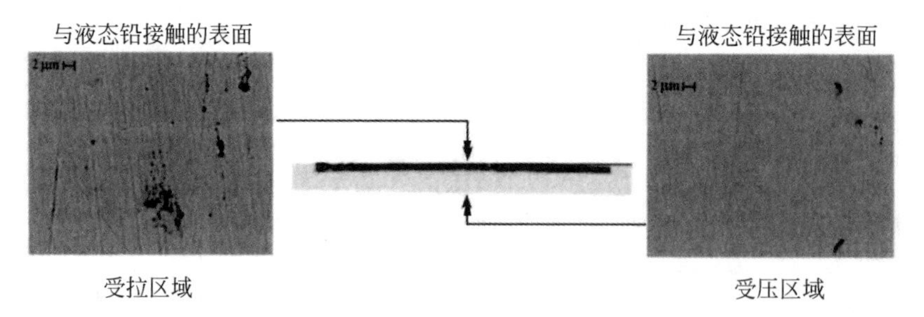

图 5-27 在 525℃、氧活度 $\ln a_O=-16$ 的静态 Pb 溶液中 FLEXIMEL 试样经一个月退火后其中心截面的 SEM 显微照片

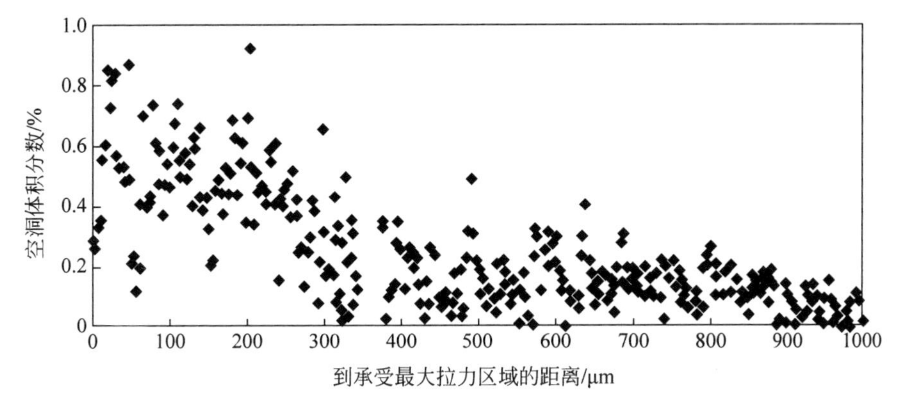

图 5-28　在 525℃、流动 H_2 下的静态 Pb 溶液中 FLEXIMEL 试样经一个月退火后空洞在试样中心横截面的体积分数

5.2.6　小结

5.2 节重点讨论了 316L 型奥氏体钢和 T91 型铁素体/马氏体钢在与 Pb 或 LBE 接触时的拉伸、疲劳、蠕变等方面的性能。在不同的实验条件下，Pb 和 LBE 中 T91 钢的力学性能显示 T91-LBE 和 T91-Pb 偶具有脆性。然而，在长期时效期间，假如表面持续受氧化膜保护，材料的脆化应该在很大程度上被最小化。T91-LBE 偶也易受 EAC 影响，在还原性 LBE 中进行长期时效后，316L-Pb 和 316L-LBE 偶的脆性有待证明。疲劳现象是任何在使用中的结构所固有的。LBE 对 T91 钢疲劳性质的影响如下：①LBE 对疲劳裂纹萌生的抵抗力有不利的影响，但在低应变幅值或在低应力幅值下消失；②LBE 改变了长疲劳裂纹的形成机制；③LBE 增加了疲劳裂纹生长速率。表面粗糙度的效应是非常重要的。LBE 对 T91 钢的腐蚀机制可能是循环载荷引起的缺陷扩展，也可能是 LBE 填充了裂纹尖端。与 LBE 接触的 T91 钢一旦形成短裂纹，就会迅速扩展到基体中，因此需要保护钢表面。LBE 中的氧可形成氧化物层，从而限制 LBE 和断裂纹的相互作用。相反，LBE 对 316L 不锈钢的低周疲劳影响很小，只观测到 LBE 对疲劳寿命的微弱效应，但这并不是脆化效应的证据。在 525℃ 的 OCS 下，检测到与氧化性和还原性 Pb 或 LBE 接触的 T91 钢的塑性应变加速现象。但是，目前关于与 Pb 或 LBE 接触的 T91 钢和 316L 不锈钢的蠕变性能、Pb 和 LBE 中的 T91 钢和 316L 不锈钢的断裂性能以及与 LBE 接触的 T91 钢和 316L 不锈钢的断裂韧性的韧脆转变温度等方面的信息和资料依然还不够充分。

现今，在缺少普遍接受的LME理论情况下，在液态重金属(HLM)中发生形变的结构材料的LME敏感性仍然是不可预测的。因此，为了解决实际问题，在模仿或至少接近使用中的条件下进行实验是有必要的。

5.3 辐照对铅合金和结构材料相容性的影响

辐照对材料性能的影响十分重要。相关研究结果表明，辐照效应引起材料屈服强度的增加(辐照硬化)和塑性的降低(辐照脆化)(Jung，2002)。因此，研究的主要目标是确定辐照是否会促进液态金属诱导材料发生脆化和腐蚀。

5.3.1 LBE中受质子和中子辐照的铁素体/马氏体钢T91(PSI)

材料为法国CLI-FAFER公司提供的DIN1.4903钢9Cr1MOVNb(T91)，材料的热处理状态为1070℃保温1h空冷正火，而后在765℃保温1h空冷回火。

(1) 液态金属/固态金属反应

LiSoR(液态金属/固态金属反应)是一个在注入篇-Ⅰ质子束上安装的LBE回路，可同时研究辐照下流动LBE、静态机械应力和附加交变热应力对材料的影响。质子束的能量为72MeV，可以穿透厚度为10cm左右的钢或LBE(Kirchner，2003)。

(2) 辐照

辐照后实验(post-irradiation experiments，PIE)的样品包括检测管(TS-管)和拉伸样品(TS-样品)。TS-管和TS-样品的厚度均为1mm。图5-29和图5-30分别给出了试样的几何形状和用T91钢加工制造的实验管和拉伸试样与流动LBE的横截面。

辐照期间(包括辐照结束后)，在拉伸试样上施加恒定载荷，入口LBE的温度控制在300℃。在TS-管和TS-样品中，辐照区域大约为5.5mm×14mm。在辐照区域，质子束诱导局部温度升高，导致热应力随着不稳定的质子束以约为2Hz的频率波动。表5-2列出了四个实验(LiSoR-2～LiSoR-5)任务中的材料和辐照参数(Glasbrenner，2005；Kirchner，2003；Samec，2005)。图5-31给出了在LiSoR-5实验的TS-样品辐照区域中的一个点上的温度、纵向/横向应力和剪切应力随时间的变化曲线(Samec，2005)。

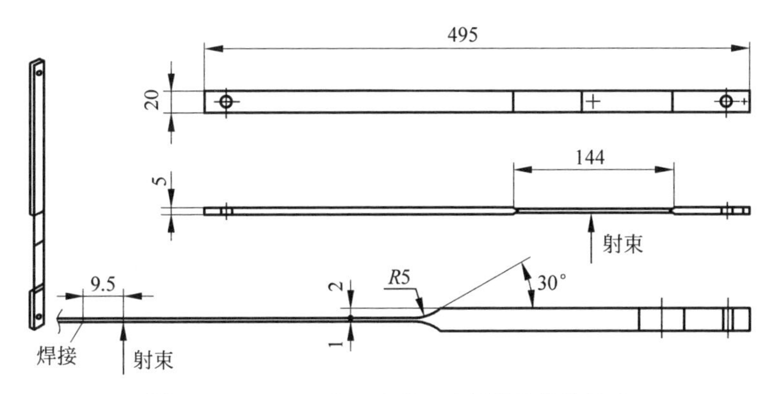

图 5-29 LiSoR-2 和 LiSoR-5 中试样的公称尺寸

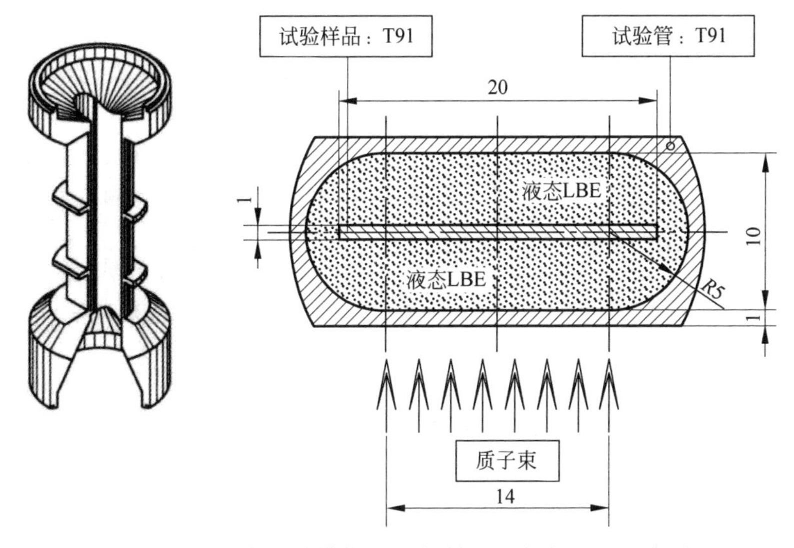

图 5-30 实验管及其横截面(包括样品和流动 LBE)示意图

表 5-2 LiSoR-2～LiSoR-5 中 TS-管和 TS-样品的材料和辐照条件

		LiSoR-2	LiSoR-3	LiSoR-4	LiSoR-5
辐照时间/h		34	264	144	724
材料	TS-管	T91-A	T91-A	T91-A	T91-A
	TS-样品	T91-B	T91-B	T91-B	T91-C
平均质子能量/MeV	TS-管	70	70	70	70
	TS-样品	40	40	40	40
束流/μA	—	50	15	30	30
LBE 表面峰值波动温度/℃	TS-管	650	330	400	400
	TS-样品	580	324	380	380

续表

		LiSoR-2	LiSoR-3	LiSoR-4	LiSoR-5
峰值波动温度最高值/℃	TS-管	—	380	550	550
	TS-样品	—	345	440	440
最大应力/MPa	TS-管	—	25	75	75
	TS-样品	200	200	200	200
辐照剂量/dpa	TS-管	0.1	0.2	0.2	1.0
	TS-样品	0.075	0.15	0.15	0.75
He 浓度/appm	TS-管	3.6	7.2	7.2	36
	TS-样品	2.6	5.2	5.2	26

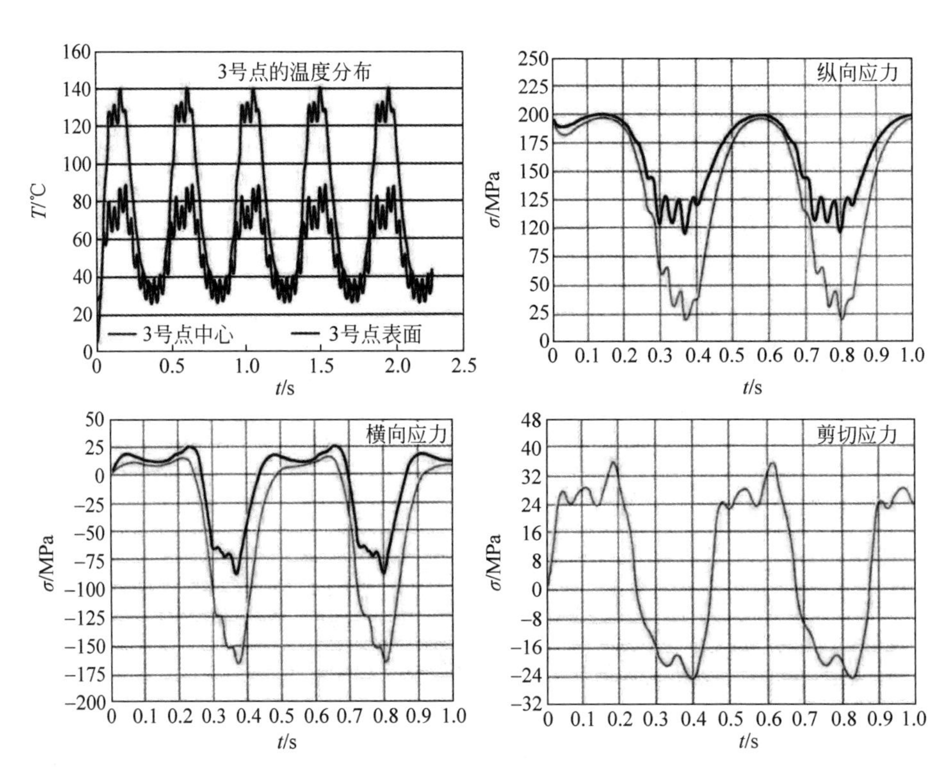

图 5-31　LiSoR-5 的 TS-样品辐照区域中某点的温度、纵横向应力和剪切应力随时间的变化曲线（ANSYS 软件计算）

（3）拉伸实验

LiSoR 实验的主要目的之一，是研究辐照下 LBE 对 T91 钢的脆化效应。尽管加载了 200MPa 的机械载荷，但 LiSoR-2～LiSoR-5 内部所有的 TS-样品在辐照期间都没有损坏。这至少证明了材料在这样的载荷条件下可以承受的辐照损伤水平为 0.75dpa。为了分析 LBE 和辐照对力学性能的实际影响，拉伸实验试样被分为两组。第一组包括 LiSoR-2 中 TS 样品的一部分，其他试样都来源于 LiSoR-3 和 LiSoR-5 的 TS-管和 TS-样品，实验在 $Ar+2\%H_2$ 气氛中进行。这些实验结果显示了在 LiSoR 中辐照后的 T91 钢的原始状态。第二组包括剩余的 LiSoR-2 试样和 LiSoR-4 试样，与 LiSoR-3 的辐照剂量相同，但这些试样在 LBE 中进行。拟用这些结果研究 LBE 实验环境的附加效应。所有实验都在 300℃下进行，LBE 中的氧浓度小于 1wppm($1ppm=1ml/m^3$，wppm 表示质量浓度，可写成 ppm(w/w))(Dai，2006)。

图 5-32 展示了部分 LiSoR-3 和 LiSoR-5 试样在 Ar 中进行的拉伸结果。TS-样品的辐照区域证明了辐照引起了轻微硬化(图 5-32(a)和(c))。然而，辐照区域 TS-管的硬化小得多(图 5-32(b)和(d))。这是因为 TS-管辐照区域的温度不低于 350℃，在此温度下马氏体钢的辐照硬化效应不明显。由于 LBE 的脆化效应，LiSoR-3 中的试样塑性略有降低，但 LiSoR-5 中试样塑性降低得较明显。LBE 在 EDM 切割或实验期间，LBE 可能进入由切割产生的表面微裂纹中，最终导致脆化效应。对于 LiSoR-3 试样，因为只有少量 LBE 黏附在 TS-样品和 TS-管表面上，这种影响不明显。另一方面，该样品在辐照条件下会产生协同效应，即在更高的剂量下，所有试样都发生更严重的脆化(图 5-32(a)～(d))。但是，现有结果包含表面微裂纹的影响。因此，难以区分原始辐照和 LBE 脆化的单独效应。

图 5-33 给出了在氧饱和 LBE 中 LiSoR-2 的 TS-样品和 LiSoR-4 的 TS-样品的拉伸实验结果。为便于对比分析，图中也包含了 LiSoR-2 试样在 Ar 中的实验结果。由图可知，LBE 的脆化效应很明显，试样韧性下降。结果表明，对于辐照效应，在更高剂量下，脆化效应更加明显。

(4) 在 LANSCE WNR 设备中预氧化 HT9 在 LBE 中的质子辐照

利拉德等(Lillard et al，2004)研究了预氧化的 HT9 试样，阻抗谱表明氧化层厚度为 3μm。样品置于 LANSCE WNR 设备上，在 200℃下浸入 LBE 中并加以质子辐照。粒子束的能量为 800MeV，质子电流约为 63nA，分别在辐照之前、辐照期间(30min)和辐照后做了阻抗谱。在 HT9 预先氧化试样上不同阶段获得的结果分散，无法清楚地总结腐蚀速率规律。众所周知，除 γ 射线、X 射线、电子和中子辐照以外(Tanifuji，1998；Shikama，1998；Vila，2000)，绝缘氧化物通过从价带到导带产生电子引起质子辐照，从而形成瞬时辐照感应电导率(radiation induced conductivity，RIC)(Sato，2004；Hunn，1995)。这也是打开射束时阻抗骤减的原因。到目前为止，通常在陶瓷材料(如 Al_2O_3 和 MgO)上检测到 RIC 效应，但只在锆合金氧化物中检测到导电

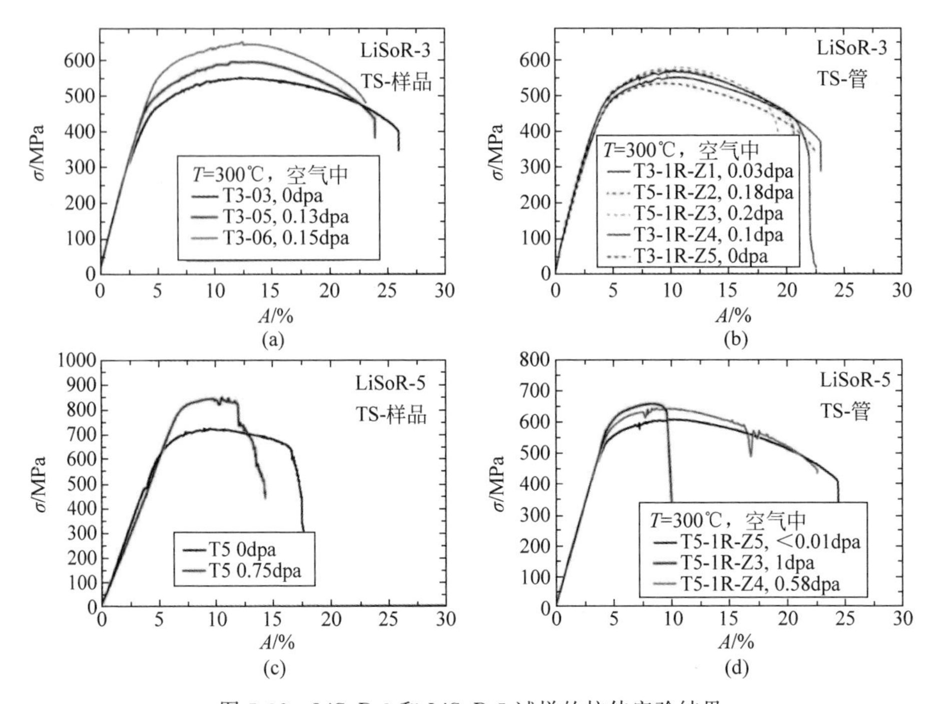

图 5-32　LiSoR-3 和 LiSoR-5 试样的拉伸实验结果

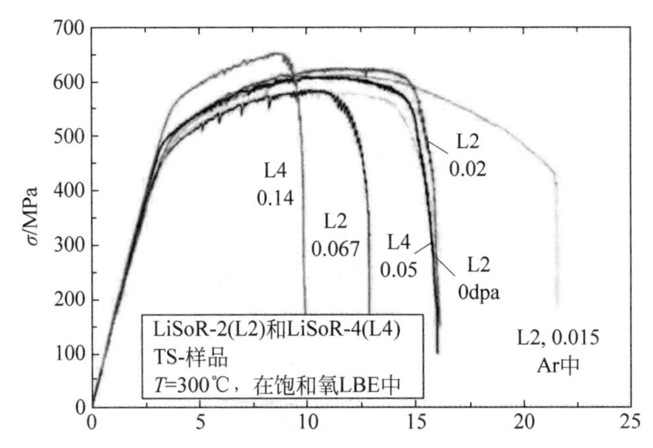

图 5-33　一些 LiSoR-2 和 LiSoR-4 的 TS-样品拉伸实验结果(曲线数字表示辐照剂量)

率与辐照流量成比例的现象(Howlader,1999)。这也会在钢的氧化表面上发生,从而混淆辐照期间测量到的阻抗谱的结果。

5.3.2　在 BR2(SCK · CEN)中的中子辐照

试样在 Mol 的 BR-2 反应堆中接受辐照(Sapundjiev,2004)。辐照在 MISTRAL(用于反应堆实验的多用途辐照系统)中的堆内部分(MISTRAL in pile sections,MIPS)进行。

(1) 材料

实验材料为奥氏体钢 AISI 316L 和铁素体/马氏体钢 T91、HT9 和 EM10,其化学成分分别为:

AISI 316L 1.4935: Cr16 Ni10.1 Mo2.1 Mn1.58 S0.016 Si0.51 C0.022 P0.029 wt.%

T91 1.4903 : Cr8.3 Ni0.13 Mo0.95 Mn0.4 V0.2 Nb0.08 Si0.4 N0.02 C0.11W <0.01 wt.%

EM10: Cr8.97 Ni0.07 Mo1.06 Mn0.49 V0.013 Nb<0.002 S<0.003 Si0.46 N0.014 C0.099 P0.013 W0.01 wt.%

HT9: Cr11.68 Ni0.66 Mo1.06 Mn0.63 V0.29 Nb0.03 S<0.003 Si0.45 C0.204 P0.020 W0.47 wt.%

材料状态如下:

① AISI 316L 由比利时 SIDERO STAAL 提供,熔炼炉号 744060,在直径为 6mm、长度为 500mm 的棒材上取样加工,材料为固溶退火冷加工态。

② T91 由法国 UGINE 提供,熔炼炉号 36224,在 1040℃保温 60min 正火,然后在 760℃保温 60min 回火。

③ EM10 由法国 CEA 提供,在 990℃保温 50min 正火,然后在 750℃保温 60min。

④ HT9 在 1050℃正火 30min,然后在 700℃保温 2h 回火。

使用的试样为小尺寸试样,长度为 27mm,标距长度为 12mm,直径为 2.4mm,辐照温度约为 200℃(Jacquet,2003)。快中子通量和能量密度($E>1$MeV)由与实验相等的裂变通量乘以 0.87(快中子通量和裂变通量比值)获得,计算剂量见表 5-3。

表 5-3　AISI 316L、T91、EM10 和 HT9 的辐照剂量和试样名称

材料	剂量/dpa	材料	剂量/dpa	材料	剂量/dpa	材料	剂量/dpa
T91	1.14	AISI 316L	1.46	EM10	2.93	HT9	2.53
T91	1.15	AISI 316L	1.46	EM10	4.36	HT9	4.36
T91	1.15	AISI 316L	1.57				

续表

材料	剂量/dpa	材料	剂量/dpa	材料	剂量/dpa	材料	剂量/dpa
T91	1.58	AISI 316L	1.72				
T91	1.70						
T91	2.93						
T91	4.36						

(2) 拉伸实验

所有在LBE中进行的实验的应变速率均为$5\times10^{-6}s^{-1}$，温度为200℃。慢应变速率(slow strain rate，SSR)拉伸实验设备是在与气体净化系统相连的高压容器内进行的。在试样损坏后，将其从高压容器中取出，并在160～180℃的热淬火油中清洗5min。

(3) 液态LBE和辐照(1.7dpa)对AISI 316L的影响

SSR实验的拉伸曲线如图5-34所示。图中同时给出了未辐照的AISI 316L试样在不同实验条件下的SSR实验曲线(Sapundjiev，2006)。辐照引起了AISI 316L严重的硬化和塑性不稳定现象。均匀伸长率接近零，在辐射剂量达到1.72dpa后应力-应变曲线是相同的，它们的形状并不过多依赖于辐照剂量。辐照硬化导致了屈服应力($\sigma_{0.2}$)和拉伸强度(σ_{UTS})的增加(分别约为27%和23%)。液态金属的存在可能对这些性能有积极影响，因为在LBE中进行实验时，$\sigma_{0.2}$和σ_{UTS}分别降低了3%和1.5%，在实验误差范围内，因此需更进一步的实验来探究LBE的作用。

关于断裂应变，辐照导致辐照脆化和伸长率的降低(约为27%)。当在液态金属中实验时，伸长率增加了11%～15%，而在不同的辐照剂量下，断面收缩率降低了2%～11%。在对应力-应变曲线分析之后，可得到应变速率$5\times10^{-6}s^{-1}$下AISI 316L的力学参数(表5-4)。

表5-4　不同辐照剂量的AISI 316L在200℃液态LBE中进行SSR实验的结果

剂量/dpa	环境	$\sigma_{0.2}$/MPa	ε_{tot}/%	ε_{plast}/%	ε_{unif}/%	σ_{UTS}/MPa	$\sigma_{fracture}$/MPa	RA/%
0	LBE	540.17	24	21	8	559.80	347.96	77 ± 5
1.46	空气(参考)	683.80	13	11	3	689.14	379.44	63 ± 5
1.46	LBE	670.72	14	12	0	682.38	421.83	56 ± 5
1.57	LBE+溶解氧	668.71	15	13	0	685.05	411.96	62 ± 5
1.72	LBE	663.52	15	13	5	678.94	427.94	59 ± 5

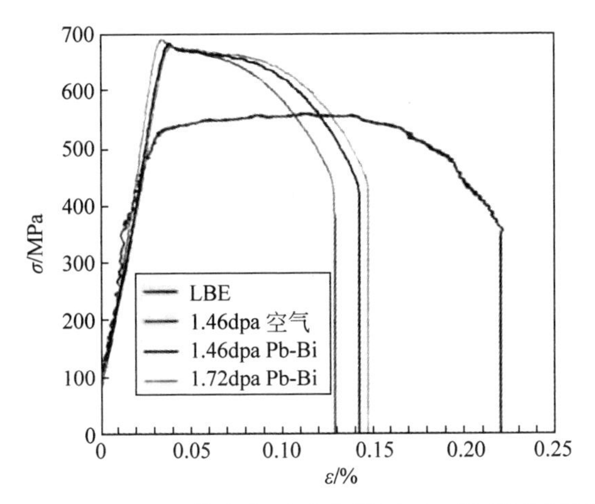

图 5-34　AISI 316L 的应力-应变曲线(在 200℃ 液态 LBE 中进行且应变速率为 $5\times10^{-6}s^{-1}$)

(4) 液态 LBE 和辐照(4.36dpa)对 T91 钢的影响

图 5-35 中给出了 T91 钢试样在空气和液态 LBE 中、辐照剂量为 1.7dpa 的应力-应变曲线,LBE 中的应变速率为 $5\times10^{-6}s^{-1}$,空气中的应变速率为 $3\times10^{-4}s^{-1}$,同时提供了不同条件下在液态 LBE 中未辐照试样的拉伸曲线以作比较。

T91 钢试样在 2.93dpa 和 4.36dpa 辐照下的应力-应变曲线如图 5-36 所示。在空气中,材料在辐照后发生严重的硬化,屈服应力达到约 850MPa,辐照导致断裂应变下降。尽管拉伸应力和屈服应力基本相等,材料仍会发生塑性形变。总伸长对于辐照剂量依赖度很低,且倾向于饱和。T91 钢试样在辐照剂量为 4.36dpa、温度为 200℃下的 SSR 实验(应变速率为 $5\times10^{-6}s^{-1}$)的结果见表 5-5。当辐照剂量大于 2.93dpa 时,在空气和液态金属中屈服强度和极限拉伸强度都接近不变值,但在液态金属中分别减小了 9%和 7%。

表 5-5　T91 钢试样在不同辐照剂量下温度为 200℃ 下 SSR 实验的结果

剂量 /dpa	环境	$\sigma_{0.2}$ /MPa	ε_{tot} /%	ε_{plast} /%	ε_{unif} /%	σ_{UTS} /MPa	$\sigma_{fracture}$ /MPa	RA/%
0	LBE	482.31	21	19	6	601.23	324.96	77 ± 6
1.14	LBE+溶解	710.75	16	14	3	734.25	424.90	68 ± 5
1.15	空气(参考)	750.71	16	14	3	772.77	462.66	68 ± 5
1.15	LBE	731.00	15	13	3	758.31	465.48	61 ± 5
1.58	LBE	735.40	14	11	4	768.25	531.01	42 ± 3

续表

剂量/dpa	环境	$\sigma_{0.2}$/MPa	ε_{tot}/%	ε_{plast}/%	ε_{unif}/%	σ_{UTS}/MPa	$\sigma_{fracture}$/MPa	RA/%
1.7	LBE	731.80	16	13	3	763.50	481.66	63 ± 5
2.93	空气	835.00	0.14	0.12	0.02	838.58	531.41	79
4.36	空气	835.28	0.13	0.11	0.03	836.39	554.34	65
2.93	LBE	756.90	0.13	0.11	0.02	781.93	522.62	64 ± 9
4.36	LBE	763.90	0.13	0.11	0.03	799.77	536.33	57 ± 9

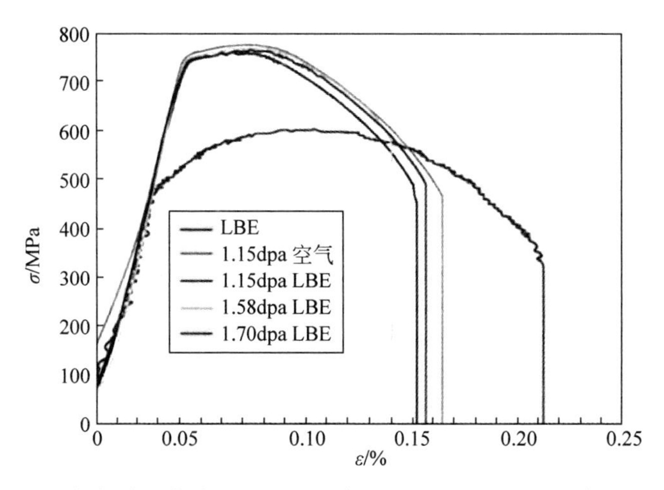

图 5-35　T91 的应力-应变曲线(在 200℃液态 LBE 中进行且应变速率为 $5\times10^{-6}\,s^{-1}$)

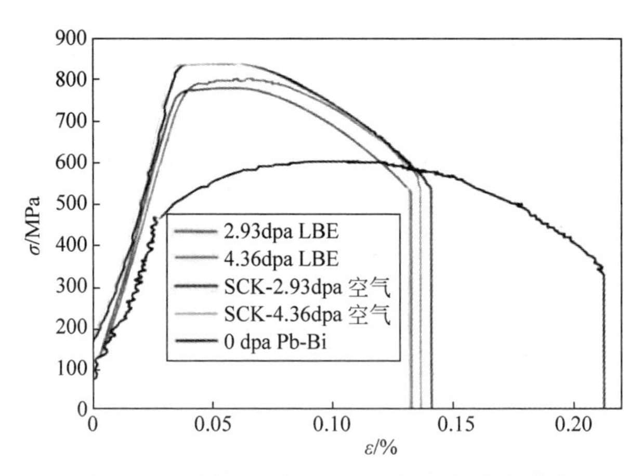

图 5-36　不同辐照剂量下 T91 的应力-应变曲线

(5) 液态 LBE 共晶合金和辐照(4.36dpa)对 EM10 的影响

当辐照剂量为 4.36dpa 时,空气和液态 LBE 共晶合金中 EM10 材料的应力-应变曲线如图 5-37 所示。该材料与 T91 钢有极相似的辐照性质。与 EM10 的辐照硬化相比($\sigma_{0.2}$ 增加了 60%, σ_{UTS} 增加了 25%),T91 钢显示出更高的辐照硬化($\sigma_{0.2}$ 增加了 65%,σ_{UTS} 增加了 35%)。即使空气中和 LBE 中的辐照剂量达到 4.36dpa,EM10 仍然表现为均匀变形。在 LBE 中,EM10 的总伸长率比在空气中小,但是差异很小,因而不属于 LME。甚至当辐照剂量高至 4.36dpa 时,EM10 仍发生塑性形变和塑性断裂。随着辐照剂量的增加,辐照引起的性能变化减小,可能会在更高的剂量下达到饱和。在液态金属中的屈服强度和拉伸强度略小于在空气中的强度。

表 5-6 列出了辐照剂量分别为 2.93dpa 和 4.36dpa 时的 SSR 实验的结果。表中同时包括了在空气中进行的不同辐照剂量下的对照实验和未辐照材料的实验结果(250℃)。在液态 LBE 中和在空气中的应变速率分别为 $5\times10^{-6}s^{-1}$ 和 $3\times10^{-4}s^{-1}$。

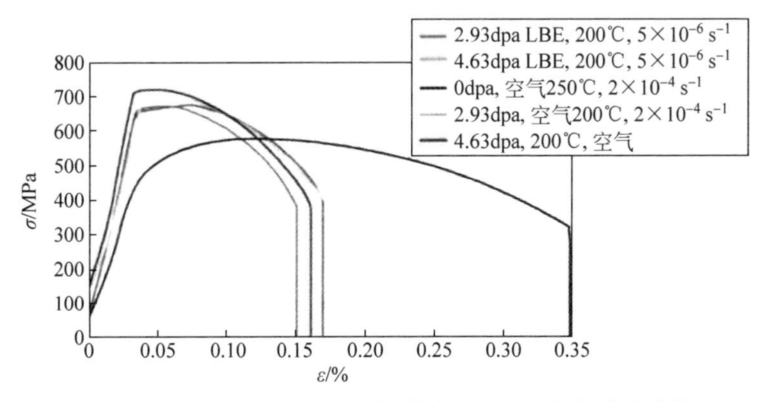

图 5-37 不同辐照剂量和不同环境中 EM10 的应力-应变曲线

表 5-6 EM10 在不同辐照剂量下 200℃ 液态 LBE 中 SSR 实验的结果

剂量/dpa	环境	$\sigma_{0.2}$ /MPa	ε_{tot} /%	ε_{plast} /%	ε_{unif} /%	σ_{UTS} /MPa	$\sigma_{fracture}$ /MPa	RA/%
0(250℃)	空气	440.99	35	33	8	576.20	272.82	80
2.93	空气	673.39	17	15	2	692.77	357.30	59
4.36	空气	708.27	16	14	2	717.58	368.10	76
2.93	LBE	643.56	17	15	4	674.25	390.99	74 ± 8
4.36	LBE	659.54	15	13	2	672.52	378.4	70 ± 9

(6) 液态 LBE 和辐照(4.36dpa)对 HT9 的影响

应变速率在液态 LBE 中和空气中分别为 $5\times10^{-6}s^{-1}$ 和 $3\times10^{-4}s^{-1}$。辐照剂量为 2.53dpa 和 4.36dpa 时，HT9 在空气和液态 LBE 中的应力-应变曲线如图 5-38 所示。辐照导致了材料的硬化和塑性失稳、塑性降低，断裂时几乎没有缩颈。在空气中当辐照剂量为 2.53dpa 和 4.36dpa 时，断面收缩率分别为 33%和 34%。在液态 LBE 中，断面收缩率稍高(2.53dpa 时为 38%，4.36dpa 时为 45%)。

表 5-7 列出了 HT9 在空气中和液态金属中的力学实验结果。在 2.53dpa 时，HT9 的屈服强度和拉伸强度分别增加了 72%和 20%，在 4.36dpa 时分别增加了 75%和 25%。与 AISI 316L、T91 钢、EM10 和 HT9 相似，随着辐照剂量的增加，强度性能接近饱和。液态金属在对力学性能的影响在某种程度上具有积极的作用。与在空气中相同条件下的结果相比，当在液态 LBE 中的屈服强度和拉伸强度在 2.53dpa 时分别降低了 7%和 2%，在 4.36dpa 时分别降低了 14%和 7%。不同试样的断裂面的 SEM 检验显示，断裂与实验环境无关。

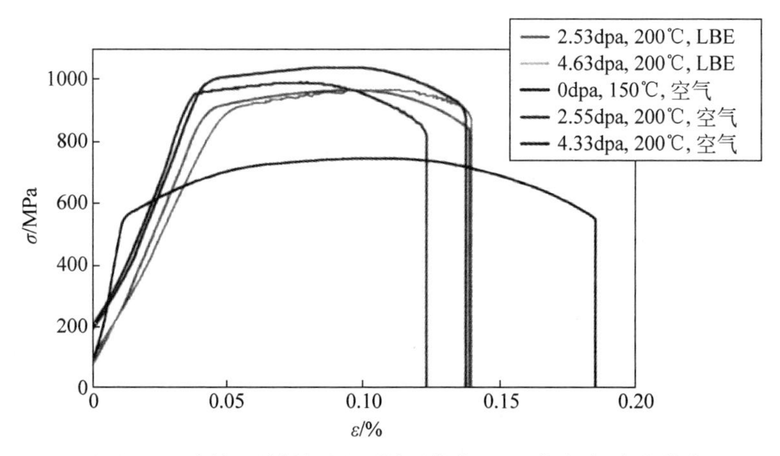

图 5-38　不同辐照剂量下和不同环境中 HT9 的应力-应变曲线

表 5-7　EM10 在不同辐照剂量下 200℃ 液态 LBE 中 SSR 实验的结果

剂量/dpa	环境	$\sigma_{0.2}$ /MPa	ε_{tot} /%	ε_{plast} /%	ε_{unif} /%	σ_{UTS} /MPa	$\sigma_{fracture}$ /MPa	RA/%
0(150℃)	空气	559.62	18	17	9	744.73	544.90	61
2.53	空气	960.30	12	9	4	988.86	819.79	33
4.36	空气	977.91	14	10	5	1037.52	871.23	34
2.53	LBE	896.00	14	10	5	967.01	826.79	38 ± 11
4.36	LBE	841.00	14	10	6	965.38	946.74	45 ± 10

5.4 高温下铅合金的腐蚀防护

5.1节我们已经提及，对于不高于500℃的温度范围内广泛采用的腐蚀防护方法是在液态铅合金中溶解氧，直到氧浓度达到可以氧化结构材料而不致引起铅合金氧化的程度。本节中，我们主要关注氧化物涂层(或通过与氧反应可以在合金材料表面或材料内产生缓慢生长的稳定的保护性氧化物)。该涂层方法适用于高负载部件合金(如在500～650℃高温下具有防护作用的包壳、封套和垫片)(Müller，2000；Asher，1977；Deloffre，2004；Gorynin，1999)。其他涂层或基于溶解度低的难熔合金、氮化物和碳化物，需要极低的氧势来阻止材料的氧化(Asher，1977；Benamati，2004；Seifert，1961；Block，1977)。将讨论以下材料及其改型：①在LBE中具有适当的氧浓度，使含Al和Si的合金形成薄而稳定氧化层；②涂层中应包括氧化物、氮化物、碳化物，或者类似FeCrAlY在含氧LBE中能形成防护的氧化层的合金；③在LBE的涂层中含低溶解度的金属(如W、Mo、Nb等)；④能溶解在LBE中，如Zr这样的缓蚀剂，会在结构材料上形成防护表面层。在①～③中描述的方法可分成两种：一种方法是在LBE中需要一定的氧浓度，氧化物在结构材料的表面生长，或者氧浓度足够高可以阻止氧化物涂层的溶解；另一种方法是氧浓度足够低，以阻止如氮化物和碳化物等保护性化合物以及溶解在LBE中的缓蚀剂的大量氧化。对于与LBE接触的材料，需要的表面性能如下：①防止溶解腐蚀；②在氧化物薄膜形成期间可承受一定的氧化速率；③系统在长期、高温以及瞬时异常状态下具有稳定性；④表面涂层和合金层可承受相应的力学性能；⑤在辐照下具有持久性；⑥表面涂层和合金层具有长期的力学稳定性；⑦工业化水平上具有可行性；⑧保护层具有自我修复能力。

5.4.1 稳定性氧化物的合金化

从一些测试中可知，Al和Si合金元素以合适的浓度范围进入钢中进而扩散到表面，可以与溶解在LBE中的氧反应形成薄的、稳定的和防护的氧化膜。这些氧化膜能有效阻碍阳离子和阴离子扩散，从而阻止在FeCr钢的表面上常观察到的Fe_3O_4和尖晶石的快速生长。氧化膜的缓慢生长保证了长时间的保护功能，避免了大范围的钢氧化。氧化膜如果破裂，形成氧化膜的阳离子则会扩散到主要由小裂纹组成的缺陷处，从而进行自我修复。合金化的优势很明显，Al或Si只进入一个薄表面层。薄表面层不会影响基体材料的力学性能，且氧化膜对表面有很好的黏附性。已有研究证实，使用 Si 作为基体材料的添加元素，可使抗腐蚀性能显著提高（Gorynin，1999；Kurata，2005；Lim，2006）。到目前为止，已报道的将合金 Al 引入钢表面层的工艺有：(1)通过熔化覆盖的铝箔或通过大直径脉冲电子束沉淀的 Al 熔融合金化处理（GESA process）（Müller，2005）。(2)由三种不同工艺构成的扩散合金化：①将钢热浸到熔化的铝液中，随后进行退火（Glasbrenner，1998）；②将覆盖铝箔的钢加热到 Al 熔点以上（Heinzel，2003）；③包埋固渗（Deloffre，2004）。

1. GESA 工艺的合金化

GESA 是脉冲电子束设备，其由脉冲持续控制单元控制的高压发生器、一个多点爆炸式发射阴极、一个控制栅极和一个来源于三极管的阳极组成（Engelko，2001）。电子束的动能在(150±50)keV 内变化，靶上电子束的功率密度为 $2MW/cm^2$，脉冲持续可达 40μs，熔化过程的重要参数（电子能量、功率密度和脉冲持续时间）可以相互独立地选择。靶吸收能量密度高达 $80J/cm^2$，在绝热条件下这足够熔化深度达 10～50μm 的金属材料。电子束直径为 6～10cm，应用单脉冲能熔化表面区域。由于冷却速率高达 10^7 K/s 量级，在熔化表面层的凝固过程中，会形成非常细小的晶粒或甚至非晶结构，这是具有良好黏附性的保护性氧化膜形成的基础（Müller，2005；Engelko，2001）。

钢试样的表面合金化是采用电子脉冲熔化预先在表面覆盖的 18μm 厚的铝箔（Müller，2005）。在表面熔化期间，20%～25%的 Al 溶解在金属熔体层中，剩余蒸发。图 5-39 显示的是垂直于横截面的铝浓度分布曲线。分析显示，熔化了的表层 Al 渗入了钢基体中。曲线 *A* 是采用电子脉冲熔化一层 18μm 铝箔得到的，曲线 *B* 是在表面增加了一层新铝箔后用脉冲第二次熔化得到的。在获得 *B* 曲线的基础上，不更换铝箔，再施加一次电子脉冲，得到了 *C* 曲线，其直到 15μm 几乎是恒定的。浓度分布对于一个扩散过程不是典型的，但是对于熔体中湍流引起的分布是典型的。结果由两阶段组成，它们含有不同的铝浓度（4～10wt.%），但具有相同的铬浓度。

合金钢的腐蚀实验显示，含 4wt.% Al 的合金钢足够形成选择性氧化铝膜（Asher，1977）。然而，对于铝浓度高于 20wt.%的合金钢，由于 Al 的活性太高，其会发生溶解腐蚀（Müller，2002）。

2. 扩散合金化工艺

与 GESA 工艺相反，铝扩散合金化工艺通过钢基体和表面铝（多数情况下液态）间的相互扩散产生。需要足够长扩散时间以降低 Al 的活性到某个

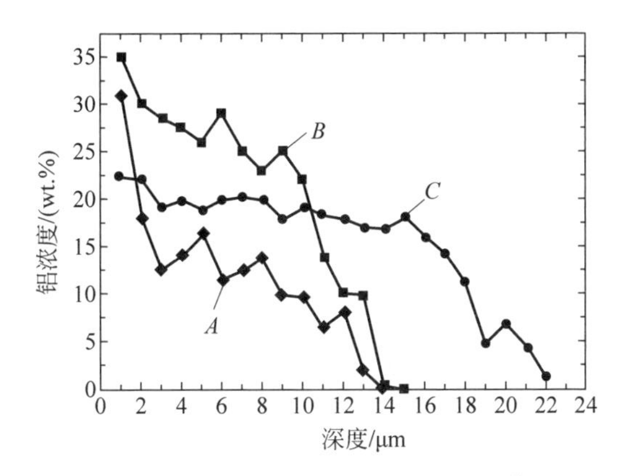

图 5-39　垂直于横截面的铝浓度分布曲线

值，以便在 LBE 中不会发生快速溶解。扩散合金化有三个工艺：热浸、包埋固渗和表面铝箔的液化。在热浸工艺中，在 Ar+5% H_2 气氛下，奥氏体试样浸入含有液态 Al 的 Al_2O_3 的坩埚中(Glasbrenner，1998)。Al 的温度为 700℃，热浸时间约 30s，然后在 500℃保温 2h，最终空气冷却到室温。典型地，铝层有 50μm 厚，相互扩散区域的厚度小于 10μm。可以预计，由于表面上 Al 的高活性，合金钢与 LBE 发生溶解反应。

对于马氏体钢，由于 Al 在钢基体中的快速扩散，热浸工艺产生了互扩散区域极厚(大于 100μm)的表面铝层(Glasbrenner，1998)。因此，对于此型号钢，热浸后退火，并不是合适的保护方法。对于铝合金化钢，新磨过的管采用液态 99%纯铝箔包覆，且被 Al 喷射固定(Heinzel，2002)。在 180℃下经 12h 干燥后，在 1050℃保温 0.5h。

另一种在钢表面沉淀 Al 的方法是包埋固渗法(Deloffre，2004)。该过程中，待渗铝的构件埋入包含 Al(本源)、NaF 的卤盐(催化剂)或类似的化合物以及类似 Al_2O_3 的惰性稀释剂的粉末混合物中。当混合物加热到 700℃以上时，铝源与催化剂反应生成气态化合物并将 Al 载入到基体中；气体在基体表面分解，沉淀 Al 同时释放卤素催化剂或 NH_2；催化剂回到粉末混合物中，再次与铝源反应。然后在 Ar 气氛 900℃下保温 6h，Al 将以合金化的方式进入钢中。这种处理会使奥氏体钢产生 60～70μm 厚的合金化表面层，包含 Al、Fe、Cr、Ni 和 O (Deloffre，2004)。

与 GESA 表面合金化相比，扩散合金化工艺导致原始钢表面下的成分浓度成指数状态分布，表面层是 Fe 扩散到液态 Al 中形成的。GESA 合金表面层在整个 20μm 熔融区域内具有相对平坦的铝分布。GESA 工艺可以应用到任何钢中，而扩散过程只对奥氏体钢合适，这是因为 Al 在马氏体钢中的扩散速度快。热浸钢具有厚铝层，Al 在退火后的活性高，从而使其在 LBE 中发生溶解腐蚀(Glasbrenner，1998)。液化铝箔的合金化与热浸钢相比，优势在于铝层的厚度可以由铝箔的厚度控制(Heinzel，2002)。

5.4.2 耐腐蚀涂层

耐高温金属、合金或化合物可以代替表面合金化在钢表面上形成沉积(Ballinger，2004)。耐高温金属(如 W、Mo、Nb 或这些金属的合金)需要清洁的、低氧浓度的环境来防止氧化。金属本身在低氧活度下的 LBE 中具有低溶解性，且在低氧活度 LBE 中很稳定(如高温合金 MCrAlY 通过在表面形成稳定的、致密的氧化膜获得保护特性)。这些合金需要促成氧化膜形成的氧活度，并能保持这些膜的稳定性，且允许它们自我修复。由耐热化合物如氧化物、碳化物或镍化物组成的涂层不会产生自我修复的性能，它们必须有长时间的稳定性和对钢表面良好的黏附性。

1. FeCrAlY 涂层

MCrAlY(M＝Fe、Ni、Co 或 NiCo)涂层广泛用于第一级和第二级的涡轮叶片中，作为抗腐蚀和耐高温涂层，或作为热障涂层的黏结层使用(Nicholls，2003)。抗腐蚀性能的获得是基于选择性氧化可以形成氧化铝层的能力。涂层可以采用多种工艺，如物理气相沉积(physical vapor deposition，PVD)，空气等离子喷涂(air plasma spraying，APS)或真空等离子喷涂(vacuum plasma spraying，VPS)，应用最广泛的是低压等离子喷涂(low-pressure plasma spraying，LPPS)。Co 涂层因为在反应堆中会被活化不能使用。由于 Ni 在铅和铅铋合金中的高溶解度，也不能使用 Ni 涂层。

因为相对大的喷雾液滴，涂层的表面粗糙，涂层包含气孔，且与基体材料的黏附也不完美。为此，涂层可以用 GESA 熔化过程处理使表面光滑并消除气孔。GESA 处理的另一个重要的效应是，涂层薄且与基体材料“焊接”在一起。

阿什等(Asher et al，1977)在 700℃的流动铅中对基体 FeCrAlY(15％Cr、4％Al、0.64％Y、0.015％C、余量为 Fe)进行了测试，在低氧势的条件下暴露 13000h 后没有任何明显的腐蚀。

2. 耐蚀金属涂层

为了寻找适合在液态燃料反应堆中冷却剂液态 Bi 中使用的容器材料，早期研究人员考察了Ta、Mo、Be和Bi的相容性(Seifert,1961)。一些实验中,温度升高到1000℃,几百小时后没有观测到Bi的腐蚀。含有5%U的Bi在800～1000℃下5000h后的平均腐蚀率仅为0.025mm。对LBE也进行过此类实验(Romano,1963),并发现因为W和Nb具有低溶解度,被视为是保护结构钢免受LBE侵蚀的涂层候选材料(Benamati,2004)。

已用等离子喷涂方法制备含有上述金属的一些涂层(Block,1977)。然而,只有Mo可以得到满意的效果。显然,低溶解度金属的致密涂层提供了防御LBE的良好方法,尤其是在LBE氧势低于金属氧化物的形成势的情况下。

3. 氧化物、碳化物和氮化物涂层

氧化物、碳化物和氮化物涂层在工业上应用广泛,且它们在金属表面上的沉积技术较为成熟(如燃气轮机热端部件的腐蚀保护和耐磨损)。这些材料将钢与腐蚀介质隔离,但是它们自身的强度和塑性低,不能作为结构材料使用。然而,它们可作为高强度和高塑性钢的保护性涂层。氧化物、碳化物和氮化物涂层的主要问题在于没有自我修复能力,且自身裂缝和剥落会导致钢的未覆盖区域受LBE溶解侵蚀,特别是由于热膨胀系数差异造成的应力使界面结合力低的问题更加突出。瑞士奥尔滕市Ion Bond AG生产的TiN、CrN和类似碳涂层的金刚石涂层具有良好的黏附性,已用在350℃应力作用下CORWETT回路的LBE的检验中(Glasbrenner,2004)。一些陶瓷涂层(如Ti和Zr氮化物和硼化物、W的碳化物、铝镁尖晶石和$ZrO_2+Y_2O_3$)也已被研究(Romano,1963; Asher,1977)。然而,这些涂层不够致密,不能阻止阴、阳离子的扩散,且易开裂和剥落。

5.4.3 LBE中的缓蚀剂

缓蚀剂是一种添加到化学系统中的微量(约只有10^{-3}wt.%)物质,其会与反应物反应,导致反应速率降低。溶解在LBE中的氧,会和此类缓蚀剂形成稳定氧化物薄膜以降低溶解速率。其他元素(如添加到低氧浓度的LBE中的Zr或Ti)的添加,也会起到抑制效应(Hodge,1969)。一种解释机制是,Zr(或Ti)促进/产生了薄的、致密的和附着力强的保护性氮化层(Hodge,1969)。如果在钢中有足够的N,会首先形成保护性TiN或ZrN薄膜。在消耗了所有N之后,TiC和ZC薄膜开始生长(Ilinčev,2002)。TiC、TiN或ZrC、ZrN的实验间接证明:在富含C和N及Cr、Mo、V等碳氮化物形成元素含量低的钢中,Ti和Zr是最有效的缓蚀剂(Ilinčev,2002)。

5.4.4 小结

LBE 中的氧浓度应能确保在钢表面形成 Fe_3O_4，这是以 LBE 为冷却剂的核装置的首选。然而，氧浓度必须低于发生 PbO 沉淀的浓度，这对低温部件会提供保护，但在高温下，因为氧化作用会引起钢大面积腐蚀，不能有效阻止 LBE 的溶解腐蚀。因此，暴露于高温负载的结构部件（如包壳管，温度高于 500℃），需要额外的保护措施。需要关注 GESA 合金化及包埋固渗和箔熔化合金化的奥氏体、马氏体钢以及 Si 合金化的钢，在温度高达 600℃ 和氧浓度为 $10^{-4}\sim10^{-6}$ wt. %的 LBE 中的腐蚀。

应该排除将 LBE 中溶解度低的金属（如 Mo、氮化物和碳化物）作为涂层，因为它们需要极低的氧活度且低温区没有涂层的部件得不到保护。氧化物涂层（如 Al_2O_3）由于其吸附以及无法对缺陷自我修复的原因，也应该被排除。

参考文献

OECD/NEA，2014. 铅与铅铋共晶合金手册——性能、材料相容性、热工水力学和技术[M]. 2007 版. 戎利建，张玉妥，陆善平，等译. 北京：科学出版社.

ABRAMOV V Y，BOZIN S N，ELISEEVA O I，et al，1995. Influence of lead melt on plastic deformation of high-alloyed heat-resistant steels[J]. Materials Science，30：465-469.

AIELLO A，AGOSTINI P，BENAMATI G，et al，2004. Mechanical properties of martensitic steels after exposure to flowing liquid metals[J]. J. Nucl. Mater.，335(2)：217-221.

AIELLO A，AZZATI M，BENAMATI G，et al，2004. Corrosion behaviour of stainless steels in flowing LBE at low and high oxygen concentration[J]. J. Nucl. Mater.，335(2)：169-173.

ASHER R C，DAVIES D，BEETHAM S A，1977. Some observations on the compatibility of structural materials with molten lead[J]. Corros. Sci.，17(7)：545-557.

AUGER T，LORANG G，GUERIN S，et al，2004. Effect of contact conditions on embrittlement of T91 steel by lead-bismuth[J] J. Nucl. Mater.，335(2)：227-231.

AUGER T，LORANG G，2005. Liquid metal embrittlement susceptibility of T91 steel by lead-bismuth[J]. Scr. Mater.，52(12)：1323-1328.

BALBAUD-CELERIER F，TERLAIN A，FAUVET P，et al，2003. Corrosion of steels in liquid lead alloys protected by an oxide layer application to the MEGAPIE target and to the Russian Reactor Concept BREST 300[R]. CEA，Report Technique RT-

SCCME 630.

BALANDIN Y F, DIVISENKO I F, 1973. Strength and ductility of a type 12 KhM heat-resistant steel in contact with liquid Pb-Bi eutectic[J]. Sov. Mater. Sci., 6: 732-735.

BALLINGER R G, LIM J, 2004. An overview of corrosion issues for the design and operation of high-temperature lead- and lead-bismuth-cooled reactor systems [J]. Nucl. Technol., 147 (3): 418-435.

BENAMAT I G, AGOSTINI P, ALESSANDRINI I, et al, 1994. Corrosion and low-cycle fatigue properties of AISI 316L in flowing Pb-17Li[J]. J. Nucl. Mater., 212-215: 1515-1518.

BENAMATIG, 2004. Final scientific technical report TECLA[R]. European Community, 5th R&D Framework Programme.

BICHUYA A L, 1972. Effect of oxide films on the corrosion-fatigue strength of 1Cr18Ni9Ti steel in liquid Pb Bi eutectic[J]. Sov. Mater. Sci., 5: 352-354.

BLOCK F R, MÜLLER W, SCHNEIDER J, et al, 1977. Korrosionsverhalten verschiedener stähle gegenüber bleischmelzen bei temperaturen bis 1400 K und möglichkeiten des korrosionsschutzes [J]. Archiv Eisenhüttenwesen, 48 (6): 359-364.

CHAEVSKII M I, LIKHTMAN V I, 1962. The effect of the rate of deformation on the strength and plasticity of carbon steel in contact with a melt of a low-melting metal [J]. Sov. Phys.-Dokl., 6: 914-916.

CHAEVSKII M I, BICHUVA A L, 1972. Eliminating the weakening effect of lead bismuth eutectic on steel by reducing the strain rate[J]. Sov. Mater. Sci., 5: 82-84.

CHANG S L, PETTIT E S, BIRKS N, 1990. Some interactions in the erosion-oxidation of alloys[J]. Oxid. Met., 34: 71-100.

CHOPRA O K, SMITH D L, 1986. Compatibility of ferrous alloys in a forced circulation Pb-17Li system[J]. J. Nucl. Mater., 141-143: 566-570.

CLEGG R E, 2001. A fluid flow based model to predict liquid metal induced embrittlement crack propagation rates[J]. Eng. Fract. Mech., 68(16): 1777-1790.

DAI Y, FAZIO C, GORSE D, et al, 2006. Summary of the preliminary assessment of the T91 window performance in the MEGAPIE conditions[J]. Nucl. Instrum. Methods Phys. Res., Sect. A, 562(2): 698-701.

DAI Y, HENRY J, AUGER T, et al, 2006. Assessment of the window lifetime of MEGAPIE target liquid metal container[J]. J. Nucl. Mater., 356(1): 308-320.

DAI Y, LONG B, GROESCHEL F, 2006. Slow strain rate tensile tests on T91 in static lead-bismuth eutectic[J]. J. Nucl. Mater., 356(1): 222-228.

DAI Y, LONG B, JIA X, et al, 2006. Tensile tests and TEM investigations on LiSoR-2 to-4[J]. J. Nucl. Mater., 356(1): 256-263.

DE GENNES P-G, BROCHARD-WIART F, QUÉRÉ D, 2002. Gouttes, bulles, perles et ondes[M]. Paris: Belin.

DELOFFRE P H, BALBAUD-CELERIER F, TERLAIN A, 2004. Corrosion behaviour of aluminized martensitic and austenitic steels in liquid Pb-Bi[J]. J. Nucl. Mater., 335(2): 180-184.

DMUKHOVS'KA I H, 1994. Embrittlement of armco iron by indium at high temperatures[J]. Materials Science, 29: 596-599.

ENGELKO V, YATSENKO B, MUELLER G, et al, 2001. Pulsed electron beam facility (GESA) for surface treatment of materials[J]. Vacuum, 62(2): 211-216.

FAZIO C, RICAPITO I, SCADDOZZO G, et al, 2003. Corrosion behaviour of steels and refracto metals and tensile features of steels exposed to flowing Pb-Bi in the LECOR loop[J]. J. Nucl. Mater., 318: 325-332.

GAMAOUN F, DUPEUX M, GHETTA V, et al, 2002. Influence of long term exposure to molten lead on the microstructure & mechanical behavior of T91 steel[J]. J. Phys. IV, 12(8): 191-202.

GAMAOUN F, 2003. Effet de maintiens de longue durée en bain de plomb ou d'eutectique plomb bismuth liquide sur un acier martensitique *à* 9% Cr[D]. Grenoble: Institut National Polytechnique de Grenoble.

GAMAOUN F, DUPEUX M, GHETTA V, et al, 2004. Cavity formation and accelerated plastic strain in T91 steel in contact with liquid lead[J]. Scr. Mater., 50(5): 619-623.

GHETTA V, GAMAOUN F, FOULETIER J, et al, 2001. Experimental setup for steel corrosion characterization in lead bath[J]. J. Nucl. Mater., 296(1): 295-300.

GHETTA V, FOULETIER J, HENAULT M, et al, 2002. Control and monitoring of oxygen content in molten metals. applications to lead and lead-bismuth melts[J]. J. Phys. IV, 12(8): 123-140.

GLASBRENNER H, KONYS J, STEIN-FECHNER K, et al, 1998. Comparison of microstructure and formation of intermetallic phases on F82H-mod. and MANET Ⅱ [J]. J. Nucl. Mater., 258: 1173-1177.

GLASBRENNER H, GRÖSCHEL F, KIRCHNER T, 2003. Tensile tests on MANET Ⅱ steel in circulating Pb-Bi eutectic[J]. J. Nucl. Mater., 318: 333-338.

GLASBRENER H, GRÖSCHEL F, 2004. Bending tests on T91 steel in Pb-Bi eutectic. Bi and Pb-Li eutectic[J]. J. Nucl. Mater., 335(2): 239-243.

GLASBRENNER H, DAI Y, GRÖSCHEL F, 2005. LiSoR irradiation experiments and preliminary post-irradiation examinations[J]. J. Nucl. Mater., 343(1): 267-274.

GLICKMAN E E, GORYUNOV Y V, DENIM V M, et al, 1976. Kinetics and mechanism of copper fracture during deformation in surface-active baths[J]. Sov. Phys. Journal, 19: 839-843.

GLICKMAN E E, GORYUNOV Y V, 1978. Mechanisms of embrittlement by liquid metals and other manifestations of the rebinder effect in metal systems[J]. Sov. Mater. Sci., 14: 355-364.

GLICKMAN E E, GORYUNOV Y V, DENIM V M, 1985. The effect of intercrystalline internal absorption of bismuth on the intergranular fracture of copper in liquid bismuth and the mechanism of liquid metal embrittlement[J]. Phys. Chem. Mech, Surf., 2: 3041-3052.

GLICKMAN E E, 2000. Mechanism of liquid metal embrittlement by simple experiments: from atomistics to life-time, in multiscale phenomena in plasticity[M]. Dordrecht: Springer: 393-402.

GORSE D, 2000. Stress corrosion cracking: an electrochemist point of view, in multiscale phenomena in plasticity[M]. Dordrecht: Springer: 425-440.

GORYNIN I V, KARZOV G P, MARKOV V G, et al, 1999. Structural materials for atomic reactors with liquid metal heat-transfer agents in the form of lead or lead-bismuth alloy[J]. Met. Sci. Heat Treat., 41: 384-388.

GORYNIN I V, KARZOV G P, MARKOV V G, et al, 1999. Structural materials for power plants with heavy liquid metals as coolants[C]. Proceedings of the Conference Heavy Liquid Metal Coolants in Nuclear Technologies (HCLM-98), Obninsk, Russian.

GORYNIN I V, KARZOV G P, MARKOV V G, et al, 1999. Proceedings of the meeting on problems of structural materials corrosion in lead-bismuth coolant[C]. Heavy Liquid Metal Coolants in Nuclear Technology (HLMC-98), Obninsk, Russian.

GRIFFITH AA, 1920. The phenomena of rupture and flow in solids[J]. Phil. Trans. Roy. Soc., 221: 163-198.

GROMOV B F, TOSHINKY G I, CHEKUNOV V V, et al, 1998. Designing the reactor installation with lead-bismuth coolant for nuclear submarines, the brief history. summarized operations results[C]. Proceedings of the Conference Heavy Liquid Metals Coolants in Nuclear Technologies (HCLM-98), Obninsk, Russian.

GUéRIN S, PASTOL J-L, LEROUX C, et al, 2003. Synergy effect of LBE and hydrogenated helium on resistance to LME of T91 steel grade[J]. J. Nucl. Mater., 318: 339-347.

HEINZEL A, 2003. Corrosion behaviour of steels in oxygen containing, liquid Pb55,5%Bi considering surface modification[D]. Karlsruhe: Universität Karlsruhe.

HODGE R I, TURNER R B, PLATTEN J L, 1969. A 5000-HR test of a lead-bismuth circuit constructed in steel and niobium, in corrosion by liquid metals[M]. Boston: Springer: 283-303.

HOWLADER M M R, KINNOSHITA C, SHIIYAMA K, et al, 1999. In situ measurement of electrical conductivity of zircaloy oxides and their formation mechanism under electron irradiation[J]. J. Nucl. Mater., 265(1): 100-107.

HUNN J D, STOLLER R E, ZINKLE S J, 1995. In-situ measurement of radiation-induced conductivity of thin film ceramics[J]. J. Nucl. Mater., 219: 169-175.

HUTHMANN H, MENKEN G, BORGSTEDT H U, et al, 1980. Influence of flowing sodium on the creep rupture and fatigue behaviour of type 304 SS at 550℃[C]. Second International Conference on Liquid Metal Technology in Energy Production: Proceedings: 19-33.

ILINČEV G, 2002. Research results on the corrosion effects of liquid heavy metals Pb, Bi and Pb-Bi on structural materials with and without corrosion inhibitors[J]. Nucl. Eng. Des., 217(1): 167-177.

INA K, KOIZUMI H, 2004. Penetration of liquid metals into solid metals and liquid metal embrittlement[J]. Mater. Sci. Eng., 387-389: 390-394.

JACQUET P, 2002. Irradiation achieved in BR2 during cycle 05/2002 from 26 November 2002 to 17 December 2002[R]. SCK • CEN Internal Memo, MI. 57/D089010/02/PJ, 2003.

JUNG P, 2002. Radiation effects in structural materials of spallation targets[J]. J. Nucl. Mater., 301(1): 15-22.

KALKHOF D, GROSSE M, 2003. Influence of Pb environment on the low-cycle fatigue behavior of SNS target container materials[J]. J. Nucl. Mater., 318: 143-150.

KAMDAR M H, 1973. Embrittlement by liquid metals[J]. Prog. Mater. Sci., 15(4): 289-374.

KASHTANOV A D, LAVNUKHIN V S, MARKOV V G, et al, 2004. Corrosion mechanical strength of structural materials in contact with liquid lead[J]. Atomic Energy, 97: 538-542.

KIRCHNER T, BORTOLI Y, CADIOU A, et al, 2003. LiSoR, a liquid metal loop for material investigation under irradiation[J]. J. Nucl. Mater., 318: 70-83.

KURATA Y, FUTAKAWA M, SAITO S, 2005. Comparison of the corrosion behavior of austenitic and ferritic/martensitic steels exposed to static liquid Pb-Bi at 450 and 550℃[J]. J. Nucl. Mater., 343(1): 333-340.

LEGRIS A, NICAISE G, VOGT J-B, et al, 2000. Embrittlement of a martensitic steel by liquid lead[J]. Scr. Mater., 43(11): 997-1001.

LEGRIS A, NICAISE G, VOGT J-B, et al, 2002. Liquid metal embrittlement of the martensitic steel T91: influence of the chemical composition of the liquid metal; experiments and electronic structure calculations[J]. J. Nucl. Mater., 301(1): 70-76.

LESUEUR C, CHATAIN D, BERGMAN, et al, 2002. Analysis of the stability of native oxide films at liquid lead/metal surfaces[J]. J. Phys. IV France, 12(8): 155-162.

LI N, 2002. Active control of oxygen in molten lead-bismuth eutectic systems to prevent steel corrosion and coolant contamination[J]. J. Nucl. Mater., 300(1): 73-81.

LILLARD R S, PACIOTTI M, TCHARNOTSKAIAV, 2004. The influence of proton irradiation on the corrosion of HT-9 during immersion in lead bismuth eutectic[J]. J. Nucl. Mater., 335(3): 487-492.

LIM J, 2006. Effects of chromium and silicon on corrosion of iron alloys in lead-bismuth eutectic[D]. Cambridge: Massachusetts Institute of Technology.

MEDINA-ALMAZÁN L, AUGER T, GORSE D, 2008. Liquid metal embrittlement of an austenitic 316L type and a ferritic-martensitic T91 type steel by mercury[J]. J. Nucl. Mater., 376(3): 312-316.

MISHRA M P, PACKIARAJ C C, RAY S K, et al, 1997. Influence of sodium environment and load ratio (R) on fatigue crack growth behaviour of a type 316LN stainless steel at 813 K[J]. Int. J. Pres. Ves. Pip., 70(1): 77-82.

MÜLLER G, SCHUMACHER G, ZIMMERMANN F, 2000. Investigation on oxygen controlled liquid lead corrosion of surface treated steels[J]. J. Nucl. Mater., 278(1): 85-95.

MÜLLER G, HEINZEL A, KONYS J, et al, 2002. Results of steel corrosion tests in flowing liquid Pb/Bi at 420～600℃ after 2000 h[J]. J. Nucl. Mater., 301(1): 40-46.

MÜLLER G, HEINZEL A, SCHUMACHER G, et al, 2003. Control of oxygen concentration in liquid lead and lead-bismuth[J]. J. Nucl. Mater., 321(2): 256-262.

MÜLLER G, ENGELKO V, WEISENBURGER A, et al, 2005. Surface alloying by pulsed intense electron beams[J]. Vacuum, 77(4): 469-474.

NAIDICH J V, 1981. The wettability of solids by liquid metals[J]. Prog. Surf. Membr. Sci., 14: 353-484.

NICAISE G, LEGRIS A, VOGT J-B, et al, 2001. Embrittlement of the martensitic steel T91 tested in liquid lead[J]. J. Nucl. Mater., 296(1): 256-264.

NICHOLLS J R, 2003. Advances in coating design for high-performance gas turbines[J]. MRS Bulletin, 28(9): 659-670.

NIKITIN V I, 1967. Physicochemical phenomena in the interaction of liquid and solid metals[J]. Atomidzat, Russian.

NIKOLIN E S, KARPENKO G V, 1968. Effect of liquid low-melting metals on the fatigue strength of carbon steel in relation to the stress frequency[J]. Sov. Mater. Sci., 4: 15-17.

NOVAKOVIC R, RICCI E, GIURANNO D, et al, 2002. Surface properties of Bi Pb liquid alloys[J]. Surf. Sci., 515(2): 377-389.

OECD/NEA, 2015. Handbook on lead-bismuth eutectic alloy and lead properties, materials compatibility, thermal-hydraulics and technologies [M]. 2015 ed. Organization for Economic Cooperation and Development, NEA. No. 7268.

PASTOL J-L, PLAINDOUX P, LEROUX C, et al, 2002. Resistance to corrosion and embrittlement of T91 steel in stagnant Pb-Bi of eutectic composition[J]. J. Phys. IV France, 12(8): 203-216.

POPOVICH V V, DMUKLOVSKAYA I G, 1978. Rebinder effect in the fracture of armco iron in liquid metals[J]. Sov. Mater. Sci., 14: 365-370.

RABKIN E, 2000. Grain boundary embrittlement by liquid metals, in multiscale phenomena in plasticity[M]. Dordrecht: Springer: 403-413.

REHINDER P A, 1928. Investigation of the influence of the surface energy of a crystal on its mechanical properties when the surface tension of its faces is lowered by the introduction of surface active substances into the working medium[C]. Proceedings of the 6th conference of Russian Physicists: 29-30.

REBINDER P A, SHCHUKIN E D, 1972. Surface phenomena in solids during deformation and fracture processes[J]. Prog. Surf. Sci., 3: 97-104.

RISHEL D M, PETTIT F S, BIRKS N, 1991. Some principal mechanisms in the simultaneous erosion and corrosion attack of metals at high temperatures[J]. Mater. Sci. Eng., A, 143(1): 197-211.

ROBERTSON W M, 1966. Propagation of a crack filled with liquid metal[J]. Trans. Metall. Soc. AIME, 236: 1478-1482.

ROMANO A J, 1963. The investigation of container materials for Bi and Pb alloys, Part Ⅰ, thermal convection loops[M]. New York: Brookhaven National Laboratory.

SAMEC K, 2005. Temperature calculations of the LiSoR experiment[R]. PSI Technical Report, TM-34-05-02.

SAPUNDJIEV D, MAZOUZI A A, DYCK S V, 2004. Synergetic effects between neutron irradiation and LME: PIE tests in lead-bismuth eutectic, Part I: tests on non-irradiated samples[R]. SCK · CEN Report, R-3847.

SAPUNDJIEV D, MAZOUZI A A, DYCK S V, 2006. A study of the neutron irradiation effects on the susceptibility to embrittlement of A316L and T91 steels in lead-bismuth eutectic at 200℃[J]. J. Nucl. Mater., 356(1): 229-236.

SATO F, TANAKA T, KAGAWA T, et al, 2004. Impedance measurements of thin film ceramics under ion beam irradiation[J]. J. Nucl. Mater., 329-333: 1034-1037.

SEIFERT J W, LOWE A L, 1961. Evaluation of tantalum, molybdenum and beryllium for liquid bismuth service[J]. Corrosion, 17(10): 475-478.

SHIKAMA T, ZINKLE S J, SHIIYAMA K, et al, 1998. Electrical properties of ceramic during reactor irradiation[J]. J. Nucl. Mater., 258-263: 1867-1872.

SHMATKO B A, RUSANOV A E, 2000. Oxide protection of materials in melts of lead and bismuth[J] Materials Science, 36: 689-700.

SOLDATCHENKOVA L S, GORYUNOV Y V, DEN'SHCHIKOVA G I, et al, 1972. Effect of an artificial defect in a layer near the surface on the ductility of zine single crystals in the presence of mercury[J]. Sov. Phys.-Dokl., 17: 253-256.

STRIZAK J P, DISTEFANO J R, LIAW P K, et al, 2001. The effect of mercury on the fatigue behavior of 316 L stainless steel[J]. J. Nuclear Mat., 296(1): 225-230.

TANIFUJI T, KATANO Y, NAKAZAWA T, et al, 1998. Electrical conductivity change in single crystal Al_2O_3 and MgO under neutron and Gamma-ray irradiation[J]. J. Nuclear Mat., 253(1): 156-166.

VAN DEN BOSCH J, SAPUNDJIEV D, ALMAZOUZI A, 2006. Effects of temperature and strain rate on the mechanical properties of T91 material tested in liquid lead bismuth eutectic[J]. J. Nucl. Mater., 356(1): 237-246.

VERLEENE A, VOGT J-B, SERRE I, et al, 2006. Low cycle fatigue behaviour of T91 martensitic steel at 300 ℃ in air and in liquid lead bismuth eutectic[J]. Int. J. Fatigue, 28(8): 843-851.

VILA R, HODGSON E R, 2000. In-beam dielectric properties of alumina at low frequencies[J]. J. Nucl. Mater., 283-287: 903-906.

VOGT J-B, NICAISE G, LEGRIS A, et al, 2002. The risk of liquid metal embrittlement of the Z10CDNbV 9-1 martensitic steel[J]. J. Phys. IV France, 12(8): 217-225.

VOGT J-B, VERLEENE A, SERRE I, et al, 2004. Mechanical behaviour of the T91 martensitic steel under monotonic and cyclic loadings in liquid metals[J]. J. Nucl. Mater., 335(2): 222-226.

VOGT J-B, VERLEENE A, SERRE I, et al, 2006. Coupling effects between corrosion and fatigue in liquid Pb-Bi of T91 martensitic steel[C]. Proceedings of EUROCORR 2005, Lisbon.

WOLSKI K, LAPORTE V, MARIE N, et al, 2002. Liquid metal embrittlement studies on model systems with respect to the spallation target technology: the importance of nanometer-thick films[J]. J. Phys IV France, 12(8): 249-261.

YACHMENYOV G S, RUSANOV A Y, 1998. Problems of structural materials' corrosion in lead-bismuth coolant[C]. The Problem of Technology of the Heavy Liquid Metal Coolants (Lead, Lead-bismuth) (HLMC-98), Obninsk, Russian.

YOUNG T, 1805. An essay on the cohesion of fluids[J]. Philos. Trans. R. Soc. London, 95: 65-87.

第 6 章　铅合金热工水力特性

液态金属是低普朗特数流体中最大的一类，其单相热工水力学遵循牛顿定律。本章主要从热工水力角度着重介绍液态金属的特性、层流动量与热量传输、湍流动量与能量传输等方面的基础知识。尽管两相流和自由表面流在相关技术应用中越来越重要，但本章不涉及这些主题。

6.1　液态金属特性

金属和其他介质的主要区别是具有极高的热导率 λ(W/(m·K))和更低的比热(J/(kg·K))。铅合金之类的液态重金属的运动黏度 ν(m^2/s)通常比空气或水低。普朗特数 Pr 是对流传热问题中的一个基本无量纲参数，其描述了流体中动量传输与传热的比值，定义为

$$Pr=\frac{\rho\nu c_p}{\lambda}=\frac{\nu}{\kappa},\quad 其中\ \kappa=\frac{\lambda}{\rho c_p} \tag{6-1}$$

式中，c_p 为比热，ρ 为密度(kg/m^3)，λ 为热导率，κ 通常称为热扩散率。机油的普朗特数数量级为 $10^2\sim10^6$；传统介质，如空气或水的普朗特数约为 1；液态金属的普朗特数极小，为 $Pr=10^{-3}\sim10^{-2}$。

如图 6-1 所示，温度为 T_0 的牛顿流体在恒温 T_w 的半无限大平板上流动。此流体有三种流动传热类型，分别对应 $Pr\ll1$，$Pr\approx1$ 和 $Pr\gg1$。图 6-1(a)指的是液态金属，其具有良好的热导率和低黏度，即 $Pr\ll1$。黏性边界层的厚度 δ_ν 小到可以忽略。在气流或水流中，如图 6-1(b)，热边界层和黏性边界层厚度的数量级相同，即 $Pr\approx1$。对于油类，它们的热导率很低，但是黏度相对大，如图 6-1(c)所示，此处的黏性边界层几乎决定了整个流场。

在层流条件下的强制对流系统中，普朗特数表示的分子热传导控制着热能的传输过程，与冷却剂是否是液态金属或其他的牛顿流体无关。图 6-1 描述的三种类型的流体，其传热行为没有本质差异。因此，尽管液态金属的普朗特数很低，用于描述传热的无量纲关系式同样适用于液态金属。

在湍流条件下，由于热量的涡流传导变得极其重要，液流不同流动区域

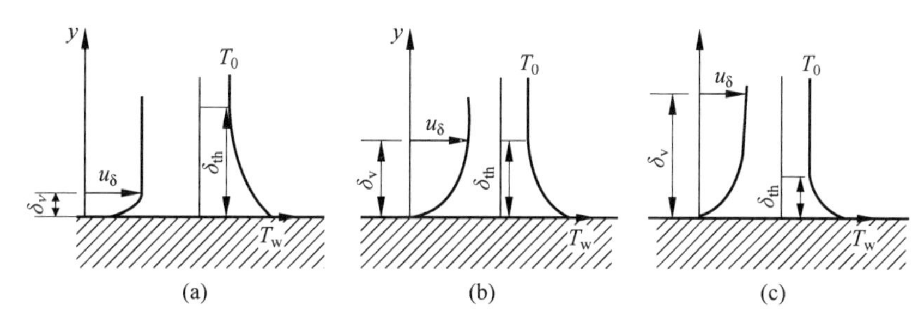

图 6-1　恒定壁温 T_w 二维平板流动中普朗特数 Pr 对黏性边界层厚度 δ_ν 和热边界层厚度 δ_{th} 的影响

(a) $\delta_\nu \ll \delta_{th}, Pr \ll 1$；(b) $\delta_\nu \approx \delta_{th}, Pr \approx 1$；(c) $\delta_\nu \gg \delta_{th}, Pr \gg 1$

的传热过程同时决定于分子传导和涡流传导。在空气和水的普通流体中，分子传导仅在壁面(即黏性底层)附近起重要作用，而在液态金属中，分子传导与涡流传导的量级相同。因此，分子传导不仅能在边界层内感受到，在流体的湍流核心位置也起着重要的作用。液态金属的传热机制与空气等流体有很大的不同，因而决定了普通流体湍流传热系数的关系式不再适用于液态金属。

湍流条件下，液态金属流动中的分子热传导更为重要，因而在构架不同而基本流动形态相同的系统中，不能随意用水力直径关联传热数据。例如，在 $Pr \approx 1$ 的流体中，通过计算棒束的水力直径，并将其用于棒束中圆管的无量纲关系式，就可利用圆管的基本传热数据来预测平行于棒束流动的努塞尔数(Nu)。这类方法对于液态金属系统是无效的，因此必须发展理论、数值或实验的传热关系式来处理每个具体的情形(Reed，1987；Dwyer，1976)。

6.2　守恒方程

本节只考虑没有额外质量源或不同介质间传质的管道或封闭腔内的流动。考虑控制体内的单相和单组分流体，则进入该控制体的流体必然会流出。因为液态金属在沸点以下时大多数不能压缩(ρ 是常数)，质量守恒方程(连续性方程)可以表示为

$$\nabla \cdot \boldsymbol{u} = 0, \quad 即 \quad \frac{\partial u}{\partial x} + \frac{\partial v}{\partial y} + \frac{\partial w}{\partial z} = 0 \tag{6-2}$$

式中，$\boldsymbol{u}$ 为速度矢量，分别由 x、y 和 z 方向的速度分量(u, v, w)组成；($\nabla \cdot$)为散度算子。

流体运动的动态行为由一系列的动量方程或运动方程控制。动量守恒方程的偏微分形式为

$$
\left.\begin{aligned}
\rho\left(\frac{\partial u}{\partial t}+u\frac{\partial u}{\partial x}+v\frac{\partial u}{\partial y}+w\frac{\partial u}{\partial z}\right)&=\rho f_x+\frac{\partial \sigma_{xx}}{\partial x}+\frac{\partial \tau_{yx}}{\partial y}+\frac{\partial \tau_{zx}}{\partial z}\\
\rho\left(\frac{\partial v}{\partial t}+u\frac{\partial v}{\partial x}+v\frac{\partial v}{\partial y}+w\frac{\partial v}{\partial z}\right)&=\rho f_y+\frac{\partial \tau_{xy}}{\partial x}+\frac{\partial \sigma_{yy}}{\partial y}+\frac{\partial \tau_{zy}}{\partial z}\\
\rho\left(\frac{\partial w}{\partial t}+u\frac{\partial w}{\partial x}+v\frac{\partial w}{\partial y}+w\frac{\partial w}{\partial z}\right)&=\rho f_z+\frac{\partial \tau_{xz}}{\partial x}+\frac{\partial \tau_{yz}}{\partial y}+\frac{\partial \sigma_{zz}}{\partial z}
\end{aligned}\right\}\tag{6-3}
$$

式中，$f=(f_x,f_y,f_z)$为重力、电力或磁力等体积力；σ 为曲面法向应力；τ 为控制体侧面的剪切应力。实验发现，很多流体的应力与应变率(速度分量微分或导数)线性相关，即

$$
\left.\begin{aligned}
\sigma_{xx}&=-p+2\mu\frac{\partial u}{\partial x}-\frac{2}{3}\mu\nabla\cdot\boldsymbol{u}\\
\sigma_{yy}&=-p+2\mu\frac{\partial v}{\partial y}-\frac{2}{3}\mu\nabla\cdot\boldsymbol{u}\\
\sigma_{zz}&=-p+2\mu\frac{\partial w}{\partial z}-\frac{2}{3}\mu\nabla\cdot\boldsymbol{u}\\
\tau_{xy}&=\tau_{yx}=\mu\left(\frac{\partial v}{\partial x}+\frac{\partial u}{\partial y}\right)\\
\tau_{xz}&=\tau_{zx}=\mu\left(\frac{\partial w}{\partial y}+\frac{\partial v}{\partial z}\right)\\
\tau_{yz}&=\tau_{zy}=\mu\left(\frac{\partial w}{\partial y}+\frac{\partial v}{\partial z}\right)
\end{aligned}\right\}\tag{6-4}
$$

式中，$\mu=\rho\nu$ 为动力黏性系数；p 为压强。将式(6-4)代入式(6-3)，可以得到纳维-斯托克斯(Navier-Stokes，N-S)方程，几乎所有涉及黏性流体的理论分析都基于此方程。当密度和黏性系数恒定(即流体不可压缩且温度变化很小时)，N-S 方程可简化为

$$
\left.\begin{aligned}
\rho\left(\frac{\partial u}{\partial t}+u\frac{\partial u}{\partial x}+v\frac{\partial u}{\partial y}+w\frac{\partial u}{\partial z}\right)&=\rho f_x-\frac{\partial p}{\partial x}+\mu\left(\frac{\partial^2 u}{\partial x^2}+\frac{\partial^2 u}{\partial y^2}+\frac{\partial^2 u}{\partial z^2}\right)\\
\rho\left(\frac{\partial v}{\partial t}+u\frac{\partial v}{\partial x}+v\frac{\partial v}{\partial y}+w\frac{\partial v}{\partial z}\right)&=\rho f_y-\frac{\partial p}{\partial y}+\mu\left(\frac{\partial^2 v}{\partial x^2}+\frac{\partial^2 v}{\partial y^2}+\frac{\partial^2 v}{\partial z^2}\right)\\
\rho\left(\frac{\partial w}{\partial t}+u\frac{\partial w}{\partial x}+v\frac{\partial w}{\partial y}+w\frac{\partial w}{\partial z}\right)&=\rho f_z-\frac{\partial p}{\partial z}+\mu\left(\frac{\partial^2 w}{\partial x^2}+\frac{\partial^2 w}{\partial y^2}+\frac{\partial^2 w}{\partial z^2}\right)
\end{aligned}\right\}\tag{6-5}
$$

或以向量形式写成

$$\frac{\mathrm{d}\boldsymbol{u}}{\mathrm{d}t}=f-\frac{1}{\rho}\nabla p+\nu\nabla^2\boldsymbol{u} \tag{6-6}$$

式中，$\nabla^2=\nabla\cdot\nabla$为拉普拉斯算子。

能量方程的推导方法类似于动量和连续性方程，其方程为

$$\rho\frac{\mathrm{d}U}{\mathrm{d}t}=\nabla\cdot(\lambda\nabla T)+\sigma_{xx}\frac{\partial u}{\partial x}+\sigma_{yy}\frac{\partial u}{\partial y}+\sigma_{zz}\frac{\partial u}{\partial z}+\tau_{xy}\left(\frac{\partial v}{\partial x}+\frac{\partial u}{\partial y}\right)+$$
$$\tau_{yz}\left(\frac{\partial w}{\partial y}+\frac{\partial v}{\partial z}\right)+\tau_{xz}\left(\frac{\partial u}{\partial z}+\frac{\partial w}{\partial x}\right) \tag{6-7}$$

式中，λ 为流体的热导率，U 为内能，T 为温度，内能 U 与流体焓 I 的关系式为 $I=U+p/\rho$；算子 $\mathrm{d}/\mathrm{d}t$ 表示全导数。如果将作用于牛顿流体单元的应力和应变关系式(6-4)代入式(6-7)，该方程可简化为

$$\rho\frac{\mathrm{d}U}{\mathrm{d}t}=\nabla\cdot(\lambda\nabla T)-p\nabla\cdot\boldsymbol{u}+\mu\Phi \tag{6-8}$$

其中，

$$\Phi=2\left[\left(\frac{\partial u}{\partial x}\right)^2+\left(\frac{\partial v}{\partial y}\right)^2+\left(\frac{\partial w}{\partial z}\right)^2\right]+\left(\frac{\partial v}{\partial x}+\frac{\partial u}{\partial y}\right)^2+\left(\frac{\partial w}{\partial y}+\frac{\partial v}{\partial z}\right)^2+$$
$$\left(\frac{\partial u}{\partial z}+\frac{\partial w}{\partial x}\right)^2-\frac{2}{3}(\nabla\cdot\boldsymbol{u})$$

式中，U 为每单位质量的流体内能，Φ 为耗散函数，等号右边的第一项为控制体传输到流体中热量的净速率，第二项为在控制体上的可逆功功率，最后一项为黏性力做的不可逆功(如单位体积黏性耗散率或黏性热)。

对于不可压缩流体，$\mathrm{d}U=c_p\cdot\mathrm{d}T$，因此能量方程可写为

$$\rho c_p\frac{\mathrm{d}T}{\mathrm{d}t}=\nabla(\lambda\nabla T)+\mu\Phi \tag{6-9}$$

其中，

$$\Phi=2\left[\left(\frac{\partial u}{\partial x}\right)^2+\left(\frac{\partial v}{\partial y}\right)^2+\left(\frac{\partial w}{\partial z}\right)^2\right]+\left(\frac{\partial v}{\partial x}+\frac{\partial u}{\partial y}\right)^2+\left(\frac{\partial w}{\partial y}+\frac{\partial v}{\partial z}\right)^2+\left(\frac{\partial u}{\partial z}+\frac{\partial w}{\partial x}\right)^2$$

此外，如果热导率 λ 恒定，上式可进一步简化为

$$\frac{\mathrm{d}T}{\mathrm{d}t}=\frac{\lambda}{\rho c_p}\nabla^2T+\frac{\mu}{\rho c_p}\Phi \tag{6-10}$$

6.3　层流动量传输

对于不可压缩流体的稳定二维流动(运动黏性系数 ν 恒定)，层流动量传输控制方程为

$$\frac{\partial u}{\partial x}+\frac{\partial v}{\partial y}=0 \tag{6-11a}$$

$$u\frac{\partial u}{\partial x}+v\frac{\partial u}{\partial y}=-\frac{1}{\rho}\frac{\partial p}{\partial x}+\nu\left(\frac{\partial^2 u}{\partial x^2}+\frac{\partial^2 u}{\partial y^2}\right) \tag{6-11b}$$

$$u\frac{\partial v}{\partial x}+v\frac{\partial v}{\partial y}=-\frac{1}{\rho}\frac{\partial p}{\partial y}+\nu\left(\frac{\partial^2 v}{\partial x^2}+\frac{\partial^2 v}{\partial y^2}\right) \tag{6-11c}$$

这是一个椭圆型的非线性偏微分方程，不存在通解，只有在相当严格的边界条件下存在一些精确解(如槽道流或管道流)。值得庆幸的是，大多数的层流动量传输过程可以在很大程度上进行简化。对于雷诺数较大的流动，几乎所有的动量传输过程都发生在薄层中，即所谓的边界层。边界层近似法不局限于在固体壁上的流体，自由射流或尾流也显示边界层的特征。

6.3.1 槽道流或管道流

考虑如图 6-2 所示的在槽道或管道中稳态的充分发展平面流，此处充分发展指的是在 x 轴方向上的速度分量 u 不变。因为$\partial u/\partial x=0$，$\partial v/\partial y=0$，这意味着速度的 v 分量也恒定。排除吹吸流动，可得 $v=0$。式(6.11-b)和式(6.11-c)左边的对流项为零，且式(6-11c)中$\partial p/\partial y=0$。因此，p 只依赖于 x 流向，由流向的力平衡可得

$$\frac{\mathrm{d}p}{\mathrm{d}x}=\mu\frac{\partial^2 u}{\partial y^2}=\frac{\mathrm{d}\tau}{\mathrm{d}y} \tag{6-12}$$

因为 u 只是 y 的函数，偏导∂可以由全导数 d 代替。对于应力张量，只有 $\tau=\mu\partial u/\partial y$ 存在。积分得到剪切应力是线性的，由于对称性，且 $\tau(y=H)=0$，得

$$\tau_{\mathrm{w}}=\frac{\mathrm{d}p}{\mathrm{d}x}H \tag{6-13}$$

此式把壁面剪切应力和压力梯度联系起来，其无量纲形式为

$$\frac{\tau(y)}{\tau_{\mathrm{w}}}=1-\frac{y}{H} \tag{6-14}$$

由于 $\tau=\mu\partial u/\partial y$，进一步积分得到速度分布，令 $u(y=H)=u_{\max}$ 得

$$u_{\max}=\frac{\tau_{\mathrm{w}}H}{2\mu}=-\frac{\mathrm{d}p}{\mathrm{d}x}\frac{H^2}{2\mu}=\frac{\Delta pH^2}{2\mu L} \tag{6-15}$$

式中，$\Delta p/L=-\mathrm{d}p/\mathrm{d}x$ 为沿着管道长度 L 的压降。最终，无量纲的速度分布为

$$\frac{u}{u_{\max}}=\frac{y}{H}\left(2-\frac{y}{H}\right) \tag{6-16}$$

该式即经典的哈根-泊肃叶(Hagen-Poiseuille)抛物线型速度分布曲线。

对于充分发展的圆管层流,采用相同推导步骤可以得到相同结果。圆管层流的剪切应力和速度分布也如图 6-2 所示。

$$\left.\begin{array}{ll}\dfrac{\tau(r)}{\tau_{\mathrm{w}}}=\dfrac{r}{R}, & u(r)=\dfrac{\Delta p}{4\mu L}(R^{2}-r^{2})\\ u_{\max}=\dfrac{\Delta pR^{2}}{4\mu L}, & \dfrac{u}{u_{\max}}=1-\left(\dfrac{r}{R}\right)^{2}\end{array}\right\} \tag{6-17}$$

式中,R 为管道半径,r 为径向坐标。

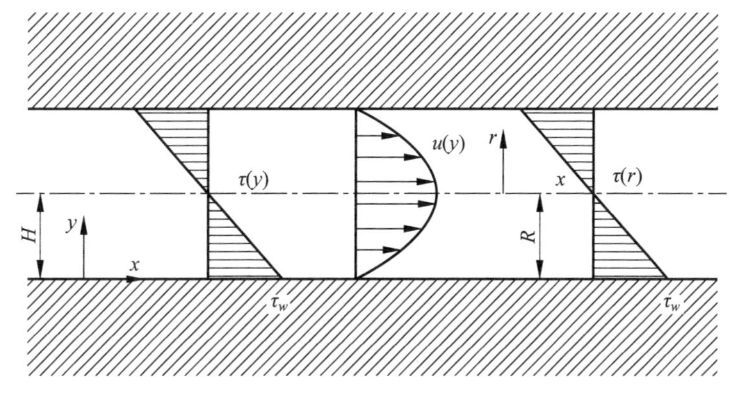

图 6-2　二维槽道和圆管充分发展层流的剪切应力和速度分布

圆管中的流量 V 可以这样计算,即

$$V=\int_{r=0}^{r=R}2\pi ru(r)\mathrm{d}r=\frac{\pi\Delta pR^{4}}{8\mu L} \tag{6-18}$$

需要重点指出的是 $V\sim\Delta p/L$ 和 $V\sim R^{4}$ 之间的相互关系。施加相同的压力梯度,直径增加 10%会使流量增加 46%。如果定义平均速度为 $u_{0}=V/A$,得到 $u_{0}=1/2u_{\max}$。对于工程应用,压力损失是最有意义的参数,沿管道长度 L 的压降为

$$\Delta p=\frac{\rho}{2}u_{0}^{2}\frac{L}{D}\frac{64}{Re} \tag{6-19}$$

定义摩擦系数 c_{L},$\Delta p=c_{L}\dfrac{\rho}{2}u_{0}^{2}\dfrac{L}{D}$,得出圆管流的摩擦定律为

$$c_{L}=\frac{64}{Re} \tag{6-20}$$

这里 Re 是雷诺数，定义为 $Re=u_0D/\nu$。式(6-19)和式(6-20)简单地表示压降、摩擦系数与雷诺数的关系。在所有动量传输过程中，雷诺数是唯一的变量。因此，对于所有层流来说，任何流体的雷诺数关系式均可使用，也可以转换到液态重金属中。

6.3.2　边界层方程

图 6-3 显示了所使用的局部坐标系和观测到的速度分布。以下计算目的为估算边界层厚度的量级。

首先，引进无量纲变量

$$x'=\frac{x}{L},\quad y'=\frac{y}{\delta(x)},\quad u'=\frac{u}{u_0},\quad p'=\frac{p}{\rho_0u_0^2} \tag{6-21}$$

这样，量级级数为 1。其次，以特征长度 L 和平均速度 u_0 作为基准量，则有

$$v'=\frac{v}{u_0},\quad \rho'=\frac{\rho}{\rho_0}=1\quad (\rho\text{ 为常数}) \tag{6-22}$$

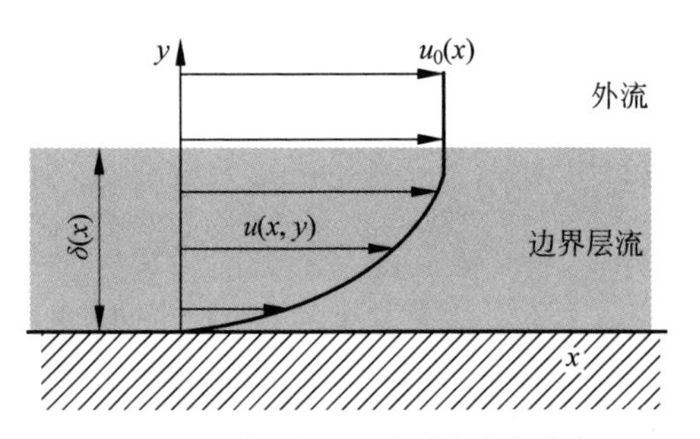

图 6-3　坐标系和观测到的速度分布

把这些变量引入到连续性方程(6-11a)，得

$$\frac{v}{u_0}\sim\frac{\delta}{L} \tag{6-23}$$

因为 u'、x' 和 y' 量级为 1。把变量引入 x 轴方向 N-S 方程(6-11b)中，结果显示，表征黏性流动的雷诺数是决定性参数。假定黏性项与惯性项及压力同量级，得到边界层厚度尺寸为

$$\frac{\delta}{L}\sim\frac{1}{\sqrt{Re}} \tag{6-24}$$

把同样的无量纲变量代入 y 轴方向方程(6-11c)，当 $Re\gg1$，压力在 y 轴方向上的导数为零。这意味着管壁的法向压力在边界层内不变，其由无黏性外层势流给出。边界层理论的压力 p 作为边界条件给出。通过这些量级的

估算得出边界层公式，即

$$\frac{\partial u}{\partial x}+\frac{\partial v}{\partial y}=0 \tag{6-25a}$$

$$u\frac{\partial u}{\partial x}+v\frac{\partial u}{\partial y}=-\frac{1}{\rho}\frac{\mathrm{d}p(x)}{\mathrm{d}x}+\nu\frac{\partial^2 u}{\partial y^2} \tag{6-25b}$$

通过以上两个方程确定未知量 $u,v=f(x,y)$，因为伯努利方程 $p(x)+\frac{1}{2}\rho u_0^2=\text{const.}$，无黏性外流场的压力和速度梯度耦合。方程的边界条件为

$$\left.\begin{aligned} &y=0, \quad u=v=0 \\ &y=\delta, \quad u=u_0(x) \end{aligned}\right\} \tag{6-26}$$

边界层方程属于抛物线型，且代表了初始边界问题。由于黏性项的简化，扩散过程只在 y 轴方向上有效。不需要上游数据信息，所有数据都能够直接向下游计算。与椭圆型的 N-S 方程相比，这是一个巨大的简化。

6.3.3　总结和讨论

探讨层流动量方程的主要目的是确定局部摩擦系数 $c_L(x)=f(Re_x^m)$ 或总体摩擦系数 c_w。在许多书籍中按下式表示：

$$c_L(x)=f(Re_x^m) \quad 或 \quad c_w(x)=f(Re_L^n)$$

式中，Re_x 为局部雷诺数，Re_L 为由流体特征尺度得到的雷诺数。对于圆管流，$n=-1$。对于充分发展流，摩擦系数在流动方向上不变。这与沿着平板的边界层流动不同，因为平板边界层厚度沿着 x 方向增加，而局部摩擦系数沿 x 方向减小。在这种情况下，局部摩擦系数的指数 $m=-1/2$，总摩擦系数指数为 $n=-1/2$。

基于 6.3 节的推导，关于层流我们可以得到：

(1) 只有在极特定条件下才能得到 N-S 方程的解析解（如二维槽道或圆管流）。

(2) 获得 N-S 方程的数值解相当耗费时间。工程上对一些感兴趣的案例如进入管道或在平板前沿附近的发展流进行了计算。然而，在工程实践中，这些解并不重要。在极限状态下，N-S 方程变成边界层方程。在很多实际例子中，雷诺数足够大，可以应用边界层方程，但前沿边界问题是个例外，因为不满足 $\mathrm{d}\delta/\mathrm{d}x\ll 1$ 和 $\partial^2/\partial x^2\ll\partial^2/\partial y^2$ 的前提条件。

(3) 只有在存在具体的外流作为边界条件的情况下，边界层方程才有精确解。在自相似解情况中，各个速度场不会在流动方向上改变形状，可以通过合适的坐标变换变为相似的形状。

6.4　层流能量传输

在流动的流体中，如果满足下述条件，则能量和动量都会交换：

(1) 流体中有热能流入或流出；

(2) 流体的动能达到了内能的量级，通过动能的耗散，流体的温度升高。

在条件(1)中，可以区分出强制对流和自由对流。在强制对流中，流动的驱动力为外力；而在自然对流中，密度差异(来源于温度差异)引发的浮力是流动的驱动力。对于单一组分牛顿流体的稳态流，层流能量传输方程为

$$\left.\begin{aligned}
&\frac{\partial u}{\partial x}+\frac{\partial v}{\partial y}=0\\
&\rho\left(u\,\frac{\partial u}{\partial x}+v\,\frac{\partial u}{\partial y}\right)=-\frac{\partial p}{\partial x}+\mu\left(\frac{\partial^2 u}{\partial x^2}+\frac{\partial^2 u}{\partial y^2}\right)+\rho g_x\\
&\rho\left(u\,\frac{\partial v}{\partial x}+v\,\frac{\partial v}{\partial y}\right)=-\frac{\partial p}{\partial y}+\mu\left(\frac{\partial^2 v}{\partial x^2}+\frac{\partial^2 v}{\partial y^2}\right)+\rho g_y\\
&\rho c_p\left(u\,\frac{\partial T}{\partial x}+v\,\frac{\partial T}{\partial y}\right)=\lambda\left(\frac{\partial^2 T}{\partial x^2}+\frac{\partial^2 T}{\partial y^2}\right)-p\left(\frac{\partial u}{\partial x}+\frac{\partial v}{\partial y}\right)+\mu\Phi
\end{aligned}\right\}\tag{6-27}$$

式中：热导率 λ 恒定；g 为重力向量，其形式为 $g=(g_x,g_y)$；Φ 是方程(6-8)中定义的耗散函数。

本节处理的是层流流动以及各类核工程加热/冷却设备管道中的强制对流传热特征。此处给出的结果可应用于轴向横截面不变的直管道。管壁是光滑的、无气孔的、刚性的、静止的和润湿的。假设管壁厚薄均匀，因此管壁上的温度分布对流体的对流传热影响很小，并忽略所有形式的体积力，也忽略自然对流、相变、传质或化学反应的影响。

6.4.1　管道层流类型

管道中存在四种层流类型，即充分发展流、水动力发展流、热发展流和同时发展流。同时发展流指的是流体同时为水动力发展流和热发展流。图 6-4 绘制的是温度 T_0、平均速度 u_0 的流体流动示意图。流体在 $x=0$ 处进入任意横截面的管道。

参照图 6-4,假设管壁温度保持为进入的流体温度 T_0。流体内没有热量的产生或消耗,同时没有热量流入或流出。在此等温流动情况下,从 $x=0$ 处开始,黏性效应在管的横截面扩散。水动力边界层按照普朗特边界层理论(见 6.3.2 节)发展,其厚度 δ 与 $Re_x^{-1/2}$ 成比例增加。边界层将流动流体划分为两个区域,即近壁面的黏性区域和管道中心线附近几乎无黏性作用的区域。在 $x=l_{hy}$ 处,黏性效应完全扩散到了整个管道横截面。定义 $0 \leqslant x \leqslant l_{hy}$ 区域为水力入口段区域,且此区域内的流动被称为水动力发展流动。在入口区域,速度依赖于三维坐标。而对于 $x>l_{hy}$ 处,速度分布与 x 轴方向无关。在流动成为水动力充分发展流后,管壁温度与流体进入时相比下降,$T_w<T_0$。在这种情况下,热效应从管壁 $x=l_{hy}$ 处开始逐渐扩散。热扩散的程度由热边界层厚度 δ_{th} 决定,其沿着 x 轴方向增加。基于边界层近似法的相似分析,热边界层按 $\delta_{th}(x) \sim (RePr)^{-1/2}$ 增加。此外,应用边界层法,热边界层也把流场分成两个区域,即接近管壁的热影响区以及管中心的未影响区。通过量纲分析得到热边界层厚度与黏性边界层厚度比值为

$$\frac{\delta_{th}}{\delta} \sim \frac{1}{\sqrt{Pr}} \tag{6-28}$$

在 $x=l_{th}$ 处,热效应已经扩散到了整个管道横截面,该点之后的流体被称为热充分发展流。$0<x<l_{th}$ 区域称为热入口区域,此处流体温度随三维坐标而变化。液态金属的同时发展流在图 6-5(b)中显示。从 $x=0$ 开始,该流体的黏性和热效应同时从管壁向管中心扩散,其基本参数为普朗特数,代表着运动黏性系数和热扩散率的比值。运动黏性系数是动量(速度)扩散速率,同样热扩散率是热(温度)的扩散速率。如果 $Pr=1$,流体的动量和热量扩散速率相同。但相等的扩散速率不能保证密封管流的黏性和热边界层在 x 轴方向具有相同的厚度,导致这一矛盾的原因是,当 $Pr=1$ 时,适用的动量和能量微分方程不是相似的。在图 6-5(b)所示的 $0<x<l_d$ 区域内,黏性和热效应同时向管中心扩散,这个区域为联合的入口区域。很明显,长度 l_d 依赖于普朗特数,在此区域内,黏性和温度依赖于三维空间坐标。只有当 $x>l_d$ 流动充分发展时,速度和温度变为 x 轴方向保持不变,只与 y 和 z 有关,即 $u=u(y,z)$ 和 $T=T(y,z)$。

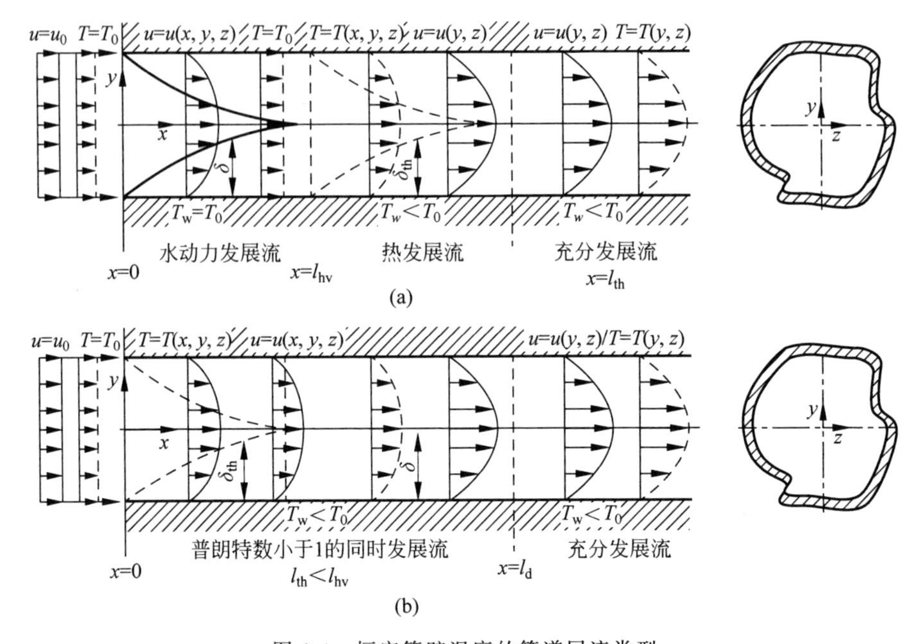

图 6-4　恒定管壁温度的管道层流类型

(a) 水动力发展流随后是热发展流(同时是水动力充分发展流)；

(b) 液态金属($Pr \ll 1$)的同时发展流。实线表示速度分布,虚线表示温度分布

6.4.2　流体流动和传热参数

所有管流的流体流动特征可以用特定的水力参数表示。对于水动力发展流动,无量纲的轴向距离 x^+ 定义为

$$x^+ = \frac{1}{Re}\frac{x}{d_h} \tag{6-29}$$

式中,d_h 为水力直径,$d_h = 4A/P$,其中 A 为管道横截面面积,P 为湿周。定义水动力入口段长度 l_{hy} 为入口流速均匀的流体速度达到最终充分发展流最大速度 99%时的轴向距离。无量纲的水动力入口段长度表示为 $l_{hy}^+ = l_{hy}/(d_h \cdot Re)$。

流体平均温度,也称为"混合平均温度"或流动平均温度 T_m,其定义为

$$T_m = \frac{1}{Au_0}\int_A uT\mathrm{d}A \tag{6-30}$$

管壁周向传热系数是均匀的,而轴向局部传热系数 α_x 定义为

$$q_{w,x} = \alpha_x(T_{w,m} - T_m) \tag{6-31}$$

式中，$T_{w,m}$ 为管壁平均温度；T_m 为流体平均温度；热流量 q_w 和温度差 $(T_{w,m}-T_m)$ 为矢量。式(6-31)中传热方向由管壁到流体，同样温度下降方向也是从管壁到流体。相反，如果 q_w 代表从流体到管壁的热流密度，式(6-31)的温度差则是 $(T_m-T_{w,m})$。流动长度平均传热系数 α_m 是从 $x=0$ 到 x 的积分值，即

$$\alpha_m=\frac{1}{x}\int_{x=0}^{x=x}\alpha_x\mathrm{d}x \tag{6-32}$$

对流传热系数 α_x 与纯分子热导率 λ/d_h 的比值为努塞尔数 Nu。努塞尔数周向均匀，轴向局部努塞尔数为

$$Nu_x=\frac{\alpha_x d_h}{\lambda}=\frac{q_{w,x}d_h}{\lambda(T_{w,m}-T_m)} \tag{6-33}$$

因此，努塞尔数仅是管壁的无量纲温度梯度。努塞尔数也代表两个不同长度的比值，即特征长度与热边界层局部厚度比值。热入口区域的平均努塞尔数可以写为

$$Nu_m=\frac{1}{x}\int_0^x Nu_x\mathrm{d}x=\frac{\alpha_m d_h}{\lambda}=\frac{q_{w,m}d_h}{\lambda(\Delta T)_m} \tag{6-34}$$

$(\Delta T)_m$ 的表达式更复杂，且依赖于热边界条件。无量纲的轴向距离 x^* 定义为

$$x^*=\frac{1}{Pe}\frac{x}{d_h}=\frac{1}{RePr}\frac{x}{d_h} \tag{6-35}$$

式中，Pe 为贝克来数。热入口段长度 l_{th} 定义为局部努塞尔数 Nu_x 达到充分发展流努塞尔数 1.05 倍的轴向距离。无量纲的热入口段长度表示为 $l_{th}^*=l_{th}/(d_h\cdot Pe)$。

斯坦顿数 St 通常用来描述从管壁传输热流密度与外流的焓差比值，定义为

$$St=\frac{\alpha}{\rho c_p u_0}=\frac{q_w}{\rho c_p u_0\Delta T}=\frac{Nu}{RePr} \tag{6-36}$$

6.4.3 热边界条件

管壁的热边界条件包括：

(1) 恒定管壁温度，其出现在大多数冷凝器或蒸发器中，可由下式表示

$$T_w=\text{const.} \tag{6-37}$$

(2) 恒定管壁轴向温度，法向存在有限热阻对流传热。原则上，除了有限的管壁热阻外，与边界条件(1)相同，有限的管壁热阻可以产生流体的上游加

热作用,该边界条件通常出现在液态金属的传热实验中,由于液态金属具有良好电导率,不能直接加热。边界条件方程为

$$T_{w0}=T_{w0}(y,z) \tag{6-38a}$$

$$T_w=T_w(x,y,z) \tag{6-38b}$$

$$\lambda\left(\frac{\partial T}{\partial n}\right)_w=\alpha_0(T_{w0}-T_w) \tag{6-38c}$$

$$\frac{1}{\alpha_0}=\frac{t_w}{\lambda_w}+\frac{1}{\alpha_e} \tag{6-38d}$$

式中,T_{w0} 为加热器/冷却器的外部温度;T_w 为流体/管壁的界面温度;α_0 为流体/管壁界面的传热系数;λ_w 为管壁的热导率;t_w 为厚度;n 为壁面法向单位向量;α_e 为入口即传热开始区域传热系数。

(3) 恒定管壁周向温度,恒定轴向热流密度。该边界条件出现于电阻加热、核加热和几乎具有相同流量的热交换器。但是,此边界条件只能用于热导率高的管壁材料,即 $\lambda_w \gg \lambda$,或管壁比管道特征尺寸小很多的管道,可表示为

$$q_w=q_w(y,z),\quad T_w=T_w(x) \tag{6-39}$$

(4) 恒定管壁热流。与边界条件(3)几乎一致,但此边界条件用于管壁材料的热导率低且管壁厚度均匀的管道,可表示为

$$q_w=\text{const.} \tag{6-40}$$

(5) 恒定管壁轴向热流密度,法向有限热阻对流传热。除了管壁有限热阻外,此边界条件也几乎与边界条件(3)相同,并且沿管壁周向导热可忽略,可表示为

$$q_w=q_w(y,z),\quad \lambda\left(\frac{\partial T}{\partial n}\right)_w=\alpha_0(T_{w0}-T_w) \tag{6-41}$$

(6) 恒定管壁轴向热流密度,周向有限导热。这是边界条件(5)的延伸,可表示为

$$q_w=q_w(y,z),\quad \frac{q_w}{\lambda}-\left(\frac{\partial T}{\partial n}\right)_w+\frac{\lambda_w t_w}{\lambda}\left(\frac{\partial^2 T}{\partial s^2}\right)=0 \tag{6-42}$$

式中,s 为周向坐标。

6.4.4 圆管内的层流传热

1. 充分发展流

6.3.1节中详细阐述了圆管中充分发展层流的速度分布和主要关系式。

本节参考这些公式，给出了不同热边界条件的结果。

(1) 恒定管壁温度(条件(1))

在没有流动功、热源和流体轴向导热的情况下，已经准确获得了圆管内非耗散流的温度分布。当 $x^* > 0.0335$ 时，流体平均温度的渐近表达式(Bhatti，1985a，1985b)为

$$\frac{T_w - T_m}{T_w - T_e} = 0.819048\exp(-2\lambda_0^2 x^*) \tag{6-43}$$

式中，$\lambda_0 = 2.70436442$。

值得注意的是，虽然局部温度 T 是半径和轴向坐标的函数，但是流体的平均温度 T_m 只依赖于轴向坐标，无量纲温度 $\frac{T_w - T_m}{T_w - T_e}$ 只是半径的函数。充分发展层流的努塞尔数为

$$Nu = \frac{\lambda_0^2}{2} = 3.6568 \tag{6-44}$$

充分发展层流在热边界条件(1)中的结果与流体普朗特数无关。但是当贝克来数 $Pe < 10$ 时，轴向流体导热的影响不能忽略。此参数区域内，建议使用米切尔森和维拉德森等(Michelsen et al，1974)的渐近表达式，即

$$Nu = \begin{cases} 4.180654 - 0.18346 \times Pe, & Pe < 1.5 \\ 3.656794 + 4.4870/Pe^2, & Pe > 5.0 \end{cases} \tag{6-45}$$

(2) 恒定管壁热流密度($q_w = \text{const.}$，条件(4))

在没有流动功、热源和流体轴向导热的情况下，圆管内非耗散流的温度分布为

$$\frac{T_w - T}{T_w - T_m} = 6\left[1 - \left(\frac{r}{R}\right)^2\right]\left[\frac{3 - \left(\frac{r}{R}\right)^2}{11}\right], \quad \lambda\left(\frac{T_w - T_m}{q_w d_h}\right) = \frac{11}{48} = \frac{1}{Nu} = \frac{\lambda}{\alpha d_h} \tag{6-46}$$

(3) 对流加热管壁或冷却管壁(条件(2))

此边界条件下管壁轴向温度恒定，但法向具有有限热阻。热阻可以嵌入到外部对流传热系数 α_e 中，该系数包含在无量纲毕奥数 Bi($Bi = \alpha_e d_h/\lambda$)中。毕奥数也包括管壁热阻的效应。该边界条件下，$Bi = 1/R_w$，其中 $R_w = (\lambda t_w)/(\lambda_w d_h) + \lambda/(\alpha_e d_h)$。极限情况为对应于 $Bi \to \infty$ 的恒定管壁温度及 $Bi = 0$ 的恒定热流密度的边界条件。因此，可以认为毕奥数是管壁热阻与流体热阻的比值。对于恒定的 α_e，希克曼(Hickman，1974)发展了努塞尔数的

渐近解，总的平均努塞尔数 $Nu_{0,\mathrm{m}}$ 为

$$Nu=\frac{\frac{48}{11}+Bi}{1+\frac{59}{220}Bi},\frac{1}{Nu_{0,\mathrm{m}}}=\frac{1}{Nu}+\frac{1}{Bi},\quad Nu_{0,\mathrm{m}}=\frac{\alpha_0 d_\mathrm{h}}{\lambda}=\frac{q_\mathrm{w}d_\mathrm{h}}{\lambda(T-T_\mathrm{m})} \tag{6-47}$$

2. 水动力发展流

很多科学家对水动力发展流进行了理论研究。基于雷诺数的各种解决方案，可以分类如下：

当 $Re>400$ 时，边界层方程求解；

当 $Re<400$ 时，N-S 方程求解；

当 $Re\to 0$ 时，蠕变流求解，但在液态金属流动中几乎不存在。

(1) 简化边界层解

依据文献(Hombeck，1964)，无量纲的水动力入口段长度 l_hy^+ 和无量纲压力梯度 Δp^* 可用下式计算为

$$l_\mathrm{hy}^+=0.0565,\quad \Delta p^*=13.74\sqrt{x^+}+\frac{1.25+64x^+-13.74\sqrt{x^+}}{1+2.1\times10^{-4}(x^+)^{-2}} \tag{6-48}$$

(2) N-S 方程解

管道入口附近，轴向动量扩散及径向压力变化很重要。这些效应需引入雷诺数作为求解参数，也需对入口流体速度分布进行详细描述。对不同的入口速度分布，利用现代计算流体力学软件能准确求解。假设远离入口处速度恒定，陈(Chen，1973)准确分析得到的水动力入口段长度为

$$l_\mathrm{hy}^+=0.056+\frac{0.6}{Re(1+0.035Re)} \tag{6-49}$$

3. 热发展流

本节假设圆管中已经存在水动力充分发展流的速度分布，温度分布可单独在热边界条件下计算。

(1) 恒定管壁温度($T_\mathrm{w}=\mathrm{const.}$)

局部努塞尔数 Nu_x 随轴向 x^* 坐标的变化为(Graetz，1885)

$$Nu_x=\begin{cases}1.077(x^*)^{-\frac{1}{3}}-0.7, & x^*\leqslant 0.1\\ 3.657+6.874(10^3x^*)^{-0.488}\exp(-57.2x^*), & x^*\geqslant 0.1\end{cases} \tag{6-50}$$

汉森(Hansen,1943)提出平均努塞尔数 Nu_m 关系式,其在整个 x^* 范围内有效,即

$$Nu_m = 3.66 + \frac{0.0668}{x^{*\frac{1}{3}}(0.04 + x^{*\frac{2}{3}})} \tag{6-51}$$

与完全数值解相比,该公式误差在2%范围内。依据文献(Hennecke,1968),对于 $Pe>50$,流体轴向导热效应可忽略。然而,热入口段长度 l_{th}^* 从 $Pe=\infty$ 时的0.033增长到 $Pe=1$ 时的0.5。

(2) 恒定管壁热流密度(q_w=const.)

平均局部努塞尔数 Nu_x 和平均努塞尔数 Nu_m 可用以下近似公式表示(Bird et al,1960):

$$Nu_x = \begin{cases} 1.302(x^*)^{-1/3} - 1.0, & x^* \leqslant 5\times10^{-5} \\ 1.302(x^*)^{-1/3} - 0.5, & 5\times10^{-5} \leqslant x^* \leqslant 1.5\times10^{-3} \\ 4.364 + 8.68(10^3 x^*)^{-0.56}\exp(-41x^*), & x^* \geqslant 1.5\times10^{-3} \end{cases} \tag{6-52}$$

$$Nu_m = \begin{cases} 1.953(x^*)^{-1/3}, & x^* \leqslant 0.03 \\ 4.364 + 0.0722/x^*, & x^* \geqslant 0.03 \end{cases} \tag{6-53}$$

与精确结果相比,近似解误差约±2%。根据亨内克(Hennecke,1968)的分析,当 $x^*>0.005$,$Pe>10$,误差比恒定管壁温度小,流体轴向导热效应可忽略。热入口段或热发展长度 l_{th}^* 为0.0430527(Grigull et al,1965)。

(3) 对流加热管壁或冷却管壁(6.4.3节中的条件(2))

利用毕奥数级数展开可对对流边界条件求解(Hsu,1968)。

4. 同时发展流

前面给出的所有结果都是以假设水动力充分发展流为基础的。在多数案例中,这个假设与实际应用的液态金属相距甚远,由于液态金属流动的普朗特数远远小于1,水动力入口段长度比热入口段长度长很多(6.4.1节)。在管道入口处使用理想化的充分发展流的速度分布会导致预期结果存在明显偏差。这种情况下,需要用适合的同时发展流速度和温度分布结果。两种流动类型的内在结果都依赖于普朗特数。

(1) 恒定管壁温度(T_w=const.)

当 $Pr\to\infty$,温度分布开始发展前,流体已经是水力充分发展流,代表了6.4.3节3.中讨论的极限情况,努塞尔数曲线一致。导热良好的流体中,假设理想状态 $Pr=0$,温度分布的发展比速度分布快得多。因此,在这种极限情况

下，当温度分布充分发展时，速度分布几乎保持不变。在近壁边界层内流体具有大流量，产生了相当大的以努塞尔数表示的管壁传热。格雷茨(Graetz，1883)已经给出了极限情况的解，莱韦克(Leveque，1928)重新验证了其正确性。对于 $Pr=0$ 和 $Pr\rightarrow\infty$ 的理想情况，存在解析解，而对于其他普朗特数，采用贝塞尔函数级数展开和数值近似十分必要。对于不同普朗特数，局部和平均努塞尔数 Nu_x 和 Nu_m 与无量纲长度 x^* 关系如图 6-5 所示。

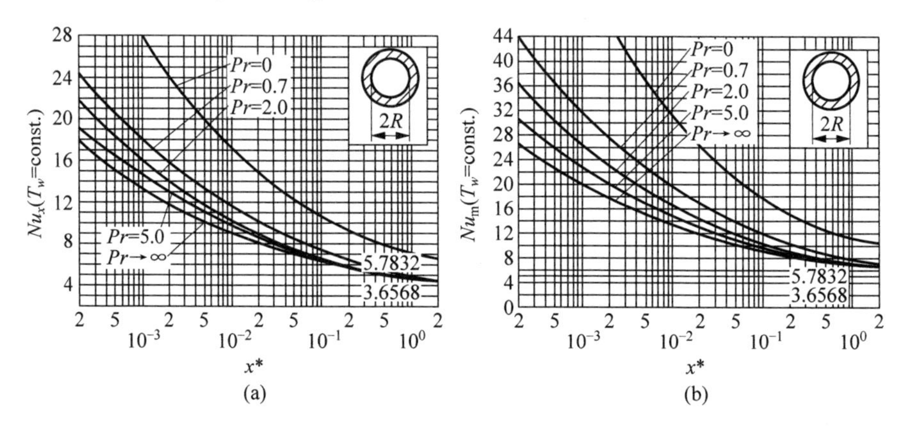

图 6-5　T_w=const. 热边界条件下不同普朗特数圆管同时发展流的(a)局部努塞尔数 Nu_x 以及(b)平均努塞尔数 Nu_m 与无量纲长度 x^* 的关系曲线

当 $Pr=0$ 时，局部和平均努塞尔数逐渐接近 5.7832；当 Pr 为其他值时，曲线逐渐接近 3.6568。依据文献(Bhatti，1985a；1985b)，同时发展流的热入口段长度为

$$l_{th}^*=\begin{cases}0.028, & Pr=0\\ 0.037, & Pr=0.7\\ 0.033, & Pr\rightarrow\infty\end{cases} \tag{6-54}$$

(2) 恒定管壁热流密度(q_w=const.)

前文中热边界条件相似的方法可用于这种恒定管壁热流密度。需要注意，$Pr=0$ 时在 x^* 较大处的局部努塞尔数曲线趋近于 8，比恒定管壁温度的努塞尔数大 40%。局部努塞尔数与无量纲长度的关系如图 6-6 所示。不仅传热比恒定管壁温度中大，而且热入口段长度也有所增加。在分子导热良好的流体中，局部努塞尔数比恒定管壁温度条件下大 50%。巴蒂(Bhatti，1985b)的分析结果值为

$$l_{th}^*=\begin{cases}0.042, & Pr=0\\ 0.053, & Pr=0.7\\ 0.043, & Pr\rightarrow\infty\end{cases} \tag{6-55}$$

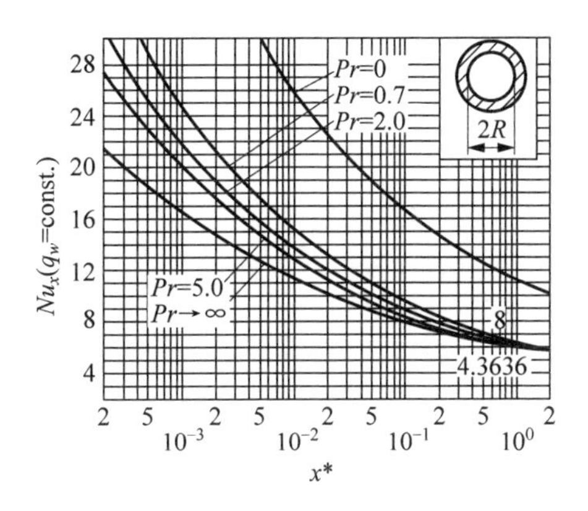

图6-6 q_w=const.热边界条件下不同圆管同时发展流局部努塞尔数 Nu_x 与无量纲长度 x^* 的关系曲线

6.4.5 层流传热小结

本节考虑了不同热边界条件的层流传热，集中描述了不同热边界条件下流体入口段长度以及局部和整体传热性能的主要影响因素。无量纲流体物性参数在发展流中起着极其重要的作用。研究层流传热主要目的是依据特定几何形状(此处主要是圆形管道)和流体类别确定管壁界面处的热流密度，其余几何形状的传热细节可从文献(Shah et al,1985)中获取。管壁热流定义为 $q_w=-\lambda(\partial T/\partial n)_w$，其只依赖于单一流体的分子热导率和管壁的温度梯度。

尽管层流传热是纯分子热传输过程，流场仍起着重要作用。流场在内能或焓的对流传输中具有重要作用，且显著影响温度梯度。很明显，提高流动速度可以加强传热。对流传输能量越快，从管壁散失的能量越多。对于不可压缩流体，流场只由一个特征数确定：在强制对流中是雷诺数；而在浮力对流中为格拉晓夫数。这两个特征数中都出现分子黏性系数 ν，它反映了动量传输。流体传热中普朗特数极其重要，其物理意义为分子黏性系数 ν 与分子热扩散率 $\kappa=\dfrac{\lambda}{\rho c_p}$ 的比值。与雷诺数或格拉斯晓夫数不同，普朗特数是纯材料常数，它只依赖于流体性质。

将管壁热流和温度差归一化，得到传热系数 $\alpha=\dfrac{q_w}{T}$，其可用不同的无量纲形式表示。努塞尔数与传热系数、特征尺寸和分子热导率有关。在纯强制对

流中，结果为

$$\frac{Nu_x}{\sqrt{Re_x}} = f(Pr^n), \quad 0 < n < 1 \tag{6-56}$$

$Nu_x/\sqrt{Re_x}$ 随着普朗特数的增加而增加，但这并不意味着传热或传热系数也随普朗特数的增加而增加，因为努塞尔数本身包括分子热导率。

对于充分发展流(热流和水动力流)，传热由恒定的努塞尔数确定。努塞尔数只依赖于所选的热边界条件。普朗特数只影响热入口(或发展)区域的传热。

求解传热关系式存在以下几种可能：

(1) 整套守恒方程的解析解。大多数情况下，可用于简化的流动，如充分发展管道流动或库艾特流。

(2) 守恒方程的数值解。因为方程为椭圆型，求解需要耗费大量计算时间和存储容量。随着计算机算力的不断提高，很多问题已很容易处理。

(3) 边界层的精确解。相似解对确定传热关系式非常重要，因为它们可以从表格、图表或级数展开中得到。

(4) 边界层的数值解需要大量数学计算，可利用有效的商业流体力学计算软件求解。

(5) 使用积分法可得到近似解。它们没有数值解准确，但是具有实用价值。数值计算效率低而复杂，需要昂贵的程序。

(6) 传热和动量传输的相似性仅能在 $Pr=1$ 的流体中使用，可得到精确解。

(7) 经验关系式。如果复杂的几何体没有其他解法，可使用此法。

6.5 湍流动量传输

1883 年，雷诺(Osborne Reynolds)发现，对于流动水实验，当流速高于某一值时，层流会转变成湍流，转变的临界值由临界雷诺数确定($Re_{crit} \approx 2300$)。

湍流通常是不稳定的、三维的和随机的。层流-湍流转变伴随着压降和边界层厚度的增加，而这主要由湍流扩散引起。由于强烈的宏观振荡运动，湍流速度分布变得更饱满，湍流边界层比层流更厚。湍流流动中所有的变量都依赖于空间坐标 x、y、z 和时间 t。只考虑不可压缩单一组分流动，等温流动的未知量有 u、v、w 和 p，它们都是三维空间坐标和时间的函数。对于一个平均稳定流，其在统计上是稳定的，流动变量可分解为时均值和时均值附近的

波动值。流速雷诺分解为

$$u_i(x_i,t)=\overline{u_i(x_i)}+u'_i(x_i,t) \tag{6-57}$$

式中,时均值为

$$\overline{u_i(x_i)}=\frac{1}{\Delta t}\int_t^{t+\Delta t}u_i(x_i,t)\mathrm{d}t \tag{6-58}$$

式中,Δt 为时间间隔,在该时间间隔内进行积分,该值必须足够大,但是不能太大以至于无法研究流动的长时非稳态变化。波动值的时间平均值为零,但它们平方和的平均值远大于零。湍流强度或 RMS 值定义为

$$\phi=\sqrt{\overline{u'^2_i}}=\sqrt{u'^2+v'^2+w'^2} \tag{6-59}$$

速度波动的相对强度定义为

$$Tu=\frac{\sqrt{\overline{u'^2_i}}}{|\overline{u_i}|} \tag{6-60}$$

Tu 亦称为湍流度。依据文献(Jischa,1982),滤网下游的湍流度约为 1%,管壁附近湍流度约为 10%,自由射流湍流度超过 10%。

湍流一般分为以下三种类型:

(1) 各向同性湍流。整个流场内统计性能相同,且与方向($\overline{u'^2}=\overline{v'^2}=\overline{w'^2}$)无关,在坐标系统平移和旋转时保持不变。

(2) 均匀湍流。所有统计性能只依赖于方向,但不依赖于位置,具有平移不变性。

(3) 各向异性流或剪切湍流。在边界层流、自由射流、管流等中出现,具有实际应用意义。

6.5.1 湍流的雷诺方程和输运方程

通常认为,非稳态的 N-S 方程可用于连续区域的湍流。然而,湍流运动的复杂性和随机性阻碍了这些方程的精确求解。大部分当前的湍流预测方法基于时均 N-S 方程,这些方程称为雷诺方程。时均运动方程增加了新项,这些项是与湍流运动相关的应力梯度或热流密度,它们必须通过湍流模型与平均流动变量建立关系。为了使方程系统封闭,引入了更多假设和近似,因此通过求解雷诺方程来解决湍流问题不完全符合第一性原理。下面列出的雷诺方程考虑的是不可压缩牛顿流体的平均稳定流。

连续性方程的雷诺形式为

$$\frac{\partial \bar{u}_i}{\partial x_i}=0=\frac{\partial \bar{u}}{\partial x}+\frac{\partial \bar{v}}{\partial y}+\frac{\partial \bar{w}}{\partial z} \tag{6-61}$$

动量方程的雷诺形式为

$$\rho \bar{u}_j \frac{\partial \bar{u}_i}{\partial x_j}=\frac{\partial \bar{p}}{\partial x_i}+\frac{\partial}{\partial x_j}\left(\mu \frac{\partial \bar{u}_i}{\partial x_j}-\rho \overline{u_i' u_j'}\right) \tag{6-62}$$

表观或虚拟的雷诺应力张量 $\tau_{\text{tur}}=-\rho \overline{u_i' u_j'}$ 与分子应力张量 τ_{ij} $\left(=\mu\left(\frac{\partial \bar{u}_j}{\partial x_i}+\frac{\partial \bar{u}_i}{\partial x_j}\right)\right)$不同。附加雷诺应力只在瞬时的平均运动中存在。瞬时运动方程不包含任何附加的湍流项。从瞬时运动方程到雷诺方程的转化使得湍流现象更加明显。采用时均的代价是引入未知的雷诺应力张量，而这来源于 N-S 方程中非线性的对流项。解决湍流问题的主要目标是利用适当的湍流模型，把雷诺应力张量与时均速度场联系起来。使用平衡方程来求解未知雷诺应力张量，与其他输运量一样，雷诺应力张量服从一般形式。这些平衡方程通常称为输运方程，是几乎所有新封闭方程假设的基础。

输运方程来源于微分瞬时 N-S 方程。罗塔（Rotta，1972）遵循严格的数学推导得到雷诺应力张量的输运方程为

$$\underbrace{\overline{v_k}\frac{\partial}{\partial x_k}(\overline{v_i' v_j'})}_{C}+\underbrace{\overline{v_i' v_k'}\frac{\partial \overline{v_j'}}{\partial x_k}+\overline{v_j' v_k'}\frac{\partial \overline{v_i'}}{\partial x_k}}_{P}+\underbrace{2\nu \frac{\partial \overline{v_i'}}{\partial x_k}\frac{\partial \overline{v_j'}}{\partial x_k}}_{DS}-\underbrace{\overline{\frac{p'}{\rho}\left(\frac{\partial v_i'}{\partial x_j}+\frac{\partial v_j'}{\partial x_i}\right)}}_{PSC}+$$

$$\underbrace{\frac{\partial}{\partial x_k}\left[\overline{v_i' v_j' v_k'}-\nu \frac{\partial}{\partial x_k}(\overline{v_i' v_j'})+\overline{\frac{p'}{\rho}(\delta_{kj} v_i'+\delta_{ki} v_j')}\right]}_{D}=0 \tag{6-63}$$

式中，C 为对流传输项；P 为湍流生成项，由时均速度梯度导致的雷诺应力张量生成；DS 为湍流耗散，本质上是一个负值；PSC 为压应力剪切关系式，对流动的重组作用与扩散 D 相似。时均速度梯度导致湍流的产生，能量来源于平均流动。张量方程有 9 个分量。令 $i=j$ 时得到湍动能 k 的输运方程。如果定义 $k=1/2\overline{v_j'^2}=1/2(\overline{u'^2}+\overline{v'^2}+\overline{w'^2})$，则湍动能的输运方程为

$$\underbrace{\overline{v_k}\frac{\partial k}{\partial x_k}}_{C}+\underbrace{\overline{v_j' v_k'}\frac{\partial \overline{v_j'}}{\partial x_k}}_{P}+\varepsilon+\underbrace{\frac{\partial}{\partial x_k}\left[\overline{\left(k+\frac{p'}{\rho}\right)v_k'}-\nu \frac{\partial k}{\partial x_k}-\nu \frac{\partial}{\partial x_j}(\overline{v_j' v_k'})\right]}_{D}=0 \tag{6-64}$$

式中，ε 为湍流耗散项，ε 可写为

$$\varepsilon = \nu \overline{\frac{\partial v'_j}{\partial x_k}\left(\frac{\partial v'_j}{\partial x_k} + \frac{\partial v'_k}{\partial x_j}\right)} \tag{6-65}$$

尽管雷诺应力张量可由输运方程描述，但不能解决封闭问题，因为这些方程包含未知关系函数。对关系函数可建立新的输运方程，它们本身包含新的未知关系式。张量阶数每一步增加1。

总之，封闭问题无法直接解决，未知量数量总是比方程多。唯一可能的解决方法是半经验封闭假设，它可以直接应用于雷诺方程，其中最简单形式为普朗特混合长度模型。

6.5.2 典型湍流模型

普朗特混合长度模型（Prandtl，1928）和泰勒（Taylor，1915）、冯·卡门（Karman，1931）以及范德里斯特（Van Driest，1956）提出的模型变体可以解决二维平板流动。通常的三维流动需要更高阶的湍流模型。他们使用一个或多个由改进的N-S方程导出的偏微分方程，这些方程对应湍动能 k、动能耗散 ε 和湍流应力张量组分 τ 等物理量。

采用湍动能的单一偏微分方程和湍流特征长度代数表达式的湍流模型称为单方程模型或 k-l 模型。另一个模型采用湍流动能及其耗散的偏微分方程，称为双方程 k-ε 模型。该模型由哈洛等（Harlow et al，1968）最早提出，由琼斯等（Jones et al，1972）及兰德等（Launder et al，1974）改进，技术上被广泛地应用，且几乎植入到所有商业软件中。很多 k-ε 模型使用壁函数来处理近壁区问题。另外，琼斯等（Jones et al，1972）以及陈（Chien，1982）已将附加项加到 k 和 ε 中，将它们的应用扩展到黏性底层（低湍流雷诺数（$k^{1/2}l/\nu$）区域）。对于复杂的湍流流动，如包含流动分离或严重物性变化的湍流，内模型很关键。复杂流动内部区域模拟的不确定性限制了 k-ε 模型的应用。但改进的 k-ε 模型可用于黏性底层（Jones et al，1972；Rodi，1980），该模型为著名的低雷诺数 k-ε 模型。部分研究人员也建议对 k-ε 模型进行修正以考虑浮力和流线曲率对湍流结构的影响。已经发展的大量其他双方程模型中使用最频繁的是（Ng et al，1972）模型和（Wilcox et al，1976）模型。所有这些模型都采用湍动能方程的模型形式，但模型的梯度扩散项不同。然而，最明显差异是模型第二输运方程自变量的选择，由这些自变量确定湍流特征长度。通常，双方程模型可共存；剪切应力湍流（shear stress turbulence，SST）模型是一个典型的例子。SST模型结合 k-ε 模型和 k-ω 模型的优势，其中 ω 是涡量，在管壁附近区域，使用 k-ω 模型得到黏性底层的解析解，对于 y^+ 值很小的黏性底层解析解是已知的(Wilcox,1986)。该模型使用混合函数实现了近壁区域 k-ω 模型与流体其他区域 k-ε 模型的匹配。

复杂的多方程模型涉及对湍流应力张量所有分量的偏微分方程求解,称为应力方程模型。在这些模型中,雷诺应力模型(reynolds stress model,RSM)假设湍流剪切应力与应变速率不成比例。二维不可压缩流动中为

$$-\rho\overline{u'v'} \neq \mu_t\left(\frac{\partial u}{\partial y}+\frac{\partial v}{\partial x}\right) \tag{6-66}$$

式中,μ_t 为湍流黏度,$\mu_t \sim \frac{k^2}{\varepsilon}$。与 k-ε 模型相比,RSM 需要至少三个附加的偏微分方程(partial differential equations,PDE),因此必须在模型中使用近似法和假设。在等温流动中,简化雷诺应力模型(如著名的代数应力或通量模型)很流行(Rodi,1981)。代数应力模型中,假设雷诺应力的传输与湍流动能的传输成比例,对于没有浮力效应的边界层流动,代数应力模型的结果为

$$\overline{u'v'}=C_\mu\frac{k^2}{\varepsilon}\frac{\partial u}{\partial y} \tag{6-67}$$

这与 k-ε 模型得到的结果一致。然而,在代数应力模型中,C_μ 是湍流动能生成与耗散比例的函数,不是常数。

6.5.3 边界层近似法

许多工程流动都具有边界层特征。6.3.2 节的层流边界层方程不能用于湍流中,因为波动速度在时间和空间上是快速变化的,它们的导数与其他项相比不可忽略(尽管绝对量级比平均量级小)。因此,边界层近似必须直接来源于雷诺方程和输运方程。湍流边界层方程推导过程与层流相似(Burmeister,1983; Anderson et al,1984)。对于二维流动,边界层方程可写为

$$\frac{\partial\bar{u}}{\partial x}+\frac{\partial\bar{v}}{\partial y}=0,\quad \rho\left(\bar{u}\frac{\partial\bar{u}}{\partial x}+\bar{v}\frac{\partial\bar{u}}{\partial y}\right)=-\frac{\mathrm{d}p_\delta}{\mathrm{d}x}+\frac{\partial}{\partial y}\left(\mu\frac{\partial\bar{u}}{\partial y}-\rho\overline{u'v'}\right) \tag{6-68}$$

式中,p_δ 是边界层与主流的边界压力。输运方程能用类似的推导过程得到,根据吉沙(Jischa,1982),可以得到二维流动剪切应力和湍动能输运方程,其形式为

$$\underbrace{\bar{u}\frac{\partial(\overline{u'v'})}{\partial x}+\bar{v}\frac{\partial(\overline{u'v'})}{\partial y}}_{C}+\underbrace{\overline{v'^2}\frac{\partial\bar{u}}{\partial y}}_{P}+\underbrace{2\nu\left[\overline{\frac{\partial u'}{\partial x}\frac{\partial v'}{\partial x}}+\overline{\frac{\partial u'}{\partial y}\frac{\partial v'}{\partial y}}+\overline{\frac{\partial u'}{\partial z}\frac{\partial v'}{\partial z}}\right]}_{DS}-$$

$$\underbrace{\overline{\frac{p'}{\rho}\left(\frac{\partial u'}{\partial y}+\frac{\partial v'}{\partial x}\right)}}_{PSC}+\underbrace{\frac{\partial}{\partial y}\left[\overline{u'v'^2}-\nu\frac{\partial}{\partial y}(\overline{u'v'})+\frac{\overline{p'u'}}{\rho}\right]}_{D}=0 \tag{6-69a}$$

$$\underbrace{\bar{u}\frac{\partial k}{\partial x}+\bar{v}\frac{\partial k}{\partial y}}_{C}+\underbrace{\overline{u'v'}\frac{\partial \bar{u}}{\partial y}}_{P}+\varepsilon+\underbrace{\frac{\partial}{\partial y}\left[\overline{\left(k+\frac{p'}{\rho}\right)v'}-\nu\frac{\partial k}{\partial y}-\nu\frac{\partial\overline{v'^2}}{\partial y}\right]}_{D}=0 \tag{6-69b}$$

两个输运方程中，除了局部压力波动，多数项可以通过实验测得。幸运的是，压力波动不会出现在湍动能方程中。

绝大多数的流动受管壁的限制，接近管壁，速度波动很小，因此雷诺剪应力接近零。

$$\lim_{y\to 0}\nu\frac{\partial \bar{u}}{\partial y}=\tau_w \tag{6-70}$$

假设管壁附近的二维充分发展湍流，所有的统计特性都只依赖于坐标 y。因为速度在轴向的导数为零，由连续性方程，y 轴方向上的平均速度也为零。在该特殊案例中，雷诺方程中的对流项和压力为零，余项为

$$0=\frac{\partial}{\partial y}\left(\mu\frac{\partial \bar{u}}{\partial y}-\rho\overline{u'v'}\right) \tag{6-71}$$

使用管壁处的边界条件，得

$$\frac{\tau_w}{\rho}=\nu\frac{\partial \bar{u}}{\partial y}-\overline{u'v'} \tag{6-72}$$

很明显，上式包含参数 ν、$\frac{\tau_w}{\rho}$，定义剪应力速度 u_τ 为

$$u_\tau=\sqrt{\frac{\tau_w}{\rho}}=u_0\sqrt{\frac{f}{2}} \tag{6-73}$$

式中，f 为摩擦系数，$f=2\tau_w/(\rho u_0^2)$。以此方式定义无量纲坐标 u^+ 和 y^+ 分别为

$$u^+=\bar{u}/u_\tau,\quad y^+=yu_\tau/\nu \tag{6-74}$$

管壁附近的速度分布以通用方式给出，即 $u^+=f(y^+)$。因为管壁附近流体速度波动为零，在无滑移条件下，可得到紧邻管壁 $f(y^+)$的解 $u^+=y^+$，即为黏性底层。黏性底层中分子剪切应力比雷诺应力大很多，随距离管壁距离的增加，雷诺应力增长很快，同时分子剪切应力部分可忽略。获得无量纲速度的对数表达式为

$$u^{+}=\frac{1}{C_{1}}\ln y^{+}+C_{2} \tag{6-75}$$

该表达式最初由普朗特在1932年确定。在黏性底层和完全湍流边界之间,存在一个转变层,此转变层流速可用很多不同对数函数表示。

对于各向异性湍流边界层到各向同性中心流的转变区域,不能应用对数定律,要引入所谓的尾迹定律。

6.5.4 小结

湍流边界层流动的数值预测主要以半经验方程封闭假设为基础,可直接在雷诺方程或输运方程中应用。一阶封闭方法的应用相当有限,大量应用的是更高阶的封闭假设。

半经验假设公式有很多实验数据可用,对于简单几何体内液态金属的强制对流,湍流动量传输可以准确描述。对充分发展强制对流的湍流动量传输,雷诺数是唯一的影响参数。因此,从标准工程手册得到的压力降关系式、摩擦系数和生成率及耗散率可应用于简单几何体流体。湍流动量传输与湍流能量传输完全不同,湍流能量传输中确定速度数据之后,还必须确定温度数据。如果雷诺数很大,应小心界定低传热速率液态重金属强制对流,特别是在水平配置实验中更应该注意这一点。

6.6 湍流能量传输

湍流能量传输的求解可采用与湍流动量传输类似的步骤。但液态金属中可用的湍流能量传输实验数据比湍流动量传输少,能量传输也可使用其他流体的数据。对实验边界条件的假定不同,从一个实验有时会推导出很多关系式。因此,很难给出湍流能量传输数据的准确度。

不可压缩流体的稳态流动能量方程为

$$\rho c_{p}\left(v_{k}\frac{\partial T}{\partial x_{k}}\right)=\lambda\frac{\partial^{2}T}{\partial x_{k}^{2}}\text{ 或 }\rho c_{p}\left(u\frac{\partial T}{\partial x}+v\frac{\partial T}{\partial y}+w\frac{\partial T}{\partial z}\right)=\lambda\left(\frac{\partial^{2}T}{\partial x^{2}}+\frac{\partial^{2}T}{\partial y^{2}}+\frac{\partial^{2}T}{\partial z^{2}}\right) \tag{6-76}$$

6.6.1 湍流能量传输的雷诺方程

当湍流流体涉及传热,瞬时温度 T_{i} 可分解为雷诺波动值和时均值。时均值一定不能与平均温度 T_{m} 混淆。前者是离散点的局部数据，后者是整个管道横截面的流动平均量。由雷诺方法导出以下方程

$$\rho c_p\left(\bar{v}_k \frac{\partial \bar{T}}{\partial x_k}\right)=\lambda \frac{\partial^2 \bar{T}}{\partial x_k^2} \underbrace{-\rho c_p \frac{\partial}{\partial x_k}(\overline{v_k' T'})}_{\mathrm{RH}} \tag{6-77}$$

式中，RH 为表观热流或虚拟热流，通常也称为雷诺热流。仅当采用瞬时平均方程时才会出现雷诺热流，它描述了源自速度波动分量的宏观热量传输。与雷诺剪应力张量相比，雷诺热流为矢量，这是因为与矢量动量相比，雷诺热流传输性质仅包含一个标量，也可导出热流输运方程。与动量传输相比，湍流能量传输是一个被动运输过程。

与动量传输相似，边界层近似也可用于能量方程。对二维不可压缩平均稳态流动为

$$\rho c_p\left(\bar{u} \frac{\partial \bar{T}}{\partial x}+\bar{v} \frac{\partial \bar{T}}{\partial y}\right)=-\frac{\partial}{\partial y}\left(-\lambda \frac{\partial \bar{T}}{\partial y}+\rho c_p \overline{v' T'}\right) \tag{6-78}$$

6.6.2 流体流动和传热参数

与层流剪切应力 τ 的牛顿摩擦定律类似，布西尼斯克(Boussinesq，1877)引入表观湍流应力的摩擦定律为

$$\tau=-\mu \frac{\partial \bar{u}}{\partial y}, \quad \tau_{\mathrm{tur}}=-\mu_{\mathrm{t}} \frac{\partial \bar{u}}{\partial y} \tag{6-79}$$

式中，μ_{t} 为表观黏度(也称为虚拟黏度或涡流黏度)。涡流黏度不像动力黏度 μ，它不属于流体性质，而与时均流速相关。与分子动量扩散率 ν 类似，通常用涡流动量扩散率 ε_{M} 表征湍流流动。ν 和 ε_{M} 分别为

$$\nu=\frac{\mu}{\rho}, \quad \varepsilon_{\mathrm{M}}=\frac{\mu_{\mathrm{t}}}{\rho} \tag{6-80}$$

与层流导热傅里叶定律类似，湍流导热定律为

$$q=-\lambda \frac{\partial \bar{T}}{\partial y}, \quad q_{\mathrm{tur}}=-\lambda_{\mathrm{tur}} \frac{\partial \bar{T}}{\partial y} \tag{6-81}$$

式中，λ_{tur} 为表观(虚拟或涡流)热导率，不属于流体性质，而依赖于时均流速和时均平均温度。与热扩散率 κ 类似，传热的涡流扩散率 ε_{H} 定义为

$$\kappa=\frac{\lambda}{\rho c_p}, \quad \varepsilon_{\mathrm{H}}=\frac{\lambda_{\mathrm{tur}}}{\alpha_p} \tag{6-82}$$

此外，与分子普朗特数 Pr 类似，引入湍流普朗特数 Pr_{t}

$$Pr=\frac{\nu}{\kappa},\quad Pr_{\mathrm{t}}=\frac{\varepsilon_{\mathrm{M}}}{\varepsilon_{\mathrm{H}}} \tag{6-83}$$

圆管实验显示，湍流普朗特数依赖于雷诺数 Re、分子普朗特数 Pr 和(y/R)表示的距管壁的距离，其关系式为

$$Pr_{\mathrm{t}}=f(Re,Pr,y/R)=\frac{\overline{u'v'}\dfrac{\partial T}{\partial y}}{\overline{v'T'}\dfrac{\partial u}{\partial y}} \tag{6-84}$$

埃克特和德雷克等(Eckert et al,1972)总结了包括液态重金属(HLM)在内的各种流体湍流普朗特数的测量实验。他们发现，由于实验十分困难，液态金属数据集之间无法建立满意的联系。福斯(Fuchs,1973)认为主要误差源为：

(1) 由测量温度和速度分布引入的温度和速度梯度误差；

(2) 因为缺少合适的测量技术，液态金属中不能确定 $\overline{v'T'}$ 关系式，从而引入误差。

考虑圆管中充分发展的湍流流动，管壁剪切应力 τ 和热流密度 q 可使用湍流传输物理量描述

$$\tau=(\mu+\rho\varepsilon_{\mathrm{M}})\frac{\mathrm{d}\bar{u}}{\mathrm{d}y}\quad 或 \quad \frac{\tau}{\rho}=(\nu+\varepsilon_{\mathrm{M}})\frac{\mathrm{d}\bar{u}}{\mathrm{d}y} \tag{6-85a}$$

$$q=-(\lambda+\rho c_{p}\varepsilon_{\mathrm{H}})\frac{\mathrm{d}\overline{T}}{\mathrm{d}y}\quad 或 \quad \frac{q}{\rho c_{p}}=-(\kappa+\varepsilon_{\mathrm{H}})\frac{\mathrm{d}\overline{T}}{\mathrm{d}y} \tag{6-85b}$$

1. 雷诺比拟

充分发展湍流中，除紧邻管壁区域外，均存在 $\nu\ll\varepsilon_{\mathrm{M}}$ 和 $\kappa\ll\varepsilon_{\mathrm{H}}$。假设湍流能量传输与湍流动量传输比值恒定，在 $\varepsilon_{\mathrm{M}}=\varepsilon_{\mathrm{H}}$ 极限情况下，可导出 $Pr_{\mathrm{t}}=1$，该假设称为雷诺比拟。

对于 $Pr_{\mathrm{t}}=1$，有如下关系：

$$c_{p}\mathrm{d}\overline{T}=-\frac{q}{\tau}\mathrm{d}\bar{u} \tag{6-86}$$

该式容易积分，假设管壁流体无滑移，管壁温度 T_{w} 为 $\overline{T}(y=0)$，对外层流动，在平均速度 $\bar{u}=u_{0}$ 且平均温度 $\overline{T}=T_{\mathrm{m}}$ 的位置定义两个值为

$$c_{p}\int_{T_{\mathrm{w}}}^{T_{\mathrm{m}}}\mathrm{d}\overline{T}=-\frac{q}{\tau}\int_{0}^{u_{0}}\mathrm{d}\bar{u}\quad 或 \quad c_{p}(T_{\mathrm{w}}-T_{\mathrm{m}})=\frac{q_{\mathrm{w}}}{\tau_{\mathrm{w}}}u_{0} \tag{6-87}$$

在管道中进行雷诺比拟，导出摩擦因子 c_{λ} 和斯坦顿数 St 为

$$c_\lambda = 8\frac{\tau_w}{\rho u_0^2},\quad St = \frac{Nu}{RePr} = \frac{c_\lambda}{8} \tag{6-88}$$

对于分子普朗特数 $Pr>0.71$ 的流体，雷诺比拟获得准确结果，因而被植入到许多使用 k-ε 模型的商业程序代码系统中。然而，它不能描述液态金属中的传热，因为液态金属的 $\varepsilon_M \sim \varepsilon_H$ 的关系和常数不满足这类流体特性。恒定普朗特数的假设意味着使用雷诺比拟法将导致各种各样的结果。

2. 普朗特比拟

使用该方法，流场分成两个区域：一个黏性底层和一个充分发展湍流。黏性底层中，分子黏度比涡流黏度大，分子热导率较涡流扩散率占主导地位，即 $\nu \gg \varepsilon_M$，$\kappa \gg \varepsilon_H$

$$\frac{\tau}{\rho} = \nu\frac{d\bar{u}}{dy},\quad \frac{q}{\rho c_p} = -\kappa\frac{d\bar{T}}{dy},\quad c_p d\bar{T} = -Pr\frac{q}{\tau}d\bar{u} \tag{6-89}$$

对于 $\bar{u}=u_1$ 且 $\bar{T}=T_1$，关系式能从管壁到层流底层边界积分。对于充分发展湍流，此模型使用 $\nu \ll \varepsilon_M$ 和 $\kappa \ll \varepsilon_H$ 条件下的雷诺比拟，式(6-85)可从底层边界到中心积分，结果为

$$c_p(T_w - T_m) = \frac{q}{\tau}u_0\left[1 + \frac{u_1}{u_0}(Pr-1)\right] \tag{6-90}$$

如果流体黏性底层的边界速度已知，因 $u^+=y^+$，令 $y^+=5$，可得著名的普朗特比拟关系式，进而斯坦顿数可表示为

$$St = \frac{Nu}{RePr} = \frac{c_\lambda/8}{1 + 5\sqrt{c_\lambda/8}(Pr-1)} \tag{6-91a}$$

对于 $Pr=1$，普朗特比拟与雷诺比拟相似。分子普朗特数的影响通过黏性底层得以体现。参数 $y^+=5$ 为任意设定，但湍流普朗特数随分子普朗特数的降低而升高，与很多实验结果相同，普朗特比拟只限于液态金属流动。除了黏性底层外，热边界层比黏性边界层大很多，建议湍流普朗特数设为1。

3. 冯·卡门比拟

依据普朗特思想，冯·卡门(Karman，1931)将流场分为三部分，而不是两部分，即黏性底层($y^+<5$)、过渡层($5<y^+<30$)和湍流尾流层($y^+>30$)。在中间过渡层中，假设分子和湍流物理量相同(例如 $\nu=\varepsilon_M$ 且 $\kappa=\varepsilon_H$)。格巴德(Gebhardt，1971)准确推导的斯坦顿数关系式为

$$St = \frac{Nu}{RePr} = \frac{c_\lambda/8}{1 + 5\sqrt{c_\lambda/8}(Pr - 1 + \ln[(5Pr+1)/6])} \tag{6-91b}$$

当 $Pr=1$ 时，即雷诺比拟。

6.6.3 湍流传热的实验观测

式(6-84)显示，估算任意一点的湍流普朗特数必须测量湍流剪切应力、湍流热流密度、速度梯度和温度梯度四个参数。这也是为什么在管道流动中直接测量湍流普朗特数很少，测量边界层中的湍流普朗特数几乎没有。

尽管实验存在很大困难，但仍能清楚知道液态金属湍流普朗特数远大于1，因为与分子黏性相比，液态金属具有更大的分子热导率。液态金属中，湍流较动量更容易把能量传输给毗邻的流体。因此，湍流普朗特数应该随着分子普朗特数的降低而增加。在充分发展流动中，管壁距离(y/R)对于湍流普朗特数有影响。在大多数实验研究中，随着流体与管壁的距离增加，Pr_t 会减小(Azer et al，1960; Davies，1969)。对于圆管中的充分发展湍流，福斯(Fuchs，1973)详细评估了当分子普朗特数 $Pr=0.007$ 时，Na 中局部湍流普朗特数与 y/R 的函数关系(图 6-7(a))。

湍流普朗特数除了依赖径向坐标外，平均湍流普朗特数也在很大程度上依赖于分子普朗特数(图 6-7(b))。液态金属中，平均湍流普朗特数实验数据非常离散。为了得到准确的结果，莱奥(Lyon，1951)从里昂积分(Lyon-Integral)中导出如下关系：

$$\int_0^1 \frac{\left(\int_0^{r/R} \frac{u}{u_0} r' \mathrm{d}r'\right)^2}{r\left(\frac{\varepsilon_M}{\nu}\frac{Pr}{Pr_t}+1\right)} \mathrm{d}r = \frac{1}{\overline{\frac{\varepsilon_M}{\nu}\frac{Pr}{Pr_t}+1}} \int_0^1 \frac{\left(\int_0^{r/R} \frac{u}{u_0} r' \mathrm{d}r'\right)^2}{r} \mathrm{d}r \tag{6-92}$$

假设湍流流体横截面上分子普朗特数恒定，则

$$Pr\overline{\frac{\varepsilon_M}{\nu}\frac{1}{Pr_t}} = \frac{Nu}{Nu_{\min}} - 1 \tag{6-93}$$

式中，$Nu_{\min}$ 是纯导热的努塞尔数。

基于实验观测，平均湍流普朗特数 Pr_{tm} 有如下特性：

(1) $Pr \geqslant 1$(空气、水和油等)，湍流普朗特数恒定且与雷诺数和分子普朗特数无关；

(2) 随着普朗特数和雷诺数的减小，普朗特数和雷诺数的影响均增加；

(3) 随着普朗特数和雷诺数的减小，湍流普朗特数增加。

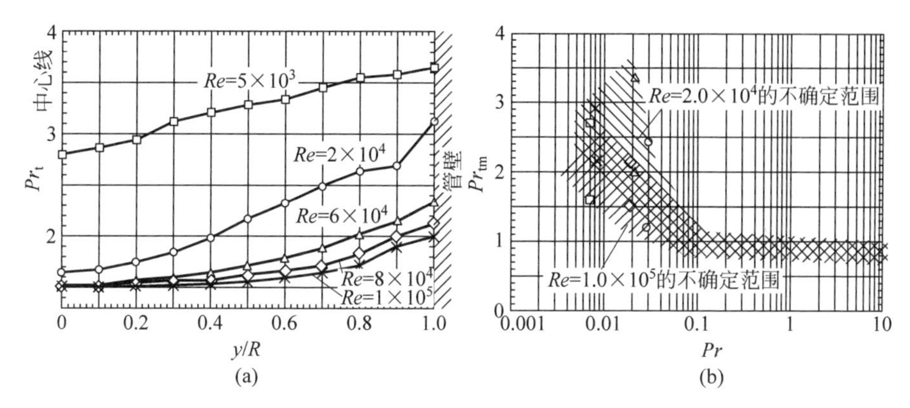

图 6-7　恒定管壁热流(q_w=const.)的圆管充分发展湍流

(a) 湍流普朗特数 Pr 与无量纲距离(y/R)关系；(b) $Re=2\times10^4$(空心符号)和 $Re=10^5$ 时不同分子普朗特数 Pr 测量的平均湍流普朗特数 Pr_{tm}

6.6.4　湍流传热方程的封闭方法

二维边界层或管流的湍流传热中,湍流普朗特数是所有理论的核心问题。研究人员已经发展了很多模型,预测了此条件下的湍流普朗特数 Pr_t。对于普朗特数很低的流体(液态金属),分子普朗特数对 Pr_t 值影响很大。此外,接近管壁处,管壁距离对湍流普朗特数的影响导致 Pr 值有增加的趋势。因为热边界层很薄,管壁附近 Pr_t 的增加对于高普朗特数流体很重要。在薄层外,对 $Pr>1$ 的流体,湍流普朗特数恒定。对于低普朗特数的流体(液态金属),Pr_t 强烈依赖于分子普朗特数。前人开发了 Pr_t 预测模型,考虑了 Pr_t 对分子普朗特数及管壁距离的依赖。原则上,这些模型或方法可分成四大类:

(1) 零阶或一阶的半经验或经验封闭方法;

(2) 湍流普朗特数的解析解;

(3) 不同阶湍流传热输运方程;

(4) N-S 方程的直接数值模拟。

1. 零阶或一阶的半经验或经验封闭方法

最简单的方法是纯经验关系式。在这些关系式中,湍流普朗特数来自不同实验数据的拟合(Notter,1969)。尽管一些研究人员试图预测涡流扩散率与分子扩散率比值和流动位置的关系,但鉴于模型间、模型和实验间,甚至不同实验间的矛盾结果,不能获得准确的解析解。按照纯经验关系式,昆士等(Kunz et al,1969)给出了圆管内液态金属湍流普朗特数为

$$Pr_t = \left(\frac{2}{3}\right)\exp\left[0.9\left(\frac{\varepsilon_M}{\nu}\right)^{0.64}\right] \tag{6-94}$$

使用此式，实验偏差约为±0.5，但不考虑径向坐标变化。鉴于实验结果的分散性，夸比等(Quarmby et al,1972; 1974)认为必须考虑湍流普朗特数与分子普朗特数和管道雷诺数的相关性，并得出实验关系式为

$$Pr_t = (1+400^{-y/R})^{-1} \tag{6-95}$$

这导致管壁附近湍流普朗特数 $Pr_t=0.5$，对于液态金属流动，该值相当低(图 6-7(a))，实验关系式确定管道中心处 $Pr_t \approx 1$，当 $Re > 5\times10^4$ 时，这是可以接受的。

单一混合长度模型更具理论性，这在传热传质比拟中已经提到。该模型试图考虑当流体微元穿过速度和温度梯度场时，周边流体和流体微元间瞬时动量和热量交换。最终该流体微元(认为是一个球体)与周围流体迅速混合，可以使用流体微元的最终特性计算能量传输速度。从雷诺比拟中可知湍流热量和湍流动量存在一定比例关系。20 世纪 50 年代初到 60 年代末，发展了几种类型的混合长度模型，其中最著名的是詹金斯(Jenkins,1951)改进的 Jenkins 型混合模型(见表 6-1)。

表 6-1　确定湍流普朗特数 Pr_t 采用的不同 Jenkins 型混合长度模型及其有效范围

作　者	函数形式	经验常数	有效范围
詹金斯(Jenkins,1951)	$f(Pr,\varepsilon_M/\nu)$	0	所有普朗特数
斯莱克等(Sleicher et al,1957)	$f(Pr,\varepsilon_M/\nu)$	$f(\varepsilon_M/\nu)$	所有普朗特数
罗什诺等(Roshenow et al,1960)	$f(Pr)$	1	$Pr \ll 1$
田(Tien,1961)	$f(Pr,\varepsilon_M/\nu)$	1	所有普朗特数
塞内查尔(Senechal,1968)	$f[y^2\nu'/(l_K)]$	1	$Pr < 1$

另一类混合长度模型是戴斯勒(Deissler)型(Deissler,1952)，适用于如液态金属等小普朗特数的流体。模型只考虑流动微元的传热，且温度梯度场内流体微元的特征长度与混合长度相关，假设此范围内仅存在分子扩散。这类模型及有效范围在表 6-2 中列出。与 Jenkins 模型存在问题相似，速度场需要直接与温度场耦合，但在实验中这两种模型的统计特性不同。

表 6-2　确定湍流普朗特数 Pr_t 采用的不同 Deissler 型混合长度模型及其有效范围

作　者	函数形式	经验常数	有效范围
戴斯勒(Deissler,1952)	$f(Pe)$	1	$Pr \ll 1$
利库迪斯等(Lykoudis et al,1958)	$f(Pr)$	1	$Pr \ll 1$

续表

作　　者	函数形式	经验常数	有效范围
青木(Aoki,1963)	$f(PrRe^{2.25})$	1	$Pr \ll 1$
水品等(Mizushina et al,1963)	$f(Pr, \varepsilon_M/\nu)$	3	$Pr<1$
水品等(Mizushina et al,1969)	$f(Pr, \varepsilon_M/\nu, a/l)$	3	$Pr<1$
塞泽尔等(Wassel et al,1973)	$f(Pr, \varepsilon_M/\nu)$	3	所有普朗特数

更先进的混合长度模型描述了更加精确的湍流行为。这类模型的典型特征不是使用不变的混合长度,而是引入离散单元,它穿过流体时获得或释放热量或动量。然而,该模型仍然存在一个假设,即动量传输和热量传输在统计学上基本类似。雷诺兹(Reynolds,1976)专门讨论了该类模型的优缺点。该模型看似与管道和平板间湍流普朗特数吻合良好,但不能解释温度和流场的瞬时行为。表 6-3 中列出这些模型。

表 6-3　确定湍流普朗特数 Pr_t 采用的不同的混合长度模型及其有效范围

作　　者	函数形式	经验常数	有效范围
阿泽尔等(Azer et al,1960)	$f(Pe, Pr, y/R)$	1+	$Pr \ll 1$
布列夫(Buleev,1962)	$f(Pr, Re, \text{geometry})$	5	所有普朗特数
德怀尔(Dwyer,1963)	$f(Pr, \varepsilon_M/\nu)$	2	$Pr \ll 1$
蒂尔德斯利等(Tyldesley et al,1968)	$f(Pr)$	1	所有普朗特数
蒂尔德斯利(Tyldesley,1969)	$f(Pr, ?)$	2	所有普朗特数
拉姆等(Ramm et al,1973)	$f(Pr, Re, \text{geometry})$	5+	所有普朗特数

这些半经验的封闭方法还包含另一组模型,它们以雷诺方程为基础,不直接形成输运方程。此外,凯斯等(Kays et al,1993)发展了 Pr_t 的预测模型,该模型适用于所有的分子普朗特数流体,包含两个经验常数,可由实验数据确定。塞贝奇(Cebeci,1973)采纳了 Van Driest 的思想,即管壁附近流体的混合长度衰减,提出了湍流普朗特数概念。这个模型通过在 Pr_t 中添加焓厚度 δ_T 项可扩展至管道中的液态金属流动中。对于液态金属流动,陈等(Chen et al,1981)的预测与实测的努塞尔数吻合良好。但由于 Pr_t 中使用焓厚度 δ_T 把附加的非线性特征引入能量方程,不易获得水动力充分发展流能量方程的解析解。此外,混合长度表达式中冯·卡门(V. Karman)常数在计算过程中的变化可能导致较大分子普朗特数流体出现错误结果。

2. 湍流普朗特数的解析解

雅可夫等(Yakhot et al,1987)提出了基于"重整化"群组分析方法的解析

解,求解过程不需输入任何经验数据,其简化方程为

$$\left[\frac{(Pr_{\mathrm{eff}}^{-1}-1.1793)}{(Pr^{-1}-1.1793)}\right]^{0.65}\left[\frac{(Pr_{\mathrm{eff}}^{-1}+2.1793)}{(Pr^{-1}+2.1793)}\right]^{0.35}=\frac{1}{1+\varepsilon_{\mathrm{M}}/\nu}$$

$$Pr_{\mathrm{eff}}=\frac{1+\varepsilon_{\mathrm{M}}/\nu}{\dfrac{\varepsilon_{\mathrm{M}}/\nu}{Pr_{\mathrm{t}}}+\dfrac{1}{Pr}} \tag{6-96}$$

但不确定该结果是否在整个边界层中有效,还是只适用于对数定律区域。该关系式得到的结果与几乎所有实验结果都能很好吻合,也适用更高分子普朗特数流体。凯斯(Kays,1994)采用渐近曲线拟合关系式(6-96),得

$$Pr_{\mathrm{t}}=\frac{0.7}{Pe_{\mathrm{t}}}+0.85,\quad Pe_{\mathrm{t}}=(\varepsilon_{\mathrm{M}}/\nu)Pr \tag{6-97}$$

式中,Pe_{t} 是湍流贝克来数。这与雷诺兹(Reynolds,1976)的定义相似,但雷诺兹的定义中 Pr_{t} 是整个边界层的平均值。

林等(Lin et al,2000)完善了亚霍特等(Yakhot et al,1987)的重整化群组分析。湍流普朗特数 Pr_{t} 与湍流贝克来数 Pe_{t} 的函数关系中引入微分参数,湍流贝克来数 Pe_{t} 的确定依赖于湍流涡流黏度 ε_{M}。Pr_{t} 和 Pe_{t} 的函数关系与亚霍特等(Yakhot et al,1987)所提出的相似,但其包含两个波动场的谱特征。最终有效湍流普朗特数 Pr_{eff} 与式(6-96)非常接近,即

$$\left[\frac{(Pr_{\mathrm{eff}}^{-1}-1)}{(Pr^{-1}-1)}\right]^{2/3}\left[\frac{(Pr_{\mathrm{eff}}^{-1}+2)}{(Pr^{-1}+2)}\right]^{1/3}=\frac{1}{1+\varepsilon_{\mathrm{M}}/\nu}$$

$$Pr_{\mathrm{eff}}=\frac{1+\varepsilon_{\mathrm{M}}/\nu}{\dfrac{\varepsilon_{\mathrm{M}}/\nu}{Pr_{\mathrm{t}}}+\dfrac{1}{Pr}} \tag{6-98}$$

为了模拟管壁边界湍流传热,丹克沃茨(Danckwerts,1951)首次引入表面更新概念,德里科利(Tricoli,1999)进一步将其完善。假定流体表面由层流流动补丁嵌合体覆盖,传输只通过分子扩散进行。这些流体补丁周期性地由新"流体补丁"替换,即"表面更新模型";或形成周期性生长和分解的黏性层,即"生长-分解模型",这是不稳定的一维模型。也有人提出,一定长度的稳态边界层中流体补丁重复排列。这些简单模型可以解释很多湍流传输中观察到的特征。德里科利(Tricoli,1999)模型假定湍流机械性的流动行为,模型涉及的物理量与湍流波动基本无关,仅仅这些变量便可预测湍流传热特性。他建立了以基本信息来预测湍流传热的理论,这些基本信息是流体热扩散率和正常湍流强度。该理论适用于 $Pr\ll 1$ 的不可压缩湍流传热,基于湍流传热主要参数,如湍流波动和分子动量热扩散率,但不包含"涡流扩散模型"中经验

关系式，或“表面更新”管壁传输机制。结果与管道中液态金属湍流传热实验数据和关系式吻合良好。当 $Pe>10^3$，不同热边界条件下圆管充分发展湍流的有效努塞尔数关系为

$$Nu_{(T_w=\text{const.})}=\frac{\pi^2}{12}Nu_{(q_w=\text{const.})} \tag{6-99}$$

3. 不同阶湍流传热输运方程

在湍流传热模型中，吉查等(Jischa et al，1979)首先使用输运方程。管壁法向热流边界层输运方程为

$$\underbrace{u\frac{\partial}{\partial x}(\overline{v'T'})+v\frac{\partial}{\partial y}(\overline{v'T'})}_{\text{对流项}}+\underbrace{\overline{v'^2}\frac{\mathrm{d}\overline{T}}{\mathrm{d}y}-\frac{\overline{u'v'}}{\rho c_p}\frac{\mathrm{d}\overline{p}}{\mathrm{d}x}}_{\text{湍流生成项}}-$$

$$\underbrace{\frac{1}{c_p}\overline{v'\varepsilon}+\frac{\nu(Pr+1)}{Pr}\overline{\frac{\partial v'}{\partial x_j}\frac{\partial T'}{\partial x_j}}}_{\text{损耗项}}-\underbrace{\overline{\frac{p'}{\rho}\frac{\partial T'}{\partial y}}}_{\text{重新分配项}}+\cdots+\underbrace{\frac{\partial}{\partial y}(\overline{v'^2T'}+\cdots)}_{\text{扩散项}}=0 \tag{6-100}$$

大体上，所有类型湍流输运方程都会显示同样的结构，包含对流项、湍流生成项、损耗项、重新分配项及扩散项。每一种新输运方程模型都包含未知的相互关系或时均项。建立流量传输、耗散或重新分配项公式后，挑战性任务是以合适的方式为这些未知的关系式或梯度建模，如采用布西尼斯克(Boussinesq)方法处理剪切应力，假定 $\overline{u'v'}\sim\partial\overline{u}/\partial y$。如简单的梯度方法与某个问题中传输过程不相匹配，可以假定额外的输运方程。

吉查等(Jischa et al，1979；1982)工作中假设湍流波动 $\overline{v'^2}$ 与湍流动能 k 成比例，对于湍动能耗散，则使用普朗特混合长度方法。因为分子热导不可忽略，液态金属中使用普朗特混合长度方法存在问题。最后假定，速度和温度波动梯度的耗散与湍流热流成比例，即$(\nu/Pr)\overline{\partial v'\partial T'}=C_D(\nu/Pr)\overline{v'T'}/L^2$，式中，$C_D$ 为常数，L^2 为特征长度的平方。这些假设简化了输运方程，方程中湍流热流是温度梯度的函数。由于只认为湍流热流为强制对流传输，因而该模型相当粗糙，但是它给出了湍流普朗特数与距管壁距离和雷诺数之间的关系。简化模型存在明显缺点，即假设湍流具有相似统计学行为，热涡流扩散率 ε_H 仍然与动量扩散率 ε_M 相关，另外它只对于高贝克来数纯强制对流有效，不能处理混合或浮力流动。

目前高阶湍流传热输运方程仍存在一定问题，而且得到的结果仅仅比低阶封闭方法结果稍好，这些封闭方法通常以涡流扩散为基础(Nagano et al，

1988)。因此,很多强制对流问题采用了考虑温度变化 $\overline{T'^2}$ 及其耗散 $\varepsilon_{T'^2}$ 的双方程模型(Grotzbach et al,2004; Karcz et al,2005),但在管壁附近需注意温度变化耗散速率。萨默等(Sommer et al,1992)、安倍等(Abe et al,1995)、鹿原等(Shikazono et al,1996)、邓等(Deng et al,2001)及永野(Nagano,2002)详述了预测 $\varepsilon_{T'^2}$ 的不同方法。

近壁流和浮力流都显示出强烈的各向异性。对这类流体,应采用湍流传热的二阶输运方程,即使用湍流热流矢量三个分量各自独立的输运方程(Grotzbach et al,2004)。该类湍流模型称为"浮力混合湍流模型"(turbulent model for buoyant flow mixing, TMBF)(Carteciano et al,1997)。

4. 直接数值模拟

原则上采用基于 N-S 方程的直接数值模拟(direct numerical simulation, DNS)方法可得到湍流传热问题的准确解。尽管过去这些年计算机内存容量和计算速度大幅提升,DNS 的应用仍局限于简单几何体的传热问题。随着计算机技术的进步,金等(Kim et al,1989)首次运用 DNS 计算轻微湍流,由于该流体雷诺数低,速度分布对数区确定很困难。近几年 DNS 研究集中于各向同性湍流(Kasagi et al,1993)、近壁流动(Kawamura,1998; 1999; Piller et al,2002)和浮力控制流(Otic et al,2005)的普朗特数效应,这些计算可以直接得到不同边界条件下热量和动量场的时空统计性质,而实验无法得到这些结果。因此,DNS 是目前验证输运方程模型计算代码完整性和精确性的唯一可用工具,它揭示了各模型的缺点和采用高阶封闭方法的可行性,尽管 DNS 距工程应用存在一定距离,仍被视为工程技术应用中先进湍流数值模拟的补充工具。

6.6.5 特定工程应用的液态金属传热关系式

1. 液态金属传热中的自由对流扰动

低雷诺数液态金属流中,自由对流很重要,其常改变温度和速度分布的对称性,从而影响传热。自由对流扰动出现于雷诺数高至 1.6×10^4 钠-钾(Na-K)流(Schrock,1964),雷诺数高至 1.1×10^5 的铅铋(Pb-Bi)流(Lefhalm et al,2003; 2004),水平管道内雷诺数高至 3×10^5 的汞流(Gardner,1969)和垂直圆形管道内雷诺数高至 9×10^4 的流体(Kowalski,1974)中。实验表明,随着热流密度增加,速度分布快速变化,高热流密度时,极限速度分布下中心速度低于平均速度。实验得到的努塞尔数,包括"充分发展管道流"在内,均依赖于几个参数,如管流方向向上或向下、管道水平或垂直、热流方向(冷却或加热)和瑞利数。图 6-8 给出水平管内存在自由对流扰动时,水银湍流努塞尔数随周向角度变化。布尔(Buhr,1967)估算该湍流努塞尔数的量级时引入参数 Z,其代表浮力与惯性力比值:

$$Z=\frac{Ra}{Re}\frac{d_{\mathrm{h}}}{L},\quad Ra=Gr\cdot Pr,\quad Gr=\frac{d_{\mathrm{h}}^{3}\beta g\Delta T}{\nu^{2}},\quad \Delta T=\frac{\mathrm{d}T}{\mathrm{d}x}d_{\mathrm{h}}\tag{6-101}$$

式中,Re 为雷诺数,d_{h} 为水力直径,Ra 为瑞利数,Gr 为格拉晓夫数,β 为膨胀系数,g 为重力常数,ν 为运动黏性系数,ΔT 为轴向温差。布尔(Buhr,1967)分析了竖直和水平管流的传热实验,发现当 $Z>2\times10^{-4}$ 时,自由对流影响强制对流努塞尔数,计算较大温差流体时宜采用平均温度 $T_{\mathrm{m}}=(T_{\mathrm{in}}+T_{\mathrm{out}})/2$ 的流体性质。

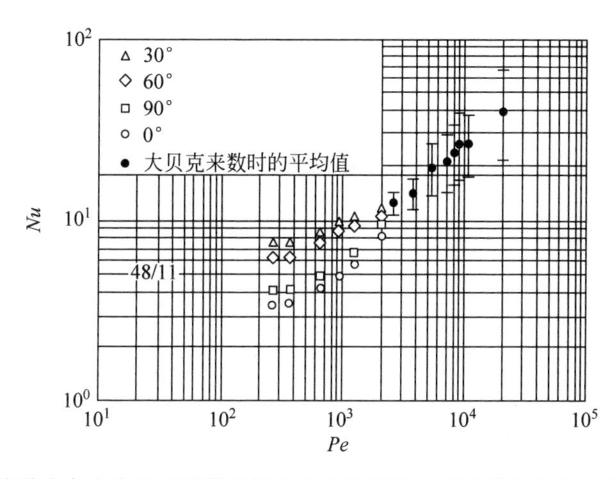

图 6-8　水平管道内存在自由对流扰动效应的水银湍流中不同周向角处局部努塞尔数 Nu

当流动为强制对流时,自由对流对强制对流传热的影响显而易见。浮力加强了液态金属向下的湍流传热,然而阻碍液态金属向上的湍流传热。浮力通过改变液态金属剪切应力分布间接影响对流传热。垂直向下流动中,浮力与平均流动方向相反,增大加热面的等温剪切应力,提高了生成湍流可能性,因此会加强传热;向上流动与之相反,浮力会减弱传热。如果温度梯度很大,浮力效应变得越来越重要,杰克逊(Jackson,1983)观测到在向上和向下流中都出现了传热加强的现象。在低贝克来数的"轻"碱金属等液态金属流体中,湍流涡流传导的重要性降低,浮力对传热影响比传统流体弱,然而,对于液态重金属,由于黏度低,浮力的作用至关重要。

图 6-9 展示的是努塞尔数与参数 Z 的函数关系,随着 Z 的增加,努塞尔数先降低后增加。Z 基本上与热流量成比例。当浮力增大到与流动惯性力同量

级时，努塞尔数最小，然后开始增加，最终接近极限值。由此可见，自由对流扰动效应影响努塞尔数的测量，该现象可解释液态金属传热努塞尔数的离散特性。因此，求解液态金属尤其是液态重金属传热时，必须考虑自由对流扰动效应。

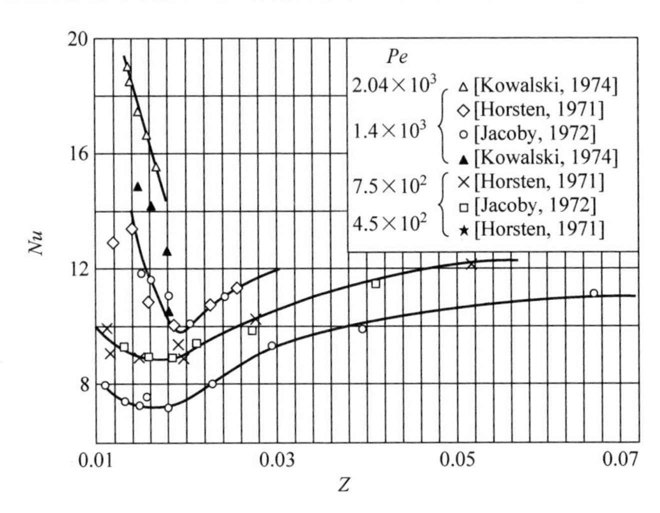

图 6-9　圆管内存在自由对流扰动效应的水银垂直向上湍流中努塞尔数 Nu 与参数 Z 的关系

2. 圆管内湍流传热

圆管内液态金属湍流传热可分为充分发展流（水动力或者热）、水动力发展流和热发展流三种情况。

(1) 充分发展湍流

沙阿等(Shah et al, 1981)总结了在恒定管壁温度(T_w=const.)或恒定管壁热流密度(q_w=const.)边界条件下 $Pr \ll 1$ 的流体在光滑圆管内湍流传热的理论和经验关系式，见表 6-4 和表 6-5。

表 6-4　恒定管壁温度条件下光滑圆管中 $Pr<0.1$ 的充分发展湍流努塞尔数

研究者	关系式	备　注
吉利兰德等(Gilliland et al, 1951)	$Nu=3.3+0.02Pe^{0.8}$	$0 \leqslant Pr \leqslant 0.1$ 和 $10^4 \leqslant Re \leqslant 5\times10^6$ 推测性描述边界条件
斯莱赫等(Sleicher et al, 1957)	$Nu=4.8+0.015Re^{0.91}Pr^{1.21}$	$0 \leqslant Pr \leqslant 0.1$ 和 $10^4 \leqslant Re \leqslant 5\times10^6$，预测值处于诺特等(Notter et al, 1972)的预测值的 −33%～+19.5%

续表

研究者	关系式	备注
哈特内特等(Hartnett et al,1957)	$Nu=Nu_{slug}+0.015Pe^{0.8}$,且$Nu_{slug}=5.78$,假定子弹头速度分布	$0\leqslant Pr\leqslant 0.1$ 和 $10^4\leqslant Re\leqslant 5\times 10^6$,预测值比诺特等(Notter et al,1972)的预测值低40%
阿泽尔等(Azer et al,1961)	$Nu=5+0.05Re^{0.77}Pr^{1.02}$	$0\leqslant Pr\leqslant 0.1$ 和 $10^4\leqslant Re\leqslant 5\times 10^5$,预测值处于诺特等(Notter et al,1972)预测值的−18.6%~+14.2%
诺特等(Notter et al,1972)	$Nu=4.8+0.0156Re^{0.85}Pr^{0.93}$	$0.004\leqslant Pr\leqslant 0.1$ 和 $10^4\leqslant Re\leqslant 10^6$,预测值基于数值分析和最小误差的实验数据集
陈等(Chen et al,1981)	$Nu=4.5+0.0156Re^{0.85}Pr^{0.86}$	$0\leqslant Pr\leqslant 0.1$ 和 $10^4\leqslant Re\leqslant 5\times 10^6$,预测值处于诺特等(Notter et al,1972)预测值的−2%~+36%

表6-5 恒定管壁热流密度条件下光滑圆管中 $Pr<0.1$ 的充分发展湍流努塞尔数

研究者	关系式	备注
里昂等(Lyon,1949;1951) 苏博京等(Subbotin et al,1961)	$Nu=5+0.025Pe^{0.8}$	$0\leqslant Pr\leqslant 0.1$ 和 $10^4\leqslant Re\leqslant 5\times 10^6$,预测值处于诺特等(Notter et al,1972)预测值的−6.5%~+33%
卢巴尔斯基等(Lubarski et al,1955)	$Nu=0.625Pe^{0.4}$	$0\leqslant Pr\leqslant 0.1$ 和 $10^4\leqslant Re\leqslant 10^5$,预测值比诺特等(Notter et al,1972)预测值低43%
斯莱赫等(Sleicher et al,1957)	$Nu=6.3+0.016Re^{0.91}Pr^{1.21}$	$0\leqslant Pr\leqslant 0.1$ 和 $10^4\leqslant Re\leqslant 5\times 10^6$,预测值处于诺特等(Notter et al,1972)预测值的−32%~+26%
哈特内特等(Hartnett et al,1957)	$Nu=Nu_{slug}+0.015Pe^{0.8}$,且$Nu_{slug}=8$,假定子弹头速度分布	$0\leqslant Pr\leqslant 0.1$ 和 $10^4\leqslant Re\leqslant 5\times 10^6$,预测值比诺特等(Notter et al,1972)预测值低44%

续表

研究者	关系式	备　注
德怀尔(Dwyer,1963)	$Nu=7+0.025\left[RePr-\frac{1.82Re}{(\varepsilon_M/\nu)_{max}^{0.14}}\right]^{0.8}\cdot$ $(\varepsilon_M/\nu)_{max}=0.037Re\sqrt{f}$	$0\leqslant Pr\leqslant 0.1$ 和 $10^4\leqslant Re\leqslant 5\times10^6$,预测值处于诺特等(Notter et al,1972)预测值的$-6.5\%\sim+31\%$
斯库品斯基等(Skupinski et al,1965)	$Nu=4.82+0.0185Pe^{0.827}$	$0\leqslant Pr\leqslant 0.1$ 和 $10^4\leqslant Re\leqslant 5\times10^6$,预测值处于诺特等(Notter et al,1972)预测值$-18\%\sim+22\%$
诺特等(Notter et al,1972)	$Nu=6.3+0.0167Re^{0.85}Pr^{0.93}$	$0.004\leqslant Pr\leqslant 0.1$ 和 $10^4\leqslant Re\leqslant 10^6$,预测值基于数值分析和最小误差的实验数据集
陈等(Chen et al,1981)	$Nu=5.6+0.0165Re^{0.85}Pr^{0.86}$	$0\leqslant Pr\leqslant 0.1$ 和 $10^4\leqslant Re\leqslant 5\times10^6$,预测值处于诺特等(Notter et al,1972)预测值的$-7\%\sim+34\%$
李(Lee,1983)	$Nu=3.01Re^{0.0833}$	$0.001\leqslant Pr\leqslant 0.02$ 和 $5\times10^3\leqslant Re\leqslant 10^5$,预测值处于诺特等(Notter et al,1972)预测值的$-44\%\sim+25\%$

(2) 水动力发展湍流

针对光滑圆管发展湍流问题,王(Wang,1982)给出了适用于工程应用的解析解,水动力入口区域速度分布为

$$\frac{u}{u_{max}}=\begin{cases}(y/\delta)^{1/7}, & 0\leqslant y\leqslant\delta\\ 1, & \delta\leqslant y\leqslant R\end{cases},\quad \frac{u_0}{u_{max}}=1-\frac{1}{4}\left(\frac{\delta}{R}\right)+\frac{1}{15}\left(\frac{\delta}{R}\right)^2 \tag{6-102}$$

式中,δ 为水动力边界层厚度,δ 随轴向坐标 x 的变化如下:

$$\frac{x/d_h}{Re^{1/4}}=1.4039\left(\frac{\delta}{R}\right)^{\frac{5}{4}}\left[1+0.1577\left(\frac{\delta}{R}\right)-0.1793\left(\frac{\delta}{R}\right)^2-\right.$$

$$0.0168\left(\frac{\delta}{R}\right)^3+0.0064\left(\frac{\delta}{R}\right)^4\Bigg] \tag{6-103a}$$

工程应用中，尽管采用 DNS 计算入口段长度问题比较准确，王(Wang，1982)推导的关系式与光滑圆管的水动力入口段长度$\frac{l_{hy}}{d_h}$也相符得很好。入口段长度定义为水动力边界层从管壁增长到管中心线的轴向距离，即

$$\frac{l_{hy}}{d_h}=1.3590\times Re^{1/4} \tag{6-103b}$$

(3) 热发展湍流

很多学者已采用解析法、数值法和实验研究了热发展湍流。

案例：$T_w=\text{const.}$

热入口段长度定义为局部努塞尔数 Nu_x 达到充分发展流努塞尔数 1.05 倍的轴向距离，即 $Nu_x=1.05\times Nu$。恒定管壁温度时，对不同普朗特数流体，诺特等(Notter et al，1972)计算的热入口段长度与雷诺数的函数关系如图 6-10(a)所示。陈等(Chen et al，1981)建议对于 x/d_h 和 $Pe>5\times10^2$ 的局部和平均努塞尔数，可以使用以下关系式：

$$\frac{Nu_x}{Nu_0}=1+\frac{2.4}{x/d_h}-\frac{1}{(x/d_h)^2},\quad \frac{Nu_m}{Nu_\infty}=1+\frac{7}{x/d_h}+\frac{2.8}{(x/d_h)}\ln\left[\frac{x/d_h}{10}\right] \tag{6-104}$$

式中，Nu_∞ 为充分发展流努塞尔数，其值推荐使用诺特-斯莱赫(Notter-Sleicher)关系式

$$Nu_\infty=4.5+0.0156Re^{0.85}Pr^{0.86} \tag{6-105}$$

案例：$q_w=\text{const.}$

格宁等(Genin et al，1978)发现热发展流的局部努塞尔数可由下式计算

$$Nu_x=Nu_\infty+0.006\left(\frac{x/d_h}{Pe}\right)^{-1.2},\quad Nu_\infty=5.6+0.0165Re^{0.85}Pr^{0.86} \tag{6-106a}$$

研究发现，在 $1.9\times10^2<Pe<1.8\times10^3$ 时，式(6-106a)可用。热入口段长度表示为

$$\frac{l_{th}}{d_h}=\frac{Pe}{1+0.002Pe} \tag{6-106b}$$

对于恒定管壁热流密度，热入口段长度$\frac{l_{th}}{d_h}$与雷诺数的函数关系如图 6-10(b)所示。

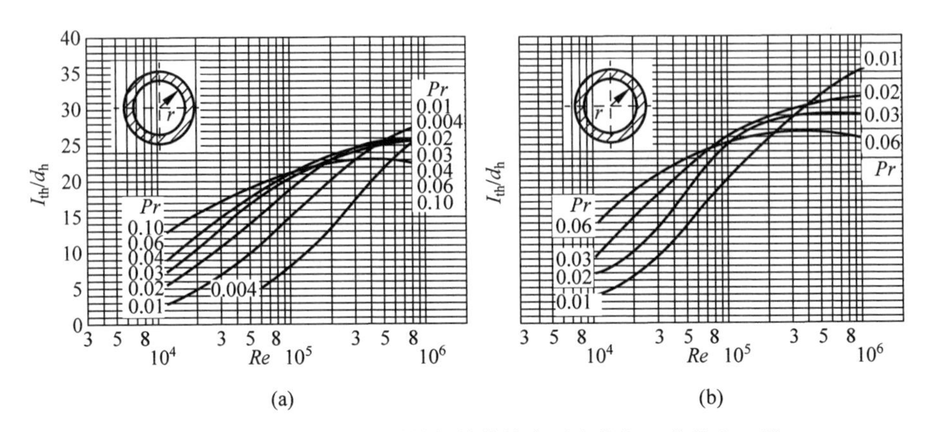

图 6-10　光滑圆管内不同普朗特数热发展流的归一化热入口段长度与雷诺数的函数关系(Notter et al,1972)

(a) T_w=const.;(b) q_w=const.

(4) 同时发展湍流

陈等(Chen et al,1981)给出了光滑圆管中液态金属入口速度均匀的同时发展流公式,当 $2 \leqslant x/d_h \leqslant 35$,$Pe > 5 \times 10^2$ 和 $Pr \leqslant 0.03$ 时,有效局部努塞尔数关系式为

$$\left.\begin{aligned} \frac{Nu_x}{Nu_\infty} &= 0.88 + \frac{2.4}{x/d_h} - \frac{1.25}{(x/d_h)^2} - A \\ \frac{Nu_x}{Nu_\infty} &= 1 + \frac{5}{x/d_h} + \frac{1.86}{(x/d_h)} \ln\left(\frac{x/d_h}{10}\right) - B \end{aligned}\right\} \tag{6-107}$$

式中,恒定管壁温度(T_w=const.)时,常量 A 和 B 分别为

$$A = \frac{40 - x/d_h}{190}, \quad B = 0.09 \tag{6-108}$$

恒定管壁热流密度(q_w=const.)时,A 和 B 均为零。

3. 矩形管道中的湍流传热

矩形管道中湍流传热的努塞尔数不仅依赖于传输到流体中的热流量,而且与管壁热边界条件、二次流对称性和转角形状、流体初始条件和许多其他因素相关,很难给出其工程关系式。对于矩形管道(恒定管壁温度,或恒定管壁热流密度)中液态金属充分发展湍流的努塞尔数,哈特内特等(Hartnett et al,1957)推导出一个简单关系式

$$Nu = \frac{2}{3} Nu_{slug} + 0.015 Pe^{0.8}, \quad \begin{cases} Nu_{slug} = 5.78, & T_w = \text{const.} \\ Nu_{slug} = 8.00, & q_w = \text{const.} \end{cases} \tag{6-109}$$

4. 棒束上的湍流传热

大多数液态金属棒束湍流传热实验是在三角形或六边形阵列中进行的。P为两个相邻燃料棒的中心距，D为燃料棒直径，P与D的比值范围为$1.0 < P/D < 1.95$，流体贝克来数范围在$2 \leqslant Pe \leqslant 4.5 \times 10^3$。参照大量实验数据和理论预测结果，推荐下面的公式用于三角形或六边形阵列中的棒束液态金属传热计算

$$\left.\begin{aligned} &Nu = Nu_{lam} + \frac{3.67}{90(P/D)^2}\left[1 - \frac{1}{\frac{1}{6}[(P/D)^{30} - 1] - \sqrt{1.24\varepsilon_K + 1.15}}\right] \cdot Pe^{m_l} \\ &m_l = 0.56 + 0.19\frac{P}{D} - 0.1\left(\frac{P}{D}\right)^{-80} \\ &Nu_{lam} = \left[7.55\frac{P}{D} - \frac{6.3}{(P/D)^{17(P/D)(P/D-0.81)}}\right] \cdot \\ &\qquad \left[1 - \frac{3.6P/D}{(P/D)^{20}(1 + 2.5\varepsilon_K^{0.86}) + 3.2}\right] \end{aligned}\right\} \tag{6-110}$$

层流努塞尔数Nu_{lam}最初由苏博京(Subbotin,1974)提出。热模型参数ε_K考虑了燃料(λ_1)、包壳(λ_2)和流体(λ_3)导热效应，即

$$\varepsilon_K = \frac{\lambda_2}{\lambda_3}\frac{1 - \Lambda_0(r_1/r_2)}{1 + \Lambda_0(r_1/r_2)}, \quad \Lambda_0 = \frac{\lambda_2 - \lambda_1}{\lambda_2 + \lambda_1} \tag{6-111}$$

式中，r_1和r_2为燃料棒距棒束中心的距离。对于周向恒定热流密度及恒定温度时，ε_K的极限值分别为0.01和无穷大。在$1 \leqslant P/D \leqslant 2$、贝克来数为$1 \leqslant Pe \leqslant 4 \times 10^3$和$0.01 \leqslant \varepsilon_K \leqslant \infty$范围内，式(6-110)有效。图6-11给出了不同P/D条件下式(6-110)计算的努塞尔数与贝克来数函数关系。

如果P/D大于1.3，ε_K的影响忽略不计，式(6-110)变为

$$Nu = 7.55\frac{P}{D} - 20\left(\frac{P}{D}\right)^{-13} + \frac{3.67}{90(P/D)^2} Pe^{0.19(P/D)+0.56} \tag{6-112}$$

此式在$1 \leqslant P/D \leqslant 2$且$1 \leqslant Pe \leqslant 4 \times 10^3$条件下有效。热工水力设计通常由子通道程序计算，需计算每个子通道内流体和表面的平均温度，掌握燃料棒表面温度的周向变化相对于平均温度更加重要。无量纲表面温度的周向变化由苏博京(Subbotin,1974; 1975)和乌沙科夫(Ushakov,1979)推导(如

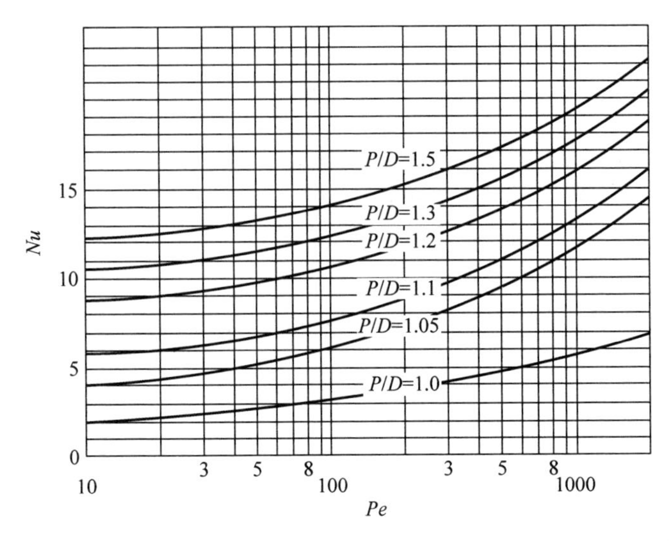

图 6-11 三角形阵列棒束中恒定棒壁热流密度的充分发展流努塞尔数 Nu 与贝克来数 Pe 和 P/D 的函数关系

式(6-113)),式中 $\Delta T_{\max,\text{lam}}$ 是棒束充分发展层流的最大温度变化。在 $1\leqslant P/D\leqslant 1.15$、$1\leqslant Pe\leqslant 2\times 10^3$ 和 $\varepsilon_K>0.2$ 范围内公式适用。

$$\left.\begin{aligned}
&\Delta T_{\max}=\frac{\Delta T_{\max,\text{lam}}}{1+\gamma Pe^{\beta}}\\
&\gamma=0.008(1+0.03\varepsilon_K),\quad \beta=0.65+\frac{51\cdot\log_{10}(P/D)}{(P/D)^{20}}\\
&\Delta T_{\max}=2\lambda_3\,\frac{T_w^{\max}-T_w^{\min}}{q_w D}\\
&\Delta T_{\max,\text{lam}}=\frac{0.022}{(P/D)^{3(P/D-1)^{0.4}}-0.99}\cdot\\
&\qquad\left\{1-\tanh\left[\frac{1.2\exp[-26.4(P/D-1)]+\ln\varepsilon_K}{0.84+0.2\left(\dfrac{P/D-1.06}{0.06}\right)^2}\right]\right\}
\end{aligned}\right\}\tag{6-113}$$

参考文献

OECD/NEA,2014. 铅与铅铋共晶合金手册——性能、材料相容性、热工水力学和技术[M]. 2007 版. 戎利建,张玉妥,陆善平,等译. 北京: 科学出版社.

ABE K, KONDOH T, NAGANO Y, 1995. A new turbulence model for predicting fluid flow and heat transfer in separating and reattaching flows. II. thermal field calculations[J]. Int. J. Heat Mass Transfer, 38: 1467-1481.

ANDERSON D A, TANNEHILL J C, PLETCHER R H, 1984. Computational fluid mechanics and heat transfer[M]. New York: Hemisphere.

AOKI S A, 1963. Consideration on the heat transfer in liquid metals[J]. Bull. Tokyo Inst. Tech, 54: 63-73.

AZER N T, CHAO B T, 1960. A mechanism of turbulent heat transfer in liquid metals [J]. Int. J. Heat and Mass Transfer, 1: 121.

AZER N T, CHAO B T, 1961. Turbulent heat transfer in liquid metals-fully developed pipe flow with constant wall temperature[J]. Int. J. Heat and Mass Transfer, 3: 77-83.

BHATTI M S, 1985. Fully developed temperature distribution in a circular duct tube with uniform wail temperature [M]. Granville (Ohio): Owens Corning Fiberglas Corporation.

BHATTIM S, 1985b. Limiting laminar heat transfer in circular and flat ducts by analogy with transient heat transfer problems [M]. Granville (Ohio): Owens Corning Fiberglas Corporation.

BIRD R B, STEWART W E, LIGHTFOOT E N, 1960. Transport phenomena[M]. New York: Wiley.

BOUSSINESQ J, 1877. Théorie d'écoulement tourbillant[D]. Paris: Mem. Pres. Acad. Sci., 23: 46.

BUHR H O, 1967. Heat transfer to liquid metals, with observations of the effect of superimposed free convection in turbulent flow[D]. Cape Town: Univ. Cape Town.

BULEEV N I, 1963. Theoretical model of the mechanism of turbulent exchange in fluid flow[M]. Moscow: USSR Acad. Sci.: 64-98.

BURMEISTER L C, 1983. Convective heat transfer[M]. New York: Wiley-Interscience.

CARTECIANO L N, WEINBERG D, MÜLLER U, 1997. Development and analysis of a turbulence model for buoyant flows[C]. Proceedings of the 4th World Conference on Experimental Heat Transfer, Fluid Mechanics and Thermodynamics, Brussels, Belgium: 1339-1347.

CEBECI T, 1973. A model for Eddv conductivity and turbulent prandtl number[J]. ASME Journal of Heat Transfer, 95: 227-234.

CHEN R Y, 1973. Flow in the entrance region at low reynolds number[J]. J. Fluids Engn., 95: 153-158.

CHEN C J, CHIOU JS, 1981. Laminar and turbulent heat transfer in the pipe entrance region for liquid metals[J]. International Journal of Heat and Mass Transfer, 24: 1179-1189.

CHIEN K Y, 1982. Prediction of channel of boundary layer flows with a low reynolds number turbulence model[J]. AMA J., 20 (1): 33-38.

DANCKWERTS P V, 1951. Significance of liquid-film coeffcients in gas absorption[J]. Ind. Eng. Chem., 43 (6): 1460-1467.

DAVIES F, 1969. Eddy viscosity and eddy conductivity: a statistical approach and experimental verification[D]. PhD Thesis ETH-Zurich, No. 4107.

DEISSLER R G, 1952. Analysis of fully developed turbulent heat transfer in at low peclet numbers in smooth tubes with application to liquid metals[R]. Ohio: Res. Memo E52F05 US Nat. Adv. Comm. Aero.

DENG R, WU W, XI S, 2001. A near-wall two-equation heat transfer model for wall turbulent flows[J]. Int. J. Heat Mass Transfer, 44: 691-698.

DWYER O E, 1963. Eddy transport in liquid metal teat transfer[J]. A. I. Ch. E. J., 9: 261-268.

DWYER O E, 1976. Liquid metal heat transfer [M]//FOUST O J. Sodium-NaK engineering handbook volume 2. Pennsylvania: Gordon and Breach: 73-191.

ECKERT E R G, DRAKE R M, 1972. Analysis of heat and mass transfer[M]. New York: McGraw-Hill Book Corporation.

FUCHS H, 1973. Warmeübergang an stromendes natrium [R]. Würenlingen: Eidgenössisches Institut für Reaktorforschung, Würenlingen Bericht Nr 241.

GARDNER R A, 1969. Magneto fluid mechanic pipe flow in a transverse magnetic field with and without heat transfer[D]. West Lafayette: Purdue University.

GEBHARDT B, 1971. Heat transfer[M]. New York: MacGraw Hill Book Corp.

GENIN L G, KUDRYAVTSEVA E V, PAKHOTIN Y A, et al, 1978. Temperature fields and heat transfer for a turbulent flow of liquid metal on an initial thermal section [J]. Teplofiz Vysokikh. Temp., 16(6): 1243-1249.

GILLILAND E R, MUSSER R J, PAGE W R. Heat transfer to mercury[M]. // Gen disc. on heat transfer. London: Inst Mech Eng and ASME, 1951: 402-404.

GRAETZ L, 1883. Uber die warmeleitungsfahigkeiten von flussigkeiten-part 1 [J]. Annal. Phys. Chem., 18: 79-94.

GRAETZ L, 1885. Uber die warmeleitungsfahigkeiten von flussigkeiten-part 2[J]. Ann. Phys. Chem., 25: 337-357.

GRIGULL U, TRATZ H, 1965. Thermischer einlauf in ausgebildeter laminarer rohrstromung[J]. Int. J. Heat and Mass Transfer, 8: 669-678.

GROTZBACH G, BATTA A, LEFHALM C-H, et al, 2004. Challenges in thermal and hydraulic analyses of ADS target systems[C]. 6th Int Conf on Nuclear Thermal hydraulics, Operations and Safety (NUTHOS6), Nara, paper ID N6P005, Japan.

HAUSEN H, 1943. Darstellung des wärmeübergangs in rohren durch verallgemeinerte potenzbeziehungen [J]. VDI-Zeitung, Suppl. Verfahrenstechnik, 4: 91-98.

HARLOW F H, NAKAYAMA P I, 1968. Transport of turbulent energy decay rate[R]. Los Alamos Scientific Laboratory, Report LA 3584.

HARTNETT J P, IRVINE T F, 1957. Nusselt values for estimating liquid metal heat transfer in non-circular ducts[J]. AIchE J., 3: 313-317.

HENNECKE D K, 1968. Heat transfer by hagen-poiseulle flow in the thermal development region with axial conduction[M]. // Wärme-und stoffübertragung (Vol 1). Berlin: Springer: 177-184.

HICKMAN H J, 1974. An asymptotic study of the nusselt-graetz problem (part 1): large x behaviour[J]. Int. J. Heat and Mass Transfer, 96: 354-358.

HORNBECK R W, 1964. Laminar flow in the entrance region of a pipe[J]. Appl. Sci. Res., A13: 224-232.

HORSTEN E A, 1971. Combined free and forced convection on turbulent flow of mercury [D]. Cape Town: University of Cape Town.

HSU C J, 1965. Heat transfer in a round tube with sinusoidal wall heat flux distribution [J]. AIchE J, 11: 690-695.

JACKSON J D, 1983. Turbulent mixed convection heat transfer to liquid sodium[J]. Int. J. Heat Fluid Flow, 4: 107-111.

JACOBY J K, 1972. Free convection distortion and eddy diffusivity effects in turbulent mercury heat transfer[D]. West Lafayette: Purdue University.

JENKINS R, 1951. Variation of the eddy conductivity with prandtl modulus and its use in prediction of turbulent heat transfer coefficients[C]. Proc. of the Heat Transfer and Fluid Mechanics Institute, Stanford University Press, Stanford.

JISCHA M, 1982. Konvektiver impuls-, wärme- und stoffaustausch[M]. Braunschweig: Vieweg Verlag (in German).

JISCHA M, RIEKE H B, 1979. About the prediction of turbulent prandtl numbers and schmidt numbers from modelled transport equations[J]. Int. J. Heat and Mass Transfer, 22: 1547-1555.

JONES W P, LAUNDER B E, 1972. The prediction of laminarization with a two-equation model of turbulence[J]. Int. J. Heat and Mass Transfer, 15: 301-314.

KARCZ M, BADUR J, 2005. An alternative two-equation turbulent heat diffusivity closure[J]. Int. J. of heat and Mass Transfer, 48: 2013-2022.

KARMAN V, 1931. Mechanische ahnlichkeit und turbulenz[J]. Nachrichten von der Gesellschaft der Wissenschaften zu Göttingen. Mathematisch-physikalische Klasse, 5: 58-76.

KASAGI N, OHTSUBO Y, 1993. Direct numerical simulation of low prandtl number thermal field in a turbulent channel flow, in turbulent shear flows, Vol 8[M]. Berlin: Springer: 97-119.

KAWAMURA H, ABE H, MATSUO Y, 1998. DNS of turbulent heat transfer in channel flow with respect to reynolds and prandtl number effects[J]. Int. J. of Heat and Fluid Flow, 20: 196-207.

KAWAMURA H, OHSAKA K, ABE H, et al, 1998. DNS of turbulent heat transfer in channel flow with low to medium-high prandtl number fluid[J]. Int. J. of Heat and Fluid Flow, 19: 482-491.

KAYS W M, CRAWFORD M E, 1993. Convective heat and mass transfer [M]. 3rd ed. New York: McGraw-Hill.

KAYS W M, 1994. Turbulent prandtl number-where are we[J]. Trans of the ASME, 116: 285-295.

KIM J, MOIN P, 1989. Transport of passive scalars in a turbulent channel flow[M]// ANDRÉ J, et al. Turbulent shear flows 6. Berlin: Springer: 85-96.

KOWALSKI D J, ANDRE J C, COUSTEIX J, et al, 1974. Free convection distortion in turbulent mercury pipe flow[D]. West Lafayette: Purdue University.

KUNZ H R, YERAZUNIS S, 1969. An analysis of film condensation, film evaporation and single phase heat transfer for liquid prandtl numbers from 10^{-3} to 10^{4} [J]. J. Heat Transfer, 91C: 413-420.

LAUNDER B E, SPALDING D B, 1974. The numerical computation of turbulent flows [J]. Comp. Meth. Appl. Mech. Eng., 3: 269-289.

LEE S L, 1983. Liquid metal heat transfer in turbulent pipe flow with uniform heat flux [J]. Int. J. Heat and Mass Transfer, 26: 349-356.

LEFHALM C H, TAK N I, GROETZBACH G, et al, 2003. Turbulent heat transfer along a heated rod in heavy liquid metal flow[C]. Proceedings of the 10th International Topical Meeting on Nuclear Reactor Thermal Hydraulics (NURETH-10), Seoul, Korea.

LEFHALM C H, TAK N I, PIECHA H R, et al, 2004. Turbulent heavy liquid metal heat transfer along a heated rod in an annular cavity[J]. Journal of Nuclear Materials, 335: 280-285.

LEVEQUE M A, 1928. Le lois de la transmission de chaleur par convection[J]. Ann. Mines, Mem., Serie 12: 13201-299, 305-362, 381-415.

LIN B S, CHANG C C, WANG C T, 2000. Renormalization group analysis for thermal turbulent transport[J]. Physical review E, 63: 16304-16311.

LUBARSKI B, KAUFMAN S J, 1955. Review of experimental investigations of liquid metal heat transfer[R]. NACA Technical Note, TN-3336.

LYKOUDIS P S, TOULOUKIAN Y S, 1958. Heat transfer in liquid metals[J]. Trans. Am. Soc. Mech. Engnrs, 80: 653-666.

LYON R N, 1949. Forced convection heat transfer theory and experiments with liquid metals (USAEC Report)[R]. Oak Ridge National Laboratory, ORNL-361.

LYON R N, 1951. Liquid metal heat transfer coefficients[J]. Chem. Engng. Progr., 47(2): 75-79.

MICHELSON M L, VILLADSEN J, 1974. The graetz problem with axial heat conduction [J]. Int. J. Heat and Mass Transfer, 17: 1391-1402.

MIZUSHINA T, ITO R, OGINA F, et al, 1969. Eddy diffusivities for heat in the region near the wall[J]. Mem. Fac. Engng., Kyoto Univ., 31: 169-181.

MIZUSHINA T, SASANO T, 1963. The ratio of the eddy diffusivities of heat and momentum and its effect on the liquid metal heat transfer[J]. Int Dev. Heat Trans., 662-668.

NAGANO Y, KIM C A, 1988. Two-equation model for heat transport in wall turbulent shear flows[J]. Trans. ASME, J. Heat Transfer, 110: 583.

NAGANO Y, 2002. Modelling heat transfer in near-wall flows[M]// LAUNDER B E, SANDHAM N D. Closure strategies for modelling turbulent and transitional flows. Cambridge: Cambridge University Press.

NG K H, SPALDING D B, 1972. Turbulence model for boundary layers near walls[J]. Phys. Fluids, 15: 2030.

NOTTER R H, SLEICHER C H, 1972. A solution to the turbulent graetz-problem iii fully developed and entrance region heat transfer rates[J]. Chem Eng. Sci., 27: 2073-2093.

NOTTER R H, 1969. Two problems in turbulence [D]. Seattle: University of Washington.

OECD/NEA, 2015. Handbook on lead-bismuth eutectic alloy and lead properties, materials compatibility, thermal-hydraulics and technologies [M]. 2015 ed. Organization for Economic Cooperation and Development, NEA. No. 7268.

OTIC I, GROTZBACH G, WORNER M, 2005. Analysis and modelling of the temperature variance equation in tur bulent natural convection for low-prandtl-number fluids[J]. J. Fluid Mech., 525: 237-261

PILLER M, NOBILE E, HANRATTY T J, 2002. DNS study of turbulent transport at low Prandtl numbers in a channel flow[J]. J. Fluid Mech., 458: 419-441.

PRANDTL L, 1928. Bemerkungen uber den Warmeubergang in einem Rohr[J]. Phys. Z, 29: 487-489.

QUARMBY A, QUIRK R, 1972. Measurements of the radial and tangential eddy diffusivities of heat and mass in turbulent flow in a plain tube[J]. Int. J. Heat and Mass Transfer, 15: 2309-2327.

QUARMBY A, QUIRK R, 1974. Axisymmetric and non-axisymmetric turbulent diffusion in a plain circular tube at high schmidt number[J]. Int. J. Heat and Mass Transfer, 17: 143-148.

RAMM H, JOHANNSEN K, 1973. Radial and tangential turbulent diffusivities of heat and momentum in liquid metals[J]. Prog. Heat and Mass Transfer, 7: 45-58.

REED C B, 1987. Convective heat transfer in liquid metals[M]// KAKAC S, SHAH R, AUNG W. Handbook of single phase convective heat transfer. New Jersey: John Wiley & Sons.

REYNOLDS W C, 1976. Computation of turbulent flows[J]. Ann. Rev. Fluid Mech., 8: 183-208.

RODI W, 1980. Turbulence models and their application in hydraulics[M]. Delft: CRC Press.

RODI W, 1981. Progress in turbulence modelling for incompressible flows[C]. 19th Aerospace Sciences Meeting: 81-0045.

ROSHENOW W M, COHEN L S, 1960. Turbulent transfer of heat[R]. MIT Heat Transfer Lab Report.

ROTTA J C, 1972. Turbulente stromungen[M]. Berlin: B. G. Teubner Stuttgart.

SCHROCK S L, 1964. Eddy diffusivity ratio in liquid metals[D]. West Lafayette: Purdue University.

SENECHAL M, 1968. Contribution to convection theory for liquid metals[D]. Paris: These 3e cycle.

SHAH R K, JOHNSON R S, 1981. Correlations for fully developed turbulent flow through circular and non circular channels[C]. Proc. 6th Int Heat and Mass Transfer Conf, Indian Inst of Techn. , Madras, India.

SHAH R K, LONDON A L, 1978. Laminar flow forced convection in ducts, supplement 1 to advances in heat transfer[M]. New York: Academic Press.

SHIKAZONO N, KASAGI N, 1996. Second-moment closure for turbulent scalar transport at various prandtl numbers [J]. Int. J. Heat Mass Transfer, 39: 2977-2987.

SKUPINSKI E, TORTEL J, VAUTREY L, 1965. Determination des coefficients de convection d'un allage sodium-potassium dans un tube circulaire[J]. Int. J. Heat and Mass Transfer, 8: 937-951.

SLEICHER C A, TRIBUS M, 1957. Heat transfer in a pipe with turbulent flow and arbitrary wall temperature distribution[J]. Trans. ASME, 79: 789-797.

SOMMER T P, SO R M, LAI Y G, 1992. A near-wall two-equation model for turbulent heat fluxes[J]. Int. J. Heat Mass Transfer, 35: 3375-3387.

SUBBOTIN V I, USHAKOV P A, ZHUKOV A V, et al, 1975. Heat transfer in cores and blankets of fast breeder reactors-a collection of reports[C]. Symp. of CMEA Countries Present and Future Work on Creating AES with Fast Reactors, Obninsk, Vol 2.

SUBBOTIN V I, USHAKOV P A, GABRIANOVICH B N, et al, 1961. Heat exchange through the flow of mercury and water in a tightly packed rod pile[J]. Sov. At. Energy, 9: 1001-1009.

TAYLOR G I, 1915. Transport of vorticity and heat through fluids in turbulent motion [M]. London: Phil. Trans. Roy. Soc. : 1-16.

TIEN C L, 1961. On jenkins model of eddy diffusivities for momentum and heat[J]. J. Heat Transfer, 83C: 389-390.

TRICOLI V, 1999. Heat transfer in turbulent pipe flow revisited-similarity law for heat and momentum transport in low prandtl number fluids[J]. International Journal of

Heat and Mass Transfer, 31: 153-1540.

TYLDESLEY J R, 1969. Trasnport phenomena in free turbulent flows[J]. Int. J. Heat and Mass Transfer, 12: 489-496.

TYLDESLEY J R, SILVER R S, 1968. The prediction of transport properties of a turbulent fluid[J]. Int. J. Heat and Mass Transfer, 11: 1325-1340.

USHAKOV P A, 1979. Problems of heat transfer in cores of fast breeder reactors, heat transfer and hydrodynamics of single-phase flow in rod bundles[M]. Leningrad: Izd. Nauka (in Russian).

VAN DRIEST E R, 1956. On turbulent flow near a wall[J]. J Aerosp. Sci., 23: 1007-1011.

WASSEL A T, CATTON I, 1973. Calculation of turbulent boundary layers over flat plates with different phenomenological theories of turbulence and variable turbulent prandtl number[J]. Int. J. Heat and Mass Transfer, 16: 1547-1563.

WESLEY D A, SPARROW E M, 1976. Circumferentially local and average heat transfer coefficients in a tube downstream of a tee[J]. Int. J. Heat and Mass Transfer, 19: 1205-1214.

WILCOX D C, TRACI R M, 1976. A complete model of turbulence[C]. AIAA 9th Fluid and Plasma Dynamics Conference, San Diego.

WILCOX D C, 1986. Multiscale model for turbulent flows[C]. AIAA 24th Aerospace Science Meetings, American Institute of aeronautics and Astronautics.

YAKHOT V, ORSZAG S A, YAKHOT A, 1987. Heat transfer in turbulent fluids pipe flow[J]. Int. Heat Mass Transfer, 30: 15-22.

WANG Z Q, 1982. Study of correction coefficients of laminar and turbulent entrance region effect in round pipe[J]. Appl. Math. Mech., 3(3): 433-446.

第7章 铅合金检测与测量及实验设施

7.1 检测与测量技术

在液态金属冷却快堆系统中使用的铅或铅铋合金具有密度高、腐蚀性强和不透明等特点，并且与其接触的传感器还需经受200～550℃甚至更高温度的考验。虽然在过去几十年中用于钠冷快堆液态金属钠的检测和测量技术取得了较大的进展，但是由于铅合金的特殊性，这些技术大多很难直接应用到液态铅合金中。

一般而言，流体测量仪表可分为两类：一类是对系统参数的测量（如流量、系统压强、平均温度）；另一类是对局部参数的测量（如速度、空隙分布、热流、表面结构和形状）。当然，这两类之间没有严格的区分界限。

7.1.1 流量计

虽然许多方法可以用来测量管道中流体的流量，但是由于液态铅合金的特殊物理和化学性质，部分方法一开始就被排除在外。譬如，不透明是所有液态金属的共性，因此所有定性和定量测量流体的光学方法均不可用。

1. 电磁流量计

1）直流电磁流量计

（1）测量原理

当用于安装流量计的空间很小或所测液体流量很低时，主要使用永磁型流量计（permanent magnet flow meter，PMFM）。根据法拉第定律，与磁场垂直的电流体会诱导出一个电场，电场的强度与流速成正比，因而可以用与管壁极性相反且方向垂直于流速和磁场的电极对电场强度进行测量，如图7-1(a)所示。

（2）潜在误差来源和正确安装方法

当电极附近聚集的杂质很多时，电压信号变化会非常大，流量计的线性关系会被破坏，使流量计不再适用。此外，管壁处的电极和流体形成的电流会产生一个依赖于温度、液流、压力、流体化学性质和钢管壁表面所处情况的

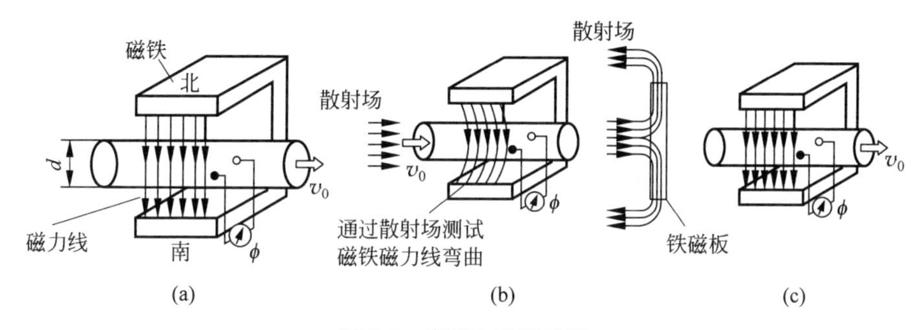

图7-1　直流电磁流量计

(a) 测量原理；(b) 散射磁场的影响；

(c) 在直流磁场情况下用铁磁平板屏蔽法来保护电磁流量计免受散射磁场的干扰

额外电压，这个电压在两个电极上不一样，对电压信号造成理论上不可计算的干扰，因而使用前必须校正。

另外，需要提醒的是，工作过程中边界条件会发生变化，因此定期校正非常重要。尤其是液态铅铋合金对导电结构材料润湿行为的不确定性，会导致即使在同一天中测量的数据也不准确。流体可能会以黏着的方式润湿管壁，在这种情况下管中压力的下降代表着其表面的润湿。由于管壁和流体之间存在接触电阻，而且铅合金的电导率与大多数结构材料(如钢)的电导率 σ_{LM} 具有相同的数量级，因此永久磁场引发的电流将会分别在流体和管壁中形成短路。与此相反，对于Na或钠钾系统，由于 $\sigma_{LM}/\sigma_{wall} \gg 1$，电流主要集中在流体中。

因为大的永磁材料覆盖着整个管道横截面，在这些截面中流量的测量会有很多误差出现(尤其是在低流量的时候)。如果管道中的流体是分层的，磁场只垂直于流体横截面的一部分，那么非均匀磁场会改变管道中的各流层流动分布。这会导致穿过平均磁场的电势变小，引起对流量的低估。

如图7-1(b)所示，如果施加的磁场被其他稳定磁场干扰，磁感应线会弯曲，此时测量的流量不再准确。如果将一个高磁导率的铁板($\mu_r \gg 1$)放在流量计和散射磁场之间，散射磁场受到屏蔽而主要集中在铁板上，因此测量区域的磁场保持不变，如图7-1(c)所示。平板厚度可以使用磁场势公式计算，一般几毫米厚的铁板就可以抵消1特斯拉磁场。平板方法只适用于直流磁场，在交流情况下必须用铁磁材料把流量计包裹起来。

2) 交流电磁流量计

(1) 测量原理

交流电磁流量计(electromagnetic frequency flow meter，EMFM)的测量

原理是，磁场 B 中导电流体的流动会产生一个感应磁场 B'，此感应磁场在一阶近似的情况下与流量成正比。这种方法涉及一个与流体电导率 σ 成正比的效应。实际上，在已知流体速度的情况下，可以使用此法来测量电离气体的电导率。EMFM 吸引人的地方在于它是直接的电信号，并不需要转换器，因此它的时间分辨率非常高。此外，为了获得信号，传感器和流体之间不能直接接触，因而材料的兼容性显得非常重要。

莱赫德等（Lehde et al，1948）最早提出 EMFM 的设想，其构造如图 7-2 所示。在线圈 A 和 C 中提供连续反向的电流用以产生如图 7-2 底部所示的交变磁场。当流体静止时场是对称的，根据感应方程，在线圈 B 中不会有信号。一旦发生流动，则线圈 B 中会出现信号，在一阶近似下此信号与流量成正比。需要特别注意的是，在没有流动时不会有信号产生，并且在实际情况中不会产生如此严格对称的信号波。因此，测量系统制造精度要非常高，否则真实信号可能会淹没在噪声信号中。

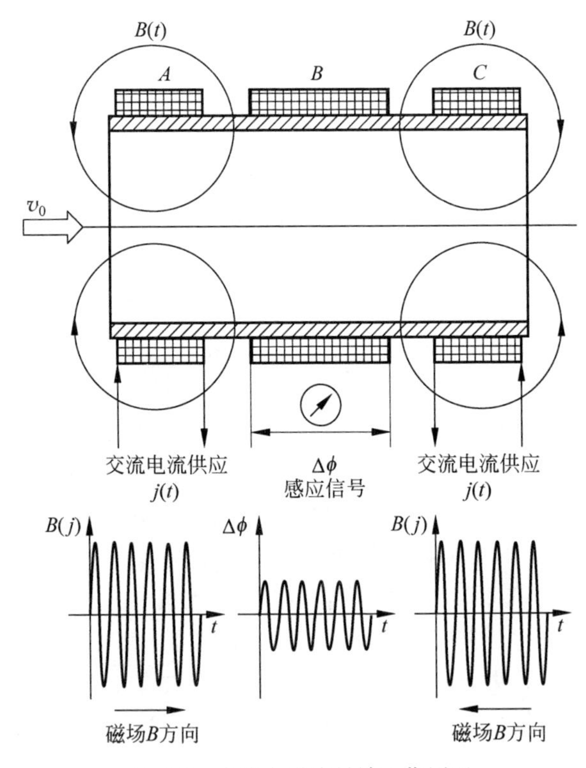

图 7-2　交流电磁流量计工作原理

(2) 潜在误差来源和正确安装方法

磁雷诺数 Re_m 定义为 $Re_m=\mu_0\sigma(T)u_m d$，其中 μ_0 为真空磁导率，其值为 $4\pi\times10^{-7}\mathrm{N/A^2}$，$\sigma$ 为流体在特定温度下的电导率，u_m 为管道中的平均流动速度，d 为直径。只有当磁雷诺数 $Re_m\ll1$ 时，信号才与流速成线性关系。如果外加磁场 B 大到足以扰乱流动形态时，将会发生其他非线性行为。磁效应可以用哈脱曼数 Ha 和斯图尔特数 St 表示。其中，哈脱曼数是用来评价电磁力和黏性力哪个更重要的参数；而斯图尔特数常被称为相互作用参数，用来表征流体内部电磁力与流体惯性力的比值。这两个数的计算公式如下(Shercliff，1987)：

$$Ha=dB_{\max}\sqrt{\frac{\sigma(T)}{\rho(T)\cdot\nu(T)}},\quad St=\frac{d\sigma(T)B_{\max}^2}{\rho(T)u_m}\tag{7-1}$$

式中，ρ 为流体密度，$B_{\max}$ 为最大磁感应强度，ν 为流体的运动黏度。

对于传感线圈存在抵消效应。一方面，在不使用复杂交流放大器的情况下，需要很多的线圈匝数来检测最小流量；另一方面，线圈匝数越多，线圈的拾取效应问题(杂散交流信号叠加在流动依赖信号)也就越明显。拾取信号的主要来源是附近设备所释放的杂散的交变电磁场，如电磁泵、交流电源驱动的电风扇、电脑等。这些影响永远都无法完全消除，所以我们不得不花费大量的精力把有用信号从杂散信号中分离出来。流体流动依赖信号和拾取信号是正交的，前者正比于磁场强度而后者正比于其对时间的导数(Davidson，2001)，根据此原理我们可以将两者区分开。这种校正还能帮助我们制造出更加精密的电学设备。

由于材料非线性产生的谐频效应或者电容拾取效应，附近固态和液态导体中的涡旋电流引发的相位漂移会增加测量的复杂性。另一复杂性来源于流体。另一个干扰的来源是流体的轻微周期性波动所引发的共振，例如当电磁泵或机械泵在接近同步转速下运行时。一个能够尽量减低拾取效应的方案是将 EMFM 设备完全用铁磁箔包裹起来，只要铁磁箔足够厚，外部的交流或直流磁场就不会进入 EMFM 设备。铁磁箔要在远离涡流的地方通过流体接地。

最后，由于交流馈电电流 $j(t)$ 自相矛盾的属性，需要考虑它的一些限制条件。如果 $j(t)$ 频率比较低时，拾取效应可以降到最低，但是，如果需要研究瞬变现象或脉动现象，则 $j(t)$ 频率要至少高于流体最高频率的三倍以上。为了避免感应信号中产生次谐波和超谐波，周围环境的能量供应所引起的振动频率必须要忽略。当然，这里存在一个可以接受的频率上限。如果流体是良导体，则频率不能高到产生趋肤效应。如果流体是不良导体，则频率 ω($\omega=$

$2\pi f$)的上限是不产生非瞬间电解质弛豫。

图 7-3(a)和(b)显示的分别为 KALLA 实验室的 EMFM 流量计制造和安装过程。

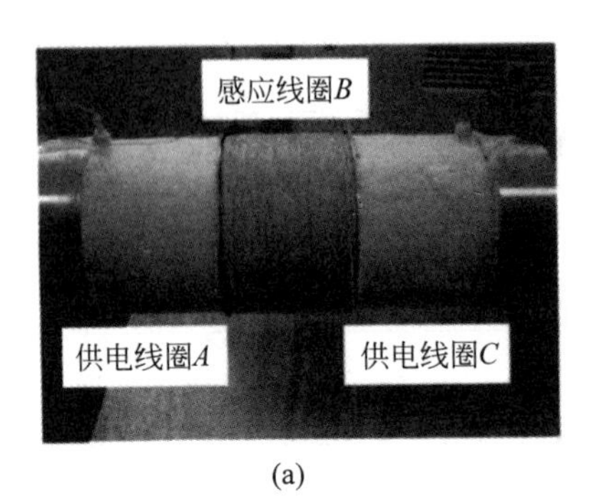

(a)

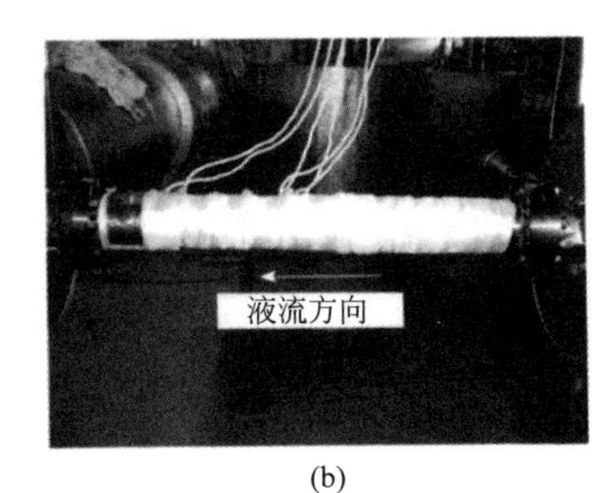

(b)

图 7-3　KALLA 实验室的 EMFM 流量计

(a) 制造；(b) 安装

2. 基于动量的流量计

(1) 涡轮流量计

在涡轮流量计中,测量组件是轴流转子,流体推动涡轮叶片转动进而带动转子转动。在多数的应用中,通过放置在外壳处紧邻内部叶片的磁感应线圈来测量转动信号。测量到的转动频率正好与体积流量成正比。实际上,由于轴承的摩擦、对流速分布的依赖性、流体的黏性和涡轮内部产生的涡流都会对线性特征造成干扰。消除这种影响的方法有两种：一种是利用整流器；另一种是用与工作流体具有相同黏度的液体进行出厂校正。图 7-4 是可用于不同管道直径的商业化涡轮流量计(Natec Schultheiβ,1999)。它们被用于测量气体、湍流和低黏度流体的流量,并具有相当高的精确度。

为了将其应用到液态金属中,材料的兼容问题变得尤为重要。转子和轴承要能承受腐蚀环境和流体的高温。由于管道比较宽,涡轮基本上不受漂浮颗粒的影响,但是在液态重金属中,上浮的杂质会在转子和壳体的顶部区域积累,使得转子和壳体间的间隙被填塞,造成涡轮的损坏。

由于涡轮流量计的机械测量原理只依赖于几个已知的参数,而且可以用模型流体作校准,因此可以用于铅铋流量的标准测量。

(2) 科氏质量流量计

科氏质量流量计是一种直接测量管道中质量流的设备,其所依据的原理是科氏力。如果流经 U 形管的液体在轴 A(图 7-5)上来回摆动,则会在 U 形管的两个分支上出现方向相反的科氏力,而这会导致沿着轴 B 出现摆动(摆动幅度与流经 U 形管的质量流成正比)。

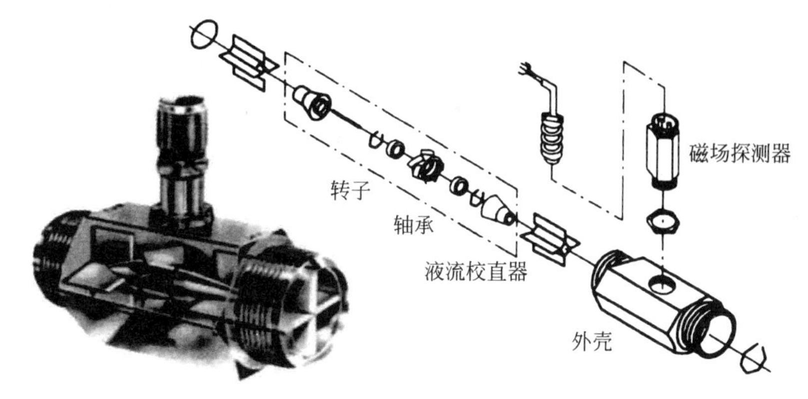

图 7-4　涡轮流量计的构造简图

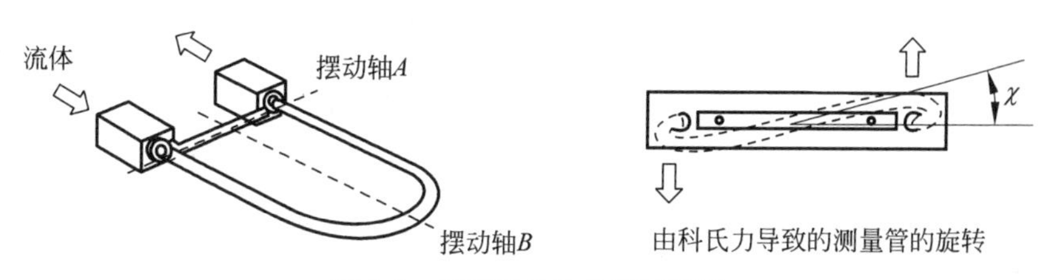

图 7-5　回旋流量计的测试原理

该测量方法与运动黏度、温度、流速分布和流体中的气体无关。使用的质量流量计可依据型号在其测量范围内通过操作室远程无极调控。另外,此仪器提供了自我校准的可能性。流量计的精确度为±1%。

科氏质量流量计的工作温度范围为−240～204℃,最大压力为 40bar。在钠和钠钾合金中的成功运行说明它应用在液态金属中的可行性。温度的限制是其在液态金属系统中使用的最关键注意事项之一。此仪器中含有电子装置,因此安装时不能离磁场太近,以免对其造成干扰。

3. 基于压力和计数器的流量计

(1) 卡门涡街流量计

如图 7-6 所示,当流体流经一个圆柱体时,会在下游形成卡门涡街,此涡街的特点是旋转方向相反的涡呈周期性排列。在一定速度范围内,周期性分离涡的频率与流体速度 u_m 成正比。液态金属中涡频率的测量非常简单(例如用简单的压力传感器或其他机械设备)。

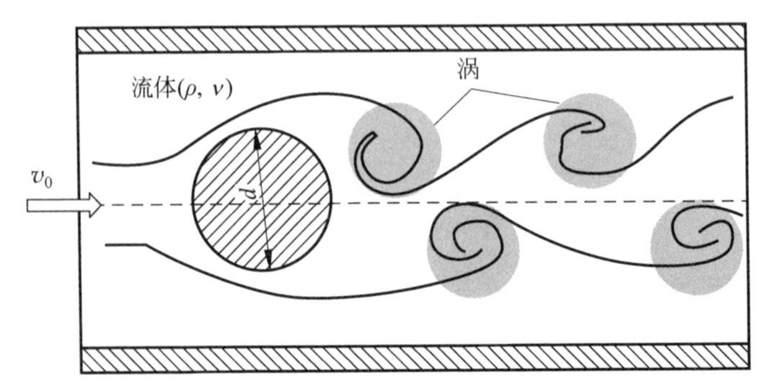

图 7-6　在圆柱障碍后卡门涡街的形成原理

卡门涡街流量计是一种用来测量极小速度($60 \leqslant Re \leqslant 5\times10^3$)的简单工具。当雷诺数 $Re \geqslant 60$ 时,圆柱附近的斯特劳哈尔数是一个固定在 $Sr=0.2$ 的常数。对于温度为300℃的铅铋合金,在圆柱直径为 $d=6\text{mm}$ 时,最小可测速度是1.7mm/s。此时通过压力计得到的频率为0.06Hz。

当然,使用这种技术,会存在一些关于入口条件的限制。要求圆柱前的流体必须充分发展,不能存在横向压力梯度且关于轴向的导数为零。直径为60mm的管道需要长为1.8m的入口发展段,可以用安装整流器的方法避免过长的入口段,从而得到平整的流体。对于有些安装环境(例如在90°的转弯处),仅仅接上一个平行的小管子是不行的。

然而,由于铅铋合金的运动黏度很小,雷诺数很快就会超过其上限 $Re=5\times10^3$。当 $5\times10^3 \leqslant Re \leqslant 2\times10^4$ 时,斯特劳哈尔数不再是常数,也不再和管道中流体的平均速度直接相关。在这个范围内,如果想应用卡门技术,那就需要额外的校准(例如PMFM或EMFM)。当 $Re \geqslant 2\times10^4$ 时,斯特劳哈尔数又重新成为几乎与频率成正比的常数。但必须指出,当雷诺数非常大时,必须要用非线性修正。因此,流量计在回路中的校正是非常有必要的。

(2) 障碍流量计、喷嘴和孔板流量计

如图7-7所示,将卡门流量计与压差测量方法结合是一个可行的测量方案。压差测量方法利用了这样一个关系,障碍物处流体的压力损失 Δp 在雷诺数 $Re \geqslant 5\times10^3$ 范围内,与雷诺数无关。Δp 可以通过一个参数 c_W 表示,因此管道中的平均速度和流量可以通过公式(7-2)计算得到,即

$$u_m=\sqrt{\frac{2\Delta p}{\rho c_W}} \tag{7-2}$$

式中,c_W 值可以从文献(Beitz et al,1986)或其他标准手册中查到。对于直径为60mm的管道和直径为6mm的圆柱,c_W 值为0.82。当雷诺数 $Re<5\times$

10^5 时，基本上 c_W 是一个与雷诺数无关的参数。为了实现低流速的测量和两种技术的相互校正，需要用到分辨率很高的压力传感器。

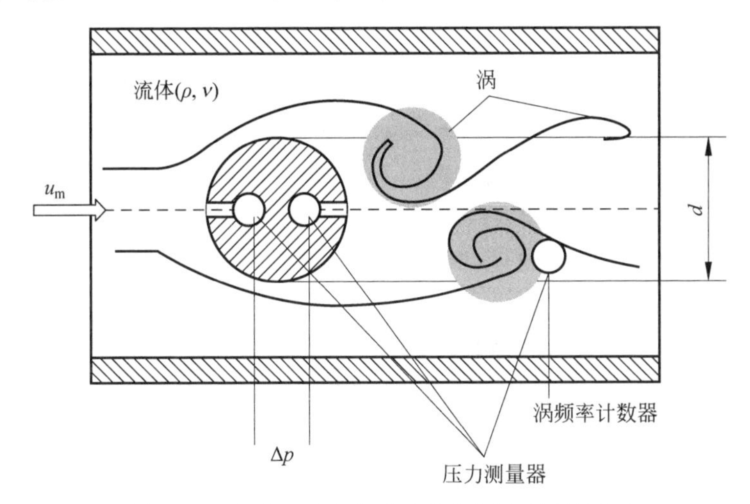

图 7-7　卡门和压力差流量计结合使用的测量原理

4. 超声波传输时间法

声波在流体中的传播速度随着介质流速的改变而改变。如图 7-8 所示，从发射器 A 发出的超声波在沿着与流动方向(流速为 u_m)成 α 角的方向穿过流体，然后被接收器 B 接收(Gaetke，1991)。

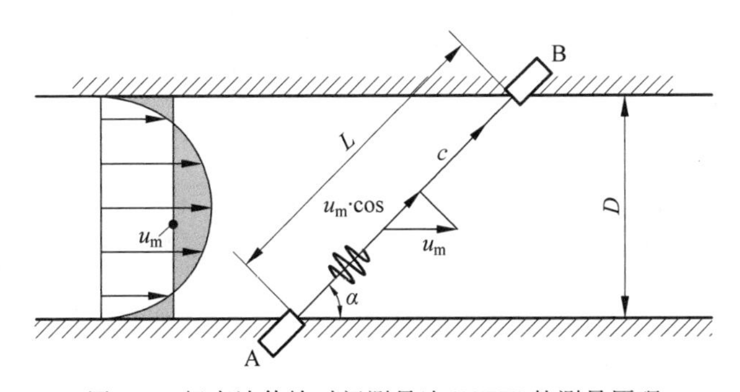

图 7-8　超声波传输时间测量法(UTT)的测量原理

如果流体不流动，信号以声速 c 从 A 传到 B，传输时间为 $t_0=L/c$。如果流体以平均速度 u_m 流动，则信号将被此速度沿着测量线方向的投影分量所加速。与此相反，信号在从 B 传输到 A 的过程中将以相同的数值减速。信号的传输时间可以通过下式计算得到

$$t_{AB}=\frac{L}{c+u_m\cos\alpha},\quad t_{BA}=\frac{L}{c-u_m\cos\alpha}\tag{7-3}$$

通过变换得到平均流速的表达式为

$$u_m=\frac{L}{2\cos\alpha}\left(\frac{1}{t_{AB}}-\frac{1}{t_{BA}}\right)\tag{7-4}$$

实际上,两个信号由相位移所引起的传输时间差 $\Delta t=t_{AB}-t_{BA}$ 是恒定的,如果再假设 $(u_m/c)^2\ll 1$,可以得

$$u_m=\frac{c^2}{2L\cos\alpha}\Delta t\tag{7-5}$$

与式(7-4)相比,在式(7-5)中,平均速度需要依赖于声速。这个缺点是可以接受的,因为与确定时间差相比,测量式(7-3)中出现的极短的传输时间在技术上更加困难而且不准确。在式(7-5)中,除了声速外,只有几何测量参数出现,因此在知道相应流体中声速和出现充分发展的流体,可以用超声波传输时间法(ultrasound transit time method,UTT)对其他测量方法进行校准。

产生超声波的材料主要为石英、锆酸铅和钛酸钡等压电材料,因为在居里温度以上这些材料变得不再稳定,同时还会发生不可逆的损坏,因而大大限制了该方法的应用范围(只能在 150℃以下)。对高温流体(如液态金属)的测量,需要使用波导。刘等(Liu et al,1998)在美国 Pamimetrics 公司开发了用于测量超声波在流体和空气中传输时间的捆绑式波导,其使用温度可达到 450℃,超声波在不透明介质中以纵波形式传播使它有望成为在液态金属测量中具有广阔应用前景的方法。

7.1.2 压力传感器

1. 压力计的型号及操作经验

在与液态铅合金直接接触的设备中,大体上有两种压力测量装置可以使用。如果将这两种传感器用到皮托管或普朗特管中,他们同样可以测量局部速度的分布。另外,如果增加的管道压力损失在用户可以接受的范围内,它们还可以用来作为不同测量原理的流量计。

第一种是如图 7-9 所示的电容压差传感器,它可以测量管道系统中两个离散点之间的压差 ΔP。压力信号完全来自于两平板间的电容变化,此处板间电解质由硅油填满。由于传感器介质只能承受低于 250℃的温度,液态铅铋合金和传感器通过不可压缩的耦合介质(通常用熔点为−11℃的钠钾合金 $Na_{78}K_{22}$)连接。耦合介质的应用限制了时间分辨率。传感器的典型响应频

率限制为 5Hz,因此它不能用来测量快速波动量(如速度、流量等)。图 7-9(a)描述的是卡尔斯鲁实验室(KALLA)使用的压差测量传感器的技术示意图。这种电容性方法的主要优势在于其具有优良的稳定性和准确性。它们能够提供较高的分辨率(±12.5Pa)和绝对压力信号,这对其在反应堆的应用是很有吸引力的。另外,它们的零点很容易确定。然而,它们的组装工艺非常复杂,需要将传输线上的热组件连接到耦合离合器上,并且需精密的填充和排泄方法,因而在实际应用中非常昂贵。

另一个测量绝对压力的方法是使用以快速惠斯通电桥为基础的压力表。这种传感器非常紧凑,可以直接通过管子拧进液体中。由于其尺寸小,惯性基本上可以忽略不计,可以用它来测量高达几百赫兹的高速振荡。图 7-9(b)展示的是这种传感器的照片。由于其制造原理的限制,有一个最大的使用范围,并且在每次测量前都需进行校准。这种技术可以承受的液态金属温度高达 480℃,这使得它成为制造皮托管和普朗特管以及记录局部速度的优先选择。

第三种用来测量压力、压差、液面高度或流量的技术是气泡测量技术,并已经在 ENEA 铅铋回路 CIRCE 中得到成功应用(图 7-9(c))。该传感器除了在室温下容易安装、可以同时测量不同地方的温度外,其低廉的成本也是吸引人的一个因素。当然,所有的测量结果都依赖于喷嘴形状和系统中的详细位置,并且需要大规模的校准。此外,它也受到时间分辨率的限制,并且由于液体的表面张力与温度有关,因而必须要进行温度修正。

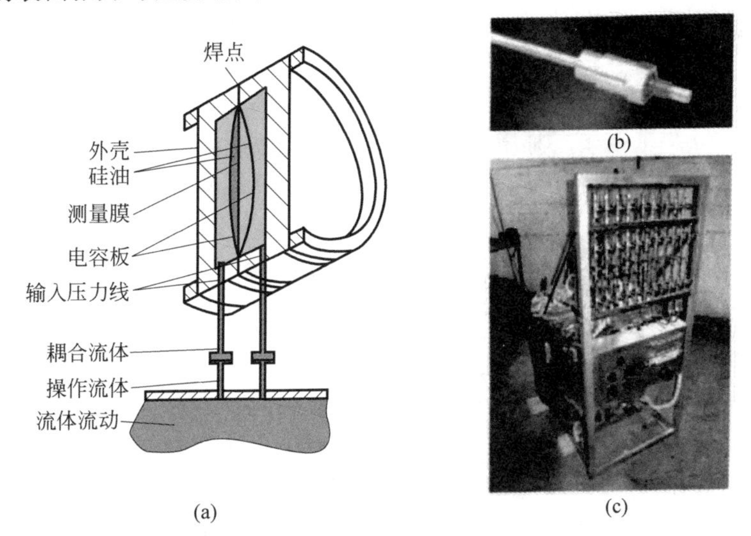

图 7-9　压力传感器

(a) 使用耦合介质的电容压差传感器;(b) 使用快速惠斯通电桥的绝对压力传感器;(c) ENEA/布拉西莫内(Brasimone)测量液体液面和压差的测试台示意图

2. 在充分发展湍流管道流动中的压力修正

在高分辨率的测量中(例如基准实验),由于压力表接头的尺寸有限,会出现壁面静压力的误读。很多学者在大范围的雷诺数中都观察到了该现象,并且发现作为管壁压力一部分的修正项随着孔雷诺数 $d^+=(u_\tau d)/\nu$ 的增加而持续增加。相对于管径,如果孔比较小,则测量误差遵循一条单一曲线,当孔比较大时,则测量误差将严重偏离这种普遍的行为,偏离程度主要取决于孔径和管径的比值。对于大雷诺数,此效应将变得非常明显,由于液态重金属的运动黏度 ν 比较低,这种情况很容易出现。图 7-10 是一个压力表内的流动结构产生的气压误差。

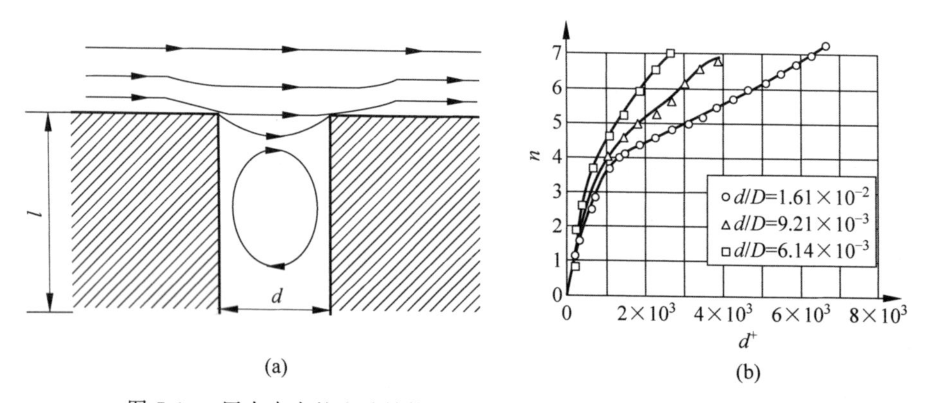

图 7-10 压力表内的流动结构产生的气压误差(McKeon et al,2002)

(a) 静压力计中的流动结构;(b) 不同直径比 d/D 无量纲气压误差 Π 随孔雷诺数 d^+ 的变化

7.1.3 局部速度测量

1. 超声波多普勒测速仪

超声波多普勒测速仪(ultrasound Doppler velocimetry,UDV)是一种可测量瞬时整体流速分布的非浸入式测速仪。UDV 技术以发送通过液体的超声波脉冲(而不是连续波)为基础。通过提取浸入流体(需要流动颗粒)中的颗粒回声信号,相关的速度信息可以从超声波脉冲间的位置偏移(而不是回声的多普勒频率偏移)中得到。UDV 的主要优势在于它属于非浸入式的方法。使用这种方法,并不仅仅是在一个特定的位置上扫描速度(如同激光多普勒测速仪),它会沿着超声波路径的几个位置上抽取瞬时的速度信息。图 7-11 简略地描述了它的工作原理(Lefhalm,2004)。

UDV 的另一个技术特征是,它甚至可以测量靠近管壁的边界层中的速度信息,因此可以测量距管壁只有几微米处的速度。为了实现该目的,需应用管壁修正函数。

然而,应用 UDV 方法时,铅铋合金在钢表面的润湿性质是一个需深入研究解决的问题。另一个问题是探针和流动颗粒的长期稳定性。通过调节流体中的氧含量,可以使探针获得长期的稳定性。

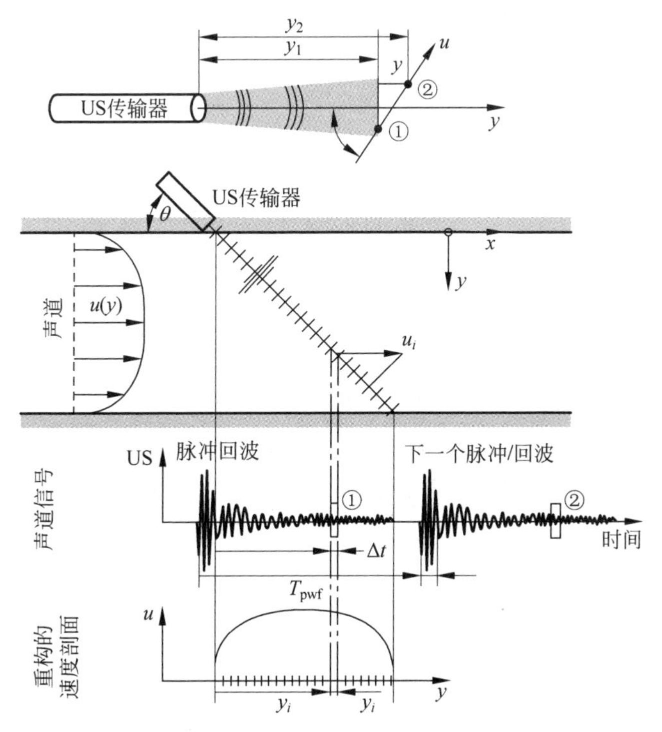

图 7-11　使用超声波多普勒测速仪获得液态重金属流动中局部速度的工作原理

2. 永磁探针

另一种在导电流体中测量流体速度分布的方法是永磁探针法。永磁探针(permanent magnetic probe,PMP)包含着一个垂直于主流方向的微型永磁探针,磁铁包裹在钢管内,如图 7-12 所示(Kapulla,2000)。PMP 探针可以同时测量速度和温度。湍流热流密度可以从其与温度和速度波动信号的关系式中确定。

在没有外磁场干扰的情况下,PMP 探针可以测量的液态金属的速度范围为 0～10m/s,且具有极高的灵敏度(约为 1mm/s)(Horanyi et al,1988;

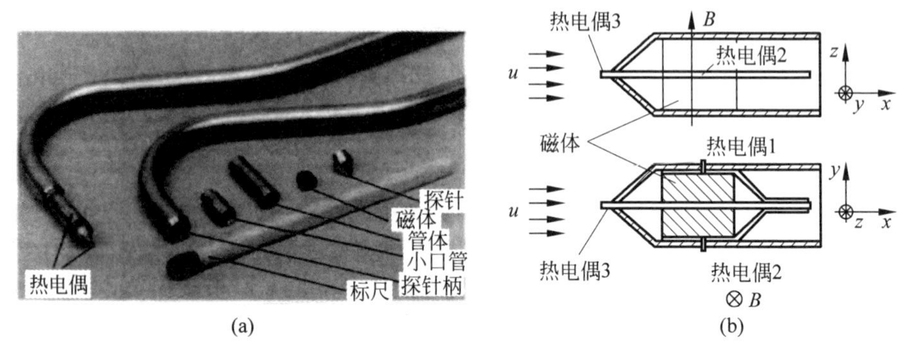

图 7-12　永磁探针法

(a) 带有热电偶的小型 PMP 探针的照片；(b) 在 PMP 探针内热电偶排列的侧视图和顶视图

Knebel et al,1994；Ricou et al,1982；Weissenfluh et al,1988)。大体上,此技术适用于高至 720℃的高温区间。由于响应是稳定的、瞬时的且与液态金属流动的速度是成比例的,可以获得较高的时间分辨率,这对于湍流流动的研究是非常必要的。

尽管是浸入式的方法,但是现代的制造技术可以把 PMP 探针最小化至直径小于 2～3mm,因此可以将探针对流动的影响降低至最小。PMP 最关键的问题之一是探针的电化学润湿行为,使得流体和探针间没有接触电阻。对于碱金属这不是问题,但是铅合金在钢表面的电化学润湿性却非常弱。

3. 反应探针

在钢和铝铸造过程中或熔盐中,液体是有高度腐蚀性的,这时可以选择使用反应探针(reaction probe,RP)测量速度。RP 是通过测量由流动液体施加在浸没体上的力来实现的。在不同研究中,使用的浸没体可以是圆盘、平板或球体。反应探针传感器的工作原理与皮托管相似,即当流体冲击圆盘时设备对滞止压力的反应。图 7-13 展示了反应探针的示意图(Szekely, 1977)。

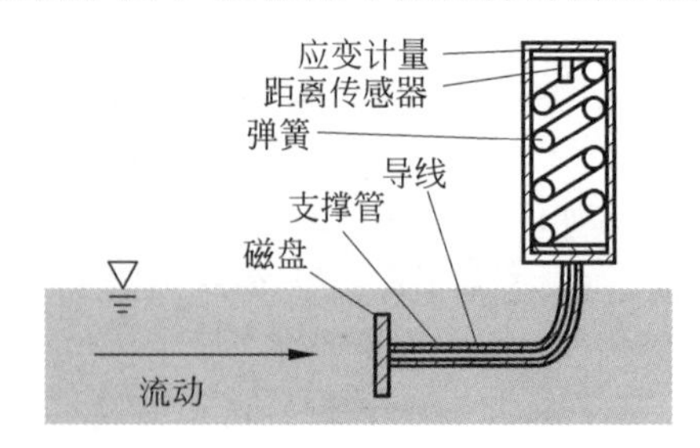

图 7-13　圆盘反应探针示意图

由于所有的反应探针类型都是浸入式的，因而存在以下不足：

(1) 机械振动。悬浮探针的振动应该控制在可接受的范围内。

(2) 阻力体的尺寸。阻力体和线的尺寸必须控制在所测速度范围之内，并保证阻力系数对雷诺数不敏感，否则必须针对每一种几何形状的实验装置在其流速范围内开展大量校准工作以测量阻力系数。

(3) 探针对流动的影响。由于反应探针会引入二次流，将影响和改变所需测量的流动。压力波可能会产生逆流效应，且由阻力体引入的二次流会改变流动，这样测量到的效应可能会隐藏在人工流动变化中。

4. 热线风速仪

在液态流动金属中，使用热线风速仪(hot wire anemometer，HWA)会产生许多问题。主要的问题是液态金属和热线间的化学相容性，在热线中不得不考虑表面张力和热传导问题。如果在回路中使用碱金属和碱土金属，由于这些液体的电化学势较低，线与液态金属间的相容性将成为致命问题。此外，由于液态金属中杂质的存在而产生的表面效应会导致化学反应，进而改变探针的特性。

因为测量的是在线上传输的整体热量，HWA 不能用于检测流动方向。热膜探针的另一个缺点来源于液态金属的低普朗特数，这导致了探针分辨率的显著降低，因为与热对流相比，液态金属中的热传导起主导作用。但是，与反应探针和 PMP 传感器相比，热线探针又具有极其重要的优势，即它们尺寸相当小，线只有几微米薄，因而几乎不影响流动(当然也导致其并不是很坚固)。HWA 探针的示意图如图 7-14 所示。

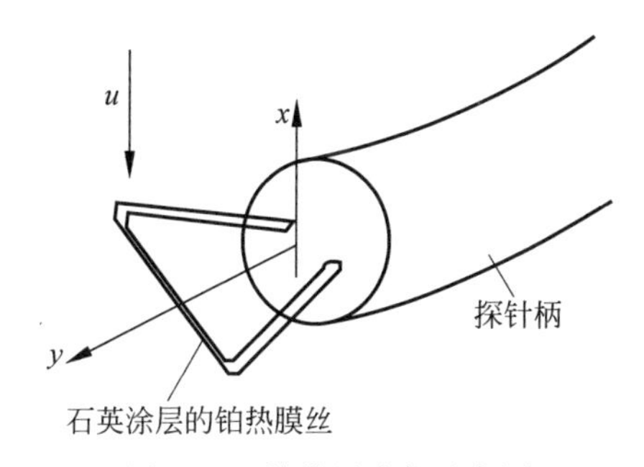

图 7-14　热线风速仪示意图

由于液态金属的高热导率加上温度必须保持恒定，HWA 探针的使用极其困难。另一个问题是，由于金属很容易被空气氧化形成氧化物沉积，由此产生的信号可能出现漂移。据文献(Szekeli，1988)报道，尽管存在由惰性气体保护的覆盖层，但是由于在 Hg 和伍德合金中探针受到氧化污染，因而信号很容易发生漂移。

5. 过渡时间法

(1) 温度脉冲法

温度脉冲法是以测量介质中温度脉冲的衰减时间为基础。流速可以从温度脉冲的传播时间中计算出。微型加热器产生的温度波在固定的位置被热电偶环绕着。温度脉冲在静止流体中的传播如图 7-15(a)所示，测量仪器的示意图如图 7-15(b)所示。

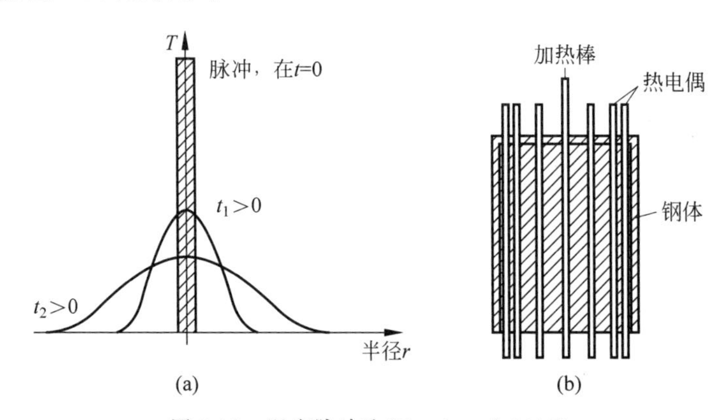

图 7-15　温度脉冲法(Casal et al，2003)

(a) 依据时间 t 温度脉冲的温度衰减；(b) $Na_{22}K_{78}$ 中测量仪器示意图

该方法在测量低普朗特数流体(如液态金属)时会引起一个问题，因为在液态金属中温度脉冲扩散得相当快，因而不得不在液态金属中加入高温度脉冲，以便清晰地测量出距离微型加热器很近的地方的温度变化。只有当热电偶的网格紧邻加热器时，才可以确定速度向量，当然这些网格对流动的影响是不可忽视的。另一个需要考虑的问题是适用于这种方法的热电偶的选择，此方法在液态金属中的分辨率是相当低的(大约在±25%)，而且对技术要求很高。

(2) 示踪法

示踪法最初是为在熔融盐中测量速度和扩散率而开发的。使用这种技术，流场的某些离散点在某个时间 t 会引进少量的示踪物，同时在液体下游周期性地取样。这种技术的测量原理如图 7-16 所示。

示踪法甚至可以用在钢和铁浴中进行测量，但是准确度相当低，且需要许多相关领域速度的基础知识。示踪法测量值和理论值预测结果误差大约

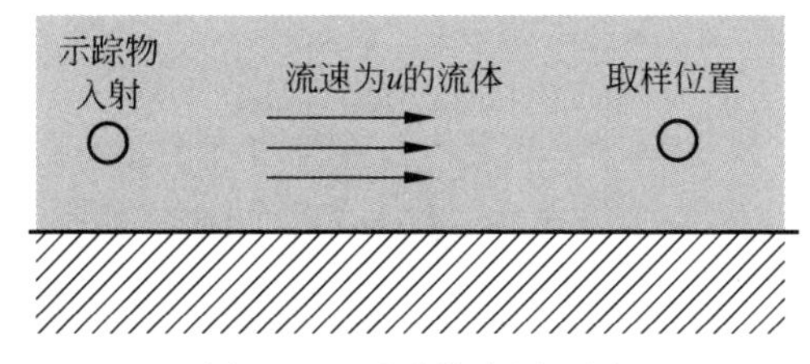

图7-16　示踪技术原理图

为±50%。

(3) 溶解法

约翰逊(Johnson,1978)发展了通过计算液态铝中铁棒的质量损失而对金属速度进行测量的方法,塔贝拉奥克斯斯等(Taberaux et al,1984)随后改进了这一理论。后者通过称重传感器测量在搅拌槽中的铁棒质量的损失,得到了质量损失与液态金属速度之间的校准曲线。

由于传质系数对流动、浓度和温度场的依赖关系,因而溶解法需要复杂的校准程序。除了铝以外,此方法也被应用于钢熔融物(El-Kaddah,1984)中。

6. 中子射线照相术

在液态重金属中,中子射线的衰减很小。因此,液态金属的流动可以通过中子射线观测。最初可视化液态金属流动的方法由竹中等(Takenaka et al,1994)提出,其采用中子射线照相术,通过示踪物和染料的注射使液态金属流场可见。因为示踪粒子需要具有与液态金属相似的密度,对于液态重金属,竹中等(Takenaka et al,1996)应用金属间化合物镉化金($AuCd_3$)合金颗粒成功地对流动铅铋合金进行了测量。液态金属流动的可视化主要通过运用实时射线照相和数字图片后处理观测各个颗粒的运动来实现。

7. 纤维力学系统

纤维力学系统(fibre mechanics system,FMS)的测量装置是基于简单力学的反应探针(类似机械传感器),探针与热流体直接接触并严格安装在用来获得数据的光学系统上。探针的细小尖端为圆锥体,是通过特殊的玻璃制造技术成形的,作为感应部件。一个小玻璃棒,也就是所谓的指针,长度为10～50mm。指针自由端的最初位置大约在玻璃管道的中心。当尖端存在流体流动时,传感器发生弹性形变,如图7-17所示。那么在另一端,可以由光学方法观测到指针的位置变化,变化方向与传感器尖端的移位相反。尖端的扰度是流体尖端处流体速度的函数。对指针方向和振幅的计算可以确定与传感器垂直的两个速度分量。

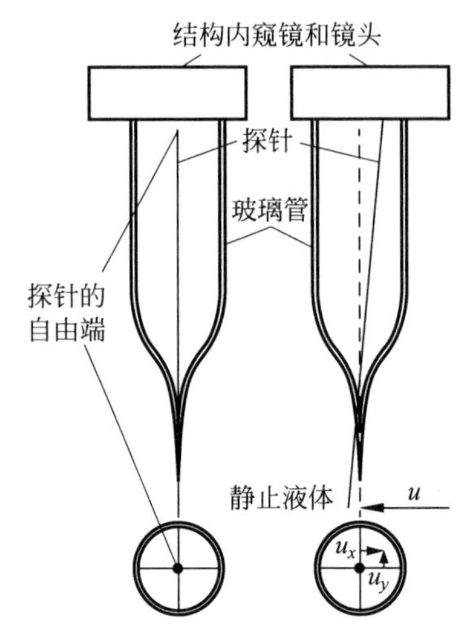

图 7-17　力学-光学探针的测量原理

该方法的关键问题是传感器材料的选择。材料应该服从胡克定律，且对于待测流体必须是化学稳定且耐高温的。硼硅酸盐不仅在设备温度高至350℃的 Na、K 中适用，在 InGaSn、SnPb、SnBi 或 PbBi 中也同样适用。对于更高的温度，可以使用石英-玻璃探针，其工作温度可达到 800℃（Eckert，2003）。

8. 皮托管和普朗特管

由于皮托管和普朗特管的测量原理在一般的流体力学教材中经常见到，这里不再赘述。通过传感器的微型化，可以测量一些局部速度，如果嵌入热电偶，则可以测量热流密度。压力表的分辨率决定了这种局部测量技术的分辨率。

KALLA 实验室 THESYS 回路中使用的是库力特压力传感器，其测量的局部速度准确度可达 5mm/s。其使用的皮托管如图 7-18(a)所示，它可以分辨低至 12.5Pa 的气压。更灵敏的传感器可以得到更高的分辨率。300℃下，在圆管内通过将皮托管与两个热电偶进行组合，可以测量典型的湍流速度分布和相应的温度分布，如图 7-18(b)所示。

需要补充的是，为了得到使用皮托管的准确平均速度分布，需要做许多修正以考虑黏度、湍流、速度梯度和管壁的影响。

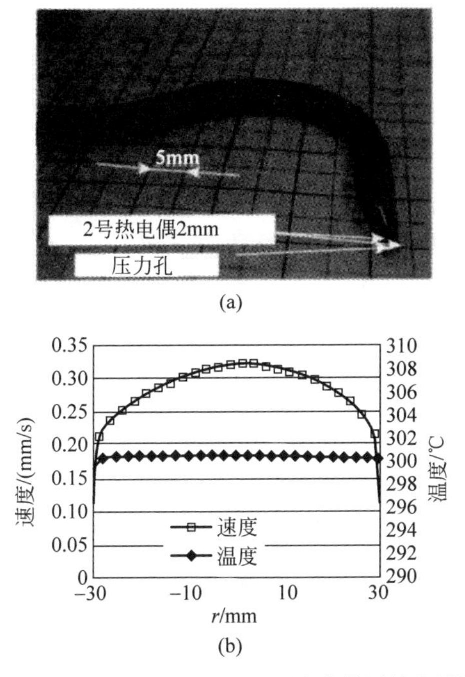

图 7-18　KALLA 实验室 THESYS 回路中使用的皮托管测量法

(a) 皮托管；(b) 300℃下在湍流铅铋管流中使用皮托管测得的平均速度和温度

7.1.4　空泡份额传感器

与局部测量方法一样，也有浸入式和非浸入式两种方法可以应用于液态金属空泡份额的测量中。例如，局部电阻探针技术就是一种典型的浸入式方法，而非浸入式测量可以通过 X 或 γ 射线、中子射线照相(NR)或超声波多普勒测速仪(UDV)等技术获得。由于流体的不透明性，不能使用光学或光纤方法。由于液态金属的高比电导率，不可以使用阻抗型探针，几乎所有大尺寸电场都不能在流体内部建立(Cho et al，2005)。在导电不良的介质中，有时使用核磁共振图像(magnetic resonance imaging，MRI)技术，但这需要相当大的永磁体(Daidzic et al，2005)。然而，由于磁场与流体运动相互作用产生的洛伦兹力改变了流动形态和管道内的空泡分布，这就导致所需测量的物理量被隐藏于磁力-液压效应中，使得测量结果出现偏差。

本节首先介绍在一个确定的横截面上测量空泡份额的通用方法，然后介绍使用单个设备测量局部效应。与单相流不同，针对两相液态金属流动的仪器相当稀少。

1. 电磁传感器

人们一直都在考虑使用电磁流量计来测量两相流特征是否可行，因为该方法没有压力损失、能快速反映流场变化以及可以有效地利用两相电导率的巨大差异。尽管电磁流量计在两相流动方面存在很多潜在应用，但是该方法依然存在着由于非导电相引起的不确定性。大体上，存在两种类型的电磁空泡份额传感器，即直流永磁传感器和交流传感器。

1）直流永磁空泡份额传感器

永磁空泡份额传感器（permanent magnet void fraction sensor，PMVS）与7.1.1节1.中描述的直流永磁流量计（PMFM）的原理相同，实验装置也相同，即都是由永磁体组成，永磁体上施加一个稳定磁场 B，磁场穿透待研究的对象。电极安装方向既与流速 u（包括流体平均流速 u_f 和气体平均流速 u_g）垂直，又与磁场 B 垂直。由于液态金属具有比其蒸汽或其他气体高得多的比电导率，我们可以假设，即使到很高的蒸汽体积分数下，PMVS的信号输出的主要部分都可以看作是流体速度的线性函数。然而，这个假设要求至少针对瞬时平均值，电流路径必须保持与液态金属流动方向垂直且路径单一。

两相流流动可以表示为

$$m_f = \rho_f A(1-\alpha)u_f \tag{7-6}$$

式中，α 为气体体积分数，m_f 为质量流量，A 为管道横截面积。u_f/u 可从式(7-7a)得出，总的质量流量 m 等于气体和液体流量的总和，即

$$\frac{u_f}{u} = \frac{m_f}{m}(1-\alpha) \tag{7-7a}$$

$$m = m_f + m_g \tag{7-7b}$$

定义气体流量比 $x = m_g/m$，可得出

$$\frac{u_f}{u} = \frac{(1-x)}{(1-\alpha)} \tag{7-8}$$

现在只考虑低气体流量比的情况，即在 $0 < x < 0.02$ 范围内，式(7-8)可以变为

$$\alpha = 1 - \frac{u}{u_f} \tag{7-9}$$

式中，u 和 u_f 可以由永磁电磁流量计分别测量，第一个在两相区域内，读数 $\Delta\phi$，第二个在单相区域内，读数 $\Delta\phi_f$，然后将两个读数结合起来，便可直接计算得到空泡份额，即

$$\alpha = 1 - \frac{k_f \Delta\phi_0}{k \Delta\phi_{f0}} \tag{7-10}$$

式中，k_f 和 k 分别为单相和两相电磁流量计的校准常量。此技术在液态碱金属的测试中得到验证(Heinemami et al,1962)，通过对比PMVS实验数据和γ射线测量结果，他们发现在高至66%的空泡份额和温度为600℃时测量结果仍具有±5%的准确度。然而，为了保证流体与管壁界面处恒定的热-电属性，必须保证良好的高温润湿过程，不然无法得出可靠的读数。

2) 交流电磁空泡份额传感器

与流量计相似，交流传感器给出了一个能够克服表面直接润湿困难的方法。图7-19展示了一个交流电磁空泡份额传感器(AC electromagnetic void fraction sensor,EMVS)装置(Cha,2003)。

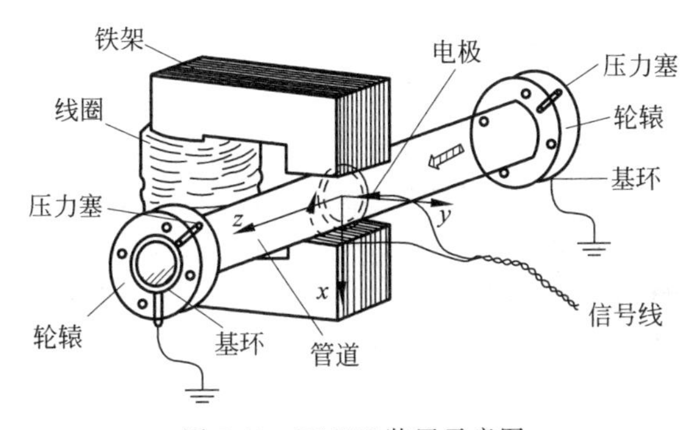

图7-19 EMVS装置示意图

在该装置设计中，电磁流量计的电磁体被加载正弦激励信号，并由一个变频器和一个稳压电源系统控制。流量计由一个信号探测器和一个信号处理器构成。沿着测试管道的内壁，安装着一对耐腐蚀且非磁性的电极。为了输出信号和屏蔽噪音信号，使用导线连接两个电极，且屏蔽导线的一端接地。在电磁流量计的设计中一个最大的困难是通过电极的电压幅值大约只有几毫伏，这与外加电压和噪声信号电压相比太小。电磁流量计主要的噪声来源是由交流电源激发的，包括：

(1) 来自交变磁场(包括流管中的涡流效应)的变压器信号；

(2) 在信号和电源电路之间，电容和电阻耦合的噪声。

而且，还有以下几种信号(对应于流速)扭曲效应需要注意：

(1) 电源输入波动引起的磁场波动；

(2) 电磁铁的铁损失和磁滞效应；

(3) 来自测量设备阻抗的放大器负载效应。

为了避免上述困难,需要复杂的信号处理元件。信号处理器具有电压输出器的输入级、过滤级和大增益($>10^2$)的放大级。为了消除微分噪声(变压器信号),在电压输出器之前,使用拾波线圈和可变电阻器有意地产生一个相反的微分噪声。使用变频器的低频激发之后,就可以通过信号和电源电路间的电容和电阻的耦合来减少噪声。使用这些方法,可以极大地减少噪声,而且可能实现零流量调谐。使用参考电阻来保证参考电压与激发电流具有相同的相频。从参考电压中,可以推测磁场的特性,且可以比较流动信号和噪声强度的差异。

2. X 射线、γ 射线和中子射线照相术

1) X 射线

一些学者已经成功地应用 X 射线对蒸汽爆炸现象进行可视化观察和对空泡份额进行测量(Ciccarelli et al,1994)。但是,仍然很少见到使用连续源的 X 射线去测量含有气体的熔融金属系统中的空泡份额。

穿过液态重金属层和附加的结构材料(如钢铁)的成像,需要高能 X 射线束和高剂量率以获得可用于定量分析的数据。贝克等(Baker et al,1998)使用了一个 100mm 厚的锡层($\rho_{\text{tin}} \approx 7\times10^3\,\text{kg/m}^3$)和一个 25mm 厚的钢壁、连续 X 射线谱源(峰值为 9MeV)以及距射束源 1m 处施加同轴的剂量率(30Gy/min)以使测试截面成像。X 射线源在这个剂量率和约为 275Hz 的频率下产生脉冲。脉冲频率可以与成像系统同步,因此每一帧上可以收集到 1～9 个脉冲的常数。然而,在大多数情况下,X 射线和成像系统是不同步的,以避免在视频信号中引入严重的噪声。

X 射线源的焦点束斑直径小于 2mm(Baker et al,1998)。X 射线头安装在一个手动升降平台上,以便其可以垂直移动且可与图像采集系统对齐。图像则使用一个 X 射线光敏玻璃屏来采集。转换屏通过一个镜子和一个透镜成像,该透镜放置在反演图像增强器上,而反演图像增强器则通过转像透镜与两个 CCD 照相机中的一个连接。然后,图像被数字化存储于帧捕获器中。信号路径如图 7-20(a)所示。

2) γ 射线

鉴于两相流动的极端复杂性,大多数已知的经验公式和模型只给出了面积平均空泡份额。然而,空泡份额随着管道横截面变化,因此为了确定平均空泡份额,需要确定空泡份额随距横截面中心的距离的分布。这个穿过横截面的二维分布可通过 γ 射线技术来测量。

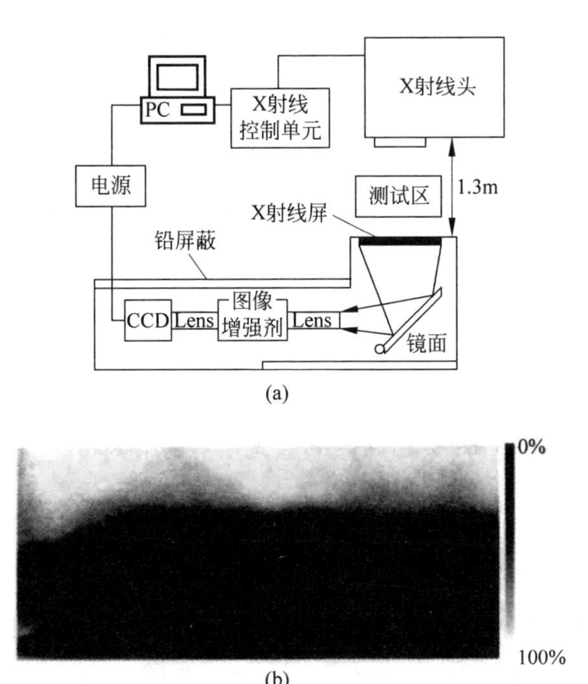

图 7-20　使用 X 射线测量空泡份额(Baker & Bonazza,1998)

(a) 测量装置示意图;(b) 用 9.2cm/s 的速度将气体注入 421℃的 11kg 熔融锡后的 X 射线图像

为此,假设管道中两相流的横截面具有很多圆形区域,每个区域存在均匀的空泡份额(图 7-21)。现在,假设 m 个圆形区域有待确定的空泡份额 α_1,α_2,…,α_j,…,α_m,此外,令 β_1,β_2,…,β_i,…,β_n 为在不同弦长上测量的空泡份额,可以得到

$$\beta_i = \sum_{j=1}^{m} \frac{d_{ij}}{c_i} \alpha_j \tag{7-11}$$

式中,c_i 为 γ 射线在 i 弦长的总路径长度; d_{ij} 为 γ 射线在 i 弦长上截取的 j 区的长度。β_i 可以从只有气相存在时 i 弦处测量的 γ 射线强度($I_{i,g}$)、只有液态金属存在时 i 弦处测量的 γ 射线强度($I_{i,l}$)以及两相流动存在时 i 弦处测量的 γ 射线强度($I_{i,t}$)计算得到

$$\beta_i = \frac{\ln\left(\dfrac{I_{i,t}}{I_{i,l}}\right)}{\ln\left(\dfrac{I_{i,g}}{I_{i,l}}\right)} \tag{7-12}$$

对输出结果进行一系列校准后,使用 γ 射线测量到的空泡份额分布准确

度可以达到约±5%。

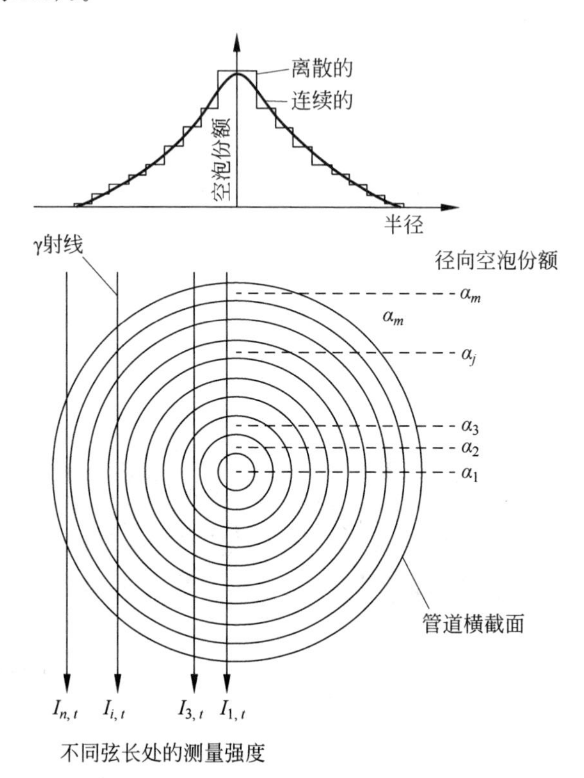

图 7-21　用γ射线对二维空泡份额分布进行截面测量的示意图(Satyamurthy et al,1998)

3) 中子透射照相技术

中子透射照相(neutron radiography,NR)技术是一种利用中子在不同材料中衰减特征差异的照相技术(von der Hardt et al,1981)。热中子很容易穿透重金属,且易在轻金属(如包含 H 的金属)中衰减。NR 技术作为 X 射线照相技术的一种补充技术,已经发展成为一种在汽车、航空航天、农业、医学和牙科等工业上广泛应用的无损检测技术(Barton,2003)。使用实时动态 NR 方法进行流体研究是一个伟大的突破。NR 技术不仅可以用于可视化观察,而且也可以作为定量分析的工具。定量应用分为两类:第一类是利用 NR 图像所提取到的几何信息(如测量粒子轨迹和速度)(Ogino et al,1994;Chiba et al,1989);第二类是利用中子在材料中的衰减特性(如多相流动中的空泡份额测量)(Mishima et al,1993;Hibiki,1993)。

X 射线的质量衰减系数随原子数单调增加。另一方面,热中子易穿透大多数金属,且易在一些材料(如 H、水、B、Gd 和 Cd)中衰减。换句话说,X 射线照相术是利用密度的不同,而 NR 则是利用不同材料中子吸收截面的差异。因此,很明显,NR 更适宜观测金属管道和液态金属中的流体行为。

具有稳定中子束的高帧率 NR 成像系统如图 7-22 所示,在闪烁器的前端(右手边)建立测试区。当中子束穿透测试区的两相流时,中子束强度随着此路径的流体层厚度成比例地衰减。因此,中子束投射了两相流的影像。反映两相流影像的中子束通过闪烁器后变为一个光学图像。光学图像的亮度由一个图像放大器增强以获得更好的图像。图像经由长焦距的摄像镜头放大后,被高速摄像机检测到。所得图像的质量可以通过由图像存储器和图像处理器组成的图像处理系统得以改善。对于液态金属两相流而言,获得高帧率 NR 的必要条件为:

(1) 极大的高流量中子源;

(2) 高灵敏度的闪烁器;

(3) 具有高可靠性和长记录时间的高速录像系统;

(4) 高性能图像增强器或高灵敏度照相机。

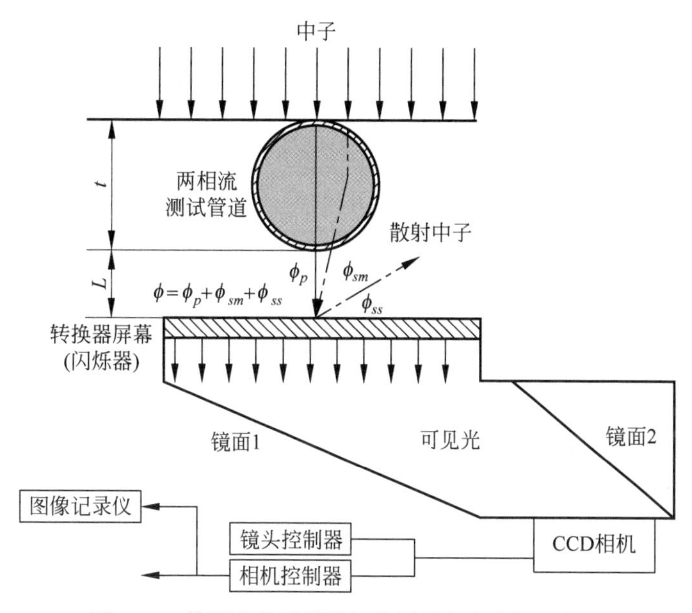

图 7-22　使用中子透射照相术测量空泡份额示意图

值得一提的是,由于快中子优异的物质穿透性能,近年来,快中子照相术(fast neutron radiography,FNR)作为一种无损检测技术日益引人瞩目。对于那些传统热中子照相术(NR)难以测量的过厚或密度过大的工业产品,FNR 是一种再合适不过的无损检查方法。尽管有很多可用的快中子源(如核反应堆、放射性同位素和无中子慢化剂的加速器)，但是 FNR 仍然没有被广泛使用，其主要原因之一是很难明确区分中子射束和随之产生的 γ 射线。

3. 电阻探针

电阻探针是具有导电尖端(Cr/Ni 线、钨、不锈钢或铂，直径为 0.1mm)的局部传感器，此尖端直接与液体接触。这类探针通常在频率范围 1～25kHz 的交流电流下工作。交流感应电流从探针尖端流动到相反电极上(如探针支架或管道壁面)。通过电流的中断可检测出敏感导线上的气体接触。由于气体和金属间电导率的巨大差异，通过使用阈值法，可以很容易地评估出剧变的信号。

测量值为气体接触时间与总取样时间的比值。这个比值会产生一个时间平均的局部空泡份额。由这种方法，可以知道总取样时间内气泡的数量，因此也可以得知气泡产生频率。图 7-23 展示了电阻探针的测量原理及一组测量信号。

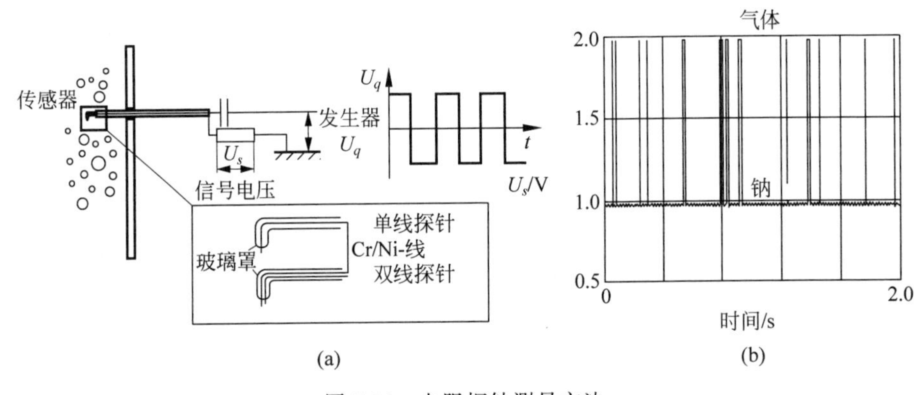

图 7-23　电阻探针测量方法

(a) 测量原理；(b) 钠/氩泡状流中单线电阻探针发出的典型信号

如果在一个单线尖端安装探针，就可以测量局部空泡份额 α。此外，使用双丝探针(两个电极安装在流动方向上的不同位置)，还可以从两极间的信号延迟确定气泡速度。进一步，可以从探针上的气流速度和测量的气体接触时间的乘积中得出气泡弦长。一些学者进一步建议把弦长分布转化为气泡尺寸分布。需要注意的是，在任何情况下，都应该考虑气泡和局部传感器之间的强烈相互作用。如果用双丝探针测量气泡速度或弦长不当，就会出现很大的测量误差。

用电阻探针法测量气泡流量，由于原理相对简单，因而备受瞩目。电阻探针法可以检测到每个传感器尖端的界面信息，并使用这些数据来确定空泡份额、气泡大小及速度(Delhaye,1983; Serizawa et al,1975; Kocamustafaogullari et al,1991)。尽管光导纤维具有很快的响应速度,但由于液态金属不透明,现有的商业用探针昂贵且在液态重金属中容易损坏(尤其对于大气泡柱实验)。

4. 两相流动的超声多普勒测速仪

尽管超声脉冲反射法通过使用适合的液态金属波导可测量高达620℃的温度的介质(Eckert et al,2003),然而,在高声速、高密度的介质镓($v \approx$ 2600m/s)中使用超声技术来测定两相流却是新兴的(Brito et al,2001)。霍夫曼等(Hofmann et al,1996)首先使用了这种技术来分析两相流,他们使用直光束的收发探针每隔一定时间发射频率为0.1～4kHz的高短脉冲,然后得到频率范围为1～10MHz的超声波。超声波穿透管壁和两相流后,可以直接被气泡或粒子及容器的内后壁面反射。多数情况下,与直接回声相比,后壁回声的强度更大。然后,反射波被相同探针部分接收,而后以超声波回声图的形式显示在一个超声波检测器的屏幕上(图7-24)。

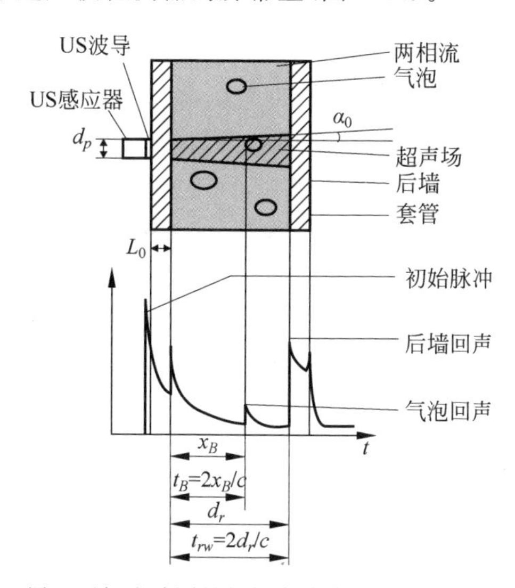

图7-24 用于两相流动测量的超声波脉冲反射波技术测量原理

7.1.5 温度测量

1. 热电偶

液态铅合金的温度测量通常是利用包覆着不锈钢管的镍铬-镍热电偶进行的。温度的精确测量对于确定流体的热物性数据是非常必要的。测量使用元件的直径依据测量地点所需的时间尺度在0.25～3.0mm范围内变化。由于液态金属具有很高的传热系数，因而热电偶响应频率要远远高于传统流体。

热电效应是热电偶产生温度信号的来源。两种不同材料连接在一起就能形成热电偶。两种不同的金属通过焊接、钎焊甚至仅仅是盘曲而连接在一起就会产生电压。这个电压可以在两种材料的末端测得，在它们的连接处，电子会从一种金属转移到另一种金属中去。电子的逸出功可以用来证实这一过程的可信性。具有低逸出功的金属会失去电子变成正极，从而在其界面上产生电场。

常用的热电偶约有13个“标准”型号，其中8个已获得国际认可的字母型标志。字母型标志指的是电动势(emf)表，而不是金属的组成成分，因此只有匹配电动势(emf)表的带有标准偏差的热电偶才可能获得字母标志。一些未授国际字母型标志的热电偶在特殊的领域应用中有着自己的优势，加上合金制造商有效的市场推广，使得它们也获得了一定程度的认可。其中一些未授国际字母型标志的热电偶被它们的制造商赋予字母型标识符，这些标识符部分被工业界所接受。每一种类型的热电偶都具有适用于不同应用的特殊性质。由于K和N型热电偶的高温适应性，获得了工业上的青睐；而其他领域通常更倾向于T型热电偶，主要是由于其灵敏度高、成本低且易于使用。表7-1给出了一些标准热电偶型号，表格括号中同时给出了扩展等级导线的温度范围。

由于良好的物理性质，热电偶是很多领域测量温度的首选方法。它们很牢固，不受冲击和震动影响，温度适用范围宽，易于制造，不需要励磁电源，自身不产生热量，且它们的体积很小，很难找到其他的温度传感器具有这么多优异的性能。

热电偶的缺点是会产生相对较低的非线性输出信号。这些特征需要灵敏且稳定的可以提供参考端温差补偿和线性化的测量设备。此外，低信号电平要求安装时采取更高层次的保护，以尽量减少潜在的噪声源，测量硬件需要良好的噪声控制能力。对于非孤立系统，接地回路也是个问题，除非有足够的共模范围和排斥。此外，由于镍铬-镍热电偶的铁磁特性，在监测电磁流量计或电磁泵的温度时会导致误读。如果存在温度梯度或磁场梯度，此效应会急剧增强。

表 7-1　ANSI 热电偶组

类型	正材料	负材料	精度 *** 等级 2	温度范围/℃(扩展)	注释
B	Pi,30%Rh	Pt,6%Rh	0.5%>800℃	50～1820(1～100)	在高温下性能优良,无需冷端补偿
C**	W,5%Re	W,26%R	1%>425℃	0～2315(0～870)	非常高的温度下使用,脆性
D**	W,3%Re	W,25%Re	1%>425℃	0～2315(0～260)	非常高的温度下使用,脆性
E	Ni,10%Cr	Cu,45%Ni	0.5%或 1.7℃	−270～1000(0～200)	通用型,中低温度
G**	W	W,26%Re	1%>425℃	0～2315(0～260)	非常高的温度下使用,脆性
J	Fe	Cu,45%Ni	0.75%或 2.2℃	−210～1200(0～200)	高温,还原环境
K*	Ni,10%Cr	Ni,2%Al 2%Mn 1%Si	0.75%或 2.2℃	−270～1372(0～80)	高温下通用,适用于氧化环境
L**	Fe	Cu,45%Ni	0.4%或 1.5℃	0～900	与 J 型相似。已过时,不是新的设计
M**	Ni	Ni,18%Mo	0.75%或 2.2℃	−50～1410	
N*	Ni,14%Cr 1.5%Si	Ni,4.5%Si 0.1%Mg	0.75%或 2.2℃	−270～1300(0～200)	相对较新的优秀设计,可以替换 K 型
P**	铂合金 II	铂合金 II	1.0%	0～1395	一种比 K&N 型更加稳定的但昂贵的替代品
R	Pt,13%Rh	Pt	0.25%或 1.5℃	−50～1768(0～50)	高精度,高温度
S	Pt,10%Rh	Pt	0.25%或 1.5℃	−50～1768(0～50)	高精度,高温度
T*	Cu	Cu,45%Ni	0.75%或 1.0℃	−270～400 (−60～100)	适用于一般用途,耐低温,耐潮湿

续表

类型	正材料	负材料	精度*** 等级2	温度范围/℃(扩展)	注释
U**	Cu	Cu,45%Ni	0.4%或1.5℃	0～600	与T型相似。已过时,不是新的设计

注：材料代码：Al—铝,Cr—铬,Cu—铜,Mg—镁,Mo—钼,Ni—镍,Pt—铂,Re—铼,Rh—铑,Si—硅,W—钨。

* 使用最普遍的热电偶；

** 没有被ANSI注册的热电偶型号；

*** 更多细节见IEC584-2。

2. 热辐射表面温度测量

热辐射表面温度测量(heat-emitting temperature-sensing surface, HETSS)技术可用来确定液态金属流过薄壁结构过程中传输的热流(Platnieks et al,1998; Patorski et al,2000)。这种方法的有效单元是一个简单的表面,它可以在所选区域产生定义明确的热流密度,而且可以同时记录所产生的温度分布。HETSS代表固体和待测液流之间的界面。从技术上讲,此表面是电热欧姆电阻器的组合,它的电阻和功率损耗可以一定的空间分辨率进行测量。在每一个HETSS单元中测量电势差$\Delta\phi$和电流I,耗散功率可以由两个位置的($\Delta\phi - I$)的乘积确定,而它们的比值($\Delta\phi/I$)是它们之间的电阻(电阻依赖于温度)。原则上,测量的功率和局部电阻与局部传热系数α相对应,因此传热系数也是利用这种方法测量出来的。为了测量α,需要满足以下条件：表面电阻器件必须足够薄以保证在纵向上具有大的耐热性,而且其背面必须有一个绝热层来确保大部分热量通过结构材料传导给液体。

局部传热系数α不仅依赖于流体的局部冷却能力,也强烈地依赖于热流密度的分布。因此,需要对金属箔的形状进行精密完善的设计以获得预期的热流分布。图7-25展示的是HETSS元件的工作原理。

HETSS元件中两个离散点m和n之间的时间相关温度$T(t)$可以通过下式计算为

$$T_{m,n}(t)=\frac{\dfrac{\phi_{m,n}}{\phi_m/k_m}-r_{m,n}\cdot\dfrac{T}{T_0}}{\alpha r_{m,n}\dfrac{T}{T_0}}-\frac{\phi_{m,n}\cdot\phi_m}{A_{m,n}\cdot k_m}\left(\frac{d_i}{\lambda_i}+\frac{d_s}{\lambda_s}\right)\tag{7-13}$$

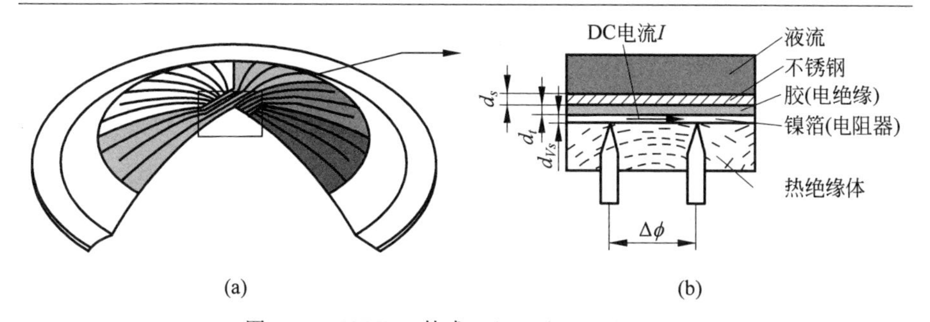

图 7-25 HETSS 技术(Plamieks et al,2000)

(a) KILOPIE-MEGAPIE 实验中使用的技术示意图;(b) 测量原理

式中,$\phi_{m,n}$ 为两个离散点 m 和 n 间的电势差;ϕ_m 为点 m 处的电势;k_m 为仪器电阻;$r_{m,n}$ 为点 m 和 n 间的未加热的单元电阻;$\dfrac{T}{T_0}$为平均温度与未加热 HETSS 温度的比值;$A_{m,n}$ 为点 m 和 n 间的 HETSS 单元表面积;d_i 为绝热层的厚度;λ_i 为其导热率;d_s 为钢的厚度;λ_s 为钢的热导率。

下面的时间积分给出了未加热的 HETSS 单元电阻和参考温度为

$$r_{m,n}=\frac{1}{\tau}\int_{t=0}^{t=\tau}\left\{\left(\frac{\overline{\phi_m}}{\phi_m(t)}\right)^2\cdot\left(\frac{\phi_{m,n}(t)}{\phi_m(t)/k_m}-\frac{\overline{\phi_{m,n}}}{\overline{\phi_m}/k_m}\right)\Big/\left(\left(\frac{\overline{\phi_m}}{\phi_m(t)}\right)^2-1\right)\right\}\mathrm{d}t \tag{7-14a}$$

$$T_0=\frac{1}{\tau}\int_{t=0}^{t=\tau}T(t)\mathrm{d}t \tag{7-14b}$$

式(7-13)和式(7-14)显示了使用 HETSS 技术作为测量工具的巨大困难。除了要花费很大的精力校准设备之外,还需对测量链精度、黏合剂和钢材间热传输性质、环境与箔切面的热损耗(导电的、对流的和辐射损耗)以及贯穿钢壁的液体的润湿行为等导致的不确定性进行量化。尽管有这些困难,HETSS 技术还是代表着一类非浸入式的局部温度测量方法,而且它能模拟在核工程或化学工程应用中出现的各种表面热负荷情况(Patorski et al,2001)。

7.1.6 液位计

1. 直接接触式传感器

在容器中检测液面的最简单系统是简易电极接触开关。利用这个系统,可以测量出两种状态,即有没有达到接触高度。这类系统多数是简单自制结构,接触电极技术主要是利用液态金属良好的导电性。如果给一个初始开放电路施加 24V 的电压,当液态金属表面接触到电极的尖端时闭合此电路,电势降低。数字信号可以通过一个参考电路获得。为了收集更多关于实际液面的信息,有必要安装一组这样的填充电位计或贯穿电位计阵列。这种电位计的示意图如图 7-26 所示,容器中检测信号的最简单系统是简单电极接触开关。

其他的直接接触系统是往容器中浸入一个更轻的浮体构成浮子系统。浮子可能会直接连接在一个与电阻元件相连的杆上或者包含一个向外部的传感器传递液面信息的磁铁。这类系统的输出信号是连续的,它的强度与容器内的液态金属平面的高度成正比。图 7-26(b)是一个浮子结构的示意图,浮子和电极系统的优点是价廉可靠,因为在这样的结构中,检测系统可以远离液体的高温和腐蚀性。

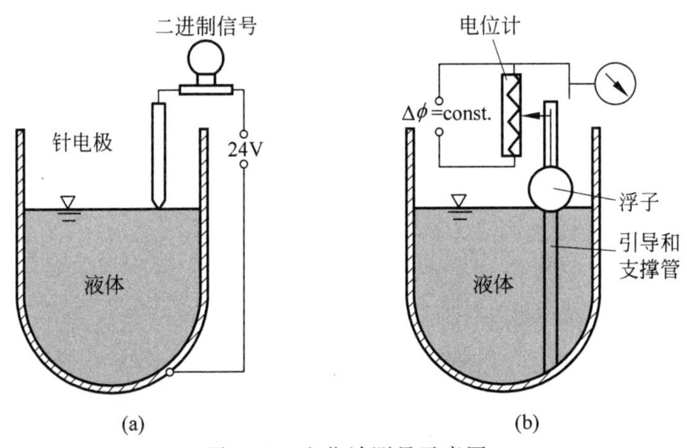

图 7-26　电位计测量示意图

(a) 使用点火电极检测确定液态金属液面的装置结构;(b) 使用电极电位计检测水平高度的浮子结构

此外,直接液位测量方法还有在容器上安装压差计,使一个孔连接到底部,另一个分支在液面上的气体环境中。液面与测量压力差 Δp 的关系为

$$\Delta p = \rho \cdot g \cdot \Delta h \tag{7-15}$$

式中,ρ 为液体密度,g 为重力加速度,Δh 为液面高度。对于高密度的液态重金属,该方法是首选,图 7-27 是其原理示意图。

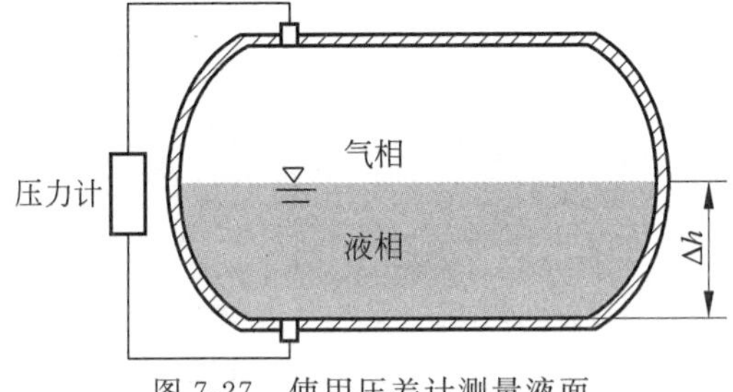

图 7-27　使用压差计测量液面

气泡技术也提供了一种测量容器中液面的方法。通过文丘里管向液体中注入惰性气体气泡。在测量气泡管中的气体压力时，可以仅仅使用一个传感器在离散的位置记录液面高度，由于传感器不与液体直接接触，因而其使用不存在温度限制。然而，这种液位计需要在对文丘里管出口的孔口具体类型进行校准。此外，在管的出口处需要热电偶测量不同温度下的气体和液体之间的表面张力差。

另一种直接接触传感器类型是从下面与液面相连的超声波传感器。对于在 120℃以上温度熔融的液态重金属，为了将超声波传感器从热介质中解耦，波导是必需的。在液态金属的液面检测中，超声波检测手段归类在直接接触传感器类型中，是因为对于液态重金属系统通常使用的是非常清洁的气氛。为了保证这一点，回路系统通常是装满的，而不是真空的。在真空中，不可以传送声信号，因此需要通过波导与介质直接耦合(Zhmylew et al，2003)。

2. 非浸入式液位计

检测容器中液面的非浸入式方法原则上可以基于光学、声学、电磁学或核物理学方法。因为 X 射线、γ 射线或中子显像法这类核物理学方法极其昂贵，且对于重液态金属具有很高衰减性，通常不用来测量液面，但是原则上这样的技术是具有可行性的。在本节中，我们重点关注以电磁波和雷达波为基础的测量原理。

(1) 电磁液位传感器

最简单的电磁液位传感器的工作原理就是基于电磁感应原理。平行布置的两个平面线圈，在其中一个线圈上施加功率恒定的正弦电压，相邻的被动线圈探测到振幅一定的正弦振荡，振幅与感应线圈和被动线圈的距离有关。如果容器中导电良好的流体液面上升，检测振幅会急剧下降。振幅的降低与容器中的液面高度成正比。图 7-28 描述了这种系统的结构示意图。

(2) 雷达测距

最简单的测量物体距离的方法就是发射一个雷达信号短脉冲，然后测量它反射回来的时间。距离范围是往返时间 τ(因为信号会传送到目标然后返回接收器)与信号速度的乘积的一半：

$$R = \frac{c \cdot \tau}{2} \tag{7-16}$$

式中，c 为真空中的光速。因为光速是很大的，所以往返时间很短。因此，在没有高性能电子设备的情况下，精确地测量距离很困难。雷达测量有一个确切的最小量程，即脉冲长度除以光速再除以 2。为了探测邻近的目标，就必须

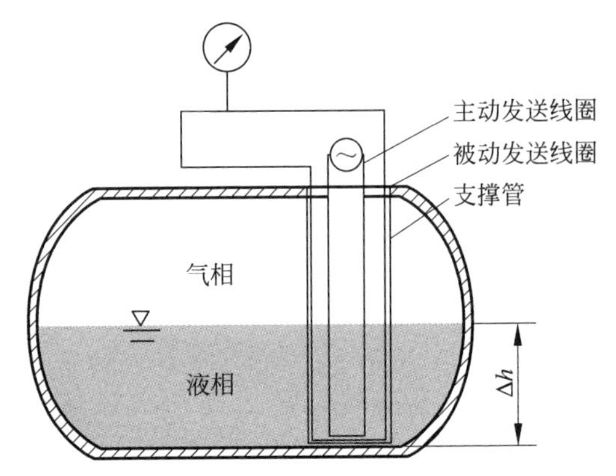

图 7-28 在 KALLA 中用于钠和铅铋的电磁液位计的结构示意图

使用短脉冲。

通常检测液面的雷达系统被应用于有大型容器的石油化工工业中。在小尺寸液态金属系统中,用来检测毫米级的液面距离时一般使用的频率或脉冲重复频率,其数值为 15～300GHz。

7.1.7 自由表面测量

在一些核能应用和金属铸造过程中,需要可以监测和控制自由表面流动。由于液态金属是不透明的、具有腐蚀性的,且运行在相对高的温度下,因此本节主要讨论非浸入式的光学或声学测量设备。

1. 光学方法

液态金属的问题之一是它们的光反射系数接近于 1,这意味着它们对光基本上是完全反射的,由此导致了大多数情况下使用高灵敏度光学测距的困难。尤其是商业可用的光电倍增管,对于完全反射材料来说过于灵敏。但是,一些液态金属也显示了波长依赖性,在这种情况下反射率将剧烈降低。例如,当波长 $\lambda=900\text{nm}$ 时,液态铅的反射率为 0.94;对于波长 $\lambda=584\text{nm}$ 的黄色光,反射率降低到 0.62,但是当 $\lambda=500\text{nm}$ 时,它又会增大到 0.92 (Blaskett,1990)。这个性质可以通过使用黄色三角滤波器加以利用。总之,在使用任何一种光学方法之前,应该进行仔细的文献调研或预实验,以便在实验中利用金属的特有性质。

主动非接触式测距设备的基本原理是把信号(无线电波、超声波或光波)投影到物体上,然后通过处理反射或散射信号确定距离。如果需要高分辨率测距仪，则必须选择光源，这是由于无线电波或超声波不能充分聚焦。除了这些绝对距离测量方法以外，传统上激光测距设备被用于3D视觉、尺寸控制、定位或液面控制。光学测距方法从技术上可以分为三类：干涉法、飞行时间法和三角形法。所有的这些方法均在逐步发展完善中。当然，每一种方法都有其相应的局限性。

2. 声学测距

通常，有两种可行的方法来获取波动液态金属表面的形状信息：一种是在气体中安装超声波传感器并且发射穿过气体的声波；另一种是利用直接和液态金属接触的传感器系统。第一种技术首先需要填充气体作为传播介质并且还需要预先知道有关气体温度分布的详细信息(因为温度决定气体中的声速)。这种方法的优点是液体和传感器的温度是解耦的。再者，传感器的潮湿问题和腐蚀问题都很好地避免了。然而，在大多数问题中，液态金属自由表面的形状由压力场和流体的速度分布决定。因此，对于这个问题的详细分析要求至少这两个量是已知的。在液体中直接应用超声波传感器能获得有关速度场和表面高度的信息。

7.2　液态重金属实验设施

为了更好地将液态重金属用于铅冷快堆和加速器驱动次临界系统(ADS)，相关研究者启动了材料相容性、热工水力以及相关技术问题(如测量工具)的研究。为了给上述各项研究提供相应的技术支持和数据，目前世界上已经搭建并运行了一些实验设施。现有设备基本能实现设计工作温度达550℃的液态重金属反应堆运行时所需的工作温度。然而，对于在高于600℃的条件下应用、在典型条件下(如与二次冷却剂反应，丧失冷却剂等)进行安全方面的特定分析以及特定组件(如专用的热交换器、泵等)在原型条件下测试和在运行过程中检查和维修，这些设备仍需进一步地发展和完善。

7.2.1　技术设备及其应用

在技术领域进行实验的主要目的在于开发测量工具和设备，以实现和进行具有已知或可测量的初始和边界条件的热工水力学标准实验。此外，这些设备还可用于论证大回路特定运行过程的合理性。用于热工水力学实验的相关测量工具和设备有热流模拟工具、流量测量设备、压力测量系统、局部流速测量系统以及测量局部和整体自由表面的工具。

除热工水力学实验外，还包括对液态金属化学的研究，其中开发和验证氧监测和控制系统的有效性是最重要的任务之一。目前已经开发了电化学氧传感器以实现液态金属中氧浓度的测量。多数研究的重点是制定标准化校准流程，以保证传感器测试数据的可靠性和一致性。关键的变量包括剂量、剂量率、传热分析和压力变化等。

(1) 德国 KIT 的液态重金属系统(THESYS)回路(图 7-29)

目的：优化用于回路的卡尔斯鲁尔(Karlsruhe)氧控制系统；发展热工水力学测量技术；传热和湍流实验；发展高性能 INCONEL 加热器(燃料棒模拟器)；建立用于物理模型开发和程序验证的热工水力学数据库。

运行参数：最高温度 550℃；最大流量 3.5m^3/h；铅铋合金体积为 100L；回路最初运行的是铅铋合金，但是现在正在改造以便可运行纯铅。

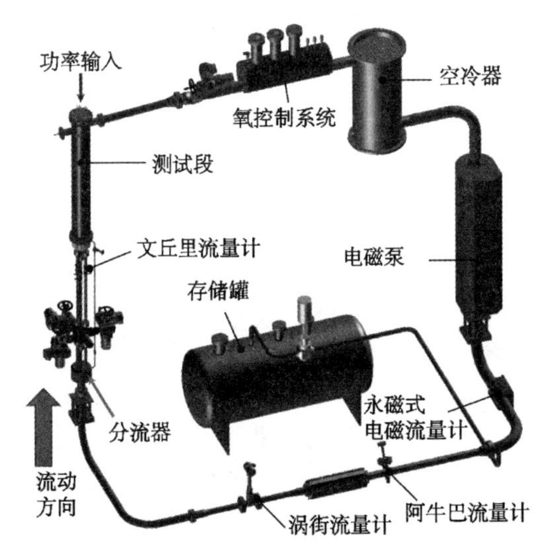

图 7-29　THESYS 示意图

(2) 德国 Karlsruhe 氧控制系统(KOCOS)(图 7-30)

目的：发展 Karlsruhe 氧控制系统；测量氧在铅铋熔体中的扩散系数；测量氧的质量交换速率。

(3) 德国 KIT 的熔融合金用 Karlsruhe 氧传感器(KOSIMA)(图 7-31)

目的：开发氧传感器；优化氧传感器在参考系统中的可重复性和长期稳定性；校准氧传感器。

(4) 意大利 ENEA 的化学和运行系统(CHEOPE)(图 7-32)

CHEOPE 由三个不同回路组成，即研究热工水力学行为的 CHEOPE I、

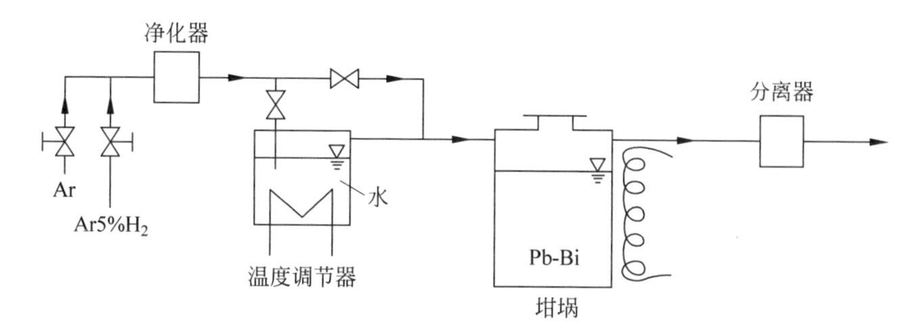

图7-30　KOCOS示意图

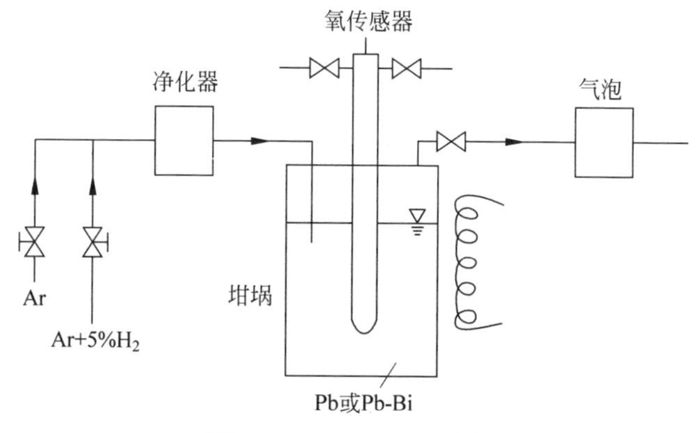

图7-31　KOSIMA示意图

研究液态金属化学特性的CHEOPE Ⅱ，以及研究高氧浓度下腐蚀特性的CHEOPE Ⅲ。

目的：高氧浓度下铅合金中的腐蚀研究；部件测试和开发；物化分析；热工水力学实验。

运行参数：最高温度（CHEOPE Ⅲ）500℃；最大流速（CHEOPE Ⅲ）1.2m^3/h；CHEOPE Ⅰ体积900L；CHEOPE Ⅱ体积50L；CHEOPE Ⅲ体积50L；能实现氧测量和氧控制；液态重金属为铅铋合金。

（5）法国CEA的SOLDIF（图7-33）

目的：使用熔盐电解质通过电化学技术测定熔融铅或铅合金中溶解物的溶解度和扩散率；通过电化学技术对浸入熔融铅或铅合金的金属材料的氧化层进行表征。

运行参数：最高温度500℃；静止流体；电化学电池数量1个；液态重金属种类（铅铋合金或铅）。

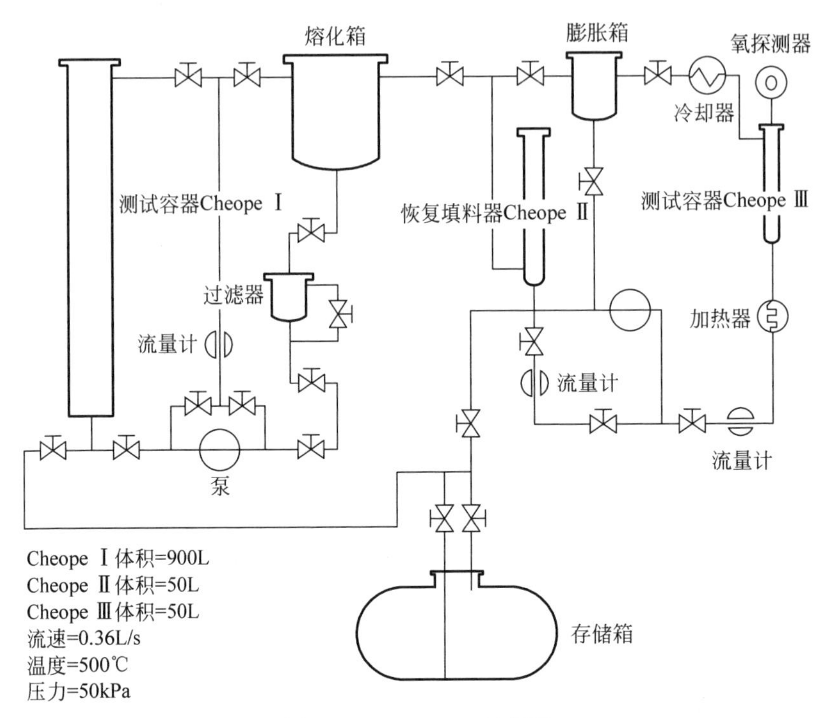

图 7-32　CHEOPE 示意图

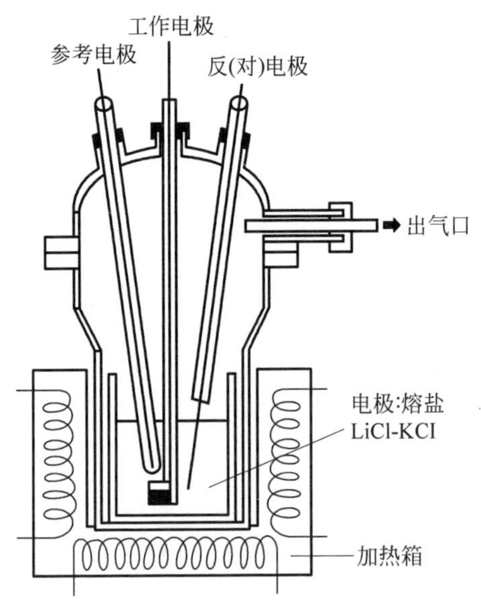

图 7-33　SOLDIF 示意图

(6) 法国 CEA 的铅合金用标准技术回路(STELLA)(图 7-34)

目的：铅合金化学监测和控制；氧传感器有效性评定；净化工艺的开发和评定；以质量交换单元为基础的氧控制工艺的开发和评定(PbO)；回路中试样浸入系统的评定。

运行参数包括：最高温度 550℃；温度梯度最大值为 150℃；体积 32L；最大流速(3m 的泵净正吸头处)$1m^3/h$；测试区数量 1 个；有氧气控制系统(OCS)；液态重金属为铅铋合金；腐蚀保护为包埋渗铝处理。

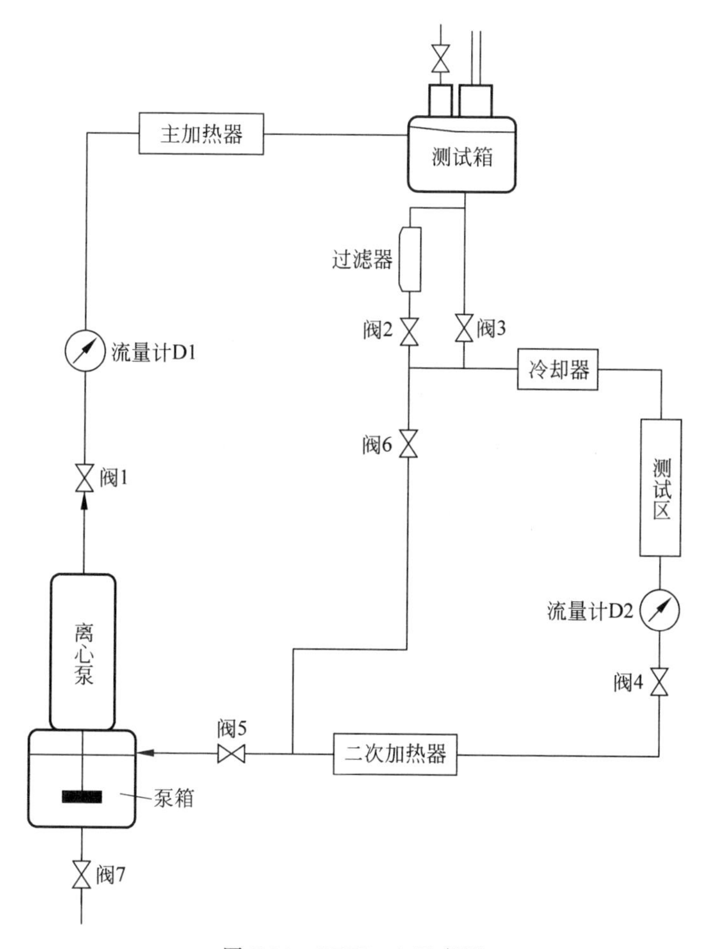

图 7-34　STELLA 示意图

(7) 比利时 SCK · CEN 的真空界面相容性实验(VICE)

目的：研究质子束流管中的气体传输和实际 1∶1 泵模型中可能形成的化合物；对铅铋合金初始和长期的排气做详细研究(包括成分鉴定)；研究金

属挥发；模拟易挥发散裂产物的放射行为。

运行参数：束流管几何尺寸 5m；最高温度 500℃；最低运行压力 10^{-7} mbar-UHV 技术；液态重金属铅铋合金；有效铅负载 100kg；真空压力控制器 10^{-7} mbar～1bar；高分辨率静态气体分析仪；气体流速微分校准系统；磁流体动力搅拌；等离子净化系统(10kW)。

(8) 比利时 SCK · CEN 的预处理容器(PCV)(图 7-35)

目的：研究将铅铋合金调节和净化到适合在无窗散裂靶回路中使用水平的过程；铅铋合金的排气研究。

运行参数：最高温度 500℃；最大压力 10bar；最低运行压力 10^{-7} mbar-UHV 技术；液态重金属铅铋合金；有效铅负载 100kg；氧控制系统为 H_2/H_2O 气体；等离子净化系统 10kW；静态气体分析仪为 Hi-tech 四极矩；磁流体动力搅拌。

图 7-35 内置 PCV 照片

(9) 美国拉斯维加斯内华达大学的 TC-1(图 7-36)

目的：论证铅铋回路中磁流体动力泵的长期、可持续运行能力；代表 ISTC 合作伙伴完成 TC-1 原型评估；在工程规模熔融金属系统的运行中训练学生；检验在非辐射条件下靶系统的长期服役性能。

运行参数：最高温度待定(在泵入口处不超过 300℃)；最低温度 200℃；最大(典型的)流速 $15m^3/h$(待定)；电功率待定(最高 70kW)；测试区数量 0；试样数量 0；无氧控制系统；无氧传感器；液态重金属为铅铋合金。

(10) 日本东京工业大学的蒸汽注入和氧浓度控制实验系统(图 7-37)

目的：氧传感器的性能；铅铋合金中氧势的控制；研究材料在铅铋合金中的腐蚀和腐蚀产物；研究进入到蒸汽流中残留的铅铋雾状物和杂质；研究

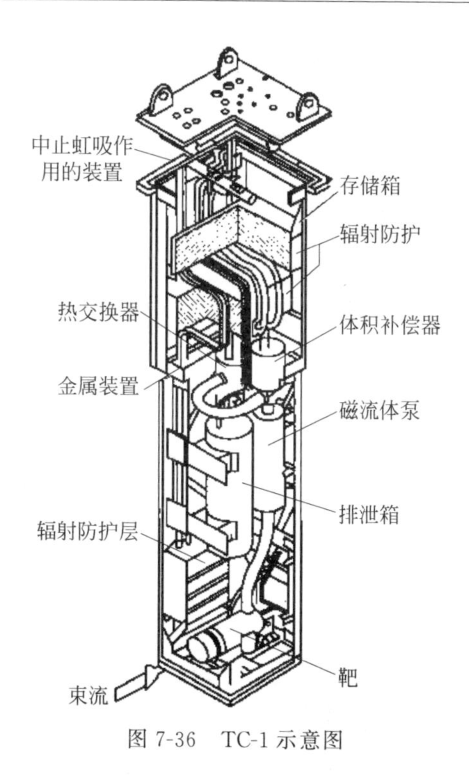

图 7-36　TC-1 示意图

在蒸汽和水中溶解的 H_2；研究铅铋合金中金属元素的化学和传输特性。

运行参数：最高温度 500℃；最大压力 0.5MPa；铅铋合金量 70kg；水/蒸汽量 30kg；最大水/蒸汽流速 25g/min(250℃)；铅铋流动系统蒸汽气泡提升泵；铅铋最大电功率 6kW，水/蒸汽最大电功率 4kW；测试容器数量 1 个，尺寸 H760mm，材料 CrMo 钢；仪器最大高度 3.2m；氧控制系统(有)；液态重金属为铅铋合金。

7.2.2　材料测试设备及其应用

用于表征材料在液态金属中性质的设备主要有两种。第一种是静态实验设备，常用于材料筛选实验和基本的腐蚀机理的研究。静态设备上通常安装有氧控制和监测系统以在氧控制良好的条件下研究基本的腐蚀机理，其中的一些静态设备也用来测试在液态金属中材料在辐照前后的力学性能。第二种材料测试设备是回路，在回路中进行的实验对于评估材料的长期耐腐蚀性非常重要。实验通常在氧浓度、温度和液态金属流速确定的条件下进行。回路测试产生的数据库可用于腐蚀预测模型的开发和验证。

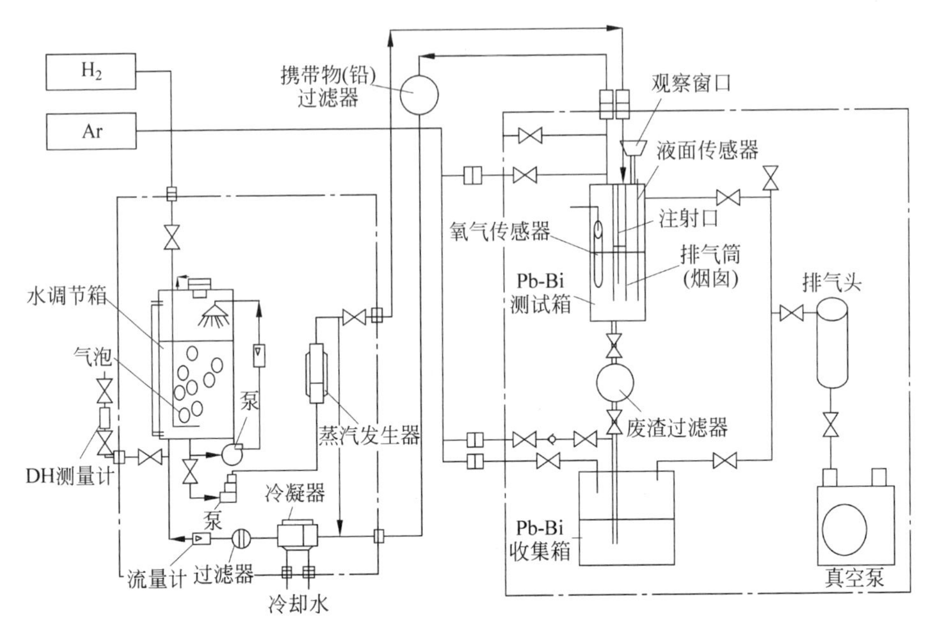

图 7-37　蒸汽注入和氧浓度控制实验系统

(1) 德国 KIT 的液态铅合金静态腐蚀测试(COSTA)(图 7-38)

目的：研究腐蚀机理；研究保护层和涂层对腐蚀的影响；研究 GESA 处理表面；研究表面合金化对腐蚀的影响。

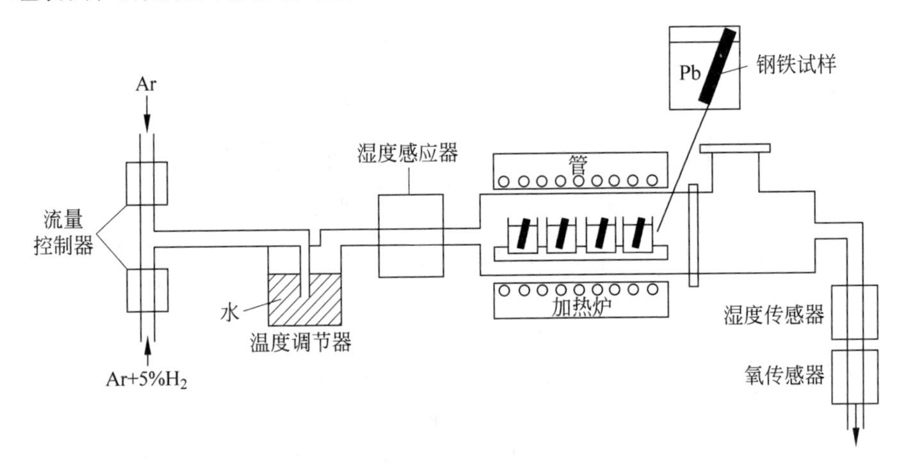

图 7-38　COSTA 示意图

(2) 德国 KIT 的液态铅合金动态腐蚀测试(CORRIDA)(图 7-39)

目的：研究流动铅铋合金中结构材料的长期腐蚀行为；研究流动铅铋合

金中涂层材料的长期腐蚀行为；研究材料/铅铋合金相互作用机理和动力学；建立铅铋合金中腐蚀/析出的模型；研究氧控制系统(OCS)应用于大型铅铋回路的可行性；作为氧控制系统的一部分，测试适合在铅铋中使用的二氧化锆基氧传感器。

运行参数：最高温度550℃；最低温度400℃；最大流速(典型流速)4(2)m/s；电功率170kW；测试区数量2个；试样数量32个；氧控制系统(通过气相中的H_2/H_2O比例控制)；氧传感器(在铅铋合金中有3个、在气相中有1个)；液态重金属(铅铋合金)。

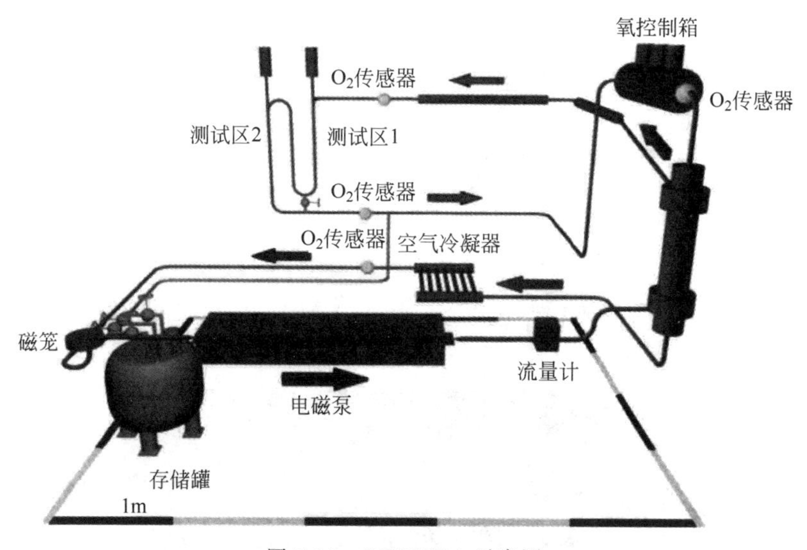

图7-39 CORRIDA示意图

(3) 意大利ENEA的铅腐蚀系统LECOR(图7-40)

目的：铅合金中的腐蚀研究；组件测试和开发；物化研究。

运行参数：热端最高温度500℃；最大流速4.5m^3/h；最大电功率4MW；测试区数量3个；有氧流量计；氧控制(单独添加氢和氧控制)；液态重金属(铅铋合金)。

(4) 美国LANL的铅合金技术开发及应用系统(DELTA)(图7-41)

目的：测试流动铅铋中结构材料和经表面处理材料的腐蚀；研究材料/铅铋合金相互作用机理；研究和测试腐蚀/沉淀和系统动力学模型；搭建、测试和改进大型铅铋回路中的氧传感器和控制系统；热工水力学实验(如自然对流)和系统模型化(如TRAC)及测试；开发和测试组件、数据采集和控制系统。

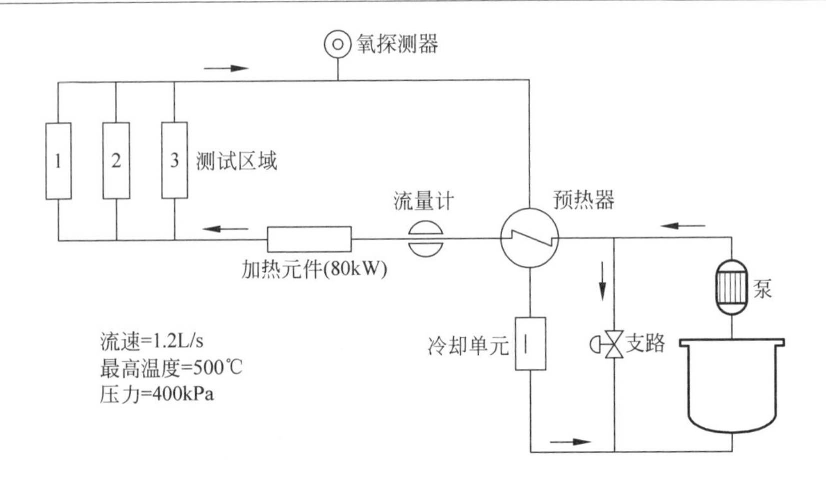

图 7-40　LECOR 示意图

运行参数：最高温度 550℃；最低温度 400℃；最大(典型)流速为 5(2)m/s；电功率 65kW(主加热器)；测试区数量 2 个(腐蚀，应力腐蚀开裂)；试样数量 186 个(32/样品托)；氧控制系统(直接注入 O_2/He 和 H_2/He)；氧传感器(在铅铋中有 4 个、在气相中 1 个)；液态重金属(铅铋合金)。

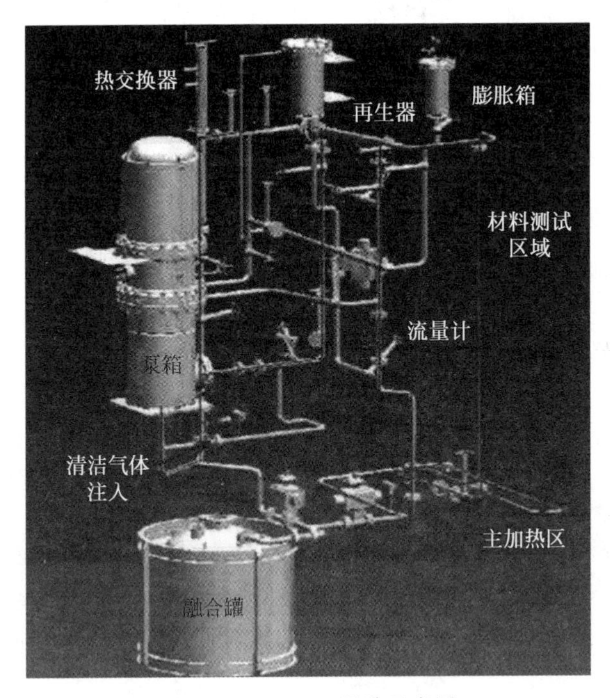

图 7-41　DELTA 回路示意图

(5) 美国 LANL-UNLV 的铅相关实验台(LCS)(图 7-42)

目的：将铅铋冷却剂技术转化和扩展到高温铅系统；测试流动铅中结构材料和经表面处理材料的腐蚀；热工水力学实验(例如自然对流和流动稳定性)；改造和测试传感器、组件、数据采集和控制系统,以便用于更高温度的铅中；测试 ODS 钢(MA956)焊接性能和回路的搭建。

运行参数：最高温度 700℃；最低温度 400℃；最大流速 0.25m/s；电功率 15kW(主加热器)；测试区的数量 1 个(腐蚀)；试样数量(待定)；氧控制系统(直接注入 O_2/He 和 H2/He)；氧传感器 2 个；液态重金属(铅)。

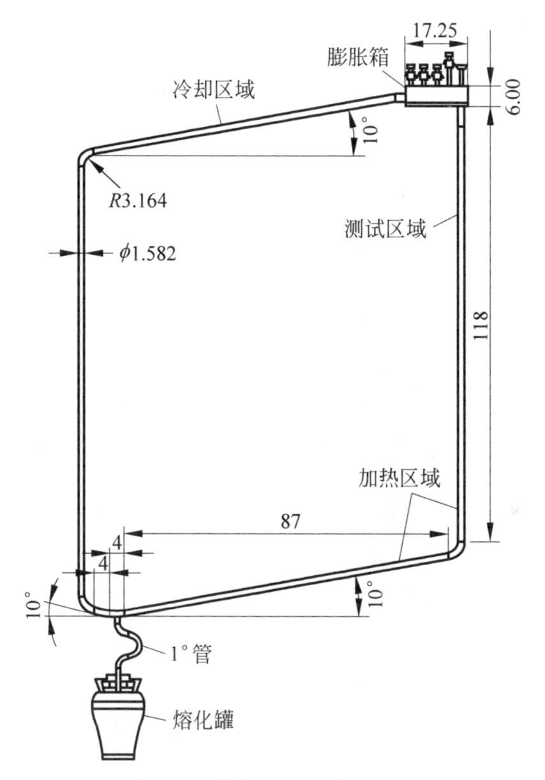

图 7-42　铅相关实验台示意图

(6) 法国 CEA 的 COLIMESTA(图 7-43)

目的：研究材料(包括焊接)和涂层的腐蚀；研究腐蚀机理；研究氧浓度对腐蚀过程的影响；研究腐蚀动力学；开发腐蚀模型。

运行参数：最高温度 500℃；最大流速(静止)；测试区数量(2 个)；氧控制系统(有)；液态重金属(铅铋合金)；腐蚀保护(最大限度包埋渗铝处理)。

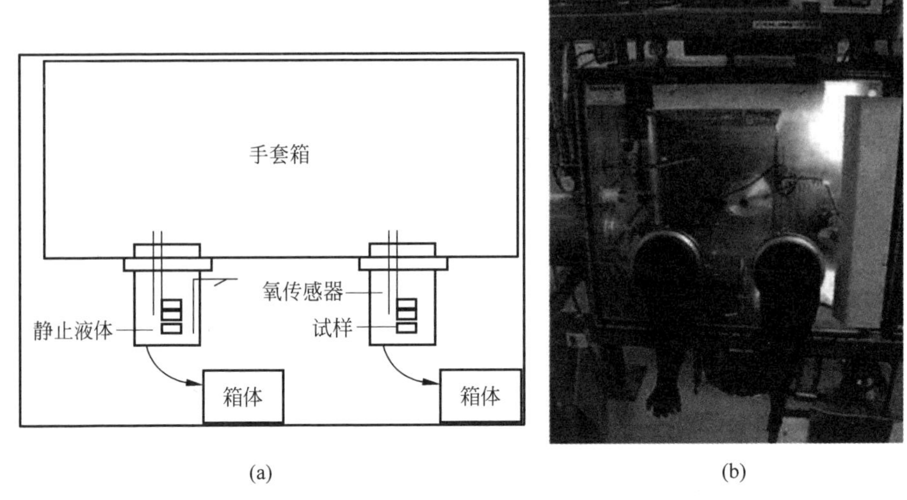

图 7-43 COLIMESTA
(a) 示意图；(b) 铅铋测试子系统

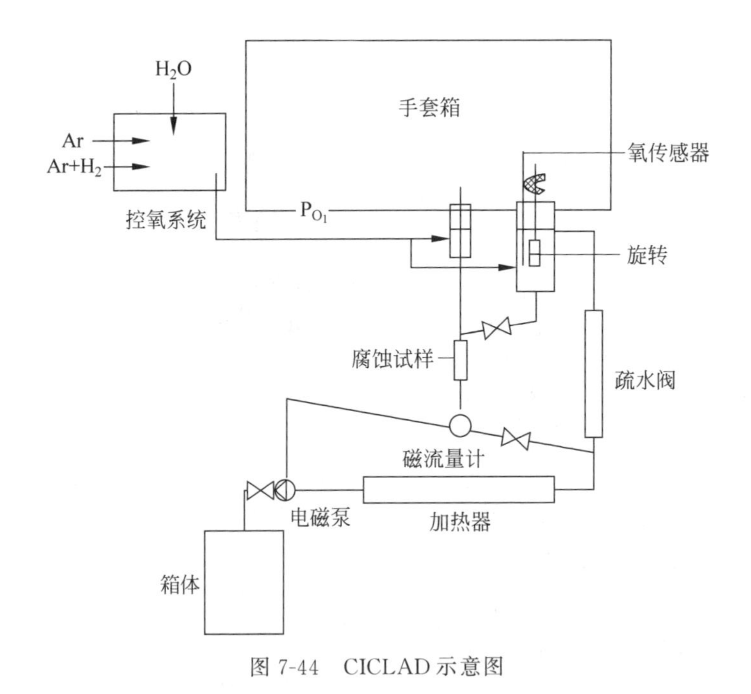

图 7-44 CICLAD 示意图

(7) 法国 CEA 的 CICLAD(图 7-44)

目的：研究材料(包括焊接)和涂层的腐蚀；研究通过旋转柱体(尤其是

在高速并且包括冲蚀现象的情况下)产生的水动力对腐蚀的影响；研究氧浓度对腐蚀过程的影响；研究腐蚀动力学；开发腐蚀模型。

运行参数：最高温度500℃；最大流速5m/s(即5000r/min)；测试区数量(一个使用旋转体试样、一个使用管状试样)；氧控制系统(有)；液态重金属(铅铋合金)；腐蚀保护(最大限度包埋渗铝处理)。

(8) 瑞士PSI的液固反应(LiSoR)(图7-45)

目的：研究辐射、铅铋合金和机械应力共同相互作用对结构材料的影响。

运行参数：最高温度350℃；最大流速(在测试区为1m/s)；最大电功率(30kW)；测试区数量(1个)；氧控制系统(无)；液态重金属(铅铋共晶合金)。

辐射参数：靶上的束流能量72MeV；束流电流(最低15μA,最高40μA)；靶上的束流剖面(高斯)($\sigma_x=\sigma_y=1.6$mm)；束流抖动最大频率(在x轴上为14.3Hz,在y轴上为2.38Hz(6∶1))；束流结构(水平抖动为$x_{max}=\pm2.75$mm,竖直抖动为$y_{max}=\pm7$mm)。

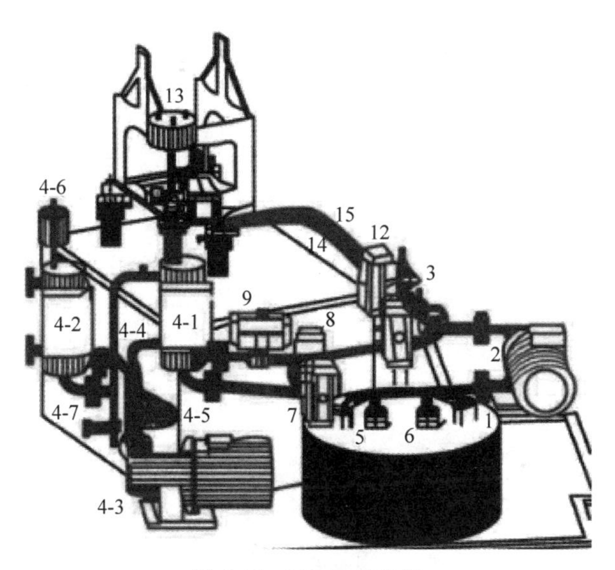

图7-45　LiSoR示意图

(9) 瑞士PSI的腐蚀和润湿性研究(CORRWETT)(图7-46)

目的：研究腐蚀；研究热循环；研究加压涂层试样。

运行参数：最高温度350℃；最大流速(在测试区内为0.8m/s)；最高电功率(8.6kW)；测试区数量(1个)；氧控制系统(无)；液态重金属(铅铋共晶合金)。

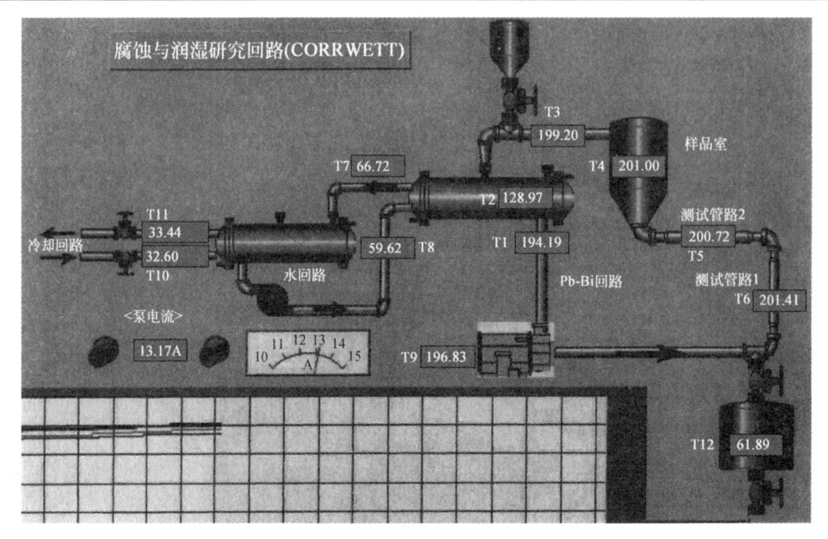

图 7-46　CORRWETT 示意图

(10) 比利时 SCK · CEN 的 SSRT/静态实验设备(图 7-47)

目的：研究铅铋合金对结构材料力学性能的影响；研究铅铋合金和辐射的共同作用(测试预辐射材料的力学性能)；研究控氧和测量溶解氧浓度的方法。

运行参数：最高温度 500℃；最大电功率 3.5kW；氧控制系统(有)；液态金属体积(≈2.5L)；测试区数量 1 个(热压罐)；液态重金属(铅铋合金)。

图 7-47　SSRT/静态实验装置的示意图

(11) 西班牙 CIEMAT 的 FELIX/FEDE(图 7-48)

目的：静态条件下筛选材料。

运行参数：使用不同的气体气氛；测量氧浓度；最高温度 600℃。

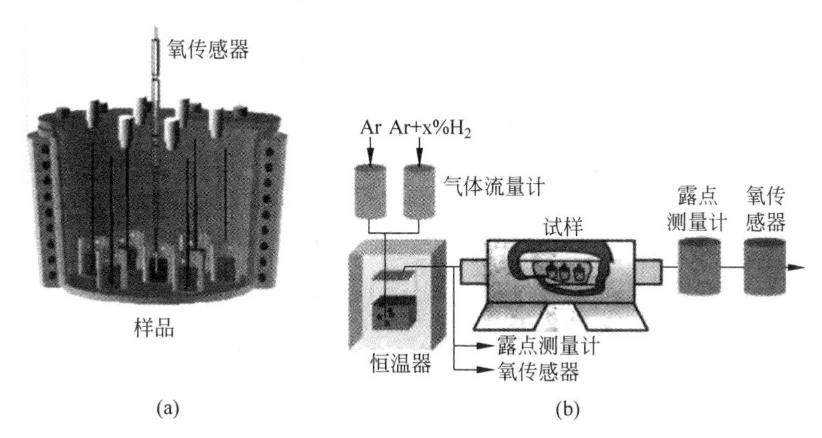

图 7-48　FEDE 和 FELIX 示意图

(a) FEDE；(b) FELIX

(12) 西班牙 CIEMAT 的 CIRCO(自然对流回路)(图 7-49)

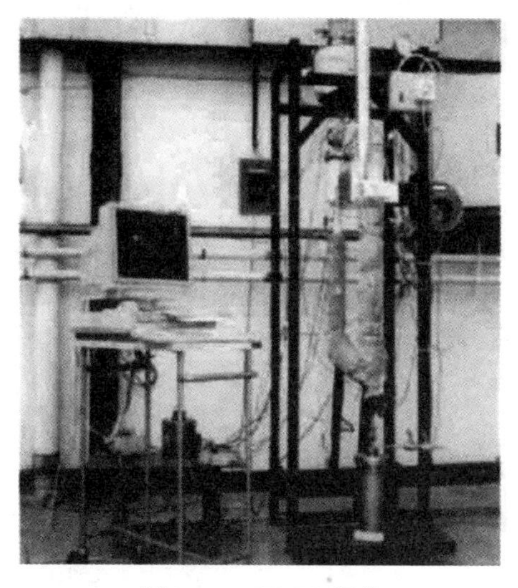

图 7-49　CIRCO 照片

目的：在准静态铅铋共晶合金中进行长期腐蚀实验；测试氧传感器；测试后对回路进行破坏性检验。

运行参数：结构材料 AISI316L；铅铋容量 1L；最高温度 550℃；温度梯

度 150℃。

(13) 西班牙 CIEMAT 的 LINCE(强制对流回路)(图 7-50)

目的：进行铅铋合金中的长期腐蚀实验；开发流动铅铋合金中的氧控制系统。

运行参数：最高温度 500℃；最大流速 $2.5m^3/h$；测试区数量 2 个；铅铋容量 170L；电功率 80kW；安装有氧控制系统。

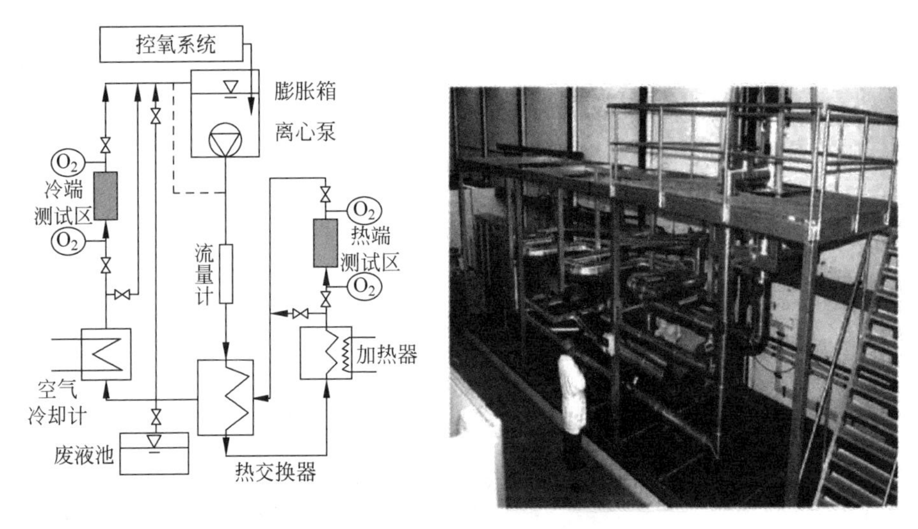

图 7-50　LINCE 示意图和照片

(14) 日本原子能研究所 JAERI 的铅铋静态腐蚀设备(JLBS)(图 7-51)

图 7-51　JLBS 照片

目的：研究静态条件下 ADS 组件材料的腐蚀行为；进行 ADS 组件材料的筛选实验；研究铅铋合金中各种材料的腐蚀机理；研究经表面处理材料的腐蚀；研究合金化元素和应力对铅铋合金腐蚀的影响；研究铅铋合金中杂质的影响。

运行参数：最高温度 600℃；釜数量 4 个；试样数量(10/釜)；釜的直径(100mm)；重金属重量(7kg/釜)；氧控制系统(有)；液态重金属(铅铋合金)。

(15) 日本 JAERI 的铅铋流动回路(JLBL-1)(图 7-52)

目的：研究流动铅铋合金中 ADS 组件的腐蚀；发展铅铋流动控制技术；ADS 靶测试设备材料耐蚀实验。

运行参数：最高温度 450℃；最大压力 5bar；最大流速 18L/min；最大电功率(15kW 加热器)；测试区数量(2 个)；氧控制系统(准备中)；液态重金属(铅铋合金)。

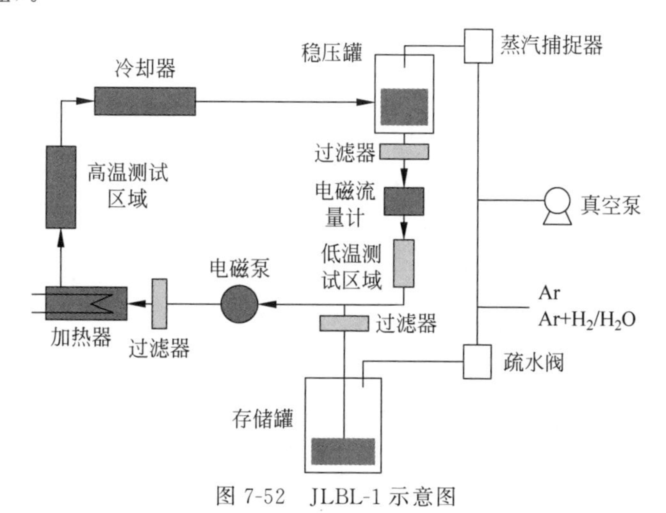

图 7-52　JLBL-1 示意图

(16) 日本 CRIEPI 的静态腐蚀测试设备(图 7-53)

目的：研究静态铅铋中的静态腐蚀行为。

运行参数：最高温度 700℃；釜数量(2 个)；试样数量(8/釜)；釜直径(100mm)；试样的分批取出(能实现)；氧控制系统(有)。

(17) 韩国 KAERI 的 KPAL-I(图 7-54)

目的：建立铅铋腐蚀数据库；发展氧控制技术；开发氧传感器；发展铅铋回路的热工水力学设备；优化铅铋回路运行技术

运行参数：最高温度 550℃；最大流速(4.0m 的泵净正吸头处)3.6m^3/h；最大电功率 120kW；测试区数量 1 个；测试区最大高度 0.9m；氧控制系统(有)；液态重金属(铅铋合金)。

图 7-53　CRIEPI 稳态腐蚀测试设备照片

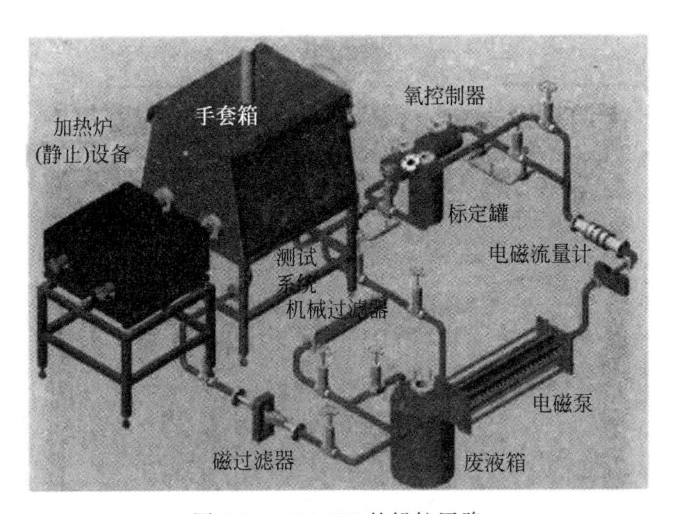

图 7-54　KAERI 的铅铋回路

(18) 捷克 Rez 核研究所的对流回路 COLONRI I(图 7-55)

目的：评估不同条件下铅铋合金中结构材料的耐腐蚀性；研究氧浓度的影响(氧技术)。

运行参数：最高温度 700℃；最大流速 1～2cm/s；最高电功率 4kW；测试区数量 2 个；测试区最大高度 2.5m；氧控制系统(有-间接地)；液态重金属(铅铋合金)。

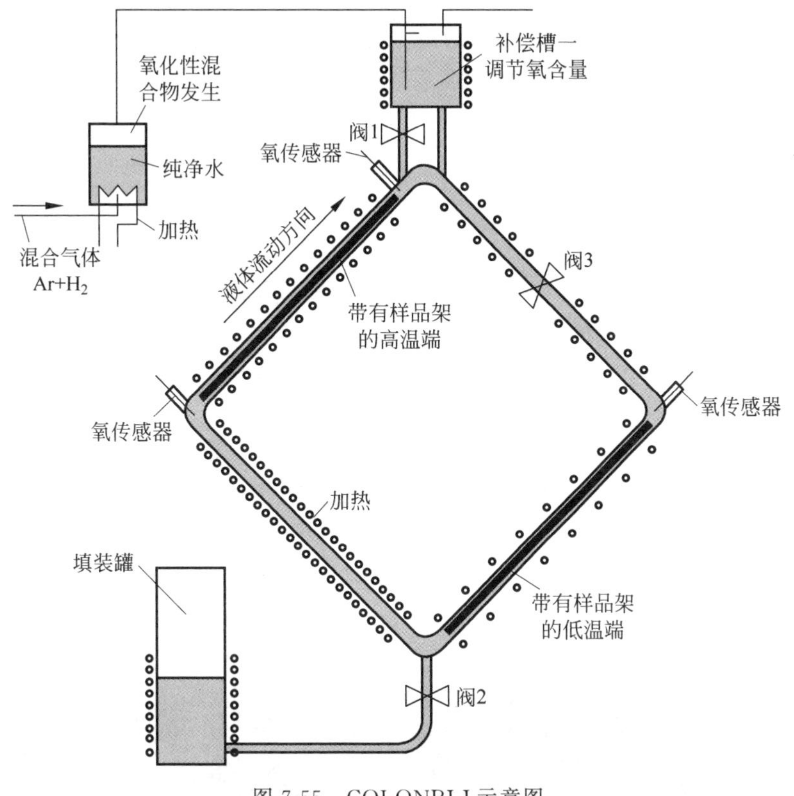

图 7-55　COLONRI I 示意图

(19) 美国 ANL 的竖琴式石英自然对流装置(图 7-56)

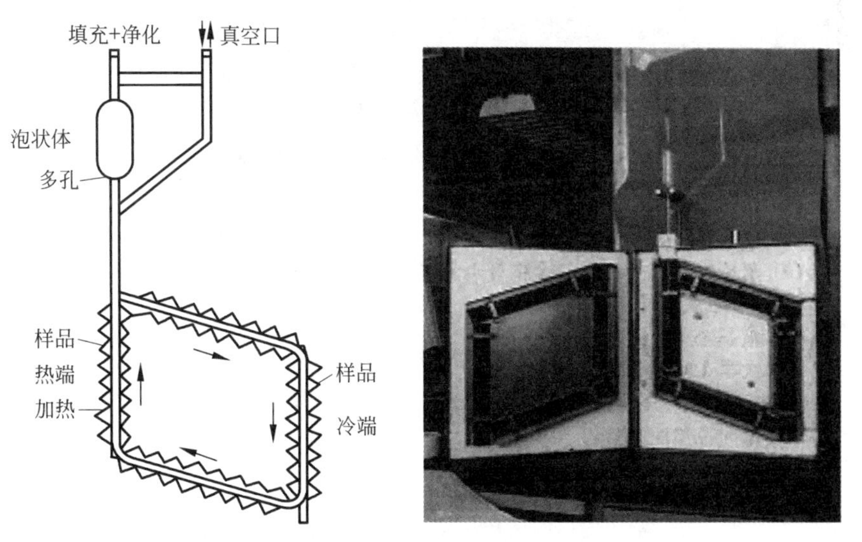

图 7-56　竖琴式石英自然对流装置的示意图和照片

目的：研究结构材料在流动铅或铅铋合金中的长期腐蚀行为；研究涂层材料在流动铅或铅铋合金中的长期腐蚀行为；研究腐蚀机理以及材料与铅或铅铋合金间的热-力学性质。

运行参数：最高温度 800℃；最低温度 375℃(铅铋合金)或 500℃(铅)；典型流速～0.01m/s；电功率(低)；测试区数量 2 个；试样数量 2 个；氧控制系统(通过气相中 H_2/H_2O 比值)；氧传感器(无)；液态重金属(铅或铅铋合金)。

(20) 美国 MIT 的乌利希(H. H. Uhlig)腐蚀实验室(图 7-57)

目的：测试结构材料和经表面处理的材料在铅铋合金中的腐蚀；研究材料/铅铋合金相互作用的机理；研究与测试腐蚀/沉淀和系统动力学模型；构建、测试和改进氧传感器。

运行参数：最高温度 800℃；最低温度 400℃；最大/最小流速 3/0m/s；电功率 15kW/测试站(加热器)；测试区数量 2 个(腐蚀，应力腐蚀开裂，旋转电极)；试样数量(浸入的)为 15 个/测试站(单独釜)；试样数量(旋转的)为 1/测试站；氧控制系统(直接注入 O_2/He 和 H_2/He，H_2/H_2O)；氧传感器(在铅铋合金中有 1 个，在气相中有 1 个)；液态重金属(铅铋/铅)。

图 7-57　旋转电极系统的示意图及不同元件的照片

(21) 法国里尔大学的液态金属中力学性质实验装置(图 7-58)

目的：确定液态金属中结构合金的力学性能和抗性能衰退能力。

单向拉伸性能测试：①使用圆柱形试样的标准拉伸测试(STT)；②使用直径 9mm，厚度 0.5mm 圆盘状试样的小型冲压实验(SPT)。

循环加载性能测试：①光滑试样的低周疲劳(LCF)测试；②缺口试样的疲劳裂纹生长门槛值(FCGR)测试。

运行参数：最高温度(ICF、FCGR 和 SPT 为 350℃，STT 为 600℃)；最

大流速(静止)；氧控制系统(无)；液态重金属(铅，铋，锡)；STT 和 SPT 机器(负载能力 20kN,应变速率为 $10^{-2} \sim 10^{-5} s^{-1}$)；ICF 机器(负载能力 100kN－应变控制，应变范围 $\Delta \varepsilon_t$：$0.5 \times 10^{-2} \sim 2.5 \times 10^{-2}$，应变速率 $10^{-2} \sim 10^{-4} s^{-1}$)；FCGR 机器(负载能力 100kN-载荷控制，四点弯曲试样，频率最大 15Hz,COD 测量)。

图 7-58　疲劳实验装置的照片

(22) 日本东京工业大学(TIT)铅铋腐蚀测试回路(图 7-59)。

目的：研究流动铅铋合金中材料的腐蚀行为；开发氧控制技术；研究氧传感器的性能；研究电磁流量计的性能；研究超声波流量计的性能。

运行参数：最高温度 550℃；系统最大压强 0.4MPa；最大流速 $0.36m^3/h$；最大电功率 22kW；测试区数量 1 个；测试区最大高度 1.5m；氧控制系统(有，PbO 板)；液态重金属(铅铋合金)；铅铋容量 450kg。

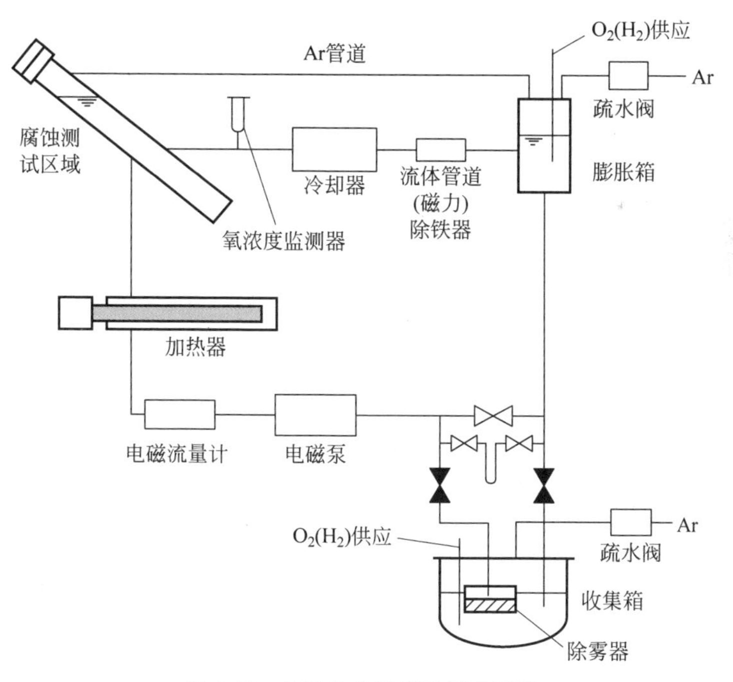

图 7-59　TIT 的铅铋腐蚀测试回路

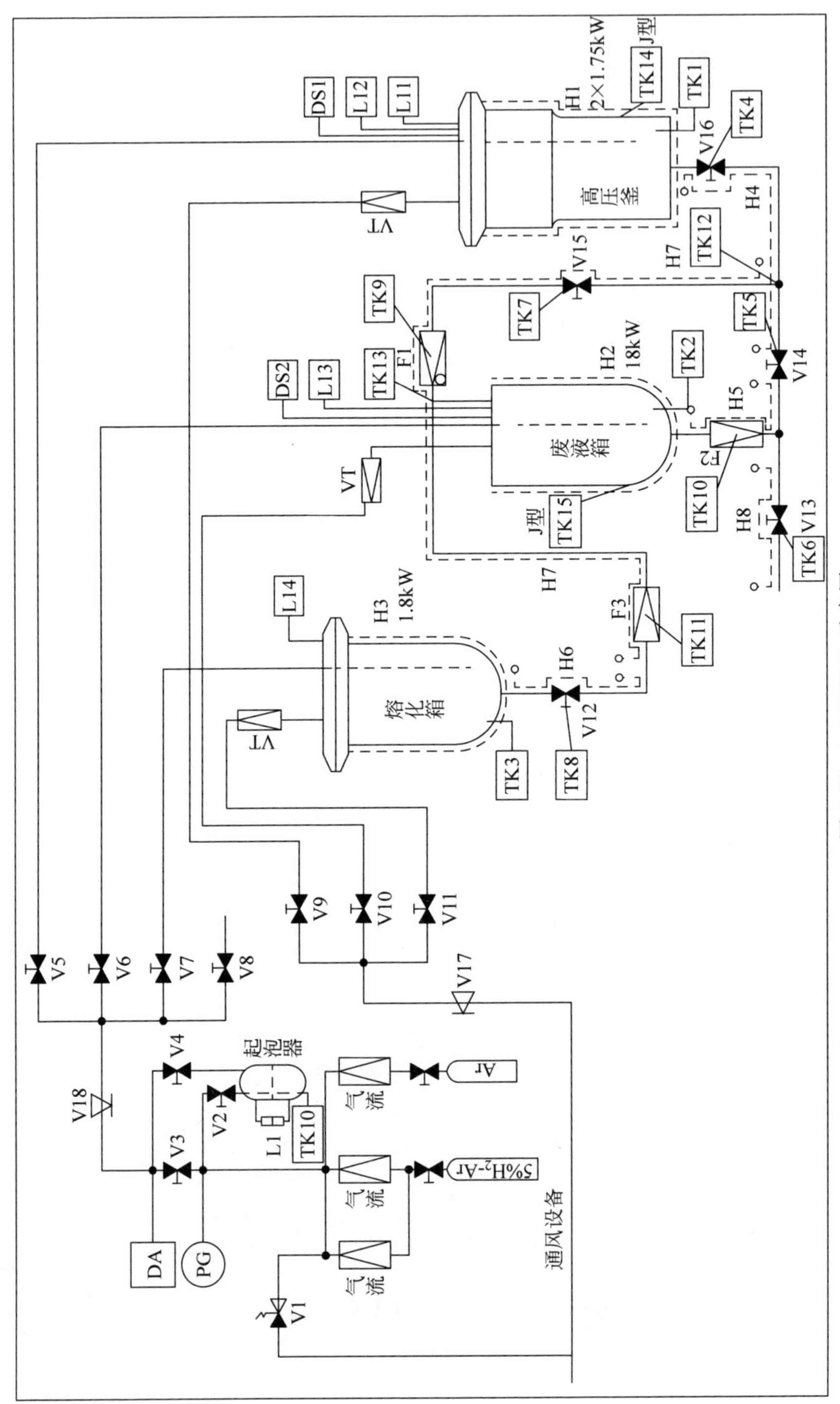

图 7-60　LIMETS1 示意图

(23) 比利时 SCK·CEN 的液态金属脆化测试站1(LIMETS1)(图7-60)

目的：研究铅铋合金对于结构材料力学性能的影响；校准氧传感器；研究氧化层对结构材料力学性能的影响。

运行参数：最高温度500℃；最大电功率3.5kW；测试区数量(1个，高压釜)：液态金属体积(≈3.5L)；氧控制系统(有)；液态重金属(铅铋合金)。

(24) 比利时 SCK·CEN 的液态金属脆化测试站2(LIMETS2)(图7-61)

目的：在可控的铅铋环境下测试放射性材料。

可进行的测试：慢应变速率实验(SSRT)；恒定载荷实验；逐渐加载的实验；裂纹生长速率(断裂力学)。

运行参数：最高温度500℃；最大压力4bar；最大负载20kN；位移速率$9\times10^{-2}\sim3\times10^{-6}$mm/s；应变速率(标距长度10mm)$9\times10^{-3}\sim3\times10^{-7}\text{s}^{-1}$；最大位移30mm；待测试试样(拉伸试样，小尺寸CT)；高压釜和加载单元的数量(1个)；高压釜体积3.6L；高压釜材料(316L)；材料调节系统(316L)；气体环境(H_2，Ar)。

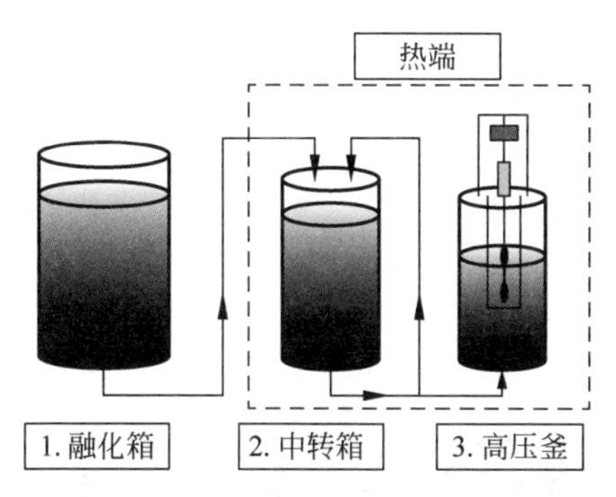

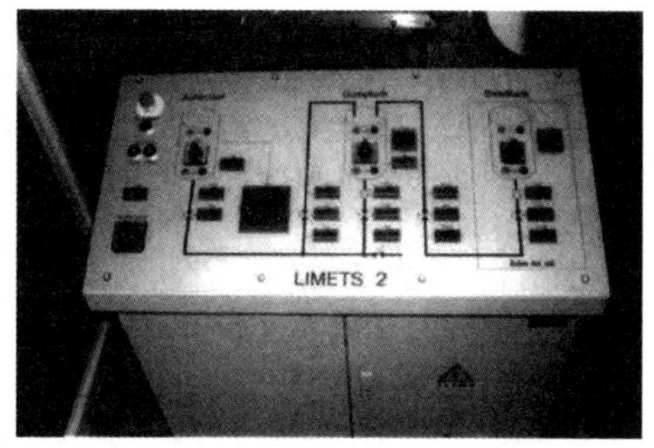

图7-61　LIMEST Ⅱ流程图及温度控制仪表面板照片

7.2.3　热工水力学设备及其应用

热工水力学设备用于研究一些诸如湍流传热、自由表面流和两相流等基本现象。可以通过在简单的实验装置中进行实验来研究上述基本现象的机理。但是，设计具有特定目的的实验(如用于表征散裂靶或燃料棒)是非常具有挑战性的。通常，实验前需要辅以计算分析(CFD计算)。热工水力学实验最重要的目的之一是改进物理模型和验证CFD计算的正确性。

(1) 德国KIT的热工水力学和ADS设计(THEADES)(图7-62)

目的：研究单一热工水力学条件对ADS组件的影响；研究束窗的冷却；研究无窗靶结构的流场；研究燃料组件的冷却；研究铅铋/铅铋热交换器的传热特征；研究蒸汽发生器的传热特征；研究铅铋/空气热交换器的传热特

征；建立用于验证物理模型和程序有效性的热工水力学数据库。

运行参数：最高温度 450℃；最大流速(4.5m 的泵净正吸头处)100m^3/h；最大电功率 4MW；测试区数量 4 个；测试区最大高度 3.4m；氧控制系统(有)；液态重金属(铅铋合金)。

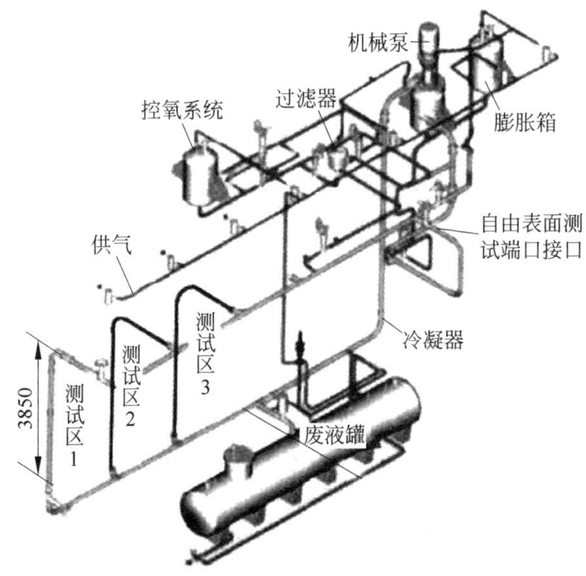

图 7-62　THEADES 示意图

(2) 意大利 ENEA 的 Circolazione Eutettico(CIRCE)(图 7-63)

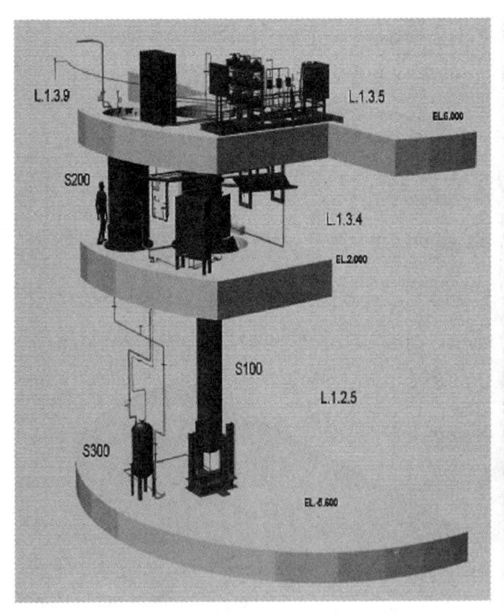

图 7-63　CIRCE 的示意图和照片

目的：进行热工水力学实验；开发组件；在池式系统中进行大型实验；研究池式系统中的液态金属化学特性。

运行参数：最高温度 450℃；测试区体积 9480L；储存槽体积 9250L；泵槽体积 924L；氧流量计(无)；氧控制(有，控制表面气体)；液态重金属(铅铋合金)。

(3) 瑞典 KTH 的热工水力学 ADS 铅铋回路(TALL)(图 7-64)

目的：在不同的热交换器上进行 TECLA 的中等规模的传热实验；在原型热工水力学条件下对铅铋合金流动和传热进行研究(如 ADS 概念堆)；研究稳态和过渡状态下自然对流和强制对流的热工水力学特征；进行模拟事故研究，丰富程序验证的数据库，为欧盟 PDX－XADS 工程提供支持；建立用于验证物理模型和程序有效性的热工水力学数据库。

运行参数：最高温度 500℃；最大流速 $2.5m^3/h$；最大电功率 55kW；电磁泵 5.5kW；测试区最大高度 6.8m；氧控制系统(无)；氧控制传感器(有)；液态重金属(铅铋合金)；二次回路冷却剂(甘油)。

图 7-64　TALL 照片

(4) 日本 JAERI 的铅铋流动回路(JLBL2)(图 7-65)

目的：研究水平铅铋靶的流动；进行 I—靶的验证实验。

运行参数：最高温度<450℃；最大压力 2bar；最大流速 50L/min；最大电功率(5kW 加热器)；测试区数量(无)；氧控制系统(无)；液态重金属(铅铋合金)。

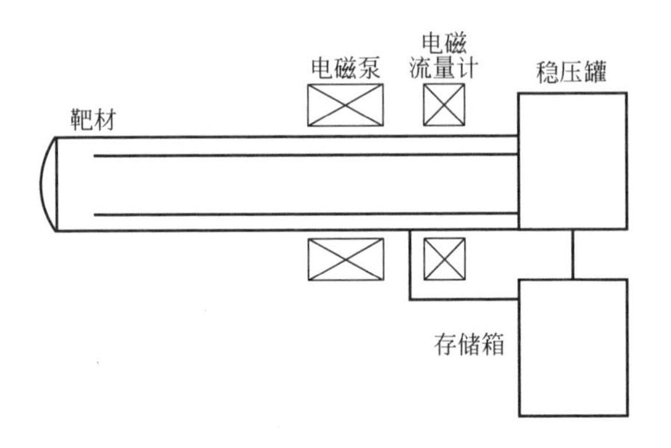

图 7-65　JLBL-2 示意图

(5) 日本 JAERI 的铅铋流动回路 3(JLBL-3)(图 7-66)

目的：进行束窗的热流测试；进行机械泵和大规模铅铋流动的验证实验。

运行参数：最高温度 450℃；最大压力 7bar；最大流速 500L/min；最大电功率(6kW 加热器)；测试区数量(1 个)；氧控制系统(有)；液态重金属(铅铋合金)；总存储量(450L)。

图 7-66　JLBL-3 照片

(6) 日本三井工程和造船测试回路 2001(MES-LOOP2001)(图 7-67)

目的：进行冷却剂提纯控制测试；进行结构材料腐蚀测试；进行热工水力学测试；进行稳态/瞬时运行测试。

运行参数：最高温度 550℃；最大流速 15L/min；最大电功率 6kW；测试区数量 1 个；试样数量(1～10)；测试区最大高度(1m)；氧控制系统(有)；液态重金属(铅铋合金)。

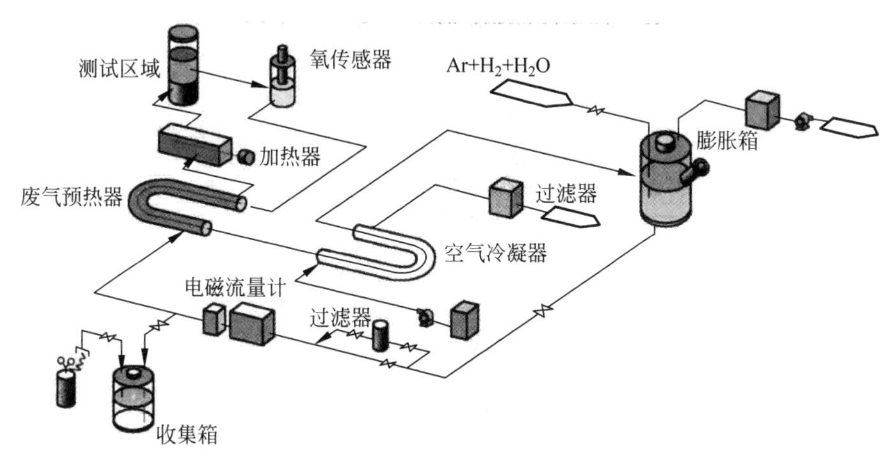

图 7-67　MES-LOOP2001 示意图

(7) 日本 CRIEPI 热工水力学铅铋测试回路(图 7-68)

目的：测试铅铋合金的传热特性；测试铅铋合金中气泡提升泵的性能；研究铅铋/气体两相流的流动特征。

运行参数：最高温度 300℃；最大压强 0.5MPa；最大流速 $6m^3/h$；总电功率 160kW；加热器和控制器数量(30，PID 控制)；最大加热器功率 5kW；总管道直径 2in；氧控制系统(无)。

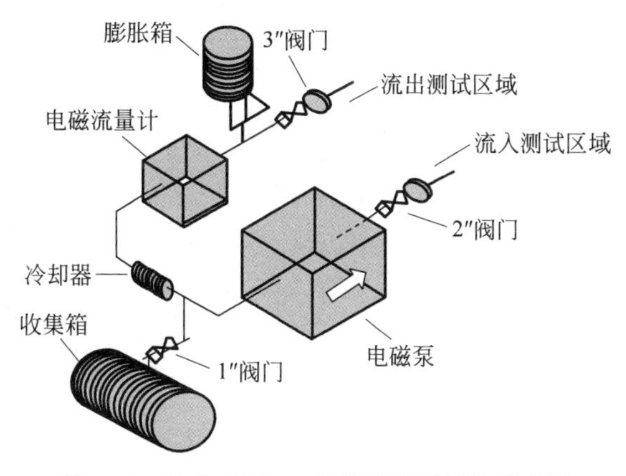

图 7-68　日本 CRIEPI 的铅铋测试回路示意图

（8）美国威斯康星坦塔洛斯（Wisconsin Tantalus）设备（图7-69）

目的：研究多相流动、传热以及蒸汽/水注入液态金属中时的流动稳定性/振动。

运行参数：最高温度550℃；最低温度400℃；最大（典型的）流速（1～10g/s）；电功率30kW；测试区数量（2个，具有多个注入口）；液态重金属（铅和铅铋合金）。

图7-69　Wisconsin Tantalus设备的照片

（9）韩国首尔大学用于可操作性和安全性研究的共晶液态重金属回路（HELIOS）（图7-70）

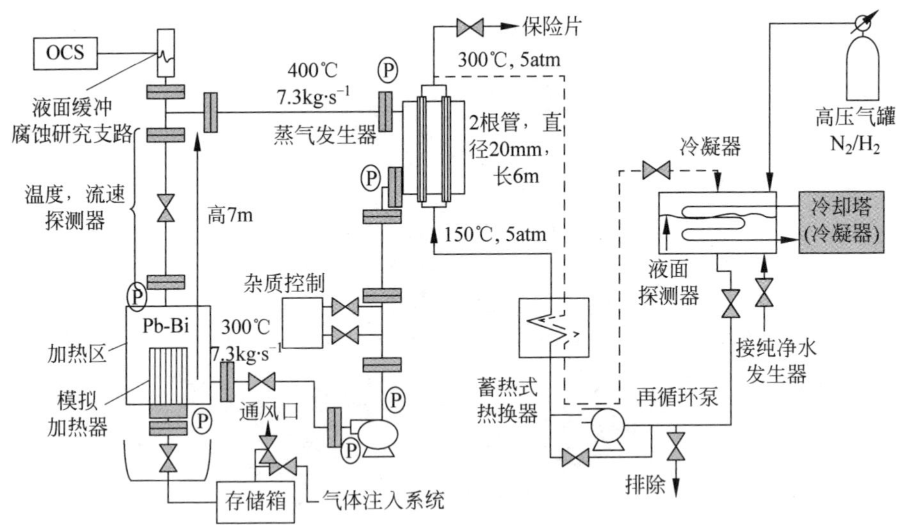

图7-70　HELLOS设计示意图

目的：验证 PEACER-300(嬗变反应堆)中的自然对流性能、腐蚀测试和氧传感器的开发。

PEACER300/HELIOS 设计参数：反应堆热功率 850000/60 kW；反应堆压力容器高度 1400/1000 cm；反应堆压力容器直径 700/5.0 cm；燃料棒有效长度 50/50cm；燃料棒数量 63433/4；蒸汽发生器管高度 500/500cm；一回管道内径 200/5cm；铅铋冷却剂重量(—/1.8t)；总流量(最大 58059/10kg/s)；最大流速(200/200cm/s)；堆芯出口温度 400/400℃；堆芯进口温度 300/300℃；堆芯中心和蒸汽发生器中心间的高度差 8/8m。

(10) 日本东京工业大学铅铋-水直接接触沸腾两相流传热装置(图 7-71)

目的：研究蒸汽气泡提升泵型铅铋冷却快堆的运行技术；研究铅铋-水直接接触沸腾流动的热工水力学。

运行参数：最高铅铋温度 460℃；蒸汽温度 296℃；系统压强 7MPa；铅铋流量 33840kg/h；蒸汽-水流速 250kg/h；加热器束功率 133kW；测试区数量 1 个；测试区长度 7m；氧控制系统(有,溶有氢的水)；液态重金属(铅铋合金)；铅铋容量 1000kg；水容量 50kg。

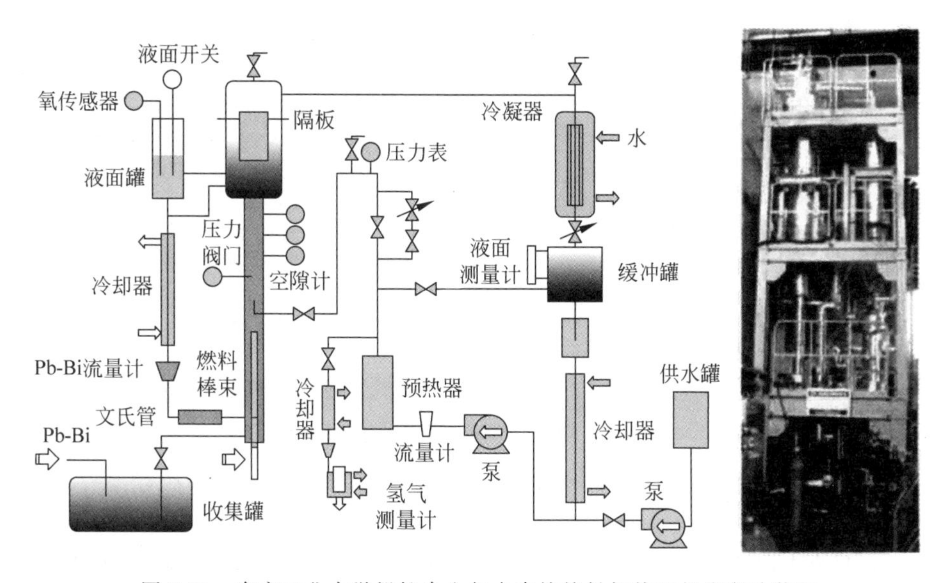

图 7-71　东京工业大学铅铋合金与水直接接触加热两相流实验装置

(11) 中国科学院液态铅铋与水界面碎化行为实验装置(图 7-72)

目的：研究液态铅铋与水界面碎化行为(主要定量分析碎片尺寸)。

运行参数：铅铋合金温度(250～500℃)；水温(25～80℃)；铅铋合金液柱初始直径(5mm，8mm)；熔融铅铋合金入水高度(210mm，300mm，450mm)。

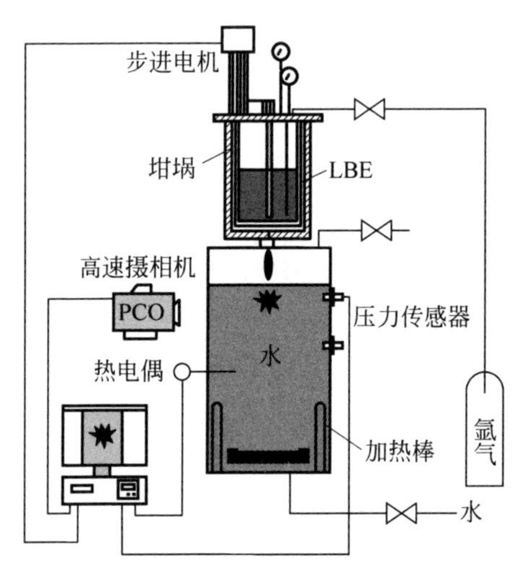

图 7-72　中国科学院液态铅铋碎化行为实验装置

(12) 中山大学液态金属-水相互作用压力特性实验装置(PMCI)(图 7-73)

目的：研究铅基堆蒸汽发生器破口事故下液态重金属-水相互作用中的压力和机械能特性。

水注入液态金属模式运行参数：液态金属种类(纯铅、铅铋共晶合金、铅铋过共晶合金、伍德合金等)；液态金属温度(200(铅铋)～600℃)；液态金属深度(100～180mm)；水温(20～90℃)；水量(5～200mL)；水块形状(球形、非球形)；沸腾模式(膜沸腾、非膜沸腾)。

液态金属注入水模式运行参数：液态金属种类(纯铅、铅铋共晶合金、铅铋过共晶合金、伍德合金等)；液态金属温度(200(铅铋)～600℃)；液态金属量(约 300mL)；水池深度(70～180mm)；水温(20～95℃)；沸腾模式(膜沸腾、非膜沸腾)。

(13) 中山大学液态金属-水作用可视化热工水力实验装置(VTMCI)(图 7-74)

目的：研究铅基堆蒸汽发生器破口事故下液态重金属-水界面的碎化特征(熔融物碎化距离、碎片尺寸、形状(球形率)、孔隙率等)和蒸汽爆炸机理。

运行参数：液态金属种类（纯铅、铅铋共晶合金、铅铋过共晶合金、伍德合金等）；液态金属质量（千克级或数十千克级）；液态金属温度（200（铅铋）～600℃）；水温（25～90℃）；液态金属注入速度（约 4m/s）；初始液柱直径（5～40mm）；水深（20～60cm）；沸腾模式（膜沸腾、非膜沸腾）。

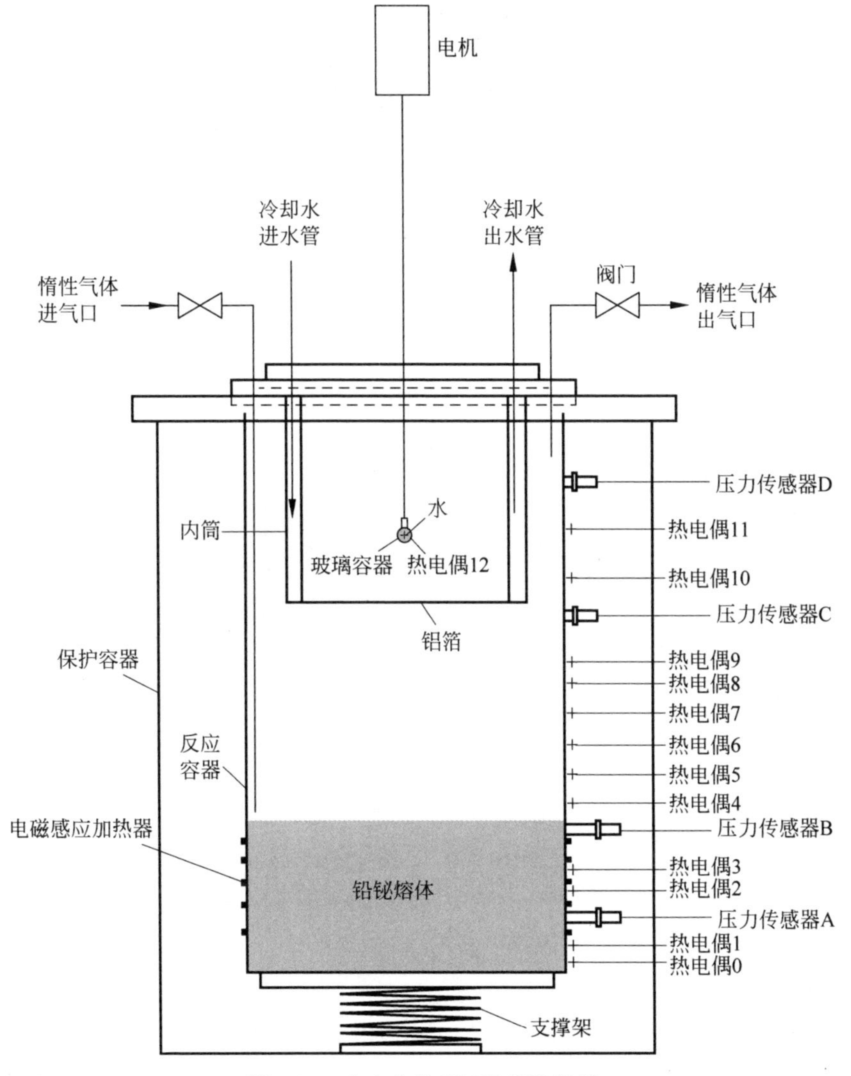

图 7-73　中山大学 PMCI 实验装置

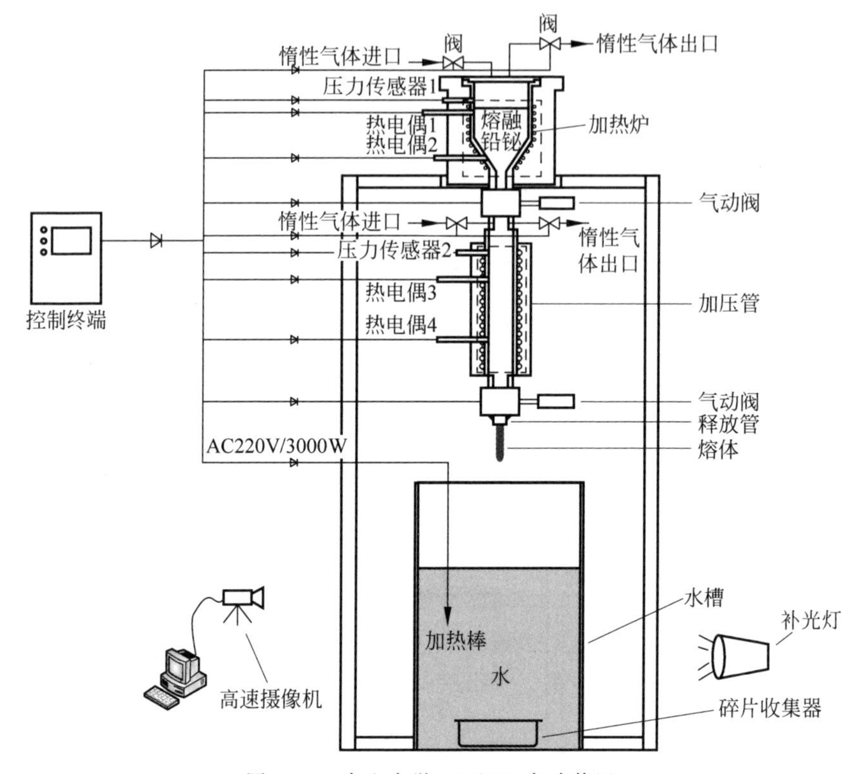

图 7-74　中山大学 VTMCI 实验装置

参 考 文 献

OECD/NEA,2014. 铅与铅铋共晶合金手册——性能、材料相容性、热工水力学和技术[M]. 2007 版. 戎利建,张玉妥,陆善平,等译. 北京:科学出版社.

黄望哩,周丹娜,洒荣园,等,2015. 液态铅铋与水界面碎化行为的可视化实验[J]. 原子能科学技术,49:174-180.

黄望哩,2015. 铅基堆 SGTR 事故下铅铋与水接触碎化行为研究[D]. 合肥:中国科学技术大学.

BAKER M C, BONAZZA R, 1998. Visualization and measurements of void fraction in a gas-molten tin multi-phase system by X-ray absorption [J]. Exp. in Fluids, 25: 61-68.

BARTON J P, 2003. Neutron radiography-status and international prospects [C]. Proceedings 5th Int. Symp. Advanced Nuclear Energy Research-Neutrons as Microscopic Probes, Mito, Japan, JAERI-M 93-228, 1: 125.

BEITZ W, KUTTNER K-H, 1986. Dubbel-taschenbuch des maschinenbaus [M]. 15th ed. Springer-Verlag: 1211 (in German).

BLASKETT D R, 1990. Lead and its alloys[M]. Chichester(England): Ellis Horwood Limited.

BRITO D, NATAF H-C, CARDIN P H, et al, 2001. Ultrasonic doppler velocimetry in liquid gallium[J]. Experiments in Fluids, 31: 653-663.

CASAL V, ARNOLD G, 2003. Velocimeter for local measurement in liquid metals[C]. 1st World Conf. on Experimental Heat Transfer in Fluid Mech. and Thermodyn., Dubrovnik, Yugoslavia.

CHA J E, AHN Y C, SEO K W, et al, 2003. An experimental study on the characteristics of electromagnetic flowmeters in the liquidmetal two-phase flow[J]. Flow Meas. Instrum., 14: 201-209.

CHENG S, ZHANG T, MENG C, et al, 2019. A comparative study on local fuel-coolant interactions in a liquid pool with different interaction modes[J]. Annals of Nuclear Energy, 132: 258.

CHIBA S, IDOGAWA K, MAEKAWA Y, et al, 1989. Neutron radiographic observation of high pressure three-phase fluidization [C]. // GRACE J R, SHEMILT L W, BERGOUGNON M A. Fluidization. Proceedings Int. Conf. Fluidization, Banff, Alberta, Canada.

CHO J, PERLIN M, CECCIO S L, 2005. Measurement of near wall stratified bubbly flows using electrical impedance[J]. Meas. Science Techn., 16: 1021-1029.

CICCARELLI G, FROST D, 1994. Fragmentation mechanisms based on single drops team explosion experiments using flash X-ray radiography[J]. Nucl. Eng. Des., 146: 109-132.

DAIDZIC N E, SCHMIDT E, HASAN M M, 2005. Gas-liquid phase distribution and void fraction measurements using MRI[J]. Nuc. Eng. Des., 235: 1163-1178.

DAVIDSON P, 2001. An introduction to magnetohydrodynamics[M]. UK: Cambridge University Press.

DEL HAYE J M, 1983. Two phase pipe flow[J]. Int. Chem. Eng., 23(3): 395-410.

ECKERT S, GERBETH G, MELNIKOV V I, 2003. Velocity measurements at high temperatures by ultrasound doppler velocimetry using an acoustic wave guide[J]. Experiments in Fluids, 35: 381-388.

EL-KADDAH N, SZEKELI J, 1984. Fluid flow and mass transfer in an inductively stirred four-ton melt of molten steel: A comparison of measurements and predictions[J]. J. Fluid Mech., 133: 37-46.

GAETKE J, 1991. Akustische strömungs-und durchflussmessung[M]. Berlin: Akad.-Verlag (in German).

HEINEMANN J B, MARCHATERRE J F, MEHTA S, 1962. Electromagnetic flow meters for void fraction measurement in two-phase liquid metal flow[J]. Rer. Sci.

Instr., 34(4): 399-401.

HIBIKI T, MISHIMA K, NISHIHARA H, et al, 1993. Study on air-water two-phase flow in a small diameter tube[R]. Annu. Rep. Res. Reactor Inst. Kyoto Univ., 36: 34-44.

HIBIKI T, MISHIMA K, YONEDA K, et al, 1994b. Visualization of fluid phenomena using a high frame-rate neutron radiography with a steady thermal neutron beam[J]. Nucl. Instrum. Methods Phys. Res., A351: 423-436.

HORANYI S, KREBS L, 1988. Temperature compensated miniature permanent magnetic flow meter for liquid metal experimental heat transfer[C]. Proc. 1st World Conf. on Experimental Heat Transfer, Fluid Mechanics and Thermodynamics, Dubrovnik, Yugoslavia: 279-285.

HOFMANN B, ROCKSTROH M, 1996. Study on acoustic waveguides and reflectors for use in ultrasonic two-phase flow measurement[J]. Ultrasonics, 34: 431-434.

JOHNSON A R, 1978. Metal pad velocity measurements in aluminum reduction cells[J]. Light Metals, 1: 45-58.

KAPULLA R, 2000. Experimentelle untersuchung von thermisch stratifizierten und unstratifizierten mischungsschichten in natrium und wasser[C]. Dissertation 13430, Eidgenössische Technische Hochschule Zürich, Switzerland (in German).

KNEBEL J-U, KREBS L, 1994. Calibration of a miniature permanent magnetic flow meter probe and its application to velocity measurements in liquid sodium [J]. Experimental Thermal and Fluid Science, 8: 135-148.

KOCAMUSTAFAOGULLARI G, WANG Z, 1991. An experimental study on local interfacial parameters in a horizontal bubbly two-phase flow[J]. Int. J. Multiphase Floc, 17(5): 553-572.

LEFHALM C-H, TAK N-I, PIECHA H, et al, 2004. Turbulent heavy liquid metal heat transfer along a heated rodin an annular cavity[J]. Journal of Nuclear Materials, 335: 280-285.

LEHDE H, LANG W, 1948. AC Electromagnetic induction flow meter: US Patent: 2. 435. 045[P].

LIU Y, LYNNWORTH L C, ZIMMERMANN M A, 1998. Buffer waveguides for flow measurement in hot fluids[J]. Ultrasonics, 36: 305-315.

MCKEON B J, SMITS A J, 2002. Static pressure correction in high reynolds number fully developed pipe flow[J]. Meas. Sci. Techn., 13: 1608-1614.

MISHIMA K, FUJINE S, YONEDA K, et al, 1992. A study of air-water flow in a narrow rectangular duct using an image processing technique, dynamics of two-phase flow[M]. Boca Raton: CRC Press.

MISHIMA K, HIBIKI T, NISHIHARA H, 1993. Some characteristics of gas-liquid flow in narrow rectangular ducts[J]. Int. J. Multiphase Flow, 19: 115-124.

NATEC SCHULTHEIβ, GMBH FT. Series turbine flowmeter-installation, operation and maintenance manual[M]. Flow Technology, Inc. , Phoenix, Arizona, 1999.

OECD/NEA, 2015. Handbook on lead-bismuth eutectic alloy and lead properties, materials compatibility, thermal-hydraulics and technologies [M]. 2015 ed. Organization for Economic Cooperation and Development, NEA. No. 7268.

OGINO F, KAMATA M, MISHIMA K, et al, 1994. Application of neutron radiography to the study of liquid-solid two-phase flow[J]. Exp. Therm. Fluid Sci. , 12: 339.

PATORSKI A, BAUER G S, PLATNIEKS I, 2000. Experimental estimation of optimum bypass jet-flow conditions for the cooling of the window of the SINQ liquid metal target[R]. Villigen, Switzerland: PSI Report, ISSN 1423-7350.

PATORSKI J, BAUER G S, DEMENTJEV S, 2001. Two-dimensional and dynamic method of visualization of the flow characteristics in a convection boundary layer using infrared thermography[J]. Journal of Theoretical and Applied Mechanics, 39: 2.

PLATNIEKS I, BAUER G, LIELAUSIS O, 1998. Measurements of heat transfer at the beam window in a mockup target for SINQ using mercury[C]. 14th Meeting of the Intern. Collaboration on Adv. Neutron Sources, Starved Rock Lodge, Utica, Ill. , USA.

PLATNIEKS I, 2000. Heat transfer experiments using HETSS [C]. 4th MEGAPIE Coordination Meeting (WP X 4/5/6), ENEA Centro di Ricerche Brasimone, Italy.

RICOUD R, VIVES C H, 1982. Local velocity and mass transfer measurements in molten metals using an incorporated magnet probe[J]. Int. J. Heat and Mass Transfer, 25 (10): 1579-1588.

SATYAMURTHY P, DIXIT N S, THIYAGARAJAN T K, 1998. Two-fluid model studies for high density two-phase liquid metal vertical flows[J]. Int. J. Multiphase Flow, 24: 721-737.

SERIZAWA A, KATAOKA I, MICHIYOSHI I, 1975. Turbulence structure of air-water bubbly flow[J]. Int. J. Multiphase Flow, 2: 221-223.

SETA K, OHISHI T, 1987. Distance Measurement using a pulse train emitted from a laser diode[J]. Jpn. J. Appl. Phys. , 2(26): 1690-1692.

SCHOENWALD J S, SMITH C V, 1984. Two-tone CW acoustic ranging technique for robotic control[C]. proc. of IEEE Ultrasonic Symposium: 469.

SHERCLIFF J A, 1987. The theory of electromagnetic flow-measurement-induction devices[M]. Cambridge : Cambridge University Press.

SZEKELI J, EVANS J W, BRIMACOMBE J K, 1988. The mathematical and physical modelling of primary metals processing operation[M]. John Wiley & Sons: 117-120.

SZEKELY J, CHANG C W, RYAN R E, 1977. Experimental measurement and prediction of melt surface velocities in a 30000 lb inductively stirred melt[J]. Met. Trans. , 8B: 333-338.

TABERAUX A T, HESTER R B, 1984. Metal pad velocity measurements in prebake and söderberg reduction cells[J]. Light Metals, 11: 519-539.

TAKENAKA N, ASANO H, FUJII T, et al, 1996. Liquid metal flow measurement by neutron tomography[J]. Nuc. Inst. And Methods in Phys. Res., A377: 156-160.

TAKENAKA N, FUJII T, ONO A, 1994. Visualization of streak lines in liquid metal by neutron radiography[J]. Exp. Therm. Fluid Sci., 12: 355.

VON DER HARDT P, ROTTGER H, 1981. Neutron radiography handbook [M]. Holland: Dordrecht.

WEISSENFLUH T H, SIGG B, 1988. Experience with permanent magnetic probes for the measurement of local velocities in liquid metals[J]. Prog. in Astronautics and Aeronautics, 111: 61-81.

ZHANG T, CHENG S, ZHU T, et al, 2018. A new experimental investigation on local fuel-coolant interaction in a molten pool[J]. Annals of Nuclear Energy, 120: 593-603.

ZHMYLEV A, LISITSINSKII L, TOPUNOV A, 2003. Testing the new VZLET UR ultrasonic level meter[J]. Measurement Techniques, 46(2): 212-215.

第8章 安全管理

8.1 重金属危害

铅和铋均为重金属元素。铋对人体的毒性极小。即便对于长期从事金属铋加工制造和铋化工行业的人来说,受到铋危害的概率都很小。铋的毒性目前仅局限于医疗上的应用,中毒案例基本为误服、医疗用量过大或长期应用铋剂的一类情况。然而,铅的毒性极强,对人体和环境均可造成极大的危害。因此,在开发铅合金技术工作方面,必须密切关注安全准则、采取适当的保护措施,并且遵循正常的程序。

人体摄入铅元素的途径为消化道摄入、呼吸道摄入和皮肤吸收。铅对全身各系统和器官均有毒性作用。其基本病理过程涉及神经系统、造血系统、泌尿系统、心血管系统、生殖系统、骨骼系统、内分泌系统、免疫系统、酶系统等多个方面,可损伤肠、胃、肾脏等功能,损害神经功能造成智力障碍、影响孩童智力发育、损害生殖系统致不孕不育,以及导致铅性贫血等。侵入体内的铅有90%~95%形成难溶性的磷酸铅沉积于骨骼。如果不进一步地摄入铅,聚集在血液和软组织中的铅会在几个月内缓慢地排出体外,人体内血铅和尿铅的含量能反映出体内对铅的吸收情况。血铅含量大于80μg/100mL(正常应小于40μg/100mL)和尿铅含量大于80μg/L(正常应小于50μg/L)时,即认为体内铅吸收过量。蓄积在骨骼中的铅,当遇上过劳、外伤、感染发烧、患传染病、缺钙或食入酸碱性药物,使血液酸碱平衡改变时,可再转变为可溶性磷酸氢铅而进入血流,引起内源性铅中毒。

短期的大剂量接触铅会导致肾脏、神经和大脑的损伤,可导致癫痫、昏迷甚至几日内死亡。急性铅中毒的症状包括排泄物中有血液、麻痹、咳嗽、多动、消化不良、皮肤或眼睛的刺激、方向感迷失、失眠、流口水、发汗、发热和发抖、口渴、尿频、麻刺感、头痛、呕吐、健忘、虚弱、口中有金属味、皮肤和眼睛发黄(黄疸)和肌肉疼痛。

铅可通过人类活动被排放到空气、土壤、水体中。当土壤中含有大于5%的有机物或pH大于等于5时更容易存留铅元素,然后会缓慢地形成更加难溶的硫酸盐、硫化物、氧化物和磷酸盐。溶解于水中的铅倾向于形成配体(ligand)。通过被有机物和黏土矿物吸附、形成不溶性盐沉淀或者与含水的氧化铁和氧化锰反应,可有效地将铅从水中沉淀析出。铅在天然水中最稳定的存在形式受水中离子种类、pH和氧化还原电位影响。在氧化性环境下,最常见的溶解度最低的铅的存在形式大概是碳酸盐、氢氧化物和氢氧基碳酸盐。水中铅含量超标会妨害一些水生生物的繁殖,一些贝类则对铅会有富集作用。野生动物和家畜均可富集环境中的铅。

8.2 铅作业安全防护

由于铅的毒性,从事与铅相关的作业人员必须做好安全防护措施。操作人员必须经过专门培训,严格遵守操作规程。除了要接受一般的铅安全训练之外,还需接受由主管或设备生产商提供的有关设备和任务的专项培训。

(1) 建议操作人员佩戴自吸过滤式防护口罩、化学安全防护眼镜、保护手套,穿工作防护服。在有挥发性铅雾的环境下需根据其浓度佩戴相应的呼吸器;

(2) 作业场所严禁吸烟、饮食;

(3) 作业结束后及时洗手或淋浴;

(4) 使用通风系统,避免产生粉尘;

(5) 对含铅粉尘的清理采用湿式作业清理,避免用扫把干扫;

(6) 产生的含铅垃圾不可随意丢弃,需收集存放、集中处理并尽量回收;

(7) 含铅废液不可直接倒入排水道,需收集存放,经无害化处理后方可排入水体;

(8) 搬运含铅物品时要轻装轻卸,防止包装及容器损坏;

(9) 储存于通风、阴凉库房,远离火种、热源,避免与酸类一起存放,配备相应品种和数量的消防器材及泄漏应急处理设备;

(10) 在铅含量超过了允许数值的工作区域张贴警示标志并进行出入管制,也可作为预防措施在存在铅的地方进行警示和控制。

相关职业铅接触控制标准见表8-1。

表8-1　相关职业铅接触控制标准

中国 MAC/(mg/m^3)	0.03[烟], 0.05[尘]
苏联 MAC/(mg/m^3)	0.01
TLVTN	ACGIH 0.05mg/m^3[粉尘和烟]

发生泄漏时，隔离泄漏污染区，限制出入并切断火源。建议应急处理人员戴防尘面具，穿防毒服。用洁净的铲子收集于干燥、洁净、有盖的容器中。若大量泄漏，用塑料布、帆布覆盖收集回收或运至废物处理场所处置。发生火灾时，消防人员需佩戴防毒面具、穿全身防护服在上风向灭火，使用干粉、砂土作为灭火剂。

发生铅摄入体内的急救措施见表8-2。

表8-2　铅摄入体内急救措施

皮肤接触	脱去污染的衣着，用流动清水冲洗
眼睛接触	提起眼睑，用流动清水或生理盐水冲洗；送医
吸入	迅速脱离现场至空气新鲜处；保持呼吸道通畅；如呼吸困难，给输氧；如呼吸停止，立即进行人工呼吸；送医
食入	饮牛奶或蛋清，催吐；洗胃，导泻；送医

8.3　液态重金属研发中的安全操作

本节通过无辐照条件下的实验操作来说明通常铅和铅铋合金在研发中使用时的一些安全准则。许多实验室使用铅铋合金或铅的小型容器做实验，用于研究腐蚀、润湿、脆化、氧控制等。一般操作步骤包括搭建装置、准备、熔化、填充、插入、密封、加热、注气、冷却、打开、取出、清洁和凝固。输送、排出、循环等通常在更大的测试回路和设备中才会用到，此处不作讨论。

搭建装置：首先考虑实验地点和环境。设备应该搭建在远离生活区域、具备良好的通风能力且附近有清洗设备的专用实验室或区域。此区域应该具有无孔、清洁和整齐的表面和墙壁以便于清洁。建议在仪器下面和运行过程中使用金属防漏盘来应对可能会发生的渗漏和溢出。如果使用机罩和其他的活性通风系统，应安装HEPA过滤器。在出入口和紧临实验地方贴出警示信息和联系信息。如果使用大量的铅合金，可以在出口处地板上使用黏尘垫来限制污染。定期清除沉积的Pb或Pb_2O_3。

准备：通常使用固态铅铋合金或铅的铸锭。少量的表面氧化物通常会溶解于熔体中或使用机械设备将其从熔体中清洁出来（如通过丝网铲）。如果存在太多的氧化物则要丢弃。以固态形式清洁氧化物可能会产生气态铅尘，应尽量避免。

熔化：在一个容器中熔化固态铅铋合金或铅要非常谨慎，并且需要精心设计实验过程。加热时铅合金和容器的体积膨胀差别很大，易产生应力引起裂纹或破裂。铅合金应该从自由表面开始向受约束更强的内部逐渐熔化。对于大容器，应该将容器分为不同的区域并以正确顺序进行加热。一些设计特征较为实用，例如，熔融槽壁保持几度的倾斜(向顶部扩大)。铅合金在水平圆柱熔融槽中的填充量最好不要超过其一半高度。出于这些考虑，实验装置中需包含复杂的内部结构以便在实验结束后将凝固的或熔化的铅合金排出。

填充：在初次使用大量的铅铋合金或铅时，建议使用预熔和转送设备将其从底部吸入实验仪器中。可通过机械方式将许多悬浮的氧化物和杂质从自由面上移除。上述操作应该在尽量低的温度下进行，只要保证不凝固堵塞。根据装置的不同，温度的选择也不相同。对铅铋合金来说是150～180℃或稍高，对铅是380～400℃。上述操作应该在敞开容器中进行，但是如果铅合金质量超过几千克，操作者应该戴着呼吸器，并且原则上应该对空气进行采样分析。虽然这些温度下的蒸汽压低于容许排放水平(PEL)，但是处理过程可能会产生大量包括PbO在内的粉尘。填充完成后，必须对周围进行清洁以阻止污染物的传播。建议用HEPA-过滤吸尘器来处理松散的粉尘，同时需对接触铅合金的表面进行湿擦。

待填充的容器和管道应该适当地预热到与熔体的温度差不多的温度。50℃以上的温差会产生热冲击从而损坏仪器或传感器。可以利用缓和措施(如在接头处使用波纹管)或过程控制(如在确保不发生凝固的前提下缓慢填充)来减轻这种影响。

插入：传感器、试样和输气管道通常在填充之后较低的温度下插入装置中。铅合金比大多数金属重，会有一些浮力，因此固定装置必须足够坚固，同时能阻止向上倾转，不能使用悬挂方式固定试样。在插入步骤前要清洁铅合金的自由面，以避免带入杂质。对于以上所有操作都应在低温下进行，这既是出于安全原因，也是为了避免过度氧化。

密封：出于安全和冷却剂化学稳定性控制方面的考虑，在实验和运行过程中严格地密封设备是相当重要的。应该避免使用外部旋转密封件。尽管一些地方使用法兰得到了良好的效果(石墨或钢螺旋缠绕垫圈)，但应避免使用带有与高温铅合金接触垫片的法兰。在正常运行期间，应该保持适当的正压气体保护。

热循环中螺钉会发生松弛，法兰会随着时间的延长而松弛，宜制定并执行法兰的定期紧固计划。如果发生渗漏，应该停止实验，将铅合金排放到熔体槽中并在维修或清洁之前将设备冷却下来。可以通过在法兰周围、接口处或类似于搜集盆的地方安装电导率探测器来探测液态金属的渗漏，也可以通过液面传感器测量(液态金属)体积损失或通过压力损失来推测是否出现渗漏。

加热：太快的加热速率可能对一些组件造成损坏，尤其是陶瓷元件(如氧传感器)。对于大设备应该通过分析、模拟和测试谨慎地确定加热速率。由于各种元素在液态重金属中的溶解度随着温度的升高而快速增加，熔体表面熔渣会随着温度的升高而减少和消失。材料的氧化将会消耗氧并净化液态重金属表面。如果不添加氧并且没有空气进入，高温下液态重金属中的氧浓度通常会远远低于其溶解度，也就是所谓的为达到缓解腐蚀所需控制的氧浓度范围。如果在钢设备表面没有使用保护性涂层或进行预氧化，高温会导致其快速溶解(对于316L型奥氏钢和T91、HT-9型的铁素体-马氏体钢为500～550℃以上)。当溶解开始以后，向液态重金属中添加氧会导致溶解于液态重金属中的元素氧化消耗，进而加快设备的溶解速度。因此，强烈建议在最初启动或在新试样插入之后进行有计划的加热以启动和建立保护性氧化。这样的预防措施对于保证容器的完整性和安全性是很重要的。在高温静态测试实验中，由于氧从上层气体向静止的液态重金属深处的扩散缓慢以及局部区域由于氧化对氧的快速消耗，如果氧浓度在开始阶段未能调整到足够的量，未受保护的新试样就会开始溶解，将会导致氧向钢表面扩散和溶解产物向高氧浓度区域(例如与上层气体接触的自由表面)迁移的两个传质过程的竞争。这会导致实验结果极大地受加热速率、液态重金属中的初始氧浓度和从气体到液体传质过程效率的影响。这种情况也会在流动系统中出现。在这类系统中，控制氧浓度的气体交换过程是在静止的容器中进行的。在极端情况下，会导致比预期更快速的腐蚀从而严重影响安全。

注气：这一步目的是调整冷却剂化学性质：或添加氧，或使用氢来降低氧含量，或使用混合物气体(例如水蒸气和氢或CO和CO_2)来维持氧的含量。有时为了产生循环流动，会高速注入气体。需要注意，即使是纯度最高的气体通常也会含有ppm量级的氧气，长期使用的话，这些氧对于液态重金属而言含量仍太高。除非需要故意添加氧气，否则需要吸气系统来去除所通气体中的氧气。不建议直接向HLM熔体通入气体，因为少量的残余氧可导致熔渣的形成以至于堵塞气体输入管路，熔渣传输到其他部分也会导致流动受限或堵塞。除非使用氧气吸收装置，上述现象对于注氢也是适用的。从安全角度来看，通气时形成的PbO会在上层保护气体空间中形成气溶胶，当打开容器或进行维修时则会非常危险。因此，实验和运行中将气体注入液态金属时要十分谨慎。

冷却：在熔融状态下对待冷却过程要像对待熔化过程一样谨慎。不建议使用快速淬火冷却。在确定冷却过程时应该谨慎考虑冷却带来的各种效应。随着温度的降低，元素在液态重金属中的溶解度降低，因此在冷却过程中在系统中难以接触的地方或者技术上重要的部位会产生沉淀物或沉积。一旦固体沉积到壁上，仅仅重新升温是无法清除的。这种沉积导致性能降低、流动受到限制，最终导致堵塞。当液态重金属的温度从运行温度逐渐降低时，其中的氧浓度会逐渐达到饱和并发生氧化物沉淀现象。快速加热会导致用于腐蚀保护的氧不足。例如，在铅铋合金中常用的氧浓度控制点是 10^{-6} wt. %或 10 ppb，这与 200℃ 铅铋合金中的饱和氧浓度大体相当。因此，在此温度以下冷却一段时间后会导致氧浓度的大幅下降。如果沉淀的氧化物被清除，则必须在再次加热时适当添加氧含量。

打开：如同所有在容器内的操作一样，应该在尽可能低的温度下打开容器，以便抑制氧化和蒸汽挥发。在打开容器或管道时，应重点关注可能出现的细小氧化物或气溶胶的释放。在保证良好通风的同时应该避免在开口处出现强烈的气流扰动。如果条件允许，应该使用合适的罩子来收集释放物。如果通过切削或可能引入强烈扰动的方式来打开容器，操作人员应戴呼吸器。

取出：取出操作应该在低温下进行。通常液态重金属凝固后，需要重新加热来取出试样或传感器，或用剩余的液态重金属将试样"焊合"到样品夹上或外壳上进而取出。

清洁：一些文献报道中提出了许多清除黏附在试样上的铅铋的方法，包括简单的刮擦，在甘油、硅油或酸中煮，或在钠中浸泡。在清洁过程中通常会产生有害废物，在抛光过程中同样如此，处理过程需要遵守适当的规则和制度。因此，应该尽量减少耗材的使用并且尽量循环利用一些介质。同时，为减少表面污染以及避免污染传播到实验室之外，最好能够在每次打开时或定期地清洁周围区域。

凝固：由于凝固过程中体积的变化以及铅铋合金在再次结晶过程的连续变化，在此过程中必须要谨慎并且需要遵从一定的操作步骤。凝固过程应该从相对受约束的区域开始逐渐向自由表面进行，而且应该避免在包含复杂和精密组件的地方进行凝固。

凝固导致的一个重要结果是液态重金属中氧含量减少。因此，在熔化时，应该在转移和升高温度前保证一定的时间用于提高氧含量。大测试设备往往有各种附加步骤或功能。一般的形式是转移、装填、流动、主动式冷却、排出等。特别地，循环液态金属液中储存着动能和热能，所以需要带有通风设备的局部存储装置，例如管道包层、回路外壳、排泄收集平底容器等。

铅对人体和周围环境引起的危害是不容忽视的,在铅合金冷却剂技术的研究和发展中也是如此。如果合理遵守规章制度,并且合理且有效地利用安全工作条例和管理制度,那么铅危害是可控制的。对此领域的研发和未来应用要时刻注意遵守安全条例,这样才能保护好工作人员和环境。

参 考 文 献

李敏,林玉锁,2006. 城市环境铅污染及其对人体健康的影响[J]. 环境监测管理与技术,5:6-10.

梁奇峰,李京雄,丘基祥,2003. 环境铅污染与人体健康[J]. 广东微量元素科学,7:57-60.

吴建华,韩鹰,2011. 铅冶炼生产的安全规范和管理提升[J]. 质量与标准化,10:29-32.

肖承坤,2017. 我国铅污染现状分析[J]. 环境与可持续发展,5(5):91-92.

徐进,徐立红,2005. 环境铅污染及其毒性的研究进展[J]. 环境与职业医学,3:271-274.

袁宝珊,1998. 环境铅污染与儿童健康[J]. 国外医学:卫生学分册,4:193-198.

张英,周长民,2007. 重金属铅污染对人体的危害[J]. 辽宁化工,36(6):395-397.

OECD/NEA,2014. 铅与铅铋共晶合金手册——性能、材料相容性、热工水力学和技术[M]. 2007 版. 戎利建,张玉妥,陆善平,等译. 北京:科学出版社.

OECD/NEA, 2015. Handbook on lead-bismuth eutectic alloy and lead properties, materials compatibility, thermal-hydraulics and technologies [M]. Organization for Economic Cooperation and Development, NEA. No. 7268.

第9章 研发展望

9.1 概 述

本书对用于600℃以下液态铅合金技术的基本知识进行了阐述。在设计、建造和运行铅/铅铋冷却反应堆系统之前，仍有大量技术问题需要突破。同时，也存在许多尚在研究中的问题，包括液态铅合金和材料的基本理化特性和流动性能、对环境的影响、热工水力学实验和计算研究、冷却剂化学特性、测量技术和仪器等。

对于更高温度范围内的应用，需要在材料和冷却剂技术领域进行广泛地研究和开发。根据使用的上限温度，基于对现有材料的分析，这些研究可以分为以下几类：

第Ⅰ类。对于低于600℃的温度，已经证明符合现行技术和准则要求的核结构材料（奥氏体和铁素体/马氏体钢），在短时间堆外服役时性能尚可接受。但是需要在辐射条件下使用更长时间来进行进一步论证。

第Ⅱ类。对于设想应用在温度更高的先进核能系统中的材料和冷却剂技术，需要更广泛的研究和更长时间的开发。对于为了提高效率而使反应堆出口温度达到650～700℃的系统，氧化物弥散强化（oxide dispersion strengthened，ODS）钢和/或先进铁素体/马氏体钢是潜在的候选材料。这些材料被归为Ⅱ类材料，可能会伴随着铅铋冷却剂应用范围的拓展而得到使用。

第Ⅲ类。对于可生产更多能源的运行温度在750～800℃的系统，高熔点金属/合金、陶瓷和复合材料均是候选材料。这些系统可能需要完全不同的冷却剂技术以及设计、建造和运行方式。辐射稳定性、疲劳强度、制造等问题则更具挑战性。

9.2 液态铅合金系统在600℃以下运行的技术不足、研发需求以及优先方向

欧洲发展液态铅合金技术主要是为了在次临界系统中对高放废物进行嬗变。EUROTRANS工程旨在论证使用加速器驱动系统对高放废物进行嬗

变的技术可行性。在此目标之内，通过设计实验设备(XT-ADS)论证的技术可行性有：①嬗变大量的核废物；②安全地操作 ADS。除 XT-ADS 外，欧洲还存在工业用欧洲核废料嬗变装置 EFIT(European Facility for Industrial Transmutation)。XT-ADS 和 EFIT 是分别由液态铅铋共晶合金和铅冷却的次临界反应堆系统。根据现有的 XT-ADS 和 EFIT 设计概念，铅合金冷却剂的出口温度不高于 480℃，燃料包壳的最高温度约为 550℃。此外，欧洲还有铅冷快堆项目 ELSY(European Lead-cooled SYstem)。

在美国涉及液态铅合金技术开发的有先进燃料循环计划(Advanced Fuel Cycle Initiative，AFCI)和第四代铅冷快堆两个先进核能项目。对于铅冷快堆，设计中最高包壳温度限制为 650℃，而堆芯出口温度大约 560℃。

9.2.1　热物性

本书第 2 章中虽然以建议性的公式给出了一系列用于反应堆安全分析的铅合金热力学和流动性质，但是由于公开发表的文献中实验数据依然远远不够(尤其高温条件下)，因而需要开展大量的高温实验，以补充相关实验数据并验证计算值的有效性。

9.2.2　化学性质

氧和一些金属元素(Fe、Cr、散裂产物如 Po)在液态金属中的溶解度和扩散率及一些氧化物(如 Fe_2O_3、Cr_2O_3 等)对于材料腐蚀速率评估、在结构材料表面形成保护性氧化膜理念的指导下发展腐蚀保护策略、铅合金净化系统设计和工程制造、源项评估等方面的研究具有极其重要的意义，需进一步获取这些数据。

9.2.3　材料

对于辐射环境下材料性质变化的研究，尤其是对于具有辐射和腐蚀综合效应的液态铅合金系统，是一项需要优先进行研发的内容。目前只初步了解长期内腐蚀过程的起因和动力学，仍不具备充分的模型工具来分析各种测试数据并将实验结果拓展到更长时间的情况(如高温下的破裂氧化)。

核级材料加工、制造和认证也逐渐成为优先考虑的事项。在欧洲开发的 ADS 系统案例中已经选择了参考结构材料。这些参考结构材料有用于高载荷部分的 T91 马氏体钢和用于容器和容器内组件的 AISI 316L 奥氏体钢。此外，进行 Fe-Al 基涂层的表征已经获得共识，将被设想作为一种替代氧化膜保护的防腐蚀方法用于燃料包层上。

其他国家的设计理念中也选择了相似的材料。例如，美国铅冷快堆参考材料为HT-9和316L。俄罗斯开发了一些特殊的高硅合金(EP823)用于液态铅合金冷却反应堆。目前，在堆外环境下，已经具备了这些材料在液态金属中相容性和力学性质的基本数据。然而，对于特定的设计需求，更需要以下各方面的数据：

(1) 钢和涂层长期的腐蚀行为数据；

(2) 用于确定推荐条件下氧控制下限的低氧含量铅铋中腐蚀测试实验；

(3) 冲蚀磨损和摩擦机理研究；

(4) 使用可靠的溶解度和扩散率数据以及腐蚀数据发展非等温系统中的传质模型；

(5) 在典型的温度-应力场中结构材料以及腐蚀保护层的力学性质，包括蠕变、疲劳、蠕变疲劳、断裂力学、蠕变和疲劳裂纹生长等。

此外，必须优先进行辐照条件下钢和涂层在液态金属中力学性质的评估。不同组件的上述各种性质也需要在相应的温度、中子通量、应力和液态铅合金流速范围内来测量。在对奥氏体钢和铁素体/马氏体钢处于辐照条件下在铅铋合金中的服役状况测试完成之后，还需对已加工成特定形状的材料的服役性能进行评估。

9.2.4 技术

虽然在小到中型测试设备中对液态铅合金中氧的测量和控制已经取得进展，但是在推广到大型系统方面仍然有很大的技术需求，尤其是池式和/或自然循环式系统。更高温度、更深浸入液态金属的环境中需具备更高强度和可靠性的氧传感器等测量技术，这都需要工艺水平的继续提高。为此，需要进一步地开发和测试氧控制系统、过滤方式、氧活度保持以及在排出、冷却、凝固和重熔后恢复等方面的技术，以最终得到与材料发展相耦合的、可替换和/或扩大控制范围的控氧系统。

值得一提的是，在EUROTRANS工程中已经计划优先发展以下项目：

(1) 应用于大型设备中的控制气溶胶和熔渣的液态铅合金净化系统；

(2) 能保证液态铅合金设备长期运行的可靠仪器(流量计、压力传感器、热电偶、液面传感器、泵等)；

(3) 可行的氧控制方法和监测系统，设想了不同类型的以液/气或液/固交换为基础的方法来调控液态金属中的氧浓度，需要评估这些控氧系统的效率以选择最为可靠简单的方法应用于反应堆系统中；

(4) 优化在线氧传感器以将它们的可靠性提高到核用等级，需进一步制定校准方法并提高它们长时间服役性能和抗热冲击性能；

(5) 在役检查和维修(in-service inspection and repair，ISIR)的仪器，并需在铅铋合金和辐照综合作用的条件下进行测试和校准。

9.2.5 热工水力学

有以下两种类型的问题尚未解决：

(1) 需要发展和验证更合适的湍流模型用于支持热工水力学的数值计算，尤其是对于复杂和关键部件(如ADS的大功率散裂靶窗口和堆芯结构)；

(2) 使用冷却剂化学控制和表面形成保护性氧化物来缓解钢腐蚀会影响传热性能，尤其是长期或在非正常情况下(如氧化物和大量固体氧化物颗粒聚集)。液态铅合金冷却堆通常具有开放的格状结构以减少泵功率的需求同时增强非能动安全性。流体循环方法、瞬态工况、流动稳定性、不希望的不稳定性的消除都是待研究的重要问题。

依据现有的设计选择，需要针对ADS系统开展正常工况和非正常工况下堆芯的流动特性等热工水力学实验。实验中，应对燃料棒束周边进行高密度检测和测量，以便取得足够的数据来评估和修正CFD计算。此外，为了更进一步地支持反应堆设计，还需在池式环境中开展研究湍流传热特性以及系统程序的评估工作。

9.2.6 安全相关研究

反应堆事故下液态铅合金的行为对核安全影响的评估极为重要，如蒸汽发生器破口事故(SGTR)下液态合金与水的相互作用对堆芯产生的力学冲击、对自身液态金属熔池造成的晃动和冲击载荷影响反应堆结构的完整性等。目前，有关铅冷快堆的安全评估和事故模拟程序(如SIMMER程序)在不断更新完善中，在未来仍需大量的实验数据来验证和完善这些程序的可靠性或优化程序所基于的热工水力模型，以辅助铅基堆的设计与安全评价分析。除SGTR外，包壳失效条件下燃料-冷却剂相互作用、燃料-包壳-冷却剂相互作用以及燃料弥散(fuel dispersion)等现象也亟需开展大量的实验研究。

参考文献

OECD/NEA,2014. 铅与铅铋共晶合金手册——性能、材料相容性、热工水力学和技术[M]. 2007 版. 戎利建,张玉妥,陆善平,等译. 北京:科学出版社.

CHENG S, MATSUBA K, ISOZAKI M, et al, 2015. A numerical study on local fuel-coolant interactions in a simulated molten fuel pool using the SIMMER-Ⅲ code[J]. Ann. Nucl. Energy, 85: 740-752.

DELAGE F, BELIN R, CHEN X-N, et al, 2011. ADS fuel developments in Europe: results from the EUROTRANS integrated project[J]. Energy Procedia, 7: 303-313.

GAO R, XIA L, ZHANG T, et al, 2014. Oxidation resistance in LBE and air and tensile properties of ODS ferritic steels containing Al/Zr elements[J]. J. Nucl. Mater., 455 (1-3): 407-411.

KAMINSKI M, 2005. Engineering product storage under the advanced fuel cycle initiative. Part I: an iterative thermal transport modeling scheme for high-heat-generating radioactive storage forms[J]. J. Nucl. Mater., 347(1-2): 94-103.

KAMINSKI M, 2005. Engineering product storage under the advanced fuel cycle initiative. Part II: conceptual storage scenarios [J]. J. Nucl. Mater., 347(1-2): 104-110.

OECD/NEA, 2015. Handbook on lead-bismuth eutectic alloy and lead properties, materials compatibility, thermal-hydraulics and technologies [M]. 2015 ed. Organization for Economic Cooperation and Development, NEA. No. 7268.

SAROTTO M, 2017. On the allowed sub-criticality level of lead (-bismuth) cooled ADS: the EU FP6 EFIT and FP7 FASTEF cases[J]. Ann. Nucl. Energy, 102: 440-453.

TESINSKY M, ZHANG Y, 2012, WALLENIUS J. The impact of americium on the ULOF and UTOP transients of the European Lead-cooled SYstem (ELSY)[J]. Ann. Nucl. Energy, 47: 104-109.